国家出版基金项目
NATIONAL PUBLICATION FOUNDATION

“十三五”国家重点出版物
出版规划项目

现代生物质能高效利用技术丛书

Efficient Utilization Technology of Modern Biomass Energy

燃料乙醇生产制备技术

赵 海 许敬亮 主编

PRODUCTION TECHNOLOGY OF FUEL ETHANOL

化学工业出版社
·北 京·

本书为“现代生物质能高效利用技术丛书”中的一个分册，全书共分 8 章，在概述燃料乙醇和车用乙醇汽油的基础上，主要介绍了燃料乙醇生产原理、乙醇发酵的工艺类型、淀粉质原料的乙醇生产、糖类原料的乙醇生产、纤维素原料的乙醇生产、燃料乙醇生产的副产品综合利用及污染物治理、燃料乙醇生产经济性分析。

本书具有较强的技术应用性和针对性，可供从事燃料乙醇与车用乙醇汽油等相关领域研究的专业技术人员和科研人员参考，也可供高等学校能源工程、生物工程、环境科学与工程及相关专业师生参阅。

图书在版编目（CIP）数据

燃料乙醇生产制备技术/赵海，许敬亮主编. —北京：化学工业出版社，2020.7
（现代生物质能高效利用技术丛书）
ISBN 978-7-122-36471-5

Ⅰ.①燃… Ⅱ.①赵…②许… Ⅲ.①乙醇-液体燃料-生产工艺 Ⅳ.①TQ517.4

中国版本图书馆 CIP 数据核字（2020）第 046960 号

责任编辑：刘兴春 刘 婧
责任校对：宋 玮
文字编辑：向 东
装帧设计：尹琳琳

出版发行：化学工业出版社
（北京市东城区青年湖南街 13 号 邮政编码 100011）
印 装：北京新华印刷有限公司
787mm×1092mm 1/16 印张 19¼ 字数 396 千字
2020 年 7 月北京第 1 版第 1 次印刷

购书咨询：010-64518888
售后服务：010-64518899
网 址：http://www.cip.com.cn
凡购买本书，如有缺损质量问题，本社销售中心负责调换。

定 价：128.00 元

《燃料乙醇生产制备技术》

编著人员名单

方　扬　庄新姝　许敬亮　杜安平　余　强
易卓林　周桂雄　赵　海　靳艳玲　谭　力

前言 PREFACE

燃料乙醇以其可再生、环境友好、技术成熟、使用方便、易于推广等综合优势，成为替代化石燃料的理想液体燃料，在优化能源结构、改善生态环境、稳定和调控粮食市场以及促进农业、农村和区域经济发展等方面具有重要的意义。据不完全统计，目前已有超过 40 个国家和地区推广生物燃料乙醇和车用乙醇汽油，全球乙醇产量也从 2005 年的 3628 万吨增加到 2016 年的 7915 万吨。

我国燃料乙醇产业发展始于“十五”初期，2001 年为了解决大量“陈化粮”处理问题、改善大气及生态环境质量、调整能源结构，经国务院同意，启动了燃料乙醇生产试点。经过十几年的发展，以玉米、木薯等为原料的 1 代和 1.5 代生产工艺技术已趋成熟稳定，以秸秆等农林废弃物为原料的第 2 代先进生物燃料技术也具备了产业化示范条件。2017 年 9 月，国家发改委、国家能源局、财政部等十五部门联合印发了《关于扩大生物燃料乙醇生产和推广使用车用乙醇汽油的实施方案》(以下简称《方案》)。《方案》指出：“到 2020 年，全国范围内将基本实现车用乙醇汽油全覆盖。到 2025 年，力争纤维素乙醇实现规模化生产……”。此外，我国在车用乙醇汽油试点推广应用方面，也积累了丰富的实践经验，形成了适合我国国情、可以复制的发展模式，为进一步大规模、全覆盖推广使用车用乙醇汽油奠定了坚实基础。

为总结和梳理我国燃料乙醇生产技术、代表性企业发展的现状以及产业发展存在的问题等，特组织国内一线研发人员编写了《燃料乙醇生产制备技术》一书，介绍了燃料乙醇和车用乙醇汽油的特性、国内外燃料乙醇产业发展历程、乙醇发酵微生物、主要生产原料及相应的生产工艺、副产物的综合治理和资源化利用途径以及代表性企业发展概况等，供从事燃料乙醇与车用乙醇汽油等相关领域研究的专业技术人员参考。

本书由赵海、许敬亮任主编，具体编写分工如下：第 1 章燃料乙醇与车用乙醇汽油概述由赵海和许敬亮编写；第 2 章燃料乙醇生产原理由许敬亮编写；第 3 章乙醇发酵的工艺类型由靳艳玲和方扬编写；第 4 章淀粉质原料的乙醇生产由赵海编写；第 5 章糖类原料的乙醇生产由杜安平和易卓林编写；第 6 章纤维素原料的乙醇生产由余强编写；第 7 章燃料乙醇生产的副产品综合利用及污染物治理由靳艳玲和谭力编写；第 8 章燃料乙醇生产经济性分析由庄新姝和周桂雄编写。全书最后由赵海、许敬亮统稿、定稿。

限于编者水平及时间，书中难免存在不足和疏漏之处，敬请同行专家和广大读者提出修改建议并批评指正。

编者

2019 年 9 月

第 1 章 燃料乙醇与车用乙醇汽油概述 001

第 2 章 燃料乙醇生产原理 037

第7章 燃料乙醇生产的副产品综合利用及污染物治理 213

第8章 燃料乙醇生产经济性分析 249

附录 277

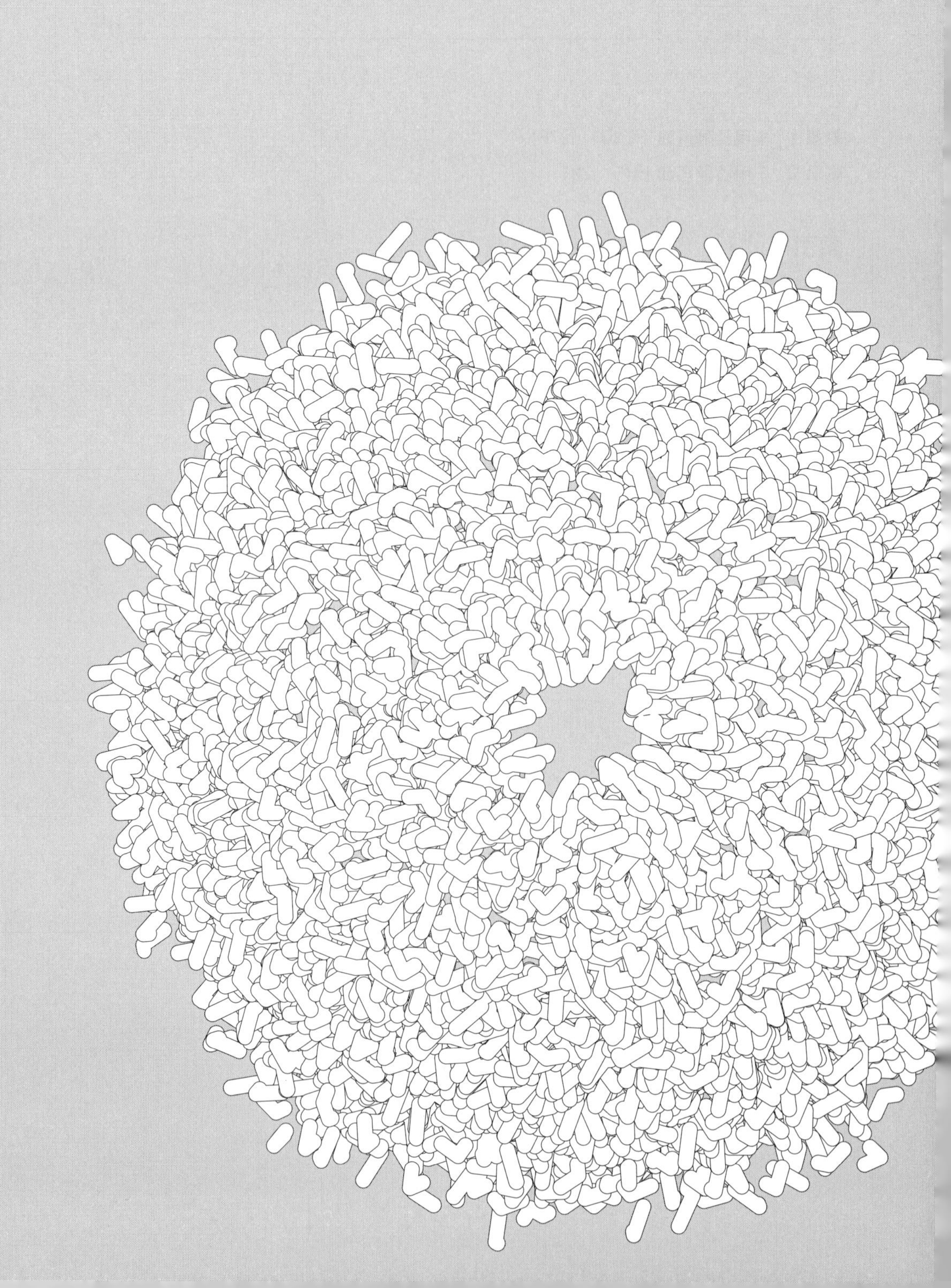

第
1
章

燃料乙醇与车用乙醇汽油概述

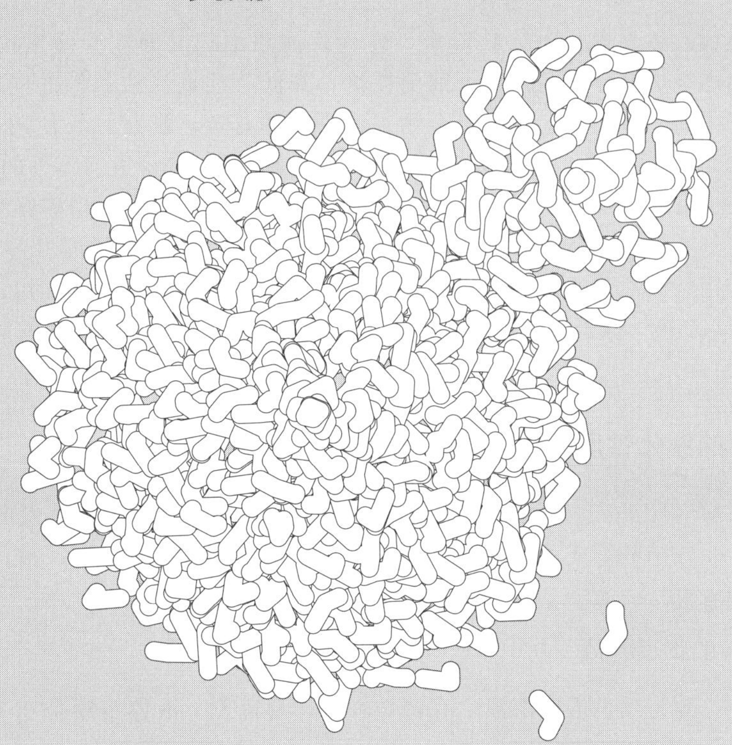

燃料乙醇是指利用酵母等微生物，在缺氧环境下通过特定酶系分解代谢可发酵糖生成乙醇，乙醇经变性后与汽油按一定比例混合可作为车用乙醇汽油[1]。燃料乙醇的生产原料多种多样，主要有玉米、小麦等淀粉质原料，还有甘蔗、糖蜜、甜菜等糖类原料，亦有秸秆、稻草、碎木屑等木质纤维素类原料。当前，已实现产业化的燃料乙醇生产技术，是以淀粉质和糖质为原料生产燃料乙醇，其目前也是全球生产使用量最大、应用最为广泛的生物质液体燃料[2]。

2017 年 9 月，国家发改委、国家能源局、财政部等十五部门联合印发了《关于扩大生物燃料乙醇生产和推广使用车用乙醇汽油的实施方案》（以下简称《方案》）。《方案》指出："到 2020 年，全国范围内将基本实现车用乙醇汽油全覆盖。到 2025 年，力争纤维素乙醇实现规模化生产……"。2018 年中国汽油表观消费量为 1.27 亿吨，而国内现有燃料乙醇生产企业产能仅为 322 万吨。按照 10%的添加比例计算，若实现 2020 年的全覆盖目标，我国燃料乙醇的理论需求量至少为 1200 万～1500 万吨，市场缺口巨大[3]。

1.1 乙醇的性质与用途

燃料乙醇无毒且可生物降解，作为汽油添加剂（即作为增氧剂）提高辛烷值，使汽油燃烧更充分，在减少石油消耗量、降低石油进口依赖性的同时又能很好地降低燃烧中的一氧化碳、硫氧化合物等污染物的排放。据统计，使用乙醇汽油可减少尾气中 40%的碳排放、36%～64%的细颗粒物（PM）排放、25%的苯排放量，总毒物污染也可减少 13%，汽车尾气有毒物质减排效果明显。在当前石油资源逐渐枯竭、油价变幻不定、环境污染日益严重的背景下，各国政府不断推出各项利好政策，以鼓励使用添加乙醇的汽油，降低对外石油依存度，保护环境。同时，燃料乙醇作为战略性新兴产业，其合理、有序发展，可以带动农业、制造业等行业的协同发展[4,5]。

1.1.1 乙醇的理化性质

乙醇（ethanol）俗称酒精，常温、常压下是一种易燃、易挥发的无色透明液体，易溶于水，结构简式为 CH_3CH_2OH 或 C_2H_5OH（图 1-1），分子式为 C_2H_6O，是最常见的有机一元醇[6]。

1.1.1.1 乙醇的物理性质

纯乙醇为无色透明溶液，有特殊香味，易挥发，液体密度是 $0.789g/cm^3$，气体

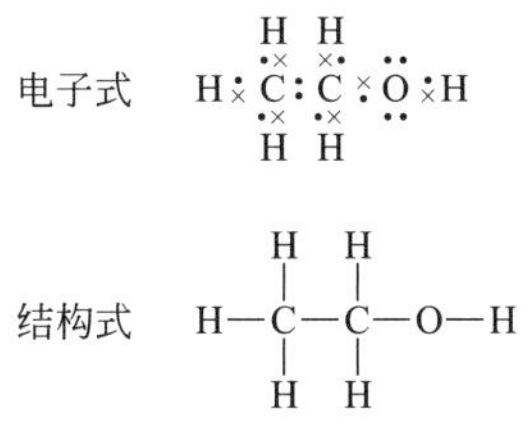

电子式 $\begin{array}{c} \quad\ \ H\ \ H \\ H\times\overset{\bullet\times}{\underset{\bullet\times}{C}}:\overset{\bullet\times}{\underset{\bullet\times}{C}}\times\overset{\bullet\bullet}{\underset{\bullet\bullet}{O}}\times H \\ \quad\ \ H\ \ H \end{array}$

结构式 $\begin{array}{ccccccc} & & H & & H & & \\ & & | & & | & & \\ H & - & C & - & C & - & O - H \\ & & | & & | & & \\ & & H & & H & & \end{array}$

图 1-1　乙醇结构式

密度为 1.59kg/m^3，分子量为 46.07，沸点是 78.4℃，熔点是－114.3℃。

(1) 溶解性

纯乙醇可以和水以任意比互溶，能混溶于醚、氯仿、甲醇、丙酮、甘油等有机溶剂。乙醇作为良好的有机溶剂，能溶解许多物质，例如用乙醇来溶解植物中的色素或中药材中的药用成分；乙醇作为化学反应的溶剂，能使参加反应的有机物和无机物溶解，增大接触面积，提高反应的速率。例如，在油脂的皂化反应中，加入乙醇既能溶解 NaOH，又能溶解油脂，可使它们在均相反应状态下充分接触，加快反应的速率。

(2) 潮解性

乙醇分子结构式中由于存在氢键，具有较强的潮解性，能够很快从空气中吸收水分。羟基的极性也使得很多离子化合物能溶于乙醇中，如氢氧化钠、氢氧化钾、氯化镁、氯化钙、氯化铵、溴化铵和溴化钠等。氯化钠和氯化钾微溶于乙醇。此外，其非极性的烃基使得乙醇也可溶解一些非极性的物质，例如大多数香精油和很多增味剂、增色剂及医药试剂等。

(3) 酒精度数计算

酒精水溶液中纯乙醇的含量就是其浓度，我国以容量（体积）百分数进行酒精水溶液的浓度计算。如平常说的 50 度白酒，是指在 20℃时 100 体积酒精溶液中含有 50 体积纯乙醇。计算式：

$$\text{酒精容量}=(\text{纯乙醇体积}/\text{酒精水溶液总体积})\times 100\%$$

$$\text{酒精度数}=\text{酒精容量}\times 100$$

1.1.1.2　乙醇的化学性质

(1) 氧化反应

乙醇易燃，其蒸气能与空气形成爆炸性混合物。乙醇完全燃烧会发出淡蓝色火焰，生成二氧化碳和水（蒸汽），并放出大量的热；不完全燃烧时还会生成一氧化碳，有黄色火焰，放出热量。

完全氧化反应（完全燃烧）：

$$C_2H_5OH+3O_2 \longrightarrow 2CO_2+3H_2O$$

不完全燃烧：

$$2C_2H_5OH+5O_2 \longrightarrow 2CO_2+2CO+6H_2O$$

乙醇可以被氧化（催化氧化）成为乙醛，甚至进一步被氧化为乙酸。乙醇在人体内也可以被氧化，但较缓慢。引起人酒精中毒的罪魁祸首通常被认为是有一定毒性的乙醛，并非喝下去的乙醇。

乙醇在加热和有催化剂（Cu 或 Ag）存在的情况下进行，可发生催化氧化生产乙醛。

$$2Cu+O_2 \xlongequal{\triangle} 2CuO$$

$$C_2H_5OH+CuO \xrightarrow{\triangle} CH_3CHO+Cu+H_2O$$

总式：
$$2CH_3CH_2OH+O_2 \xrightarrow[\triangle]{Cu/Ag} 2CH_3CHO+2H_2O$$

实际上是铜先被氧化成氧化铜；然后氧化铜再与乙醇反应，被还原为单质铜（黑色氧化铜变成红色）。乙醇也可被高锰酸钾氧化成乙酸，高锰酸钾的颜色会由紫红色变为无色。

乙醇能够与酸性重铬酸钾溶液反应，当乙醇蒸气进入含有酸性重铬酸钾溶液的硅胶时，硅胶会由橙红色变为灰绿色（Cr^{3+}），此反应可用于检验司机是否酒驾。

（2）与金属反应

由于乙醇可以电离出极少量的氢离子，所以其能与少量金属（主要是碱金属）反应生成对应的有机盐和氢气。活泼金属（钾、钙、钠等）可以将乙醇羟基里的氢取代出来。醇的金属盐遇水则迅速水解生成醇和碱。乙醇可以与金属钠反应产生氢气，但不如水与金属钠反应剧烈，金属钠形状变化不大，气泡很缓慢，主要沉在溶液底部。

$$2CH_3CH_2OH+2Na \longrightarrow 2CH_3CH_2ONa+H_2\uparrow$$

（3）酯化反应

乙醇与乙酸在浓硫酸催化并加热情况下，发生酯化反应生成具有果香味的乙酸乙酯。酒放得越久就越香就是因为乙醇被缓慢氧化成乙酸，然后发生酯化反应生成乙酸乙酯。反应为可逆反应：

$$CH_3COOH+C_2H_5OH \underset{\triangle}{\overset{浓\ H_2SO_4}{\rightleftharpoons}} C_2H_5OCOCH_3+H_2O$$

（4）取代反应

乙醇可以和卤化氢发生取代反应，生成卤代烃和水。反应式为：

$$C_2H_5OH+HX \longrightarrow C_2H_5X+H_2O（X 为卤素）$$

（5）脱水反应

乙醇在浓硫酸和高温条件下，催化发生脱水反应，随着温度的不同产物组成也会发生变化。

分子内脱水制乙烯：乙醇可在 170℃、浓硫酸（加酸入醇，酸与醇的比例为 1∶3）中发生脱水反应生成乙烯。在制取乙烯时，通常要在烧瓶中加入碎瓷片（或沸石）以免暴沸。

$$C_2H_5OH \xrightarrow[170℃]{浓\ H_2SO_4} CH_2=CH_2\uparrow+H_2O$$

分子间脱水制乙醚：乙醇也可发生分子间脱水，通过缩合反应制乙醚。

$$2C_2H_5OH \xrightarrow[140℃]{浓\ H_2SO_4} C_2H_5OC_2H_5+H_2O$$

1.1.2 乙醇的用途

根据含水量的不同，可分为无水乙醇（乙醇的体积分数为99.5%以上）和含水乙醇；按照用途的不同，可分为食用乙醇和工业乙醇。工业乙醇是指因含有对人体有毒的苯类和甲醇物质而不能直接食用的乙醇，一般情况下其乙醇的体积分数在95%左右。工业乙醇是一种很好的有机溶剂，是很多非食用化工业的基础原料。燃料乙醇是指添加变性剂进行变性处理后，可以混入汽油用作车用点燃式内燃机燃料的无水乙醇。目前，我国销售的乙醇汽油，即为汽油与燃料乙醇按照90∶10的比例混合后的汽油[1]。

1.1.2.1 工业原料

乙醇工业用途很广，作为有机溶剂，可用作洗涤剂、萃取剂、黏合剂，以及硝基喷漆、清漆、化妆品、油墨、脱漆剂等的溶剂，以及农药、医药、橡胶、塑料、人造纤维、洗涤剂等的制造原料，还可以做防冻剂、燃料、消毒剂等。叶绿体中的色素能溶在有机溶剂无水乙醇（或丙酮）中，所以用无水乙醇可以提取叶绿体中的色素。乙醇也可用来制取乙醛、乙醚、乙酸乙酯、乙胺等化工原料，是制取染料、涂料、洗涤剂等产品的重要原料。

1.1.2.2 消毒用品

25%～50%的酒精可用于物理退热。用酒精擦拭皮肤，能使患者的皮肤血管扩张，增加皮肤的散热能力，酒精蒸发吸热，使病人体表面温度降低、缓解症状。高烧患者可用其擦身，达到降温的目的。

40%～50%的酒精可预防褥疮。长期卧床患者的背、腰、臀部因长期受压可引发褥疮，如按摩时将少许40%～50%的酒精倒入手中，均匀地按摩患者受压部位，就能促进局部血液循环，防止褥疮的形成。

70%～75%的酒精可用于消毒。过高浓度的酒精会在细菌表面形成一层保护膜，阻止其进入细菌体内，难以将细菌彻底杀死。但若酒精浓度过低，虽可进入细菌，但不能将其体内的蛋白质凝固，同样也不能将细菌彻底杀死。而75%的酒精消毒效果最好，例如75%的酒精在常温（25℃）下，1min内可以杀死大肠杆菌、金黄色葡萄球菌、白色念珠菌和铜绿假单胞菌等。

1.1.2.3 饮料制品

日常饮用的酒品，通过微生物发酵生成。根据使用的微生物种类不同以及原料种类不同，酒品中还会有不同浓度的酸类、酯类和糖等物质。白酒的度数表示酒中含乙醇的体积分数，而对于啤酒度数是表示啤酒生产原料麦芽汁的浓度，以12度的啤酒为例，是麦芽汁发酵前浸出物的浓度为12%（质量分数）。麦芽汁中的浸出物是多种成分的混合物，以麦芽糖为主。啤酒中乙醇浓度一般低于10%。

饮酒后，乙醇很快通过胃和小肠的毛细血管进入血液。一般情况下，饮酒者血液中乙醇的浓度（blood alcohol concentration，BAC）在30～45min内会达到最大值，随后逐渐降低。当 BAC 超过 1000mg/L 时，会引起人体明显的乙醇中毒。摄入体内的乙醇除少量未被代谢而通过呼吸和尿液直接排出外，大部分乙醇会被氧化分解掉。

人饮酒后脸色发红，是因为乙醇进入人体后变成乙醛，乙醛引起末梢血管扩张而致脸红。喝酒脸红的人体内只有乙醇脱氢酶（alcohol dehydrogenase）而没有乙醛脱氢酶（aldehyde dehydrogenase），体内迅速累积的乙醛迟迟不能代谢，长时间就会致使人涨红脸。在人体肝脏 P450 的代谢作用下，乙醛能慢慢转化成乙酸，然后进入 TCA（三羧酸）循环而被代谢，红色在 1～2h 后会逐渐褪去。乙醇代谢的速率主要取决于体内酶的含量，具有较大的个体差异性，并与遗传因素有关。通常情况下，人体中的乙醇脱氢酶含量是基本相等的，但缺少乙醛脱氢酶的人较多。乙醛脱氢酶的缺少，使乙醛分解缓慢，在体内会存留较长的时间。

酒精在中药使用上可以行药势，古人谓“酒为诸药之长”，酒精可以使药力、药效得以较好地发挥，也能使滋补药物补而不滞。此外，乙醇作为良好的有机溶剂，有助于药物有效成分的析出，中药的多种成分都易于溶解酒精之中，所以中医用它来送服中药，以溶解中药中大部分的有效成分。

1.1.2.4　汽车燃料

1902 年，Deutz 可燃气发动机工厂将 1/3 的重型机车利用纯乙醇作为燃料，随后的 1925～1945 年间，乙醇被加入汽油里作为抗爆剂。作为汽油添加剂，乙醇可提高汽油的辛烷值。通常车用汽油的辛烷值要求为 90 或 93，乙醇的辛烷值可达到 111，所以向汽油中加入燃料乙醇可大大提高汽油的辛烷值，且乙醇对烷烃类汽油组分（烷基化油、轻石脑油）辛烷值调和效应好于烯烃类汽油组分（催化裂化汽油）和芳烃类汽油组分（催化重整汽油），添加乙醇还可以有效地提高汽油的抗爆性[7,8]。

乙醇的氧含量高达 34.7%，与甲基叔丁基醚（MTBE）相比，乙醇可以在汽油中的添加量更少。汽油中添加 7.7%的乙醇，氧含量达到 2.7%；如添加 10%乙醇，氧含量可以达到 3.5%，所以加入乙醇能够使汽油燃烧更充分。使用燃料乙醇取代四乙基铅作为汽油添加剂，可消除空气中铅的污染；取代 MTBE，可避免对地下水和空气的污染。另外，除了提高汽油的辛烷值和含氧量，乙醇还能改善汽车尾气的质量，减少温室气体排放，例如小麦秸秆乙醇减排效果可达 87%、林木乙醇减排效果达 76%～80%[9]。

一般当汽油中的乙醇的添加量不超过 15%时，对车辆的行驶性能没有明显影响，但尾气中烃类化合物、NO_x 和 CO 的含量会明显降低。美国汽车油料使用研究报告表明：使用含 6%乙醇的加州新配方汽油，与常规汽油相比，HC 排放可降低 5%、CO 排放减少 21%～28%、NO_x 排放减少 7%～16%、有毒气体排放降低 9%～32%。相比含 MTBE 的普通汽油，使用乙醇可同时显著降低一次 $PM_{2.5}$ 浓度 20%～40%；在重污染的冬季，京津冀区域 $PM_{2.5}$ 浓度平均可降低 0.1～0.2$\mu g/m^3$，北京城区 $PM_{2.5}$ 浓度平均可削减 0.4$\mu g/m^3$ 以上[10]。

1.2 燃料乙醇作为车用乙醇汽油的应用

燃料乙醇与食用酒精和一般化工用无水乙醇的区别在于进入市场前需要加入变性剂成为变性燃料乙醇，目前常用的变性剂为汽油，在变性燃料乙醇中的体积分数为0.99%～4.76%，因此不能食用和工业用，只能作为燃料。同时，因其加入了金属腐蚀抑制剂，也只适合作为车用点燃式内燃机燃料。

1.2.1 车用乙醇汽油的优点

近年来，机动车尾气对环境以及人类健康的影响越来越严重，车用乙醇汽油最突出的优点在于其替代车用汽油后产生的环境效益。

1.2.1.1 降低机动车尾气的大气污染

在人类历史发展过程中，靠生态系统的生物自然循环可以保持所赖以生存的自然环境实现平衡。例如由于有机物的燃烧或其他人类的活动而生成的二氧化碳，可以被各种植物通过光合作用吸收、通过海洋进行存储，从而使大气中的二氧化碳保持一定的浓度水平。但是随着社会生产力迅速发展，各类废气排入大气，超过了自然吸纳能力，打破了物质自然循环的平衡，造成了环境污染。尤其是近年来随着机动车经济的飞速发展，机动车的生产和使用量急剧增长，已经成为人类的主要交通工具，在为人们的出行带来方便的同时，机动车排气对环境的污染日趋严重，许多大城市的空气污染已由燃煤型污染转向燃煤和机动车混合型污染，机动车排气污染对环境和人们身体健康的危害已相当严重。创造空气良好的环境已成为广大人民群众的呼声和建设现代化文明城市的标志，是环境保护工作的当务之急，解决机动车尾气污染问题已经迫在眉睫。

机动车尾气污染具有以下特点：一是机动车属于流动污染源，其污染物的扩散和污染的危害不同于固定污染源；二是机动车所排气体直接作用于人们的呼吸带；三是人口越密集的地方汽车越多，而且越是人口密集的地方机动车运行速度越慢，这时的机动车污染更加严重；四是机动车污染成分复杂，除燃油不完全燃烧排出的大量有机物外，它与路面摩擦扬起的灰尘也是很大的，沥青路面的挥发物中含有大量的致癌物，而且是由众多的小污染源合起来构成的大环境污染，它不同于河流污染、大烟囱冒黑烟污染能被人们看得见。

机动车排气的主要成分有如下几种。

① 大气成分：氮气、剩余氧气。

② 燃料完全燃烧生成物：水蒸气、二氧化碳。

③ 燃料不完全燃烧生成物：一氧化碳、氢。

④ 未燃烧燃料及燃料分解生成物：烃类化合物等。

⑤ 燃烧中间产物：醛、乙醇、酚醛、有机酸。

⑥ 空气氧化产物：氮氧化物、氨。

⑦ 燃料及润滑油的添加物及不纯物质：氧化铅、硫化物、磷化物、金属化合物等。

其中，一氧化碳、烃类化合物、氮氧化物、铅以及炭烟对环境污染尤为严重。据统计每千辆汽车每天排出的一氧化碳量约为3000kg，烃类化合物200～400kg，氮氧化物50～150kg，平均每燃烧1t燃油生成的有害物质达40～60kg。从上述统计的情况可以看出，在机动车排气污染物中，一氧化碳的数量为最高，全世界每年排入空气中的一氧化碳约为2.2亿吨，占总污染物的1/3以上，交通发达国家已达到1/2左右。机动车是流动污染源，它排放的有害物质分布在地球气流中，其浓度与汽车总排放量和交通流量成正比。据有关资料介绍，城市道路上的车流量在每小时1000～2000辆时，一氧化碳、烃类化合物和氮氧化物三种有害气体占道路两侧全部有害气体的80%～90%。世界上几乎所有的大城市和多数中小城市都遭到了汽车排污的严重危害，对人类健康和植物等有重大的危害，必须对其进行严格控制[11]。

1.2.1.2 机动车尾气对人类健康的危害

汽车排出大量的一氧化碳、烃类化合物、氮氧化物、颗粒物及硫化物等。这些污染物对周围环境和人类健康造成一系列严重的不利影响，尤其对老年人、儿童和体质弱的人，影响就更为突出。

(1) 二氧化碳（CO_2）

世界工业化进程引起的能源大量消耗，导致大气CO_2的剧增，其中约30%来自汽车排气。CO_2为无色、无毒气体，对人体无直接危害，但大气中的CO_2大幅度增加，因其对红外热辐射的吸收而形成的温室效应，会使全球气温上升，使人类和动植物赖以生存的生态环境遭到破坏。因此，近年来对CO_2的控制也已上升为汽车排放研究的重要课题。

(2) 一氧化碳（CO）

在内燃发动机中，一氧化碳是空气不足或其他原因造成不完全燃烧时所产生的一种无色、无味的气体。一氧化碳为无色、带刺激性的有害气体。分子量为28.01，密度为1.25g/L，冰点为－205.1℃，沸点为－191.5℃。在水中的溶解度甚低，极难溶于水。与空气混合爆炸极限为12.5%～74.2%。一氧化碳极易与血红蛋白结合，人们在呼吸时吸入一氧化碳后，一氧化碳即在肺中与血液中的血红蛋白（Hb）结合在一起，形成碳氧血红蛋白（CO-Hb）。血液中的血红蛋白通常是在肺中与空气中的氧（O_2）结合在一起，血液循环时向全身各部分供给氧气。由于一氧化碳与血红蛋白的亲和能力较氧气强200～300倍，所以吸入一氧化碳后，一氧化碳就优先与血红蛋白相结合，使这部分血红蛋白失去输送氧气的能力，结果造成血液的输氧能力下降。而一氧化碳一旦和血红蛋白结合，就很难分解，要经过很长时间才能消除其毒害作用，同时一氧化碳的毒害作用有积累性，人连续处在混有一氧化碳空气中时间越长，血液中一氧化碳浓度越高，血液中积累的CO-Hb量越多，这样就造成低氧血症，导致人体缺氧。轻者使人头疼、眩晕及反应迟钝，重者使人神经机能下降，直到死亡。

(3) 氮氧化物（NO_x）

氮氧化物是只由氮、氧两种元素组成的化合物，是发动机有一定负荷时大量产生的一种褐色的有刺激性气味的废气。常见的氮氧化物有一氧化氮（NO，无色）、二氧化氮（NO_2，红棕色）、一氧化二氮（N_2O）、五氧化二氮（N_2O_5）等，其中除五氧化二氮常态下为固体外，其他氮氧化物常态下都为气态。作为空气污染物的氮氧化物常指NO和NO_2。汽车排出的氮氧化物（NO_x），95%以上为一氧化氮，二氧化氮只占3%～4%。但一氧化氮排入大气后，会逐步转变为二氧化氮。氮氧化物都具有不同程度的毒性。一氧化氮毒性不大，高浓度时能引起神经中枢的障碍。二氧化氮是一种毒性很强的棕色气体，对人的眼睛、口腔、呼吸道及肺容易造成危害，使人咳嗽、流鼻涕。二氧化氮被吸入肺部后，能与肺部的水分结合形成可溶性硝酸，严重时会引起肺气肿。

(4) 烃类化合物（HC）

烃类化合物（HC）只由碳和氢两种元素组成，其中包含烷烃、烯烃、炔烃、环烃及芳香烃，汽车尾气中已分析出200多种，在这么多种烃类化合物中，每种成分对人的影响也各不相同。一般在低浓度时看不出直接的影响。当浓度达到10^{-4}数量级时，可使人出现中毒症状，如有些人闻到汽油蒸气就头晕、恶心等。在已分析出的200多种烃类化合物中，至少有32种多环芳烃，其中包括3,4-苯并芘等9种致癌物质，它们对人体健康有直接影响。近几年的研究发现，烃类化合物会导致骨髓功能逐渐减弱，减少红细胞数量（贫血症），减少白细胞数量或在周围血液中产生血小板减少症。烃类化合物还有刺激眼和鼻，降低鼻的机能的作用。醛类也是柴油机排气臭味的来源，人鼻对其灵敏度极高。烃类化合物的性质和危害，到目前为止尚未完全弄清楚，有待进一步研究。

(5) 光化学烟雾

机动车尾气中的一次污染物NO_x与HC受阳光中紫外线照射后发生化学反应生成二次污染物，形成有毒的光化学烟雾。其主要成分为臭氧（O_3）、各种过氧化物及各种自由基等。当光化学烟雾中的光化学氧化剂超过一定浓度时，具有明显的刺激性。它能刺激眼结膜，引起流泪并导致红眼症，同时对鼻、咽、喉等器官均有刺激作用，能引起急性喘息症，可以使人呼吸困难、眼红喉痛、头脑晕沉，能引起慢性呼吸系统疾病恶化、呼吸障碍、损害肺部功能等症状，长期吸入氧化剂能降低人体细胞的新陈代谢，加速人的衰老。光化学烟雾还具有损害植物、降低大气能见度、损坏工业品，使金属腐蚀、仪表损坏、棉布质地下降、染料褪色、橡胶老化等危害。

(6) 颗粒物

颗粒物（particle matter，PM），是气溶胶体系中均匀分散的各种固体或液体微粒。颗粒物可分为一次颗粒物和二次颗粒物。一次颗粒物是由直接污染源释放到大气中造成污染的颗粒物，例如土壤粒子、海盐粒子、燃烧烟尘等。二次颗粒物是由大气中某些污染气体组分（如二氧化硫、氮氧化物、烃类化合物等）之间，或这些组分与大气中的正常组分（如氧气）之间通过光化学氧化反应、催化氧化反应或其他化学反应转化生成的颗粒物，例如二氧化硫转化生成硫酸盐。2017 年 10 月 27 日，世界卫生组织国际癌症研究机构公布的致癌物清单中，含颗粒物的室外空气污染在一类致癌物清单中[12]。

机动车排气中的微粒物有烟灰和炭颗粒等固体颗粒。烟尘微粒，一般是由直径为 0.1～40μm 的多孔性炭粒构成。它表面能黏附有二氧化硫及苯并芘等有毒物质，具有臭味。炭烟中的毒性物质通过两个途径毒害人类：一是直接吸入人体后经呼吸系统进入肺部而沉积；二是通过食物带入人体，这些食物是指受颗粒毒害的植物和动物。

虽然细颗粒物只是地球大气成分中含量很少的组分，但它对空气质量和能见度等有重要的影响。与较粗的大气颗粒物相比，细颗粒物粒径小，含大量的有毒、有害物质且在大气中的停留时间长、输送距离远，因而对人体健康和大气环境质量的影响更大。研究表明，一方面，颗粒越小，进入呼吸道的部位越深，停滞于人体肺部、支气管的比例越大，10μm 直径的颗粒物通常沉积在上呼吸道，2μm 以下的可深入到细支气管和肺泡，直接影响肺的通气功能，使机体容易处在缺氧状态。另一方面，颗粒越小，悬浮于空气中的时间越长，这就增加了炭粒在大气中受阳光和其他物质作用而产生光化学反应的机会。而且细颗粒物能飘到较远的地方，因此影响范围较大。所以，颗粒越小对人体健康的危害越大。当前已引起人们重视的颗粒物分为 $PM_{2.5}$ 和 PM_{10} 两类，前者直径不超过 2.5μm，后者直径不超过 10μm，当前的欧盟空气质量标准限定，$PM_{2.5}$ 的年平均值最多为 40$\mu g/m^3$，PM_{10} 为 25$\mu g/m^3$。

1.2.1.3 车用乙醇汽油对缓解机动车尾气污染的作用

随着人们对汽车排污危害认识的逐步深入，世界上不少国家相继制定了更严格的排放标准或排放限制法规。例如联合国世界卫生组织的指导原则建议：$PM_{2.5}$ 和 PM_{10} 的年平均值分别为 20$\mu g/m^3$ 和 10$\mu g/m^3$。为了实现与达到这些标准和法规，广大科技人员在对汽车排污控制技术方面做了大量研究工作，很多研究成果已应用于汽车排放控制上，概括起来，这些技术措施分为两大类：一是控制燃气前燃烧过程中和过程后污染物的生成数量，即“排气前控制技术”（也叫机内净化技术），是从发动机有害排放物的生成机理及影响因素出发，通过对发动机的调整或改进，达到控制燃烧，减少和抵制机内有害排放物生成的各种技术，比如采用车用乙醇汽油；二是减少废气进入大气中的数量，即“排气后处理技术”（也叫净化技术），是在排气前控制污染物生成量的基础上，在废气排出后而未进入大气之前，在排气系统中采取的进一步净化措施和方法。科技部与环境保护部在组织实施《蓝天科技工程“十二五”专项规划》的基础上，对大气污染防治方面的科研成果及应用情况进行了全面梳理和筛选评估，编制形成了《大气污染防治先进技术汇编》，其中机动车尾气排放控制即为八个关键技术领域之一。而将汽油和醇类燃料按一定比例混合后的作为车用燃料使用的排气前控制技术，具有多种优势。

（1）作为汽油增氧剂

在乙醇燃料使用的大国——美国，1990年通过了《空气清洁法（修正案）》。在此法案中规定了汽油新配方中必须添加增氧剂，提高汽油混合物的含氧量，使燃料燃烧充分，减少CO、HC等有害物质的排放量，减轻对环境的污染。经过研究和应用试验，如在汽油中加入一定量的乙醇作为增氧剂，可以减少CO、HC等有害物质的排放量20%以上，从而促使了燃料乙醇的使用量迅速增加[13]。

（2）作为汽油辛烷值增值剂

自从汽油中四乙基铅被大多数国家禁止使用后，甲基叔丁基醚（MTBE）同时作为增氧剂和辛烷值增值剂使用。但是MTBE在自然界中不易分解，容易污染地下水源。2000年，美国联邦环境保护署已提出新的法规，加利福尼亚州从2003年起禁止在汽油中添加MTBE。同时，认为乙醇是一种清洁能源，它的辛烷值和含量都比MTBE高，使用效果较好。另外，辛烷值的增加可以增加汽缸压缩比，提高动力的功率，降低能量的消耗。因此，乙醇是很好的、合适的MTBE替代剂。例如，在汽油中加入10%的乙醇，可增加研究法辛烷值2～3个单位。经过运行试验，加入10%乙醇的汽油后能量经济性可提高2.1%，但是该混合燃料的热值比全汽油的热值低3.4%，因此还有1.3%的差值。从理论上分析，变性燃料乙醇加入汽油能提高汽油的辛烷值，使汽油燃烧更加充分，从而降低尾气中一氧化碳、烃类化合物等有害物质的排放[14]。

在车用乙醇汽油试点期间河南省环境监测中心站就车用乙醇汽油对汽车排气的影响进行了实际监测，实测结果也证实了这一点。监测结果表明：一是汽车更换乙醇汽油后汽车尾气排放的一氧化碳、烃类化合物、氮氧化物、酮类、苯系物明显减少；二是汽车更换乙醇汽油后尾气排放中的醛类污染物明显升高；三是从总体上讲汽车更换乙醇汽油后尾气排放中污染物变化较大，人们最关心的污染物，如一氧化碳、烃类化合物、氮氧化物、酮类、苯系物等排放浓度明显降低，也就是说汽车更换乙醇汽油后尾气排放明显好转。测试结果中醛类污染物排放浓度虽然大幅度升高，但汽车尾气排放污染物中一氧化碳、烃类化合物、氮氧化物三项占总排放量的80%～90%，而醛、酮、苯等有机物污染只占10%～20%，当排放量较大的污染物得到明显改善后，实际上汽车尾气排放已经得到明显好转，只占小部分的醛类污染物的升高比起前三项主要污染物而言，它对大气污染的贡献就显得小多了。在9个城市的调查报告中，使用乙醇汽油期间，城市空气中的二氧化氮、一氧化碳季均值与使用普通汽油比较，二氧化氮下降了8%、一氧化碳下降了5%[11]。

另外，添加燃料乙醇对于减轻雾霾污染也具有重要作用。2013年以来，我国多次出现持续性、大面积雾霾，受影响人口约6亿人。雾霾中的$PM_{2.5}$成为最新的健康杀手和人民群众的“心肺之患”。根据环保部门的数据，北京的$PM_{2.5}$颗粒来源中，有22%以上来自机动车排放，而上海则是25%来自车船尾气排放。据澳大利亚海洋与大气研究所2005～2011年的行车试验研究表明，与使用纯汽油相比，使用燃料乙醇 E10 汽油轻负荷汽车的 $PM_{2.5}$ 排放量可减少 33%[15]。

1.2.1.4 作为石油替代物保障能源安全

随着世界经济的迅速发展，地球上的资源正逐步被消耗，尤其是一次性消耗的石油资源。2013 年 9 月，中国石油净进口量超过美国，成为世界第一大的能源净进口国。车用燃料消耗占石油消耗的 1/3，并且以每年 15%～16%的速度增长。从长远来看，利用太阳能生产可再生的生物质能源是势在必行的举措。自然界中的生物，尤其是农作物在生产过程中利用空气中的二氧化碳，利用太阳能进行光合作用，合成大量的取之不尽的生物质，为人类提供了生存的必要条件。利用微生物发酵法、以农副产品为原料生产的乙醇是可再生液体燃料和绿色、优质汽油组分。推广使用车用乙醇汽油，符合我国建设清洁低碳、安全高效现代能源体系的要求，可以替代部分石油，提高非化石能源比重，提高能源自给能力和安全水平。

（1）有利于调控粮食市场

发展生物燃料乙醇，可以提高我国对粮食生产、库存和价格的调控能力，为大宗农产品建立长期、稳定、可控的加工转化调节渠道，促进粮食供求平衡，形成粮食生产和消费良性循环发展的局面。同时，生物燃料乙醇产业也是处置超期超标等粮食的有效途径。

（2）有利于促进农业农村发展

相对剩余的农产品通过成熟的工业化发酵方法转化，有助于稳定、提高农产品价格，稳定农业生产，增加农民收入。发展生物燃料乙醇，是提高农产品深加工水平的重要途径，有利于促进农业的发展。在玉米发酵过程中产生的副产物 DDGS 是一种高蛋白含量的饲料，可以带动养殖业的发展。此外，纤维素乙醇技术可推动农作物秸秆高值利用和高端转化，通过增加工业生产、增加就业人员等，加快培育绿色经济增长点，带动农业增效和农村经济发展。

1.2.2 燃料乙醇对发动机性能的影响

由于发动机燃料改变，汽车的启动性能、动力性能、燃料经济性能、尾气排放性能、材料相容性能以及整个系统都有所改变。

1.2.2.1 启动性能

（1）汽油车启动性能

汽油车的启动性能主要取决于汽油的初馏点与 10%馏出温度。但当掺混上乙醇后，其启动性能主要取决于乙醇的性能。无水乙醇的汽化潜热约为 216kcal/kg(1cal≈4.185J，下同)，汽油的汽化潜热约为 80kcal/kg，是汽油的 2.7 倍，而且汽化潜热还随乙醇含水量增大而增大，因此，乙醇汽化时的吸热量比汽油大得多，这将引起发动机进气温度降低，造成发动机冷启动困难。乙醇的黏度也比汽油大，乙醇 20℃

时的运动黏度为1.5cSt（$1cSt=1mm^2/s$），汽油为0.83cSt，这种高黏度会导致启动时喷出的油量减少、润滑程度降低，也会增加启动的困难。

另外，乙醇是定沸点液体，沸点为78.4℃，随含水量增加而增高。汽油由多种烃类组成，其沸点随组成不同在20～210℃范围内变化。因而乙醇与汽油具有完全不同的蒸馏曲线。乙醇与汽油混合形成共沸溶液时，由于乙醇沸点低，降低了混合液的前期馏出温度，使混合液的蒸气压力比纯汽油的蒸气压力高，有利于燃料与空气的混合，对发动机启动有利。但当发动机温度较高后，也可能产生气阻，而造成发动机热启动困难。

由于上述原因，使乙醇汽油混合液的启动性能总体上相对汽油较差。因此，汽油机使用燃料乙醇时，在结构设计中必须注意解决冬季冷启动困难问题。

（2）柴油车启动性能

柴油机使用燃料乙醇也存在类似的冷启动问题，需要在结构设计中加以解决。

（3）提升启动性能的措施

一般增加发动机启动性能的措施包括加热进气、提高点火能量以及加大点火提前角。对于电子控制喷射式的乙醇燃料发动机，可以从燃料供给与控制上采取措施加强乙醇燃料发动机的冷启动性能，如可以优化燃料喷射器结构，以增强燃料与空气的雾化与混合；加强冷启动状态的空燃比控制，如启动时提前点火，采用特定的燃料喷射方式等。

目前，福特公司开发的灵活燃料发动机在结构设计、燃料供给等方面考虑到冷启动问题，在－14℃的条件下启动，基本不出现“丢火”的现象，冷启动性能良好。

1.2.2.2　动力性能

由于乙醇燃料的热值比汽油、柴油的低，因此，如果消耗相同体积的含有乙醇的燃料，发动机动力性能与相应的汽油车或柴油车比，有降低的趋势；与纯柴油相比，由于乙醇容易挥发，导致燃料蒸气的混合均匀性好一些，热效率会提高，使其动力性有增加的趋势；而与汽油机相比，由于乙醇的辛烷值较高，可能采用的压缩比高，热效率也有提高的趋势，其动力性也有增加的潜力。因此，实际乙醇燃料发动机的动力性主要受乙醇含量、发动机压缩比、发动机的燃料供给方式等的影响。当乙醇含量高到一定值时，其动力性下降，而在一定乙醇含量范围内，发动机的动力性可基本保持不变，甚至可能比原机有所增加[14]。

1.2.2.3　尾气排放性能

燃料乙醇由于分子结构中含氧，使氧气与燃料混合更加充分，促使可燃混合气燃烧更充分，燃烧后尾气中的一氧化碳排放一般会有较大程度的降低。掺入10％的乙醇，全汽油就可以增加3.5％以上的氧。用在老式化油器汽车上，这种混合燃料可以减少一氧化碳排放量大约34％。纯燃料乙醇将会产生更好的效果；它几乎可以消除一氧化碳排放，并减少40％或更多的臭氧形成。例如，美国科罗拉多州的官方统计结果认为，使用掺有10％谷物酒精或乙醇的汽油后，汽车排放出来的一氧化碳减少12%。

在标定功率29.4kW、标定转速1500r/min的发动机上燃料乙醇汽车尾气排放的研究结果表明：试验发动机采用柴油乙醇燃料后，柴油机的黑烟排放大幅降低；氮氧化合物排放基本不变；一氧化碳全负荷时大幅降低，部分负荷时降低不明显，低负荷时反而上升。一氧化碳排放主要是由缸内温度与氧含量两者共同决定。当转速与负荷较高时，缸内温度较高，此时一氧化碳排放的主要因素是气缸内的氧含量，导致含氧柴油乙醇的一氧化碳排放率明显低于纯柴油发动机的一氧化碳排放率。因此可以认为，从降低一氧化碳排放效果来讲，柴油乙醇燃料对高功率重载发动机效果更好。但是，由于柴油乙醇发动机的汽化潜热高，柴油乙醇发动机缸内温度低于柴油机，燃烧不完全导致其HC排放量升高。同时，由于燃料供给系统没有相应的改变，引起气道、燃料喷雾、进气涡流等匹配没有达到最优化，导致改装柴油乙醇燃料发动机烃类物排放较高。

目前很多国家和地区均对车用乙醇汽油进行了行车试验，从总体上讲，不论发动机试验台架研究结果，还是整车尾气排放跟踪结果，还是全生命周期分析结果，燃料乙醇汽车对大气质量污染都有所改善，其中改善最为明显的是微粒排放，冬季CO排放相对汽油车也有大幅降低。虽然燃料乙醇汽车的特殊污染物排放比普通汽柴油车的高，但绝对排放值仍然很低，而苯的排放大幅降低，结果表现为当量硫污染物排放大幅降低，对提高大气质量效果显著。

1.2.2.4 灵活燃料汽车

为了灵活地使用乙醇汽油，很多国家的汽车公司都开发了“灵活燃料汽车”(Flexible Fuel Vehicles，FFV)，其内燃机能够使用一种以上燃料运行。通常是汽油与乙醇混合的燃料，两种燃料被贮存在同一箱体中。现代灵活燃料汽车能够根据其燃料成分传感器探测到的实际混配比例来自动调整燃料喷射和火花定时器，所以其燃烧室可以燃烧任何比例的混合燃料。

第一款商业化灵活燃料汽车是1908～1927年期间的福特Model T，它装有可调喷射器，可以使用汽油或乙醇，或者两者的混合物。1973年石油危机之后，巴西政府在1979年强制使用乙醇和汽油的混合燃料。在测试验证巴西四大汽车制造商开发的几个原型车后，纯乙醇（E100）驱动汽车也在1979年进入市场。巴西汽车企业改进了汽油发动机，以支持乙醇燃料特性，相关改变包括压缩比、喷油量、替换与乙醇接触易受腐蚀的材料、使用更适合在高火焰温度下散热的冷态点火线圈，以及在低温情况下从第二辅助油箱向发动机内喷注燃油的辅助冷启动系统。20世纪90年代末，巴西工程师开始着重研究、开发灵活燃料技术，巴西大众汽车公司于2003年3月最先将可以使用任一比例汽油和乙醇混合燃料的第一款灵活燃料汽车——高尔(GOL)1.6完全灵活燃料汽车投入巴西市场。该车进入市场两个月后，通用雪佛兰也将灵活燃料车Corsa 1.8 Flexpower投入巴西市场。到2011年，共有大众、通用雪佛兰、菲亚特、标致、福特、雷诺、雪铁龙、本田、丰田、三菱、日产和起亚12家汽车制造商生产灵活燃料汽车[16]。

1.3 车用乙醇汽油使用中的注意事项

1.3.1 一般事项

1.3.1.1 清洗燃油系统

乙醇汽油是一种有机溶剂，具有较强的溶解清洗特性和亲水性，如果燃油系统不清洁，首次使用时会使油箱及油路系统中长期沉积凝结的各类杂质（铁锈、污垢、胶质颗粒等）软化溶解下来，混入燃油中；同时，油箱底部长期积存的水分也会和乙醇汽油互溶，使油中水分超标，出现油水（醇）分层，影响正常使用。为了确保车用乙醇汽油的使用效果，防止上述现象发生，建议首次使用前，对燃油系统进行彻底清洗。

1.3.1.2 防水

无水乙醇和汽油有很好的互溶性，能够以任意比例溶解。但是如果乙醇含水，乙醇和汽油的互溶性就会降低。乙醇分子之间能够产生氢键，并以二聚物的形式存在，当乙醇溶于汽油这种弱极性溶剂时，分子之间的氢键被削弱，缔合度减少。由于水分子形成氢键的能力比乙醇强，水分子的存在促进了水分子和乙醇的氢键缔合。乙醇的抗水性较差，乙醇汽油在少量水分存在的情况下容易发生相分离。试验表明，含水量大于0.75%，水分子和乙醇分子会形成复杂的缔合体，导致汽油和乙醇分层。试验还表明，当乙醇的含水量大于1.25%时，会导致分层明显。因此，一般要求乙醇的含水量要小于0.5%。同时，随着乙醇汽油含水量的增加，相分离温度会明显提高。有关试验结果表明，以含10%乙醇汽油为例，当调和汽油中含水量小于3000×10^{-6}时，相分离温度为－30℃以下；当含水量增加至4000×10^{-6}时，相分离温度为－16℃。如果油罐底有水，乙醇汽油在短时间内分层，添加不同的助剂可以减少分层，但是不能完全解决乙醇与汽油的分层问题。因此，乙醇汽油的分层问题主要与含水量有关系。由于乙醇汽油遇水会产生分层，减少贮存、运输等环节，缩短调配至用户的周期能有效保证乙醇汽油的质量。另外，在使用方面，那些停多开少、动辄一停就是个把月的车不适合使用乙醇汽油。

1.3.1.3 防腐蚀

车用乙醇汽油的腐蚀性与无铅汽油相当，但对少数橡胶、塑料件有溶胀现象。乙醇对金属的腐蚀性大于汽油，但添加一定量的金属腐蚀抑制剂后，对黄铜、铸铁、钢锌和铝等金属进行腐蚀试验，结果表明，未发现有明显的腐蚀现象。对橡塑件的浸泡试验表明，车用乙醇汽油对绝大多数橡塑件无溶胀现象，只有少数几种不适应，但溶胀作用缓慢，只需一次性更换耐溶胀的橡塑件即可。

1.3.1.4 防火

乙醇汽油火灾与普通汽油火灾所要注意的问题是一样的，所采取的消防措施也很相似。可用于乙醇和乙醇汽油灭火的有干粉、二氧化碳及泡沫。但是应当注意乙醇的火焰几乎是无色的，白天时不容易发现。

1.3.1.5 注意季节

夏季环境气温较高，燃油的挥发性增大，如油箱附件——排气门堵塞，使部分气态燃油不能经排气门排出，油路气阻发生概率可能增大，因此要经常检查油箱进排气门是否畅通。另外，使用车用乙醇汽油的车辆，在夏季加油时不要将油箱加得太满，要留有一定的油品膨胀和汽化空间。而冬季环境温度低，与使用其他油品一样，每天在首次启动车辆时，应保证充分的暖机状态（1～2min），待发动机温度上升后，再起步行驶。

1.3.1.6 事故处理

与其他燃料一样，出于健康考虑，对乙醇汽油的使用过程必须给予高度的重视。操作人员的身体尽量少暴露在燃料中；与汽油一样，乙醇汽油可燃、有毒，偶尔接触也可能造成身体上的伤害，更不能将燃料乙醇与食用乙醇相混淆。暴露在燃料乙醇中可能会吸入部分燃料蒸气，或沾到皮肤上或眼睛内，甚至吞下燃料乙醇或燃料蒸气。身体长时间暴露在乙醇汽油中可能出现以下危害：反应迟钝或注意力下降；运动协调性降低；瞌睡、昏睡甚至失去知觉。

处理措施与事故类型本身有关。对于吸入情况的处理方法是，移到远离乙醇的新鲜空气下，并寻求医护人员的支持；对于皮肤接触后出现明显不良反应的类型，先用肥皂清洗并用大量清水冲洗，之后脱下被污染的衣服，并向医护人员寻求帮助；对于乙醇汽油飞溅到眼睛内的情况，先用清水清洗眼睛至少15min，同时向医护人员寻求支持；对于饮用燃料乙醇的情况，与汽油燃料吸入不同的是，不要引起误食者呕吐，立即寻求医护人员支持。

防火安全方面，虽然燃料乙醇释放的热量通常比汽油少，但火灾防护仍然必须高度重视。灭火剂一般应采用干粉灭火剂或二氧化碳灭火剂或能用于酒精灭火的泡沫灭火剂。在建造乙醇燃料加油站时，必须先与当地消防部门联系，不同的地方针对乙醇的消防规定不同。乙醇汽油的安全法规制定一般与汽油一样，应该包含易燃易爆设备、贮存、处理要求等方面的要求。

1.3.2 燃料乙醇管理制度

由于乙醇汽油和普通汽油相比有很多不同的特点，所以不但在生产、调配中的选择上要认真规划，而且要对乙醇汽油的运输、调配进行专门研究，制定出相应的行业标准和国家标准。同时，要对乙醇汽油储运设施材料进行专门的研究，制定出相应的标准，涉及的技术规程、标准及管理办法如下[11]。

1.3.2.1 燃料乙醇安全生产管理制度

以河南天冠企业集团制定的《燃料乙醇安全生产管理制度》为例，具体如下：

① 生产区内禁止吸烟，如检修时必须动火，要严格执行集团公司动火制度，办理动火许可证，并采取相应的安全措施。

② 上班必须穿工作服，禁止穿高跟鞋、带钉鞋。

③ 工作时应严格按照操作堆积，保证设备运输不超负荷，一切转动设备要有防护罩。

④ 操作人员随时检查各部位压力、温度及成品产量和质量，定时记录，保持操作稳定。

⑤ 开车、停车需提前与有关单位和岗位联系。

⑥ 生产中和检修时严禁金属相互碰撞，以防出现火星，电器设备必须防爆，以免发生事故。

⑦ 发生火警，立即切断电源，关闭一切气管、风管，并立即拨打火警电话，再根据火情采取适当的灭火方法。

⑧ 按照规定做好设备、管道的检查维修工作。

⑨ 做好值班记录，严格执行交接班制度。

1.3.2.2 燃料乙醇装运管理制度

以河南天冠企业集团制定的《燃料乙醇装运管理制度》为例，具体如下：

① 进入库区的车辆，应配置灭火器材，并有防静电设施。

② 成品库区禁止无关人员进入，不允许带乘客进入，进入库区人员禁止穿带钉鞋。

③ 进入库区人员禁止携带烟火。

④ 允许进入库区的车辆，其排气管应安装防火帽，要对车辆进行检查，防止易燃物滴落在排气管上。车辆的安全停车线路距离车库不少于5m。

⑤ 严禁在库区内修理车辆。

⑥ 气温高于35℃时，上午10时至下午5时，不得装运成品，以防暴晒受热发生事故。

⑦ 装卸成品时，要防止剧烈震荡、摩擦、撞击，做到轻装轻卸。

1.3.2.3 燃料乙醇贮存管理制度

以河南天冠企业集团制定的《燃料乙醇贮存管理制度》为例，具体如下：

① 燃料乙醇产品在户外罐内存放或在易燃液体专用车内存放，存放处应阴凉、通风，与爆炸物、易燃物、强酸、强氧化物隔离存放。库内温度大于30℃时，应采取降温措施。

② 库区位置选择，贮罐组合与安全位置、防火间距与防火堤、泵房、装卸罐管的安全防火距离等应按《建筑设计防火规范》(GB 50016—2014) 规定执行。

③ 库区内及其周围30m范围内严禁烟火及燃放烟花爆竹。

④ 仓库重地，闲人免进。更不允许儿童进入库区。入库人员，禁止携带烟火。

⑤ 成品贮罐顶部必须安装呼吸阀和阻火器。

⑥ 露天贮罐要有喷淋水冷却系统。气温高于 30℃时，对贮罐喷水冷却。

⑦ 库区及贮罐上空，不得通过任何电线和电缆。电力电缆不得与成品管道及热力管道敷设在同一管沟内。

⑧ 允许进入库区的车辆，其排气管应安装防火帽，要对车辆进行检查，防止易燃物滴落在排气管上。车辆的安全停车线距离库房不少于 5m，严禁在库区内修理车辆。

⑨ 输送成品的金属管道的法兰应跨接，其始端、终端、分支处及直线段每隔 200～300m 均应设置接地点。

⑩ 库区应建立消防灭火系统。库区消防系统设计可参照《石油库设计规范》(GB 50074—2014)，并需得到消防部门认可。

⑪ 在库区内，所用电器设备应按规定选用防爆型。

⑫ 库区应在避雷针保护范围之内。每只贮罐必须做防雷接地，其接地点不应少于 2 处。接地点沿贮罐周长的间距，不宜大于 30m。当罐顶装有避雷针或利用缸体作接闪器时，接地电阻不应大于 10Ω。当贮罐作防感应雷接地时，接地电阻不宜大于 30Ω。

⑬ 气温高于 35℃时，上午 10 时至下午 5 时，不得装运成品，以防暴晒受热发生事故；装卸成品时，要防止剧烈震荡、摩擦、撞击，做到轻装轻卸。

⑭ 运输车辆罐车，应配置灭火器材，并有防静电设施。

⑮ 库区内应放置显著的禁火、禁烟标志；禁火区内，不得住人和有明火。凡在禁火区内进行明火作业时，必须严格执行动火手续。

⑯ 库区管理员，应严格执行岗位责任制及安全操作规程，坚持巡回检查，保证成品贮罐、管道、泵机、阀门的完好，防止“跑、冒、滴、漏”的现象发生。

1.3.3 变性燃料乙醇国家标准

2013 年由河南天冠企业集团有限公司、中国食品发酵工业研究院、吉林燃料乙醇有限公司、中粮集团、中国石油化工股份有限公司石油化工科学研究院等单位起草的《变性燃料乙醇》(GB 18350—2013) 公布并实施，对变性燃料乙醇的术语和定义、要求、试验方法、检验规则和标志、包装、运输、贮存等进行了具体要求。

1.3.3.1 主要原料要求

(1) 燃料乙醇

燃料乙醇于 20℃时密度应在 0.7918～0.7893g/cm^3 范围内。

(2) 变性剂

加入燃料乙醇的变性剂，应符合 GB 22030、GB 18351 标准要求，但不得人为加入含氧化合物。

1.3.3.2　技术要求

（1）变性剂的添加量

燃料乙醇与变性剂的体积混合比例应为（100∶1）～（100∶5），即变性剂在变性燃料乙醇中的体积分数为0.99%～4.76%。

（2）金属腐蚀抑制剂

应加入有效的金属腐蚀抑制剂，以满足车用乙醇汽油铜片腐蚀的要求。

（3）理化要求

变性燃料乙醇应符合表1-1要求。

表1-1　变性燃料乙醇的理化要求

项　目	指　标
外观	清澈透明，无可见悬浮物和沉淀物
乙醇含量（体积分数）/%	≥92.1
甲醇含量（体积分数）/%	≤0.5
溶剂洗胶质/（mg/100mL）	≤5.0
水分（体积分数）/%	≤0.8
无机氯（以 Cl^- 计）/（mg/L）	≤8
酸度（以乙酸计）/（mg/L）	≤56
铜/（mg/L）	≤0.08
pH_e	6.5～9.0
硫/（mg/kg）	≤30

注：pH_e 为变性燃料乙醇中酸强度的度量。

1.3.3.3　检验规则

（1）批量

产品按批验收。用罐、槽车包装的产品，以每一罐次、每一槽车为一批。如果不使用此定义，则批量的定义需经买卖双方协商确定。

（2）采样

1）采样方法　使用特制的不锈钢采样器。槽车装产品从中间部位一次采样。罐装产品要从容器内液体的上、中、下三个部位采取样品，立式罐按体积的2∶3∶2比例、卧式罐按体积的1∶3∶1比例采样，装入玻璃瓶中混匀。

2）采样量　每批采取样品2L，混匀，分装于两个1L细口玻璃试剂瓶中，贴上标签并注明：产品名称、批号（罐、槽车号）、生产厂名、取样日期、地点、采样人。一瓶送化验室检测，另一瓶封存保留1个月备核查。

（3）检验分类

1）出厂检验　产品出厂前，应由生产厂的质量检验部门按本标准的规定进行检验，检验合格并签发质量合格检验报告的，方可出厂销售。出厂检验项目：外观、乙醇、甲醇、水分、酸度及 pH_e。

2）型式检验　型式检验项目为表1-1中的全部理化要求。型式检验每半年进行一次，有下列情况之一者，亦应进行：

① 更换设备或主要原材料时；

② 长期停产再恢复生产时；

③ 出厂检验结果与上一次型式检验有较大差异时；

④ 国家质量监督机构提出型式检验要求时。

（4）判定规则

出厂检验结果，若有一项不符合本标准要求时，应从原采样批中重新抽取两倍量样品进行复验，以复验结果为准。若仍有一项指标不合格时，则判该批产品为不合格。型式检验的判定规则同出厂检验。

1.3.3.4 标志、包装、运输、贮存

（1）标志

装运的槽车或罐车上应标注：产品名称“变性燃料乙醇”、制造者名称，并明确标注“不能食用”的警示标识。包装储运图示标志应符合 GB 190 和 GB/T 191 要求。

（2）包装

应使用专用的槽车或罐车装运。包装前，应对所用容器进行严格的安全、洁净、无水和密封检查。灌装后的槽车或罐车应加铅封。使用单位收货后，应先检查铅封是否完好，再进行产品数量与质量的检查。

（3）运输

运输工具（包括槽车或罐车等）应洁净、无水。不得与易燃、易爆、有腐蚀性的物品混装混运。在运输过程中应防止外界水的吸入。运输车辆的排气管必须装有阻火器，还应配备灭火器材，具有防静电设施。装卸时应轻装轻卸，防止剧烈震荡、撞击；还应远离热源和火种。

（4）贮存

库区应符合《建筑设计防火规范》（GB 50016）。同时应按（GB 50074）《石油库设计规范》建立防火系统。成品贮罐必须安装有带干燥剂的呼吸阀，贮罐必须有防雷电和静电的防护措施；露天罐应有喷淋水或其他冷却设施。产品不得与易燃、易爆、有腐蚀性的物品混合存放；还应与贮存“食用酒精”库区分开。在贮存区域应有醒目的“严禁火种”警示牌。

1.3.4 车用乙醇汽油管理办法

车用乙醇汽油的制备即汽油的调和，就是在组分汽油中加入一定比例的变性燃料乙醇的过程。我国规定加入体积比例为 9%～10.5%。车用乙醇汽油具有吸水性，如含 10%（体积分数）变性燃料乙醇的车用乙醇汽油与普通汽油相比，其吸水性显著增加。实验表明，装有车用乙醇汽油的容器无密闭防水措施，48h 后其含水量增加约一倍。因此，为减少乙醇汽油的周转次数，保证质量，乙醇汽油的调和通常是

在油库或调和中心进行，且宜采用管道调和工艺进行调和，而不推荐使用调和罐调和。车用乙醇汽油采用管道调和工艺时，具体应根据生产操作的实际状况，通过经济分析来决定是采用双泵多鹤管还是采用双泵单鹤管流程。变性燃料乙醇和组分汽油通过一组多段数字式电动流量比值调节阀，经计算机在线控制以及单组分定量功能，实现车用乙醇汽油的在线调和。调和后的成品汽油直接通过鹤管装入汽车油罐车外运至加油站。油库或油品调和中心内不宜再专门设置车用乙醇汽油贮罐。由于乙醇在其中的体积比例为30%以下时，乙醇和汽油互溶性较好，因此采用管道调和时不需要静态混合器。在制订车用乙醇汽油调和工艺时，必须尽量简化过程，减少不必要的操作次数，以保证成品质量。

为加强车用乙醇汽油的数量、质量管理，明确责任，避免事故，确保车用乙醇汽油试点成功，以中国石化股份公司河南石油分公司制订的操作规程为例介绍车用乙醇汽油管理办法。

1.3.4.1　调配中心车用乙醇汽油接卸操作规程

① 油库计量部门在接到业务部门下达的《在途商品通知单》后及时报送油库调度室，调度室根据《在途商品通知单》制作《商品预报通知单》交油库接车班。

② 罐车入库后，接车人员对照《商品预报通知单》进行复核，填写《车到通知单》报送调度室。

③ 值班调度员将《车到通知单》《在途通知单》进行“三对照”，即品种品名、车号、数量对照，无误后通知计量、化验人员进行验收。如入库铁路罐车与《在途商品通知单》不符，及时与业务部门联系，得到确切答复后再进行验收。

④ 在油品验收过程中发现数量、质量问题，要及时通知业务部门，得到答复后卸车。

⑤ 计量人员在接到化验员出具的盖有合格单的《石油产品质量检测报告》后下达《准卸通知单》。

⑥ 值班调度核对《准卸通知单》无误后通知司泵、消防、巡检等班组人员到卸车现场进行复核。

⑦ 在对输油管道上阀门、铁路罐车车号及品名复核无误后开泵卸车。

⑧ 卸车过程中，值班调度员、巡检员、司泵员、栈桥卸车员对所负责的输油管道、阀门和泵的运行情况进行巡查，发现问题及时处理。

⑨ 罐车清底，使用专用的胶管和清扫工具收净罐车内余留燃料乙醇。

⑩ 如遇雨、雪天气，禁止燃料乙醇和调和组分油的验收和卸车作业。

1.3.4.2　调配中心车用乙醇汽油发油操作规程

① 开机前检查仪器设备连接是否正确，开机后注意观察仪器自检是否正常。

② 确认货位的控制电源是否正常，泵的开关是否处于自动位置。

③ 查看发油仪的调和比例是否正常。

④ 根据计量室提供的油品密度录入上位机。

⑤ 认真核对提货单上的油品名称、单据号码、数量、提油车号、客户名，并录

入上位机。

⑥ 发油前应检查油罐车罐体内部是否清洁、无水及杂质。

⑦ 货位操作人员将提油单据号输入下位机，并核对油量、车号、油品名称，无误后打开球阀启动油泵发油。

⑧ 发油过程注意监视发油仪显示屏上数据变化，如有异常即时停止作业。主要操作包括：a. 紧急情况，中断发油；b. 关闭油泵开关；c. 关闭球阀；d. 通知技术人员关闭发油仪及电液阀电源。

⑨ 发油完毕待油面稳定后用试水膏测试罐车底部是否存在水和杂质，并经司机或客户确认。

⑩ 发油前后按规定做好流量表记录，发现超范围误差要及时解决，解决不了的应立即通知油库主任或值班调度。

⑪ 全天作业结束后，将提油单据提货量、流量表计量数、油品名称进行三对照，做到账实相符、日清月结。

1.3.4.3 加油站车用乙醇汽油卸油操作规程

（1）准备

① 运送车用乙醇汽油的汽车油罐车必须是专用车用乙醇汽油油罐车。

② 送油罐车进站后，卸油员立即检查油罐车安全设施是否齐全有效，引导油罐车至计量场地。

③ 连接静电接地线，按规定备好消防器材，将罐车静置 15min 准备验收。

（2）验收

① 卸油员会同驾驶员核对罐车油品交运单记载的品种、数量，检查确认罐车铅封是否完好。

② 卸油员登上罐车用玻璃试管抽样进行外观检查，如油品质量有异常，应报告站长，拒绝接卸。

③ 水分测量。使用乙醇汽油专用测水软管进行测量，如有水时应报告站长，并向上一级部门反映，等待处理。

④ 测量油高，计量油品数量。超过定额损耗，按加油站定额损耗规定处理。

⑤ 逐项填写进站油品核对单，由驾驶员、卸油员双方签字确认实收数量。

⑥ 雨天进行验收接卸作业，需注意防止雨水进入罐内。

（3）卸油

① 卸油前必须实行“双确认”制。首先确认收油罐口标志和待卸油品名称、牌号一致，连接好卸油罐后，然后再确认待卸油品与收油罐油品相同。

② 通过液位计或人工计量检查确认所卸油品的容量；防止跑、冒油事故发生。

③ 采用密闭卸油，按工艺要求连接卸油管；同时暂停加油作业。

④ 司机缓慢开启罐车卸油阀，卸油员集中精力监视卸油全过程，随时处理发生的问题；卸车司机不得远离现场。

⑤ 卸油完毕，卸油员登上罐车检查确认油品卸净，关好油罐阀门，使油罐处于

密闭状态。罐车司机应关好罐车所有阀门及帽口，使罐车处于密闭状态。

⑥ 引导油罐车离站。

（4）卸后作业

① 罐内油品静置10min后，方可通知加油员开机加油。

② 将消防器材放回原位，整理好现场。

③ 根据进站油品核对单及油品交运单，填写进货验收登记表及分罐保管账。

1.3.4.4　加油站车用乙醇汽油贮存销售操作规程

推广使用车用乙醇汽油有利于改善环境，节约石油资源，促进农业发展。根据乙醇极易溶于水的特性和车用乙醇汽油对水的敏感性，要求加油站在车用乙醇汽油零售过程中，采取一切预防措施来防止油水分离，以确保消费者加到高品质的油品。

（1）转换方式

加油站把普通汽油贮罐转换成车用乙醇汽油贮罐时，可按以下两种方式进行：

① 更换旧罐。制作适合车用乙醇汽油材质的贮罐，容量一般在10～20m^3较为适合，然后卸入车用乙醇汽油。

② 将贮罐内所有的原有汽油抽干净，并清除罐底沉积的油泥，不得有水和杂质，然后再卸入车用乙醇汽油。

（2）首次接卸

① 要确认油罐、管线及其配件的材质适合用于车用乙醇汽油。

② 检查贮罐和管线内的水分，在车用乙醇汽油开始配送前必须清除罐底或者线内的水和杂质，对各种容易漏水和存水的部位必须认真检查，并妥善处理。

③ 用少量的车用乙醇汽油对贮罐和管线进行清洗和吹扫。

④ 按照加油站管理规范，接卸车用乙醇汽油。

⑤ 在加油机显要位置，贴上符合车用乙醇汽油标识的标签。

⑥ 将车用乙醇汽油贮罐装到容积的80％，可使乙醇溶解掉罐边缘上的沉积物。加油后应及时进货，建议在前7～10天内尽可能保持贮罐较满。

⑦ 第一次贮存车用乙醇汽油开始几天滤网或过滤器会堵塞，发现堵塞问题应及时更换过滤网，建议采用10μm的过滤网。

⑧ 转换后发现加油机分配器运转缓慢，应及时更换过滤网。

⑨ 首次配送后的48h内，每8h检测一次贮罐罐底是否有水。以后每天进行一次底部水检测，如果检测到有水，立即报告有关工作人员并立即抽出。

（3）日常维护

① 确保有关设备及零配件的材质适应贮存、输送车用乙醇汽油，保持贮存、输送系统干净和不含水。

② 检查加油口盖的密封是否紧密合适，排水孔排水是否恰当。及时替换有问题的密封或维修不适当的排水。

③ 认真检查贮罐底部两端，及时去除罐底积水或沉淀物，根据需要，清洁罐底底部。

④ 首次转换后，大约 2 周重新核准泵的计量装置，以避免不必要的损失。
⑤ 输送车用乙醇汽油的管线应尽量避免用水清洗，如果有水存在必须排除。
⑥ 定期检查贮罐透气管上方的干燥装置，更换失效的干燥剂。

1.4 国内外车用燃料乙醇的应用进展

燃料乙醇产业在全球的发展历史大致可分为五个阶段：第一阶段是第二次世界大战期间，为了缓解大幅上升的燃料需求；第二阶段是 20 世纪 70 年代，为了应对石油危机；第三阶段是 20 世纪 80 年代，为了解决农产品过剩的问题；第四阶段是 20 世纪 90 年代，为了减少汽车尾气对环境的污染；第五阶段是进入 21 世纪以后，除了解决上述各种问题外，还需要解决汽油高辛烷值增氧剂甲基叔丁基醚对水资源的污染问题[14]。

近年来，世界各国都在竞相发展燃料乙醇产业，从 2000 年到 2010 年，全球燃料乙醇产量从 1370 万吨增长到了近 7000 万吨，实现了跨越式增长。而近 5 年来，燃料乙醇产量增速显著放缓，尤其是 2011 年、2012 年，受美国气候干旱、玉米价格上涨影响，产量还有所下降。2013 年以后燃料乙醇行业又开始复苏，2015 年全球产量达到 7673 万吨，为历史高值。

市场结构方面，2013 年全球燃料乙醇产量近 7000 万吨，其中，排名第一位的为美国，产量 3972 万吨，占全球产量的 56.77%；第二位的为巴西，产量 1872 万吨，占全球产量的 26.75%；第三位的为中国，产量 208 万吨，占全球产量的 2.97%(International Energy Agency，IEA)。

1.4.1 美国

1.4.1.1 农业条件

美国位于北美洲，具有辽阔的国土、有利的地形、肥沃的土壤、优良的气候和交通条件。自 19 世纪美国农业开始商品化生产以来，已建立起一个现代化和高效率的农业产业。根据不同的自然条件和其他资源状况，美国已逐步形成了专业化农业生产区域，如玉米产区。由于美国农业用地大部分位于北纬 25°～49°之间的北温带和亚热带，雨量充沛，年降水量的地区分布和季节分布都比较均匀，因此各农业区都适宜农作物的种植和生长。这为其燃料乙醇生产的主要原料——玉米的生产提供了良好的先天条件。

另外，美国农业是典型的现代化农业，是一个高效率的产业，为玉米的规模化、机械化种植、采收提供了良好的后天条件。相对于中国玉米生产，美国在规模经济方面比较巨大的优势在人工成本方面得到了直观体现，因此，美国燃料乙醇生产原料充足、价廉。

1.4.1.2　发展历史

目前，美国是世界第一大燃料乙醇生产国，早在20世纪30年代，美国就开展了燃料乙醇的研究及应用工作，70年代的世界石油危机和1990年美国国会通过《空气清洁法（修正案）》后，是美国燃料乙醇两个主要发展时期。

20世纪70年代，美国经济的快速发展使得其原油进口依赖度达60%，而且主要是从海湾国家和地区进口。1973年第四次中东战争爆发，为打击以色列及其支持者，石油输出国组织的阿拉伯成员国当年12月宣布收回石油标价权，并将原油价格从每桶3.011美元提高到10.651美元，使油价猛然上涨了两倍多，从而触发了第二次世界大战之后最严重的全球经济危机。持续三年的石油危机对发达国家的经济造成了严重的冲击。阿拉伯国家的石油武器，沉重打击了严重依赖石油的世界经济。当时，美国每天的石油进口减少了200万桶，许多工厂因而关门停工。正在受到能源危机困扰的美国政府不得不宣布全国处于“紧急状态”，并采取了一系列节省石油和电力的紧急措施，其中包括：减少飞机航次，限制车速，对取暖用油实行配给，星期天关闭全国加油站，禁止和限制户外灯光广告等，甚至连白宫顶上和联合国大厦周围的电灯也限时关闭。尼克松总统还下令降低总统专机飞行的正常速度，取消了他周末旅行的护航飞机。美国国会则通过法案，授权总统对所有石油产品实行全国配给。美国国防部的正常石油供应几乎有一半中断，美国在欧洲的驻军和地中海的第六舰队不得不动用它们的战时石油储备。在这场危机中，美国的工业生产下降了14%。这次石油危机使美国政府认识到过分依赖进口石油对国家安全和国民经济发展的危害。为了减少对进口石油的依赖，保障能源安全，美国政府决定开始实施燃料乙醇计划，大力推广燃料乙醇的生产和车用乙醇汽油的应用。

1978年含10%乙醇汽油（E10汽油）在内布拉斯加州大规模使用。1979年，美国国会制定了联邦政府的“乙醇发展计划”，开始大力推广使用E10汽油。美国联邦政府对E10汽油实行减免税。在该计划和各州政府的指导下，美国国内许多乙醇企业大力推进技术革新以提高发酵乙醇产率、降低生产成本、扩大企业生产规模。燃料乙醇产量从1979年的3万吨迅速增加到1990年的269万吨[17]。

20世纪90年代后，支撑美国燃料乙醇行业在政策方面的主要动力是政府基于环保目的推出的《清洁空气法（修正案）》和《能源独立及安全法案》，提出了“国家空气质量标准”，明确提出要求把“公众健康保护在安全的范围内”，对乙醇汽油的使用量提出强制标准，国家空气质量标准包括六项汽车尾气排放指标，小汽车尾气中的一氧化碳、氮氧化合物含量，柴油卡车、公共汽车和大型车辆排放尾气中的颗粒、二氧化硫以及空气中的铅含量。要求从1992年冬季开始，美国39个一氧化碳排放超标地区，必须使用含氧量2%（质量分数）的含氧汽油，即在汽油中添加燃料乙醇 5.7%以上，实际操作中，燃料乙醇的加入量通常为 10%，这些地区汽油的销量约占全美汽油市场的 20%。该法案同时要求，从 1995 年开始，美国 9 个臭氧超标地区必须使用新配方汽油，其中 85%汽油使用 MTBE，其余的一般添加 5.7%的燃料乙醇。除了用于增氧之外，燃料乙醇约 10%用于提高汽油辛烷值。1997 年，美国有 13 个州立法，推广乙醇汽油混合燃料 E15。美国联邦及一些州要求政府机关、学校团体的车队带头使用掺有乙醇的混合燃料，使用的汽车数量逐年有所增加。进入 1998 年，美国开始逐步减少和禁止使用 MTBE，由燃料乙醇取而代之，以防止地下水污染，此后，燃料乙醇产业进入更为快速的发展时期，2000 年用玉米总产量的 8%生产燃料乙醇，产量达到 500 万吨。到 2004 年，燃料乙醇的使用使国内生产总值增加高于 117 亿美元，提供了近 5 万个工作机会，并使联邦政府增加地方税收 4.5 亿美元，预算净收入超过 3.6 亿美元。2010 年燃料乙醇产业对美国 GDP 的贡献为 670 亿美元，减少进口石油 4.45 亿桶，节约购油款 354 亿美元；为联邦政府和州政府分别增加 105 亿美元和 93 亿美元税收；创造了 120 万个就业机会。

1.4.1.3 发展现状

美国燃料乙醇的原料 95%是玉米，所以玉米价格的变化对燃料乙醇的生产成本有着决定性的影响，在玉米价格低迷的 2009 年以来，美国的燃料乙醇生产成本比采用甘蔗作为原料的巴西乙醇还要低，使得产量和出口量双升，在 2009 年、2011 年和 2014 年，其出口量甚至超过了巴西。据美国可再生燃料协会数据，2016 年全美生物燃料乙醇总产量达 4554 万吨。通过立法，车用乙醇汽油在美国应用已实现全覆盖，有效提高了能源安全水平，减少了机动车有害物质排放，年减排二氧化碳超过 4350 万吨，增加就业岗位 40 万个。

然而近几年，美国的燃料乙醇行业也正在面临瓶颈：产量已超过消费量，而目前美国 90%以上的地区都已使用 E10 汽油，消费增长的空间已经见顶。突破乙醇需求天花板的途径，包括提高乙醇混配比例以及扩大出口等。近几年美国还在大力推动第二代乙醇生产技术，即纤维素乙醇的技术路线，但由于投资门槛相对高、相关酶制剂成本高等原因，还没有实现大规模产业化开发。

1.4.1.4 经验教训

在推广车用乙醇汽油方面，美国积累了一些经验和教训：一是要重视改进工艺、降低能量消耗和进行副产物综合利用；二是注意解决使用过程中出现的技术和管理问题，如乙醇与汽油分层、发动机部件腐蚀及橡胶件溶胀损坏等问题；三是有利的税收政策和法规有助于推动乙醇汽油的推广。

另外，关于美国玉米乙醇模式的争议也可供我国燃料乙醇产业参考。有争论认为，利用粮食生产乙醇是在与人争粮，同时还造成了全球玉米价格的上涨，因为全球 40%的玉米来自美国。而且单纯依靠玉米作为燃料乙醇生产原料的路线也是不可持续的，目前美国玉米产量的将近 1/3 被用来生产乙醇，如果燃料乙醇的产能再度扩张，将对美国玉米供给量产生较大压力。但近年来根据美国农业部的数据，美国燃料乙醇产业是在美国农业部的推动下完成的。美国从 20 世纪 70 年代开始大规模使用生物燃料乙醇后，在40年里，玉米产量由1.48亿吨增长到3.53亿吨，其最大的动力是生产生物燃料乙醇，投资带动了美国玉米单产的逐年提高。用于制造乙醇的玉米主要来自于产量的增长，而不是来自于食物和饲料玉米，用于食物和饲料的玉米总量一直都保持着稳定，也就是说用乙醇燃料增粮不争粮。这几年玉米价格上涨的根源还在于乙醇工业前途的不确定性：一方面玉米种植者无法确定未来需求，所以不愿意大规模扩大产量；另一方面波动的玉米价格也提高了乙醇生产商的风险，使得厂商不愿投资于技术改造，造成提炼效率低下，变相浪费了玉米资源。联合国可持续能源倡议小组专家奥斯特米尔博士说，对农民而言，真正的风险来自谷物价格下跌，从而抑制全球农业投入，超低的粮食价格会抑制发展中国家农民进入市场的意愿，使他们陷入勉强维持生计的贫穷困境。当前，亚洲的乙醇预期消费不足，使一些国家失去了增加区域农业投入的机会。粮食价格增高虽然会增加食物成本，但却能使农业家庭提高收入，并提高他们购买食物的能力。支持发展生物能源领域新的基础设施建设，带动了各工业领域的市场进入，起到积极的产业牵引作用，这是良性的互动关系。

1.4.2　巴西

1.4.2.1　农业条件

巴西位于南美洲东部，人口约1.65亿人，居世界第六位。巴西的农业资源得天独厚，土地资源、生物资源、水资源等都十分丰富。巴西仍处在“拓展农业边疆”的发展阶段，农业资源利用率低和土地利用系数低，耕地面积仍在不断扩大，开发前景好。巴西不仅拥有亚马孙热带雨林，对气候起着调节作用；还拥有约300万平方公里的亚马孙平原，该平原占全国国土面积的1/3，加上日照充足、雨量充沛、降水均衡，适宜各种农作物生长。巴西中西部著名的“稀树草原”占全国土地面积的21%，其国家可开发的耕地总面积为2.8亿公顷。近20年来，巴西的耕地面积每年递增1.84%，从3440万公顷扩大到4950万公顷，但仍只占到国土面积的6%，人均0.3公顷（4.75亩）。巴西农业增产的潜力极大。巴西甘蔗产量高，并可轮作，能做到全年供应，是世界上最早利用甘蔗燃料乙醇的国家。以甘蔗为原料生产燃料乙醇，工艺相对简单，不需要淀粉质原料的蒸煮、糖化等过程，既节约能源，又节约投资[18]。

1.4.2.2　发展历史

巴西是石油资源贫乏的国家。为了减少石油进口，20世纪20年代初，巴西就在汽油机上使用过100%的乙醇。1925年，乙醇汽车首次完成400km长距离测试。巴西政府早在20世纪30年代就通过立法强制推广乙醇汽油，是世界上最早立法支持生物能源的国家。1931年，巴西颁布推广乙醇燃料的首部法规及首部乙醇燃料生产技术标准，规定国内使用的汽油中必须添加燃料乙醇2%～5%，而政府用车则要求使用乙醇含量为10%的乙醇汽油。第二次世界大战期间，巴西进口石油非常困难.为了解决动力燃料问题，在汽油中掺入了62%的乙醇。1973年发生石油危机和国际市场糖价大幅下跌，1975年11月，政府以法令形式颁布了“国家乙醇计划”，选择了用乙醇代替石油的发展之路，该计划通过一系列政策组合来刺激国内乙醇的生产和消费，包括：对全国的车用汽油设置强制的乙醇混合比例；政府资助生物乙醇生产技术研发，重点研发甘蔗品种改良和生物乙醇专用汽车生产技术；为乙醇生产厂的建造提供政府贴息贷款；对生物乙醇实行市场保护，国有石油公司对乙醇进行统购，并在发展初期限制生物乙醇进口；将纯乙醇零售价格控制在低于汽油的水平。1975年“国家乙醇计划”主要以燃料乙醇汽油混配比例作为政策目标，即规定以20%的体积比将乙醇添加至汽油中，并要求机动车发动机做出相应调整。1979～1987年，联邦政府成立了专门机构，开始制造和推广使用完全使用乙醇作为燃料的车辆，从1982年开始，巴西对乙醇燃料汽车减征5%的工业产品税，使用乙醇燃料的残疾人交通工具和出租车免征工业产品税，部分州政府对乙醇燃料汽车减征1%的增值税，在乙醇燃料汽车销售不旺时曾全免增值税，加强乙醇燃料动力汽车的竞争优势。20世纪80年代中期，乙醇燃料的利用达到了一个高峰。当时巴西每年生产的80万辆汽车中，3/4以上是采用乙醇燃料发动机的。1987～1997年，由于国际市场原油价格暴跌，糖价又上涨，巴西的国内政治环境发生了巨大变化，政府取消了对蔗农的补贴，蔗糖加工厂也从主要生产乙醇改为主要生产食糖，直接导致巴西国内乙醇燃料供应量急剧萎缩。1990年，乙醇燃料汽车的销售量几乎降低到零。此后1999年，巴西政府鼓励20万辆出租车和8万辆政府用车采用100%的乙醇作为燃料，并对生产和消费乙醇给予一定补贴。自1999年以来，巴西政府放开了对燃料乙醇零售价的管制，2002年燃料乙醇价格完全自由化，巴西国内市场上乙醇的价格一般是汽油价格的70%左右，这使得乙醇汽车重新畅销。21世纪初，国际石油价格开始逐步上升时，巴西乙醇的生产效率已经翻了三番，生产成本也从每升0.6美元降至每升0.2美元左右。2003年，引入灵活燃料汽车。巴西一度成为世界上最大的燃料乙醇生产国和出口国。

1.4.2.3 发展现状

巴西的燃料乙醇分为和汽油混配的无水乙醇以及代替汽油作为燃料的含水乙醇两类。巴西的乙醇汽油混配比居于世界前列，高达25%～27%。为了适应燃料结构的变化，巴西近几年生产的汽车90%以上为既可使用乙醇燃料也可使用乙醇汽油混配燃料的灵活燃料汽车[19]。

通过推进燃料乙醇生产，巴西已成为在能源独立和生产、使用可再生能源方面处于世界领先地位的国家，可再生能源消费占总能源消费的50%以上，远远超过20%的世界平均水平。

从2007年起，巴西已实现了100%汽油添加乙醇，这意味着巴西是目前世界上唯一一个不提供纯汽油燃料的国家。2010年乙醇产业占全国GDP的2%（282亿美元），替代51%的汽油，减排4831万吨CO_2；甘蔗渣发电占全国发电量的20%；提供197万个工作岗位。2015年，巴西无水乙醇消费量109.3亿升，含水乙醇消费量

178.6亿升，汽油消费量302亿升，乙醇和汽油的消费比例为0.95∶1，可见巴西的乙醇和汽油消费量已经十分接近。而2015年12月29日，巴西政府通过了新的十年能源规划，计划到2024年将巴西乙醇产量从2015年的285亿升提高到439亿升。届时，巴西的燃料乙醇用量将远远超过汽油用量，成为巴西主要的液体燃料。

1.4.2.4 经验教训

巴西的燃料乙醇生产成本低，主要是以下几个原因。

① 主要原料甘蔗极具价格竞争力　巴西是世界第一大甘蔗生产国，收获面积占世界总收获面积的40%，2013年产量占世界总产量的39.38%，年平均增长率仍高达7.42%，处于高速增长期。甘蔗是巴西的传统优势产业，也早已实现了大规模机械化生产，加之土地、劳动力成本相对低廉，使得巴西的甘蔗生产成本低于世界其他国家，在价格上具有竞争力。

② 原料运输半径小　巴西的燃料乙醇企业大都建在甘蔗种植园附近，达到了最经济的运输半径，进一步降低了燃料乙醇生产成本。

③ 产品结构合理　使用甘蔗制造乙醇，也需要对甘蔗进行压榨，使用甘蔗汁或糖浆进行发酵后制造，在生产流程上与甘蔗制糖有一定重叠，所以巴西燃料乙醇企业可以进行乙醇和糖的联产，在生产上可以互相调剂，根据糖和乙醇市场价格的变化平衡生产，充分适应产品市场行情的变化，取得最大收益。

④ 充分利用光合作用产物　制作燃料乙醇的副产品——蔗渣，一般都用来发电，燃料乙醇生产企业都是电力自给，同时还可向公用电网送电。目前，巴西也在积极研究和开发纤维素乙醇生产，利用蔗渣进行乙醇生产，充分利用光合作用产物。

⑤ 利用生物技术提高生产效率　巴西已开始种植转基因甘蔗，这些转基因甘蔗具有可以更加有效地转变为乙醇、可抗虫害和抗干旱等优良性状，可有效降低燃料乙醇的生产成本。

另外，巴西政府对于推广燃料乙醇所制定的政策也值得借鉴。巴西政府强制规定生物能源在化石燃料中的含量比例，对不执行者处以相应的处罚。目前，巴西是全球燃料乙醇汽油添加比例最高的国家，同时也是全球唯一不使用纯汽油燃料的国家。巴西联邦法律还明确规定，政府一级单位在采购、换购轻型公用车时，必须购买包含乙醇燃料的可再生燃料汽车。2007年10月以来，巴西还以法令形式推出诸多“清洁发展机制”项目，有效地促进了巴西生物质能的飞速发展。“清洁发展机制”是《京都议定书》框架下的三个合作机制之一，主要内容包括发达国家可以通过提供资金和技术，帮助发展中国家实施减少温室气体排放的项目，减少的温室气体排放量在经过国际机构核准后，可用于抵扣发达国家承诺的减排额度。乙醇专业委员会（CIMA）根据2013年2月1号协议规定，2013年5月，乙醇在混合汽油中的比例从20%增加到25%，由于对甘蔗作物及其产品有更高的预期和可获得性，根据2011年4月的532号临时文件，乙醇混合到汽油的比例为18%～25%不等。

巴西除通过补贴、设置配额、统购乙醇以及运用价格和行政干预手段鼓励使用乙醇燃料之外，政府还和私营部门共同投资扩大甘蔗种植面积，兴建大批以甘蔗为原料的乙醇加工厂。为鼓励农民种植甘蔗，政府为农民提供了法定农业专项低息贷款。同时巴西政府还注重利用外资，吸引国外大型金融机构在当地设立分支机构，让农民从国际金融机构得到贷款。另外，巴西全国建立了较为完善的燃料乙醇供销系统，所有加油站都设置了添加燃料乙醇汽油的装置。出售的燃料乙醇汽油主要有纯乙醇、E22(22%乙醇+78%汽油)、混合燃料（60%乙醇+33%甲醇+7%汽油)3种。目前，燃料乙醇使用量已占到巴西车用燃料使用量的1/3。实施燃料乙醇计划给巴西带来了显著效益：一是形成了独立的能源经济运行系统，增强了石油供应的安全性；二是污染物排放明显减少。

1.4.3 中国

1.4.3.1 农业条件

中国光、热条件优越，但干湿状况的地区差异大；土地资源的绝对量大，人均占有的相对量少；河川径流总量大，但水土配合不协调。因长期以来的土地政策，导致我国种植业多以一家一户的小农生产为主，缺乏与大型燃料生产企业生产能力相配套的原料基地，规模化和集约化程度不高。值得关注的是，2014年，中共中央办公厅、国务院办公厅印发了《关于引导农村土地经营权有序流转发展农业适度规模经营的意见》，2017年《农业部 国家发展改革委 财政部关于加快发展农业生产性服务业的指导意见》出台，相关政策为土地流转保驾护航，让农业种植大户有了施展“拳脚”的舞台，种植大户通过土地流转，建设现代农业种植基地，改变传统种植方式，集中生产，节约成本，提高生产效率，更重要的是可以集中、规模化地为加工企业稳定地提供原料。

1.4.3.2 发展历史

中国的燃料乙醇发展主要经历了两个时期。

第一个时期始于抗战期间，全面的军事行动导致国民政府对汽油需求量的猛增，但其进口途径几乎被日本军队完全切断，汽油缺口很大。为了稳定后方交通运输和军工生产，增强对抗战前线的支持力，国民政府积极寻求汽油替代品，以保证军需及交通的运作。酒精成为替代品首选，以酒精代替汽油，1t酒精大约可代替0.65t汽油，同时建立了酒精厂，以甘蔗和杂粮为原料生产酒精。酒精工业作为战时解决动力燃料即汽油代替品的一个重要举措，受到国民政府的关注。国民政府（中华民国国民政府）为此采取了多项措施，借以提倡酒精的生产。1938年3月，国民党临时全国代表大会通过《非常时期经济方案》，提出要“妥筹燃料及动力供给”。国民政府计划在1939～1941年三年间，拟投资1679万美元、710万元国币，在后方各省设立四川第一酒精厂（内江)、四川第二酒精厂（资中)、四川第三酒精厂（简阳)、云南酒精厂（昆明)、贵州酒精厂（遵义)、甘肃酒精厂（兰州）等。于是在这一特殊时期，酒精工业迅速兴起。实际建造情况远远多于这个数，战时酒精生产以1938年

9 月建成的内江酒精厂为开端，随后迅速发展，以四川发展为盛。至 1942 年，四川省酒精厂增至 115 家，达到鼎盛时期。酒精业的勃兴为战时的军事运输和后方的交通运输提供了动力燃料的支撑，稳定了人心，支持了整个抗战大业。但由于酒精作为战时油料的代替品，处于供不应求状态，控制酒精业的生产亦成为有利可图之事。国民政府乃对之实行统制政策，对酒精业只知加以利用而对其发展中遇到的困难少有实质性的补救措施，四川省酒精业遂在 1943 年后即呈现出急剧的衰退局面[20]。

第二个时期从 2001 年燃料乙醇试点开始，根据原料可分为粮食乙醇、非粮乙醇和纤维素乙醇三种模式。最初批准建立的 4 个燃料乙醇定点生产企业以陈化的玉米、谷物等粮食作物为原料，因此，粮食乙醇被称为第 1 代燃料乙醇。考虑到粮食安全问题，2006 年中国已不再批复以粮食为原料的燃料乙醇企业，而鼓励以木薯、甘薯、甜高粱等非粮原料生产燃料乙醇，因此，非粮乙醇被称为第 1.5 代燃料乙醇。为了彻底实现“不与人争粮、不与粮争地”，资源量丰富、廉价的秸秆、玉米芯、能源草等木质纤维素类农林废弃物成为研究热点，因此，纤维素乙醇被称为第 2 代燃料乙醇[21,22]。

非粮燃料乙醇方面最具代表性的是广西中粮生物质能源有限公司的 20 万吨/年木薯乙醇生产线，该生产线是我国第一套非粮燃料乙醇项目，具有里程碑式的意义。其采用的是具有自主知识产权的木薯燃料乙醇成套技术，建立了木薯燃料乙醇全流程数学模型，开发出木薯浓醪除沙技术、高温喷射与低能阶换热集成完全液化工艺、木薯同步糖化发酵及浓醪发酵技术、三效热耦合精馏技术、与精馏过程耦合的分子筛变压吸附脱水工艺、大型侧入式搅拌发酵罐放大方法、高润湿性填料及抗堵型塔板设计及制造。但受成本、政策和市场竞争的影响，该项目并未能实现连续稳定运行。

此外，利用甜高粱秸秆制取燃料乙醇也是非粮乙醇发展的重点之一。2006 年 9 月中国粮油食品（集团）有限公司与山东省滨州市政府签订了我国第一个甜高粱秸秆制取燃料乙醇项目，并计划在滨州市北部沿海发展 30 万亩（1 亩 $=666.7m^2$）甜高粱种植基地。2006 年 11 月，中国科学院近代物理研究所控股公司白银中科天添生物科技有限公司在甘肃白银中科院产业园建成 10 万吨/年的甜高粱燃料乙醇生产厂，并计划在“十一五”期间建成 40 万亩甜高粱种植基地。2007 年 4 月，中粮集团与 BP 公司确定河北黄骅县为甜高粱制燃料乙醇项目农艺试验基地县，联合出资 60 万元建设 20 亩的甜高粱制燃料乙醇项目农艺试验基地，陆续进行甜高粱茎秆制乙醇（固体发酵和液体发酵）试验，计划在黄骅形成百万亩种植基地、30 万吨燃料乙醇加工能力的甜高粱产业化基地。2007 年 9 月 28 日，投资 6500 万元的中石油年产 3000t 甜高粱茎秆制燃料乙醇示范项目在江苏省东台市正式启动，2008 年 4 月国内首台现代化的甜高粱茎秆制取燃料乙醇生产装置正式投产。中兴能源 3 万吨甜高粱茎秆燃料乙醇工程示范目前已完成一期 3 万吨级甜高粱茎秆燃料乙醇生产技术集成与试运行，并于 2012 年获得了发改委生产牌照。但目前甜高粱燃料乙醇产业化生产受到高成本和高风险两大牵制[23]。

1.4.3.3　发展现状

从 2001 年开始，中国先后在河南、黑龙江、吉林、安徽等 9 地开始试点推广使用燃料乙醇，采取地方立法的手段，在试点城市封闭运行。到2015年，推广使用燃料乙醇的省区已扩大到了12个，包括黑龙江、河南、吉林、辽宁、安徽、广西六省区全境和河北、山东、江苏、内蒙古、湖北、广东六省区部分区域30多个地市。2018年6月天津市政府办公厅印发《天津市推广使用车用乙醇汽油实施方案》，方案要求有序推广使用车用乙醇汽油，2018年8月31日前开始推广，9月30日实现全市封闭运行。随着试点规模的扩大，目前，中国已成为世界上继美国、巴西之后的第三大生物燃料乙醇生产国，年生产能力超过200万吨。

与其他国家相比，我国燃料乙醇生产成本相对较高，而销售价格则相对较低，如生产成本高于美国17%，而销售价格则比美国低18%。此外，与美国相比，中国燃料乙醇生产效率也较低，如中国生产1t乙醇需消耗3.3t玉米，而美国只需要2.8t。由于生产成本过高，2003年年末，中央政府针对4家乙醇企业制定了5年补贴计划：2004年企业每生产1t乙醇可享受2736元补贴，此后逐年降低，到2006年降为每吨1373元。之后国家对粮食乙醇的补贴开始不断下调，每吨平均补贴2009年为2055元、2010年为1659元、2011年为1276元，到了2012年，粮食乙醇补贴下调为500元，非粮乙醇补贴下调为750元。因此，近年来，第1代燃料乙醇企业也开始着手第1.5代燃料乙醇——非粮燃料乙醇和第2代燃料乙醇——纤维素燃料乙醇的研发，如河南天冠集团30万吨木薯非粮燃料乙醇装置和中粮生物化学（安徽）股份有限公司15万吨/年木薯燃料乙醇装置均已通过鉴定，河南天冠集团、中粮生物化学（安徽）股份有限公司和中粮生化能源（肇东）有限公司分别建成了1万吨/年、5000t/a和500t/a的纤维素乙醇示范工程。

总体来说，中国燃料乙醇产业虽然起步较晚，但发展迅速，燃料乙醇在中国具有广阔前景。随着国内石油需求的进一步提高，以乙醇等替代能源为代表的能源供应多元化战略已成为中国能源政策的一个方向。目前我国主要的燃料乙醇生产企业如下。

（1）河南天冠燃料乙醇有限公司

河南天冠燃料乙醇有限公司隶属于河南天冠企业集团有限公司，天冠集团位于河南省南阳市，创建于1939年。是最早试点燃料乙醇生产的四家定点企业之一，也是国家燃料乙醇标准化委员会的设立单位、国家燃料乙醇定点生产企业以及国家新能源高技术产业基地主体企业，同时也是国家命名的循环经济试点企业和循环经济教育示范基地。拥有国家唯一的车用生物燃料技术国家重点实验室、国家级企业技术中心、国家级质量检测中心、国家能源非粮生物质原料研发中心和博士后科研工作站以及国家国际技术合作基地等多个国家级技术平台。公司在职员工4800余人，资产110亿元，占地6900余亩，拥有国内最大的年产80万吨燃料乙醇生产能力，建成了国际上最大的日产50万立方米生物天然气工程、年产7.5万吨谷朊粉生产线和国际领先的4万吨级纤维素乙醇产业化示范装置。同时在柬埔寨和东南亚拥有2万公顷的非粮原料基地。形成了从农业种植加工—生物能源—生物化工及下游产品及废弃物资源化利用的全产业链[24]。

（2）安徽中粮生化燃料酒精有限公司

安徽中粮生化燃料酒精有限公司由安徽丰原生物化学股份有限公司和中国石化

集团安徽石油总公司控股，是最早试点燃料乙醇生产的四家定点企业之一。2011年5月6日，公司名称正式变更。其下设的安徽中粮生化燃料酒精有限公司设计能力为年产32万吨燃料乙醇，工程总投资15亿元，由中粮生物化学（安徽）股份有限公司与中国石油化工集团安徽石油总公司共同出资组建而成。公司以玉米为原料生产燃料乙醇，采用DDGS先进生产工艺，联产DDGS达17万吨/年，玉米油产量达1.7万吨/年。目前燃料乙醇的供给市场辐射安徽、江苏、山东、河北四省的31个地市[25]。

（3）吉林燃料乙醇有限责任公司

吉林燃料乙醇有限责任公司是最早试点燃料乙醇生产的四家定点企业之一。是国家批准建立的第一个大型燃料乙醇生产基地，是中国和亚洲最大的玉米生化产业发展商及新兴能源供应商之一。公司创立于2001年9月19日，注册资本12亿元，由中国石油天然气集团公司、吉林粮食集团有限公司和中国粮油食品（集团）有限公司共同出资。公司的发展基础是国家“十五”期间新兴能源的试点、示范工程——吉林60万吨/年燃料乙醇项目。2001年9月22日，项目第一条生产线正式启动，2003年8月31日建成投产。目前主要产品及生产能力为：燃料乙醇50万吨/年、酒糟蛋白饲料（DDGS）43万吨/年、玉米油2.25万吨/年、乙酸乙酯5万吨/年，每年加工转化玉米165万吨[26]。

（4）中粮生化能源（肇东）有限公司

中粮生化能源（肇东）有限公司始建于1993年，前身是黑龙江华润酒精有限公司（最早试点燃料乙醇生产的四家定点企业之一），2005年末归属中粮集团旗下。公司年加工转化玉米120万吨，主要产品包括燃料乙醇、食用乙醇、DDGS、玉米胚油、食用级液体二氧化碳等。2000年10月开始建设一期燃料酒精生产装置，本装置采用国际先进的分子脱水技术，于2001年建成国内第一条10万吨燃料酒精生产线；2003年、2006年分别扩建二期、三期燃料酒精生产装置，使燃料酒精年生产能力扩大到28万吨[27]。

（5）山东龙力乙醇科技有限公司

山东龙力乙醇科技有限公司隶属山东龙力生物科技股份有限公司，是一家生产二代纤维素燃料乙醇并获得国家燃料乙醇定点生产资格的企业，纤维素燃料乙醇按照“定点生产、定向流通、封闭运行”的模式向石油部门进行销售。公司从2005年开始研发纤维素燃料乙醇的生产技术，经过多年不懈努力，在产品研发、循环经济和生物质综合利用、产业集群和地域、生产技术等方面取得了明显的竞争优势，实现了纤维素燃料乙醇规模工业化生产，被国家发改委列入“高技术产业化示范工程”，获得2011年国家技术发明奖二等奖[28]。

（6）中兴能源有限公司

2012年，获批成立内蒙古自治区企业研发中心，与美国农业部在品种选育和可持续发展等领域形成战略合作核心业务。在内蒙古、海南等地建有种子研发及生产基地，并成功培育出4个丰产、高糖、多抗的甜高粱新品种。中兴能源（内蒙古）年产10万吨甜高粱茎秆燃料乙醇项目已获得国家发改委颁发的我国第六张燃料乙醇项目牌照，该项目将成为中国乃至世界第一个甜高粱茎秆制乙醇产业化项目[29]。

1.4.4 欧盟

1.4.4.1 农业条件

欧盟各国的人均土地面积、产业结构等存在差异，所以发展及应用燃料乙醇的程度有所不同，然而总体来说是积极的。

1.4.4.2 发展历史

欧盟燃料乙醇产业起步较晚，且前期发展也不快。1992 年欧盟立法，统一各种石油燃料的消费税，对于用可再生资源为原料的燃料乙醇及生物柴油的试验项目及应用，成员国可采取免税政策。1993 年燃料乙醇产量仅为 4.8 万吨，1997 年乙醇总产量的 5.6%用作燃料，2001 年燃料乙醇消费量已上升到乙醇总产量的 13%左右。对于欧盟的成员国来说，发展生物乙醇产业最主要的政策是对交通用生物燃料的促销法令（2003/30/EC 法令），这项法令的动机包括改进能源供应的安全性以及降低交通运输对环境的影响。这项法令通过规定将生物燃料从 2005 年总燃料供应量的 2%增加到 2010 年总燃料供应量的 5.75%（按所含的能量计算）来实现这些目标。2004 年达到 42 万吨，随后开始大幅增长，2006 年产量达到 127 万吨，2009 年达到 296 万吨，但其规模仍远不及美国和巴西[30]。

1.4.4.3 发展现状

欧盟主要以谷物为原料生产燃料乙醇，其中小麦约占 1/3。法国是欧盟最大的燃料乙醇生产国，2009 年产量达 100 万吨，发酵法生产乙醇的主要原料为甜菜糖厂的废糖蜜，乙醇产量约占总产量的 50%，其他原料有粮食、薯类等；其次是德国，2009 年产量达到 60 万吨，发酵法乙醇原料中粮食占 40%左右、马铃薯占 35%、其他为废糖蜜等，但是德国乙醇总产量有 2/3 是用化学法生产的合成乙醇；瑞典产量达到 14 万吨。欧盟 2009 年燃料乙醇消费量约为 344 万吨，较 2008 年的 280 万吨有较大幅度的增长，其中德国消费 90 万吨，是欧盟最大的乙醇消费国。欧盟的燃料乙醇总体情况是供不应求。受需求拉动，欧盟燃料乙醇产能和产量呈增长趋势。据欧盟生物乙醇燃料协会统计，截至 2010 年 3 月，欧盟燃料乙醇的总产能约 540 万吨，另有约 140 万吨的产能在建。从经济学角度看，占欧盟石油消费总量 1%的生物质燃料产业，可以提供 4.4 万～7.5 万个新的工作岗位。

参考文献

[1] 袁振宏，吴创之，马隆龙. 生物质能利用原理与技术［M］. 北京：化学工业出版

社，2017.
[2] 岳国君. 纤维素乙醇工程概论 [M]. 北京：化学工业出版社，2015.
[3] 岳国君. 发展生物燃料乙醇产业，迎接“糖经济”时代 [J]. 环球财经，2017，10：102-107.
[4] 马晓建，等. 燃料乙醇生产与应用技术 [M]. 北京：化学工业出版社，2007.
[5] https：//baike. baidu. com/item/%E4%B9%99%E9%86%87.
[6] 袁振宏，等. 生物质能高效利用技术 [M]. 北京：化学工业出版社，2015.
[7] https：//encyclopedia. thefreedictionary. com/Ethanol+ Fuel.
[8] Jing Tao，Suiran Yu，Tianxing Wu. Review of China's bioethanol development and a case study of fuel supply，demand and distribution of bioethanol expansion by national application of E10 [J]. Biomass and Bioenergy，2011，25 (9)：3810-3829.
[9] 王闻，庄新姝，袁振宏，等. 纤维素燃料乙醇产业发展与展望 [J]. 林产化学与工业，2014，34 (4)：144-150.
[10] 张宇，许敬亮，袁振宏，等. 世界纤维素燃料乙醇产业化进展 [J]. 当代化工，2014，43 (2)：198-202，206.
[11] 张以祥，曹湘洪，史济春. 燃料乙醇与车用乙醇汽油 [M]. 北京：中国石化出版社，2004.
[12] https：//baike. baidu. com/item/%E9%A2%97%E7%B2%92%E7%89%A9/3719575?fr=aladdin.
[13] 崔心存. 车用替代燃料与生物质能 [M]. 北京：中国石化出版社，2007.
[14] 刘铁男. 燃料乙醇与中国 [M]. 北京：经济科学出版社，2004.
[15] Tom Beer，John Carras，David Worth，et al. The Health Impacts of Ethanol Blend Petrol [J]. Energies，2011，4：352-367.
[16] 程远超. 灵活燃料汽车应用进展报告 [J]. 创新科技，2014，21：14-15.
[17] 利斯贝思 · 奥尔森. 生物燃料 [M]. 曲音波，等译. 北京：化学工业出版社，2009.
[18] Licht F O，Renewable Fuels Association. Ethanol Industry Outlook 2008-2013 reports. Available at www. ethanolrfa. org/pages/annual-industry-outlook.
[19] 傅剑华，曹建晓，于红秀. 发展迅速的巴西灵活燃料汽车市场 [J]. 汽车与配件，2012 (34)：32-33.
[20] 刘春. 试论抗战时期四川糖料酒精工业的兴衰 [J]. 四川师范大学学报：社会科学版，2004，31 (4)：100-105.
[21] 王仲颖，赵勇强，张正敏. 中国生物液体燃料发展战略与政策 [M]. 北京：化学工业出版社，2009.
[22] 史济春，曹湘洪. 生物燃料与可持续发展 [M]. 北京：中国石化出版社，2007.
[23] 贾敬敦，马隆龙，蒋丹平，等. 生物质能源产业科技创新发展战略 [M]. 北京：化学工业出版社，2013.
[24] http：//www. tge. com. cn/jianjie. htm.
[25] http：//ah. anhuinews. com/qmt/system/2013/05/04/005628902. shtml.
[26] http：//jfa. cnpc. com. cn/.
[27] http：//ah. anhuinews. com/qmt/system/2013/05/04/005628902. shtml.
[28] http：//www. longlive. cn/sub/&i= 24&comContentId= 24. html.
[29] http：//www. zonergy. com/area4/columnsId= 48&i= 26&comContentId= 26. html.
[30] 靳胜英. 世界燃料乙醇产业发展态势 [J]. 环球石油，2011，2：53-54.

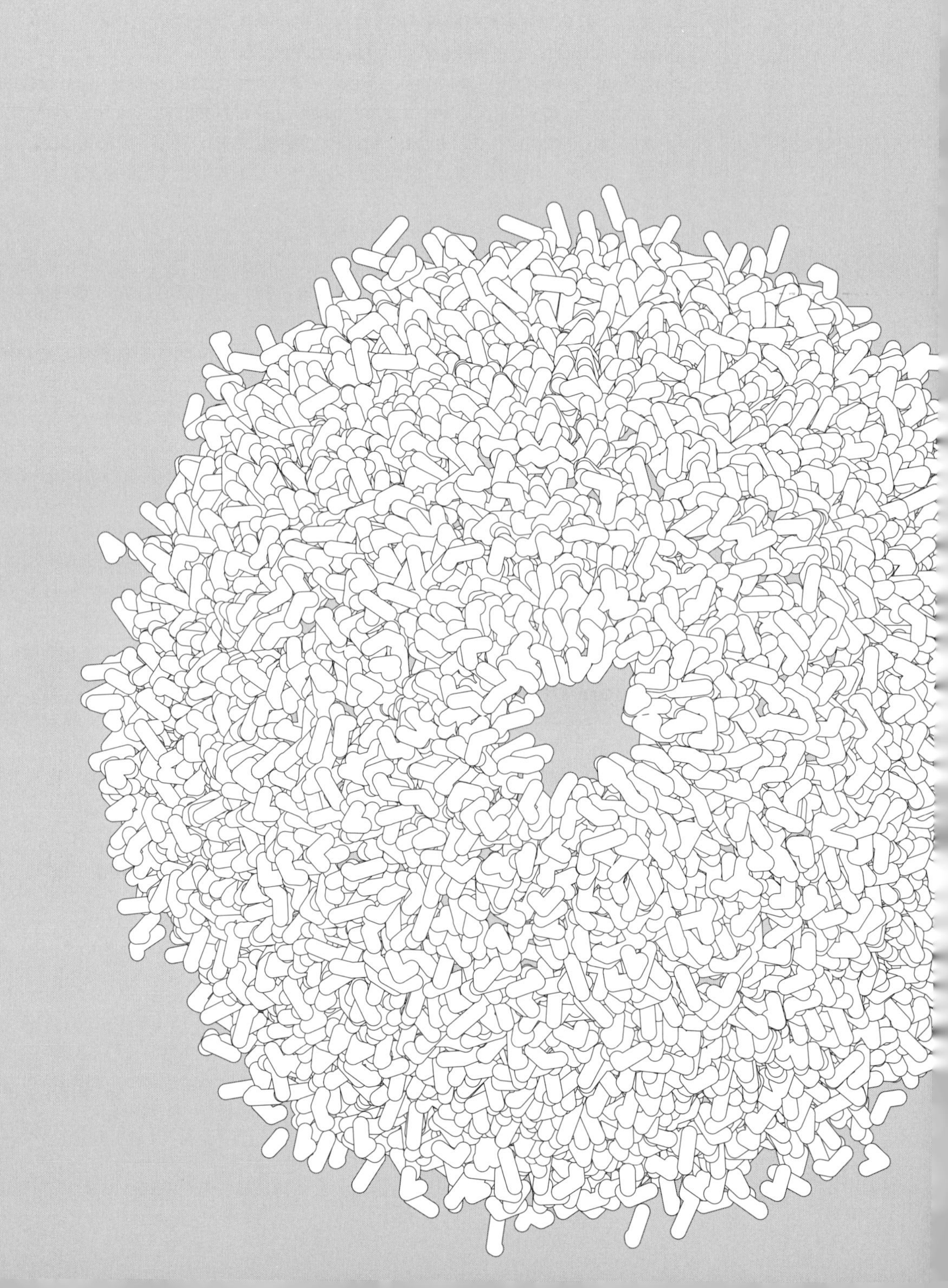

第2章

燃料乙醇生产原理

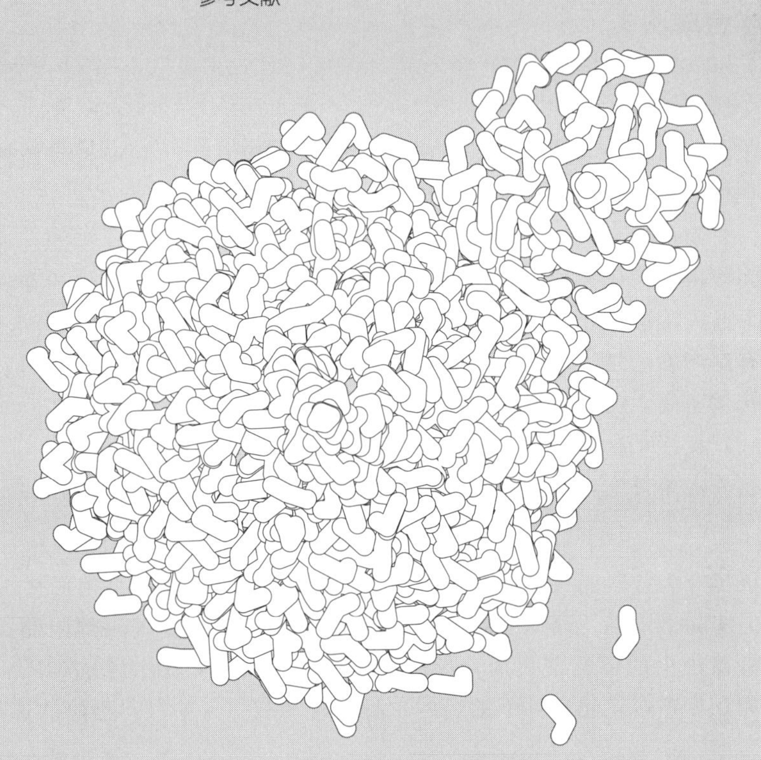

乙醇作为重要的有机化工原料，被广泛用作有机溶剂、消毒剂、饮料、食品添加剂、防腐剂和燃料等，其被添加入汽油后，混合燃料的含氧量增加，辛烷值提高，能够降低汽车尾气中有害气体的排放量。乙醇的生产方法包括淀粉质/糖类原料发酵法、纤维原料水解-发酵法、乙烯直接水合法、乙烯间接水合法和合成气催化转化及发酵法等。生产原料主要包括淀粉质原料、糖类原料、纤维质原料以及合成气等[1]。

2.1 乙醇生产的主要方法

工业上生产乙醇的方法主要分为化学合成法和生物发酵法两大类。化学合成法是以乙烯、合成气、乙醛等来合成乙醇。生物发酵法生产乙醇，包含以糖质作物（甜菜、甘蔗等）和淀粉质作物（玉米、小麦、木薯等）直接发酵，以及纤维质原料（农作物秸秆等）的水解-发酵。其中发酵法是乙醇生产的主要方法，目前发酵法生产的乙醇占全球乙醇总量的95%以上[2]。

2.1.1 化学合成法

2.1.1.1 乙烯水合法

工业上以乙烯为原料制备乙醇，主要有两种方法：一种是以硫酸为吸收剂的间接水合法；另一种是乙烯催化直接水合法。

（1）间接水合法

间接水合法也称硫酸酯法，反应分两步进行。首先，将乙烯在一定温度、压力条件下通入浓硫酸中，生成硫酸酯；再将硫酸酯在水解塔中加热水解而得到乙醇，同时有副产物乙醚生成。间接水合法可用低纯度的乙烯作原料、反应条件较为温和、乙烯转化率高，但设备腐蚀严重、生产流程较长。

（2）直接水合法

在一定条件下，乙烯通过固体酸催化剂直接与水反应生成乙醇：

$$CH_2=CH_2+H_2O \xrightleftharpoons{\text{固体酸}} CH_3CH_2OH$$

该反应为放热的可逆反应，理论上低温、高压有利于平衡向生成乙醇的方向移动，但实际上低温、高压受到反应速率和水蒸气饱和蒸气压的限制。工业上采用负载于硅藻土上的磷酸催化剂，反应温度260～290℃，压力约7MPa，水和乙烯的摩尔比为0.6左右，此条件下乙烯的单程转化率仅5%左右，乙醇的选择性约为95%，大量乙烯在系统中循环，主要副产物是乙醚，此外尚有少量乙醛、丁烯、丁醇和乙烯聚合物等。乙醚与水反应能生成乙醇，可将其返回反应器，以提高乙醇的产率。

2.1.1.2　合成气催化制备

合成气是由煤、重油或天然气生产，主要是以 H_2 与 CO 为主要成分的原料气，或者生物质通过汽化反应装置把生物质转化为富含 CO、H_2 和 CO_2 的合成气。合成气的原料来源范围极广，生产方法较多，导致其组成存在很大差别：$H_2$32％～67％、CO 10％～57％、$CO_2$2％～28％、$CH_4$0.1％～14％、$N_2$0.6％～23％。合成气制备乙醇可通过两种方法转化为乙醇：即费托合成法（F-T 法）和微生物发酵法。微生物发酵多以厌氧梭菌为生产菌株，产物除乙醇外，还有乙酸、丁酸和丁醇等产物生成[2]。

（1）合成气催化制备乙醇反应过程

合成气制乙醇工艺路线在不同的催化剂作用下，合成气可经不同路径直接或间接制得乙醇，其主要合成路线有如下几种[3]。

① 合成气直接制乙醇，具体见方程式（2-1）。

$$2CO(g)+4H_2(g)\longrightarrow C_2H_5OH(g)+H_2O(g) \tag{2-1}$$

② 合成气先合成中间产物甲醇，然后进一步合成乙醇，具体见方程式（2-2）和式（2-3）。

$$CO(g)+2H_2 \longrightarrow CH_3OH(g) \tag{2-2}$$

$$CH_3OH+CO(g)+2H_2(g)\longrightarrow C_2H_5OH(g)+H_2O(g) \tag{2-3}$$

③ 合成气先合成中间产物乙酸，然后催化加氢得到乙醇，具体见方程式（2-4）和式（2-5）。

$$CH_3OH(g)+CO(g)\longrightarrow CH_3COOH(g) \tag{2-4}$$

$$CH_3COOH(g)+2H_2(g)\longrightarrow C_2H_5OH(g)+H_2O(g) \tag{2-5}$$

④ 合成气先合成中间产物乙酸，然后进一步制得乙酸酯，乙酸酯催化加氢制得乙醇，具体见方程式（2-6）和式（2-7）。

$$CH_3COOH(g)+CH_3OH(g)\longrightarrow CH_3COOCH_3(g)+H_2O(g) \tag{2-6}$$

$$CH_3COOCH_3(g)+2H_2(g)\longrightarrow C_2H_5OH(g)+CH_3OH(g) \tag{2-7}$$

⑤ 合成气先合成甲醇，然后氧化羰基化，通过草酸二甲酯的中间步骤间接合成乙醇，具体见方程式（2-8）和式（2-9）。

$$2CH_3OH(g)+2CO(g)\longrightarrow CH_3O(CO)_2OCH_3+H_2(g) \tag{2-8}$$

$$CH_3O(CO)_2OCH_3+5H_2(g)\longrightarrow 2CH_3OH+C_2H_5OH+H_2O \tag{2-9}$$

⑥ 生物质通过汽化反应可转化为富含 CO、H_2 和 CO_2 的合成气。CO_2 也可以通过加氢反应制备乙醇，具体如方程式（2-10）和式（2-11）。

$$2CO_2+6H_2 \longrightarrow CH_3CH_2OH+3H_2O \tag{2-10}$$

$$2CO+4H_2 \longrightarrow CH_3CH_2OH+H_2O \tag{2-11}$$

直接法制乙醇路线较短，可大大简化现有的生产工艺，经济效益显著，但从绿色化学原子经济性角度来看，直接合成乙醇过程会有一个氧原子转化为水，而且会消耗掉大量的宝贵氢气资源。此外，直接法存在反应难度大、催化转化效率不高以及催化剂不稳定等缺点。因此，开发出高活性、高选择性、高稳定性和寿命长的催化剂是实现合成气高效催化制备乙醇的关键。

间接法制乙醇路线尽管较长，但碳原子和氢原子以及氧原子具有较高的利用率，明显优越于F-T合成，对于开发新型的合成气制备乙醇工艺具有重要的开发利用价值。另外，间接法与直接法相比具有设备相对投资小、产物分离能耗低等优点，工业化的可能性较大。

（2）合成气催化制备乙醇工艺流程

合成气催化制备乙醇的合成工艺大致可以分为原料气制备、净化、压缩、合成和精馏等工序，如图2-1所示。

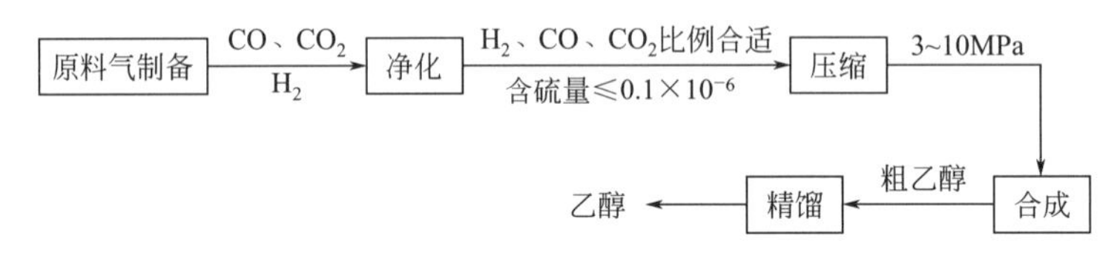

图2-1 合成气催化制备乙醇工艺流程

1）原料气的制备和净化

首先将合成气压缩至2MPa，进入脱硫工序，由于硫的形态和含量不一，通常采用干法脱硫，使用 Fe_2O_3 和钴钼催化剂，在必要时，采用多级脱硫工艺进行脱硫，确保总硫 $\leqslant 0.1\times10^{-6}$。为了满足 H_2/CO_x 的摩尔比，经常需要进行原料气组成的调节。当氢多碳少时，需要补碳，主要是补充 CO_2；反之，当碳多氢少时，需要脱去多余的碳。

2）合成气压缩

将净化后的原料气，输入二合一机组，保证能同时压缩原料气和循环气，使出口的压力维持在3～10MPa。

3）合成过程

压缩后的气体温度大约为40℃，首先进入换热器升温至250～300℃，然后进入乙醇合成器。合成器一般为管壳式等温反应器，在催化剂作用下，进行乙醇合成。反应中产生的热量可用于生产中压饱和蒸汽进行循环。反应过程中会有副反应发生，产生少量的杂质。典型的副反应如下：

$$CO_2+3H_2 \longrightarrow CH_3OH+H_2O$$

$$CO+2H_2 \longrightarrow CH_3OH$$

$$2CO_2+5H_2 \longrightarrow CH_3CHO+3H_2O$$

$$2CO+3H_2 \longrightarrow CH_3CHO+H_2O$$

出反应器后的气相进入气-气换热器，可以把入口气加热到催化剂的活性温度以上，反应气再进入水冷器冷至40℃左右。这时，大部分乙醇和水蒸气与反应气分离，再进入乙醇分离器。顶部出来的气体一部分作为循环气进入二合一机组，升压后与原料气进入下一个循环，进一步合成乙醇，另一部分排放。底部出来的粗乙醇降压到0.5MPa后入闪蒸槽，释放出溶解在粗乙醇中的大部分气体，出来的粗乙醇则进入精馏塔。

4）乙醇精馏

精馏系统采用双塔蒸馏流程。其中一个塔为粗馏塔，另一个为精馏塔，两塔之间不直接连通，互相影响较小，操作方便。乙醇混合液首先通过蒸发得到一定浓度的乙醇溶液，再通过精馏系统达到乙醇的共沸浓度，最后通过分子筛脱水得到无水乙醇。

（3）合成气催化制备乙醇的优缺点

1）合成气催化制备乙醇的优点

合成气催化制备乙醇的优点在于：劳动生产率较高，产品成本和基建费用相对较低。关于F-T法制取乙醇的研究，目前主要集中在高性能、耐受性催化剂的开发以及对合成过程和工艺条件的优化。

F-T法制乙醇的关键是选择性能较高、催化性能较好、耐受性能较强、稳定性较强的催化剂。国内外对催化剂的选择、制备和应用以及催化剂助剂的选择等方面进行了大量研究，主要集中在铑基催化剂（如Rh/SiO_2催化剂和担载型铑催化剂）和非铑基催化剂（如K-Mo-Co/活性炭催化剂、Cu-Zn-Fe/K固体催化剂、CuCoMn催化剂、Cu/Al_2O_3、Mo-Co-K硫化物基催化剂）的选择、制备和性能研究，以及催化条件包括催化剂用量、合成条件（温度、压力和空速）等方面，目的在于提高乙醇等低碳醇合成过程的单程转化率、合成气的选择性和醇产率。目前，乙醇的选择性可以达到75%以上，乙醇产率可以达到13%～18%，可以实现1000h以上的连续运转。

2）合成气催化制备乙醇的局限性和弊端

尽管对F-T法制乙醇进行了大量研究，取得了一定的进展，但该技术仍有很大的局限性和弊端，主要表现在以下几方面[4]。

① 反应选择性低　F-T法制乙醇的产物很杂，其产物以乙醇为主，但也存在从甲醇到C_5、C_6的醇类混合物，还可产生如乙酸、乙醛、乙酸乙酯等其他的C_2含氧化合物。目前无论是从合成气制烃类还是制醇，利用现有的催化剂高选择性地把碳链增长过程停止在C_2这一步仍然相当困难。为了提高反应速率，还需要适当提高反应温度，但是伴随着温度升高，会相应发生一些副反应抑制乙醇的产生。

② 反应温度高，压力大　F-T法制乙醇通常反应温度为315℃、反应压力为8.2MPa。即便是采用最先进的绿色催化技术，如将Ru催化剂加工到2.4nm，使F-T合成的反应温度降低100℃而活性达到传统Ru催化剂（200℃）的2～5倍，此时的反应温度仍然在100～150℃，依然比微生物发酵所需要的温度要高很多。这导致化学法合成乙醇热效率损失大，加热成本大，能耗高，反应装备要求苛刻。

③ 催化剂制备的条件苛刻　催化剂需要在高温下焙烧数小时，温度在250～500℃之间。

④ 催化剂的成本高，工业化生产难以实现　这些催化剂一般以贵金属为主要活性成分，如铑基催化剂等，开发非铑基或减少铑的含量是解决这一过程面向应用的重点和难点。

⑤ 催化剂的生产和使用会出现严重的环境污染　催化剂生产大多会产生废渣和废水，同时催化剂中重金属的流失等问题会出现严重的环境污染。

⑥ 合成气质量要求高，需要净化　乙醇合成过程中，对原料气的净化要求十分严格。原料气的成分比较复杂，除了多种类型的硫和氨，还含有焦油、酚类、苯、萘、不饱和烃甚至氯类等杂质，这些杂质在后续的气体转化和乙醇合成中会影响到催化剂的活性，尤其是由无机硫和有机硫组成的混合硫化物是气体转化和乙醇合成催化剂的有毒物质，会导致转化和合成催化剂永久性中毒失活。

⑦ 设备磨损大　合成气催化制备乙醇反应需要在尽可能低的温度、较高的压力和较高的 H_2/CO_x 体积比条件下进行。但是，过高的 H_2/CO_x 体积比会浪费 H_2，过高的压力不仅不能明显提高转化率，反而会增大设备的磨损。

2.1.2 发酵法

我国酿酒技术研究至少始于中国早期农耕时代。汉代刘安在《淮南子》中提到“清醠之美，始于耒耜”。晋代的江统在《酒诰》中写道“酒之所兴，肇自上皇，或云仪狄，又云杜康。有饭不尽，委馀空桑，郁积成味，久蓄气芳，本出于此，不由奇方”。江统是我国历史上第一个提出“谷物自然发酵酿酒”学说的人。

在远古时代人们的食物中，采集的野果含糖分高，无需经过液化和糖化，经过自然微生物的作用便可以发酵成酒。发酵过程的本质就是酵母等微生物以糖类物质为营养，通过体内特定代谢酶，经过复杂的生化反应过程进行新陈代谢，生产酒精及其他副产物的过程。其实质为酵母在无氧条件下经过 EMP 途径将六碳糖转化为乙醇并获得能量；木糖等五碳糖通过比葡萄糖更为复杂的代谢过程转化为乙醇和其他副产物[5,6]。

生物质原料转化为乙醇的技术大致可分为两大类，即基于糖平台（生化转化）和合成气平台（热化学转化）。糖平台原料经预处理后酶解转化成糖，再被发酵成乙醇；合成气平台中，生物质原料先被汽化产生合成气（CO、CO_2 和 H_2），再经过微生物发酵转化为乙醇。不少研究者认为，在生物质、废弃物和一些不能用于直接发酵的原料转化上，合成气发酵将发挥重要作用。譬如木质纤维素类生物质生产燃料乙醇，合成气发酵可先将全部生物质（包括木质素以及难降解部分）汽化转化为合成气，再将合成气发酵为乙醇，就能避开木质纤维素酸、酶水解的技术障碍，克服传统生物转化过程中木质素不能被充分利用的缺陷[7]。

能以合成气（CO、CO_2 和 H_2）作为唯一碳源和能源的微生物都是厌氧微生物，且多数为产乙酸菌，其主要的代谢产物是乙酸，而能够发酵合成气产乙醇的微生物菌株较少。目前报道的能利用合成气产有机酸和醇的微生物有很多，其中能够发酵合成气生成乙醇的微生物主要有以下几种（表 2-1）：食甲基丁酸杆菌（*Butyribacterium methylotrophicum*），杨氏梭菌（*Clostridium ljungdahlii*），厌氧食气梭菌（*Clostridium carboxidivorans*）和合成气发酵梭菌（*Clostridium autoethanogenum*）[8]。这些菌株利用 CO 或 H_2/CO_2 产乙醇或乙酸的化学计量式如下所示：

$$6CO+3H_2O \longrightarrow CH_3CH_2OH+4CO_2$$
$$2CO_2+6H_2 \longrightarrow CH_3CH_2OH+3H_2O$$
$$4CO+2H_2O \longrightarrow CH_3COOH+2CO_2$$
$$2CO_2+4H_2 \longrightarrow CH_3COOH+2H_2O$$

表 2-1　合成气乙醇发酵微生物及其特性[8~10]

微生物	分离地点	最适温度/℃	最适 pH 值	倍增时间/h	产物
伍氏醋酸杆菌(*Acetobacterium woodii*)	黑色沉积物	30	6.8	13	乙酸
酒糟碱性棒菌(*Alkalibaculum bacchi*)	牧场土壤	37	8.0～8.5	—	乙酸、乙醇
闪烁古生球菌(*Archaeoglobus fulgidus*)	—	83	6.4	—	乙酸、甲酸、H_2S
食甲基丁酸杆菌(*Butyribacterium methylotrophicum*)	下水道污泥	37	6	12～20	乙酸、乙醇、丁酸、丁醇
醋酸梭菌(*Clostridium aceticum*)	—	30	8.5	—	乙酸
合成气发酵梭菌(*Clostridium autoethanogenum*)	兔粪	37	5.8～6.0	—	乙酸、乙醇
厌氧食气梭菌(*Clostridium carboxidivorans*)	污水池沉积物	38	6.2	6.25	乙酸、乙醇、丁酸、丁醇
崔氏梭菌(*Clostridium drakei*)	沉积物	30～37	5.5～7.5	—	乙醇
杨氏梭菌(*Clostridium ljungdahlii*)	鸡粪	37	6.0	3.8	乙酸、乙醇
Clostridium ragsdalei P11	鸭塘底泥	37	6.3	—	乙醇
库氏脱硫肠状菌(*Desulfotomaculum kuznetsovii*)	—	60	7	—	乙酸、H_2S
热苯脱硫肠状菌(*Desulfotomaculum thermobenzoicum* subsp. *thermosyntrophicum*)	—	55	7	—	乙酸、H_2S
黏液真杆菌(*Eubacterium limosum*)	绵羊食物	38～39	7.0～7.2	7	乙酸
黏液真杆菌(*Eubacterium limosum* KIST612)	厌氧消化液	37	7.0	—	乙酸、丁酸
嗜温细菌(*Mesophilic bacterium* P7)	泻湖	37	5.7～5.8	—	乙醇
噬乙酸甲烷八叠球菌(*Methanosarcina acetivorans* C2A)	—	37	7.0	24	乙酸、甲酸、甲烷
穆尔氏菌属(*Moorella* sp. HUC22-1)	地下热泥浆	55	6.3	—	乙醇
热醋穆尔氏菌[*Moorella thermoacetica*(原 *Clostridium thermoaceticum*)]	—	55	6.5～6.8	10	乙酸
热自养穆尔氏菌[*Moorella thermoautotrophica*(原 *Clostridium thermoautotrophicum*)]	—	58	6.1	7	乙酸
Oxobacter pfennigii	食物	36～38	7.2	13.9	乙酸、正丁酸
产生消化链球菌(*Peptostreptococcus productus*)	—	37	7	1.5	乙酸

合成气发酵是一个多相的反应过程，包括气体底物、培养液和微生物细胞等气、液、固三相。气体底物需要经过多个步骤的传递才能到达细胞表面被微生物吸收利用，因而合成气发酵过程的限速步骤是气液传质，且由于 CO 和 H_2 在水中的溶解度低，该传质限制显得更为突出。因此，能够提供较高的气液传质速率是选择合成气发酵反应器的重要指标[7]。

对于受传质限制的合成气发酵而言，反应器型式很关键，另一个影响发酵转化率和产率的重要因素则是发酵工艺（表 2-2），可以从以下几个方面对发酵工艺进行改进：

① 采用气体循环以提高气体底物的转化率；

② 采用连续操作和细胞循环，由于反应器中的细胞浓度增大，产物浓度大大提高；

③ 考虑到菌株生长和发酵条件不同，可采用两步 CSTR 发酵工艺，细胞生长和产物合成可在不同的反应器中进行。例如杨氏梭菌（*Clostridium ljungdahlii*）发酵，使用两个反应器时的乙醇产率比只用一个反应器时提高了 30 倍。

此外，也可以对细胞进行固定化，或者在不影响菌株活性的情况下适当增加反应器的压力。

表 2-2　微生物利用合成气产乙醇[9,11~13]

微生物	反应模式	培养时间/h	合成气组成(体积分数)/%	pH值	乙醇浓度/(g/L)	醇/酸比/(mol/mol)
杨氏梭菌(*Clostridium ljungdahlii*)	带细胞循环的连续搅拌罐式反应器	560	$CO=55, H_2=20, CO_2=10, Ar=15$	4.5	48	21
	两个串联的连续搅拌罐式反应器	16①	$CO=55.25, H_2=18.11, CO_2=10.61, Ar=15.78$,其他=0.25	4.0	3②	1.5②
食甲基丁酸杆菌(*Butyribacterium methylotrophicum*)	连续搅拌罐式反应器		CO=100	6③	0.056	0.131
	血清瓶分批实验	144	$CO=35, H_2=40, CO_2=25$	7.3	0.02	0.018④
黏液真杆菌(*Eubacterium limosum* KIST612)	带细胞循环的连续鼓泡柱式反应器	233⑤	CO=100	6.8	0.092②	0.061⑥
厌氧食气梭菌(*Clostridium carboxidivorans* $P7^T$)	连续鼓泡柱式反应器	10①	$CO=14.7, CO_2=16.5, N_2=56.8, H_2=4.4$⑦, $CH_2=4.2, C_2H_4=2.4, C_2H_6=0.8$,其他=0.2	6⑧	1.6	
	细胞培养瓶分批实验	6.5①	$CO=20, CO_2=15, H_2=5, N_2=60$⑨	5.7	0.337	0.392

续表

微生物	反应模式	培养时间/h	合成气组成(体积分数)/%	pH值	乙醇浓度/(g/L)	醇/酸比/(mol/mol)
合成气发酵梭菌(*Clostridium autoethanogenum*)	连续的改良反应器⑩	72	$CO=20, CO_2=20, N_2=50, H_2=10$	6	0.066⑪	0.062⑪
穆尔氏菌属(*Moorella* sp. HUC22-1)⑫	血清瓶分批实验	156	$H_2=80, CO_2=20$	6.3⑬	0.069	0.026
	带细胞循环的发酵罐重复分批实验	430	$H_2=80, CO_2=20$	5.8	0.317	0.023

① 培养时间以天计，d。
② 反应器中近似值。
③ pH=6 时其他产物：丁酸，乙酸和丁醇。
④ 其他产物：乙酸，丁酸和乳酸。
⑤ 稀释速率 $0.15h^{-1}$。
⑥ 其他产物：丁酸 6mmol/L，乙酸 16.5mmol/L。
⑦ 其余组分 $CH_2=4.2\%$，$C_2H_4=2.4\%$，$C_2H_6=0.8\%$。
⑧ 乙醇浓度为 1.6g/L 时培养基 pH 值。
⑨ 培养基中添加 130×10^{-6} 的 NO。
⑩ 改良的转瓶：转轴由不锈钢管代替，连接一个不锈钢的多孔气体分布装置。
⑪ 流速 10mL/min。
⑫ 嗜热菌，生长于 55℃环境。
⑬ 初始 pH 值。

目前世界上从事生物质合成气乙醇发酵研究规模最大、最为成功的公司有两家，一家为美国的 Coskata 公司，另一家是新西兰的 LanzaTech 公司。LanzaTech 公司成立于 2005 年，主要以来源于生物质的合成气和工业废气为原料发酵生产燃料乙醇。该公司拥有自主知识产权的专利菌株，可将工业有机垃圾、城市垃圾和废木料等通过汽化后发酵，能够利用生物质中 90%以上的能量。2010 年，中国科学院生物局、河南煤化集团和 LanzaTech 公司签署三方合作协议，利用煤炭气化发酵生产乙醇燃料和其他的化工产品，并建立联合生物能源研发中心。2011 年 3 月，宝钢集团有限公司、中国科学院及 LanzaTech 公司也签署三方合作协议，成立上海宝钢朗泽能源有限公司，开始筹建年产 300t 乙醇的示范工厂。此后，又陆续在北京市和台湾地区建成了 2 处示范工程[7,14]。

Coskata 公司通过将玉米秸秆、柳枝稷、木屑、城镇垃圾和废旧轮胎等各种生物质原料进行气化获得合成气，合成气过滤净化后通入发酵罐中发酵，然后利用膜分离技术分离浓缩乙醇，最终的乙醇浓度可达 99.7%。该公司也拥有自主知识产权的发酵菌种和设备，每吨干生物质可产超 400L 以上的乙醇，拥有一条年产（2～4.5）亿升的合成气乙醇发酵生产示范线，并于 2009 年 10 月投产。但 Coskata 公司在 2015 年停止运营，利用该公司所开发的技术，成立了一家新公司 Synata Bio[14]。

作为合成气乙醇发酵研究最成功的两家公司，Coskata 和 LanzaTech 均曾开展了长时间的试点和示范。INEOS 在美国佛罗里达州 Vero Beach 成立 New Planet Energy Holdings，他们使用木质纤维素生物质和城市生活垃圾生产合成气，并联产6兆瓦电力。2013年7月，该公司宣布其工厂成功投产乙醇。2017年，INEOS公司整体被巨鹏生物收购，包括整套核心技术、全部知识产权以及研发中心、实验室设施和小试等硬件设施。2018年，巨鹏生物与潞安集团签署工业尾气生物发酵法生产20万吨/年燃料乙醇合约，其中一期年产2万吨燃料乙醇。

2.2 乙醇生产的主要原料

燃料乙醇是指以玉米、小麦等粮食作物和薯类、甘蔗、甜菜、甜高粱等非粮作物为原料，经过发酵、蒸馏制得乙醇，进一步脱水再经过不同形式的变性处理后，成为变性燃料乙醇。燃料乙醇一般是通过发酵法生产，利用微生物的发酵作用将糖分或淀粉转化为乙醇，亦可将纤维素类物质降解为单糖后再发酵生产乙醇。按其成分不同，燃料乙醇的原料分为糖类、淀粉类和纤维素三种类型[15]。

2.2.1 淀粉质原料

天然淀粉由10%～30%的直链淀粉（amylose）和70%～90%的支链淀粉（amylopectin）组成（图2-2）。

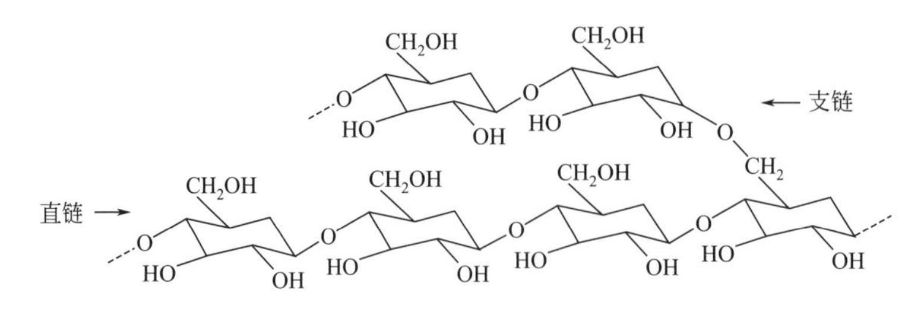

图2-2 淀粉分子结构示意

直链淀粉是葡萄糖分子由α-1,4-糖苷键连接而形成的长链。支链淀粉的结构比直链淀粉复杂，除了有α-1,4-糖苷键连接外，还有α-1,6-糖苷键和少量的α-1,3-糖苷键连接。直链淀粉借助分子内的氢键卷曲形成螺旋状，平均每6个葡萄糖单位形成一圈螺旋。加入碘液，碘液中的碘分子便会嵌入螺旋结构的空隙处，借助范德华力与直链淀粉连接形成络合物。这种络合物能够比较均匀地吸收除了蓝光以外的其他可见光（400～750nm），从而使淀粉溶液呈现蓝色。支链淀粉分子同样具有螺旋卷曲，但由于支链淀粉分子每个分枝的平均长度较短，因此分子中每段螺旋的圈数也较少，在与碘分子络合时只能形成短链的络合物。所以在加入碘液时，淀粉溶液会呈现出微红到紫红色[12]。

淀粉是植物界中一种含量非常丰富的多糖化合物，大量存在于植物的种子、根、茎等部位。淀粉质原料包括甘薯、木薯和马铃薯等薯类（化学成分见表 2-3），以及高粱、玉米、大米、谷子、大麦、小麦和燕麦等粮谷类（化学成分见表 2-4）。

表 2-3　薯类原料的化学成分[16]

原料名称	水分/%	淀粉/%	粗蛋白/%	粗脂肪/%	粗纤维/%	灰分/%
甘薯	70～75	20～27	0.6～1.3	0.1～0.5	0.2～0.7	0.5～0.9
甘薯干	12～14	66～70	2.3～6.1	0.5～3.2	1.4～3.3	2.0～3.0
木薯	67～70	22～28	1.1	0.4	1.3	0.6
木薯干	12～15	68～73	2.6	0.8	3.6	2.2
马铃薯	69～83	12～25	1.9	0.2	1.0	1.2
马铃薯干	12～13	65～68	7.4	0.5	2.3	3.4

表 2-4　几种谷物的化学成分[16]

原料名称	水分/%	淀粉/%	粗蛋白/%	粗脂肪/%	粗纤维/%	灰分/%
玉米	12.0～14.0	62.0～70.0	8.0～12.0	3.5～5.7	1.5～3.0	1.5～1.7
高粱	10.3～13.4	59.0～68.0	8.5～13.0	3.0～5.2	1.4～3.0	1.6～2.3
大麦	10.5～13.5	58.5～68.0	10.0～14.0	1.7～3.7	4.0～6.0	2.4～3.2
小麦	12.0～13.5	65.0～70.0	8.0～13.8	1.8～3.2	1.2～2.7	1.3～1.7
大米	12.0～13.7	70.0～75.0	7.3～9.4	0.4～2.0	0.4～1.3	0.3～1.3
粟谷	10.5～13.0	58.0～65.0	9.0～11.0	3.0～3.5	4.0～6.0	1.2～1.9

2.2.1.1　玉米（corn）

玉米为禾本科玉米属的植物，学名 *Zea mays* L.，又名苞谷、棒子、苞米等，属 C_4 作物，能有效利用光照，在砂壤、壤土、黏土中均可生长。每 100g 玉米含蛋白质 4～8g，脂肪 3～5g，淀粉 63～75g。以玉米为原料生产乙醇具有如下优势。

（1）资源量丰富

我国粮食连续 12 年增产，最主要的原因在于玉米的增产。从 2004 年起，政府连续推出多项惠农政策，粮食种植面积和产量逐年提高，其中玉米播种面积的增加最为显著。在 2003～2015 年间增产的 1.9 亿吨粮食中，有 1 亿吨来自玉米，占比 57%。目前，我国年产玉米 2.2 亿吨左右。

（2）综合利用附加值高

玉米脱胚可获得玉米油和胚芽粕，玉米淀粉可用于发酵产乙醇，乙醇醪液可生产含有可溶性固形物的干酒糟（distillers dried grains with solubles，DDGS）。DDGS 和胚芽粕均为价值较高的精饲料，玉米胚含油 36%～41%，亚油酸的含量较高，是优质食用油，还可做人造奶油。因此，通过综合利用，可以提升玉米乙醇业的附加值。

（3）环境污染负荷轻

玉米乙醇糟液制 DDGS，比较彻底地解决了乙醇醪液的污染负荷。

（4）便于集中加工和贮存

除了采收过程实现了机械化，玉米仓储机械化也已得到广泛的应用[9]。这也是近年来国内外玉米价格不高的原因之一。

虽然以玉米为原料生产乙醇具有的优势众多，但是我国人口众多、人均耕地不足的基本国情决定了以玉米为原料生产燃料乙醇并不适合我国国情。今后，非粮原料将逐渐成为我国燃料乙醇生产的主要原料。

2.2.1.2 甘薯（sweet potato）

甘薯学名 *Ipomoea batatas*（L.）Lam，又称地瓜、红薯、红苕、番薯，是旋花科甘薯属的一个栽培种，具有蔓生习性的一年或多年生草本植物。地上部茎叶可作为蔬菜，干茎叶可作为饲料，地下部块根是主要经济器官。甘薯从 1594 年传入中国，已有 400 多年的栽培历史。甘薯具有高产、稳产、适应性强、耐水、耐旱的特点。新鲜甘薯可以直接用于生产燃料乙醇，有自然干燥条件的地区也可以将甘薯切片，晒成薯干，以便于贮存，供工厂全年生产使用。

甘薯作为燃料乙醇生产原料具有以下优点。

（1）资源丰富

我国是世界第一大甘薯生产国，产量占世界甘薯总产量的 80%以上，2012 年甘薯产量达到了 7314 万吨（联合国粮农组织，FAO），其总产量在国内位居第 4，仅次于水稻、小麦和玉米。甘薯在中国分布很广，以淮海平原、长江流域和东南沿海各省最多，种植面积较大的有四川、河南、山东、重庆、广东、安徽等地。据统计，在中国甘薯直接被用作饲料的占 50%，工业加工占 15%，直接食用占 14%，用作种薯占 6%，另有 15%因保藏不当而霉烂。

虽然美国的燃料乙醇以玉米为主要原料，但近年来也在关注其他非粮原料，甘薯就是其中之一，北卡罗来纳州立大学已提出了用甘薯代替玉米生产燃料乙醇的思路，并选育出了多个高淀粉的工业用甘薯品种。

（2）淀粉含量高

新鲜甘薯淀粉含量高达 20%～27%，薯干淀粉含量 66%～70%，纤维含量仅 1.4%～3.3%，易于加工利用。理论上 1.8t 淀粉可生产 1t 燃料乙醇，实际生产如按理论值的 80%计算，2t 淀粉才能生产 1t 燃料乙醇，即约 9～10t 鲜甘薯生产 1t 燃料乙醇，3t 甘薯干可生产 1t 乙醇。

（3）单位面积淀粉产量高

甘薯耐旱性极强，在其他作物难以生长的地方，甘薯仍能有一定的产量，是理想的开荒先锋作物。甘薯亩产可达 1500～2500kg，亩产淀粉达 300～500kg，甘薯的单位面积能源产量达到 10.4×10^4 kal/(hm^2 · d)，远高于马铃薯、大豆、水稻、木薯和玉米，约是玉米的 3 倍。近年来我国甘薯种植面积虽有所下降，但在国家甘薯产业技术体系的引导下，甘薯单产大幅上升，经过育种和栽培单位的共同努力，“十二五”期间，已有多个甘薯品种可实现一季薯干的产量超过 1t，如商薯 19 和徐薯 22 等。

但是，甘薯用于燃料乙醇生产也有如下一些问题需要解决。

（1）难以贮藏

甘薯的原料性状限制了运输和贮藏的机械化作业，占地面积大，劳动效率低。而且其收获季节在初冬，新鲜甘薯含水量达 70%，易受冷害和病害影响而腐烂。许多甘薯种植地区，如四川、重庆、湖北、广东等地因气候潮湿，无法靠自然晾晒获得薯干，而加热、鼓风等人工干燥方式成本过高，所以必须在收获季节快速利用。

（2）黏度高

新鲜甘薯发酵醪为黏度高于 10×10^4 mPa·s 的非牛顿流体，完全没有流动性，为了保证发酵醪的传质、传热和传输，需要添加大量的配料水以增加其流动性，从而导致底物及产物浓度较低。因此，需要降黏处理，降低原料黏度，增加其流动性[17]。

2.2.1.3 木薯（cassava）

木薯（*Manihot esculenta* Crantz），又称树薯、木番薯，属于大戟科木薯属植物，起源于热带美洲巴西与哥伦比亚干湿交替的河谷。木薯是全球三大薯类作物之一，种植面积 1700 余万公顷，仅次于马铃薯，而超过甘薯，分布于南北纬 30°之间，海拔 2000m 以下，为热带地区重要的热能来源，有 6 亿多人口以木薯为生。

我国于 19 世纪从印度尼西亚引进此作物品种，有近 200 年的历史，目前在我国分布于淮河、秦岭一线和长江流域以南，以广东和广西的栽培面积最大，福建和台湾次之，云南、贵州、四川、湖南、江西等省亦有少量栽培，其中广西的种植面积和总产量均占据全国总量的 60%以上，是全国最大的木薯生产区。传统意义上，木薯是中国热带、亚热带地区的地下粮仓，同时又是廉价的淀粉原料。在我国热带地区，木薯是仅次于水稻、甘薯、甘蔗和玉米的第五大作物。

木薯地下部结薯，生长适应性强，耐旱、耐贫瘠。木薯品种很多，一般分为苦味木薯（*Manihot utilissima*）和甜味木薯（*Manihot aipi*）。苦味木薯产量高，但生长期较长，一般为 18 个月，含氢氰酸较多，有毒，但氢氰酸易挥发，在木薯晒干后大部分消失，在乙醇生产的蒸煮过程后几乎全部挥发，所以不会对乙醇发酵产成品质量产生影响。甜味木薯生长期较短，一般为 12 个月，但产量较低。块根中氢氰酸含量较少。以其为原料生产燃料乙醇有如下几个方面的优势。

（1）淀粉含量高

木薯的块根含 30%的淀粉，木薯干则含有约 70%的淀粉，被誉为“淀粉之王”。木薯加工性能好、易粉碎、蒸煮时间短、糊化温度低，已被世界公认为是一种具很大发展潜力的燃料乙醇生产原料。木薯原料经过除杂、粉碎、液化和糖化，可进一步发酵成为乙醇。我国目前以木薯或掺杂木薯的燃料乙醇生产企业主要有河南天冠、广西中粮（20 万吨）、广西明阳生化（10 万吨）和广东国投生物能源公司（15 万吨）等。木薯淀粉出酒率为 50%～53%，每生产 1t 乙醇，耗鲜木薯量 6.6～7.8t 或耗木薯干片 2.7～3t[18]。

（2）黏度较低

虽然同为薯类原料，但新鲜木薯及木薯干的黏度均低于新鲜甘薯及甘薯干，因此可以减少配料用水量，有利于实现浓醪发酵。

但是，木薯用于燃料乙醇生产也有如下一些问题需要解决。

（1）总产量较低

目前，木薯发展重点地区的生产已初步实现种植良种化、丰产栽培标准化和加工专业化，木薯的单产大幅提高，从 2000 年的 14.71t/hm^2 提高到 2008 年的 18.83t/hm^2。但总体来看，中国木薯生产尚处于粗放阶段，2010 年中国木薯种植面积达 40.84 万公顷，总产量为 902.25 万吨，产量远远不能满足加工需要。根据 FAO 的统计，2012 年我国木薯总产量仅 456 万吨。

随着我国燃料乙醇产业的蓬勃发展，木薯作为优良的淀粉质原料，我国木薯原料供应不足的问题逐渐显现。目前，我国木薯原料大部分依赖进口，每年都要从越南、泰国等东南亚国家进口大量木薯，木薯贸易对世界依存度高达 70%。根据海关统计数据，我国进口木薯类产品中 80%为木薯干片，其次是木薯淀粉和少量鲜薯。2000～2012 年，我国木薯干片和木薯淀粉的进口量快速增长，其中木薯干片进口量、进口金额分别增长了 26.8 倍和 79.8 倍，木薯淀粉进口量、进口金额分别增长了 8.9 倍和 21.1 倍。此外，我国木薯贸易还存在进口渠道单一的问题，2012 年我国木薯干片进口量为 713.77 万吨，泰国、越南分别占 68.12%和 30.95%，合计占总进口量的 99.07%。进口渠道单一已造成木薯进口价格及成本居高不下。为解决这一问题，许多乙醇生产企业都在东南亚当地建立了木薯原料基地。

（2）支链淀粉含量高

木薯的淀粉颗粒大，其中所含的支链淀粉所占的比例要大于甘薯中支链淀粉的比例，从而影响糖化效果，木薯发酵残糖值偏高则与此特性有关。

2.2.1.4 芭蕉芋（canna edulis ker）

芭蕉芋是美人蕉科植物，又名姜芋、蕉藕，是多年生草本植物，适于在高温多雨地带生长，不择土壤，其生命力强，平均亩产块根 3000kg。芭蕉芋干片的化学成分为：淀粉 66%，水分 17.1%，灰分 2.8%，粗纤维 2.65%，脂肪 0.275%，蛋白质 3.63%，单宁 0.19%。其淀粉颗粒粒径大，糊化温度低，糊透明度好，直链淀粉含量高，成膜性好，其分子量也很大，与马铃薯淀粉接近，具有较好的应用性质。目前种植地主要是荒地和山地，不与粮食作物争地。文献中已有使用芭蕉芋发酵生产乙醇的报道[19]，一些工厂也在小规模地使用芭蕉芋生产乙醇，这可以成为其开发利用的方向之一。与甘薯相比，芭蕉芋的贮藏性稍好，但是其纤维含量较高，因此新鲜芭蕉芋粉碎时易堵塞筛网。

2.2.1.5 葛根（puerariae radix）

葛根别名葛条、粉葛、甘葛、葛藤，为豆科葛属野葛 *Pueraria lobata*（Willd.）Ohwi 的肥大根，是国家农业农村部、卫健委认定的药食两用植物，同时也是国家林业部门确定的退耕还林生态林灌木树种之一。

葛根喜光，年需日照1600～1700h；葛根喜温暖湿润的气候，耐寒能力较强，年平均气温大于15℃都有利葛根的生长发育，一般来说我国黄河以南各地均适合种植，北方一般最低温度不低于－18℃的地方均适应生长；葛根比较耐旱，对水分的要求不严，适应性强，年降雨量为800mm左右，空气相对湿度为50%～70%即可。根据现有资料整理，现代的葛属植物的种类在世界上主要野生或通过引种种植分布在北纬42°左右至南回归线（南纬25°以内）左右和东经70°以上至西经70°以上所包括的广大地区。中国拥有14个葛属植物品种，种质资源最丰富，居世界首位。全国大部地区有产，主产河南、湖南、浙江、四川、广东等地。葛根多生于山坡草丛、路旁、疏林中较阴湿处。野葛根是产量最高、使用最广的品种，除西藏、青海、新疆外，其他省区均有种植；粉葛则主要产于广西、广东，以栽培为主。葛根优良品种人工栽培亩产根块4000～5000kg，可加工葛1000～1300kg。因栽培葛根纤维性较弱，富粉性，木质部导管小、木质纤维较少，非木化或微木化，薄壁细胞含众多淀粉粒因此其出粉率高达20%～25%。文献中已有使用葛根发酵生产乙醇的报道，但由于葛根中含有大量的纤维（9%～15%），将大大增加了原料粉碎的机械能耗，也将成为淀粉高效释放的阻碍。

2.2.1.6 浮萍（duckweed）

浮萍是浮萍科（Lemnaceae）植物的统称，共有5个属37个种，世界各地均有分布，光能自养，可通过根或叶状体快速地从空气中吸收CO_2，从水中吸收所需的氮、磷等物质，从而直接利用废水生长，而不需要灭菌等预处理。同时，浮萍在吸附水体中氮、磷过程中所积累的富含生物量可转化为淀粉、蛋白质、纤维素等，具有极高的综合利用潜力，更不会成为二次污染源，是能够实现农村生活污水资源化利用的理想生物质资源。除此以外，浮萍还具有如下一些优于其他水生植物的优点。

（1）繁殖速度快

2～7d就可繁殖一代，生物量积累速度是玉米的28倍。

（2）可生产期长

水温高于5℃就可以生长，温带至热带地区能够全年生长，可以长期循环生产。

（3）环境效益好

浮萍可以大量吸收空气中CO_2，且可以直接利用废水中的氮、磷，可减轻温室效应、净化水体，同时还可吸附水中重金属，具有较好的环境效益。

（4）易于生物转化

浮萍几乎不含木质素，纤维素含量低，是优良的能源植物。

但是以浮萍为原料生产燃料乙醇还存在新鲜浮萍含水量高、底物浓度低等问题，导致鲜浮萍发酵所产的乙醇浓度不高，蒸馏能耗较高。为此科研人员已就高淀粉浮萍的选育和规模化、低成本脱水技术开展了相关研究，以提高浮萍的能量密度，从而降低蒸馏成本[20,21]。

2.2.2 糖类原料

糖类原料包括甘蔗、甜菜和甜高粱等含糖作物，以及废糖蜜等制糖工业副产品。甘蔗和甜菜等糖类原料在我国主要作为制糖工业原料，很少直接用于生产乙醇。废糖蜜内含相当数量的可发酵性糖，经过适当的稀释处理和添加部分营养盐分即可用于乙醇发酵，是一种低成本、工艺简单的生产原料。

2.2.2.1 甜高粱

甜高粱又称糖高粱、芦粟、甜秫秸、甜秆等，它是禾本科高粱属普通粒用高粱的一个变种，学名为 *Sorghum bicolor* （L.） Moench。有的资料也用 *Andropogon sorghum* Brot. var. *saccharatus* Alef. 或 *Sorghum saccharatum*。甜高粱属于 C_4 作物，具有较强的抗逆性和广泛的适应性，相比于其他禾谷类作物，在全球大多数半干旱地区都可以生长；对生长的环境条件要求不太严格，对土壤的适应能力强，特别是对盐碱地的忍耐力比玉米还强，在 pH 值为 5.0～8.5 的土壤上甜高粱都能生长；耐高温，在热带、亚热带和温带均可种植，尤其是在干旱、半干旱、低洼易涝、盐碱地区，土壤贫瘠的山区和半山区均可种植，是目前世界上生物量最高的作物之一，有“高能作物”之称，茎秆产量一般为 40～120t/hm^2，籽粒产量 2.25～7.5t/hm^2。我国南从海南岛，北至黑龙江大庆，都有种植，最适宜的生长地域是长江流域和黄河流域。

我国甜高粱研究始于 20 世纪 80 年代，当时仅有少量的分散种植，且仅限于甜秆嚼汁。1983 年，我国甜高粱播种面积 4205 万亩，占世界的 6%，但总产量却占全世界的 16%，单位面积产量为世界平均产量的 3.7 倍。“八五”“九五”计划期间，科技部把能源作物甜高粱秸秆制取乙醇列入科技发展规划。“十五”期间，科技部又将“能源作物甜高粱培育及能量转换技术”和“甜高粱秸秆制取乙醇”列入国家高科技研究发展计划。“十一五”规划明确把非粮作物甜高粱的应用开发作为优先发展的方向，以甜高粱为原料开发燃料乙醇生产技术，符合国家发展循环经济、保护环境的产业发展思路。

甜高粱的籽粒、茎秆糖分和茎秆纤维都可以作为乙醇生产的原料。甜高粱茎秆粉碎直接酿酒，每亩甜高粱茎秆可酿 60 度白酒 300～500kg，白酒可进一步提纯、变性制成燃料乙醇。秆渣纤维是很好的饲料，也是优质的造纸、制纤维板的原料。甜高粱籽粒可作粮食，叶片直接喂鱼，用于养殖。茎秆制糖、制酒精，酒糟作饲料喂奶牛、羊、鹿，粪便又可制沼气，沼气用于照明、做饭或通入大棚以提高蔬菜、花卉的产量，沼肥可还田，改良土壤，保护环境。

2.2.2.2 能源甘蔗

甘蔗（*Saccharum* L.）是禾本科甘蔗属多年生植物，现代甘蔗栽培品种为蔗属三元或四元种间杂种，具有生物遗传多样性、C_4 光合特性和生长巨型性。光合效率高，产量潜力大。甘蔗种植一般一年新植，多年宿根。甘蔗属喜温性作物，主要分布在北纬33°至南纬30°之间，其中以南北纬25°之间面积比较集中，要求年平均温度在18～30℃，在10℃以上活动积温6500～8000℃范围内，其生长量随着积温的增加而增加。甘蔗生长发育除工艺成熟期需要昼夜温差大外，其余各生长期和适宜温度在25～32℃之间。温度低于20℃，生长缓慢但有利于蔗糖分积累，13℃以下停止生长或生长极慢。

甘蔗原产于印度，现广泛种植于热带及亚热带地区。中国广东、台湾、广西、福建、四川、云南、江西、贵州、湖南、浙江、湖北、海南等南方热带地区广泛种植。甘蔗种植面积最大的国家是巴西，其次是印度，中国位居第三。根据联合国粮农组织（FAO）的数据，2016年巴西甘蔗产量7.69亿吨，中国甘蔗产量1.23亿吨。

甘蔗中的蔗汁和蔗渣纤维是生产燃料乙醇的理想原料，用相同面积的土地来种能源甘蔗，所产燃料酒精的量远远高于其他酒精原料作物。用能源甘蔗生产相同数量的酒精所需土地的面积仅为小麦的1/7，木薯的1/3，甜菜的1/4；不到水稻的1/3，玉米的1/5（表2-5）。

表2-5　几种常见作物生物量产量和乙醇产量对比

作物名称	平均生物量产量/[t/(a·hm^2)]	每吨作物产乙醇量/L	每年每公顷产乙醇量/L
甘蔗	70	70	4900
木薯	25	180	4500
甜菜	35	120	4200
稻米	5	450	2250
玉米	5	400	2000
小麦	4	390	1560

利用能源甘蔗生产乙醇，最经济、有效的措施是进行高光效、高生物量甘蔗育种，能源甘蔗品种选育是乙醇生产的核心技术。巴西早在20世纪70年代就投资39.6亿美元实施“生物能源计划”，育成了SP71-6163和SP76-1143等能源甘蔗品种；美国1979年制定了“UPR”计划，选育出以高生物量为目标的能源甘蔗新品种US67-22-2；20世纪80年代中期，印度和美国联合实施IACRP计划，利用热带种和野生蔗杂交培育出乙醇产量达1.2万升/hm^{2}的能源甘蔗品种IA3132。

我国的能源甘蔗研究起步较晚，但发展较快。福建农业大学甘蔗综合研究所作为国家糖料作物改良甘蔗分中心、农业部甘蔗遗传育种重点开放实验室和农业部甘蔗及制品质检中心的依托单位，在国内首倡能源甘蔗研究。“九五”期间进行了“高光效、高生物量育种”的攻关研究，通过甘蔗属种间远缘杂交，创制高度分离的育种群体，并通过一系列中间试验和技术经济指标的评价，已获得一批能源甘蔗新品种（系），接近或超过了美国第二代能源甘蔗品种的水平。

2.2.2.3　甜菜

甜菜属藜科（Familia Chenopodiaceae）甜菜属（Beta Genus），是我国的主要糖

料作物之一。二年生草本植物，第一年主要是营养生长，在肥大的根中积累丰富的营养物质，第二年以生殖生长为主，抽出花枝经异花授粉形成种子。甜菜是甘蔗以外的一个主要糖来源。

甜菜为喜温作物，但耐寒性较强。全生育期要求10℃以上的积温2800～3200℃。块根生育期的适宜平均温度为19℃以上。甜菜具有耐低温、耐旱、耐盐碱等特性。甜菜种子在低温甚至1℃下也能发芽，苗期－3～－4℃仍不致冻死。甜菜的根系较发达，叶面的角质层较厚，抗旱性较好。甜菜对钠和氯的需求明显高于其他作物，耐盐性强，是开发利用盐碱地的先锋作物。

甜菜产量最大的国家为俄罗斯，其次为法国、美国。根据FAO的数据，2016年俄罗斯甜菜产量5137万吨，中国甜菜产量810万吨，居全球第10。中国甜菜主产区在北纬40°以北，包括东北、华北、西北三个产区，主要分布于黑龙江、新疆和内蒙古等省区。属于春播甜菜区，无霜期短、积温较少、日照较长、昼夜温差较大，甜菜的单产和含糖率高、病害轻。

2.2.2.4 糖蜜

糖蜜是在工业制糖过程中，蔗糖结晶后，剩余的不能结晶，但仍含有较多糖的液体残留物。农民种植甘蔗等植物，收获后削去其枝叶，再经过压榨、捣碎，从茎部榨取出汁液。透过煮沸汁液进行浓缩，使其中的糖进一步结晶。经过第一步煮沸并剔除糖晶体后的液体便是“初级糖蜜”，而被剔除的糖晶体再经提炼，成为我们日常使用的砂糖。

糖蜜是一种黏稠、黑褐色、呈半流动的物体，组成依甘蔗或甜菜的成熟程度、食糖被提炼出的量以及提炼方式而有所不同，其中主要含有大量可发酵性糖（主要是蔗糖），因而是很好的乙醇发酵原料，也可用作酵母、味精、有机酸等发酵制品的底物或基料，以及某些食品的原料和动物饲料。糖蜜作为制糖工业的副产品，甘蔗糖蜜主要分布在广东、广西、福建、四川等南方各省区，产量是原料甘蔗的2.5%～3%。甜菜糖蜜为甜菜糖厂的一种副产物，生产在我国以东北、西北、华北地区为主，产量为甜菜的3%～4%。

2.2.3 木质纤维素类原料

农作物秸秆、农产加工剩余物、林业加工剩余物等纤维素原料，通常含有约40%的纤维素、30%的半纤维素和30%的木质素。纤维素是由D-吡喃型葡萄糖基（失水葡萄糖）组成，其化学元素是C、H和O，分子式为$(C_6H_{10}O_5)_n$，n为聚合度。在天然纤维素中，聚合度可达10000左右，再生纤维素的聚合度通常为200～800（图2-3）。利用纤维原料制备燃料乙醇，就是经过预处理、酶解等步骤，将木质纤维素中的纤维素和半纤维素转化为可发酵糖，再被微生物利用转化为乙醇。

半纤维素（hemicellulose）较多集中于植物初级和次级细胞壁中（图2-4），贯

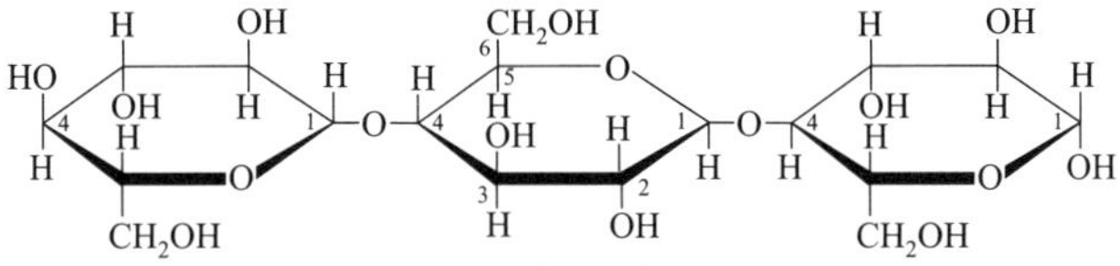

(a) 霍沃思式

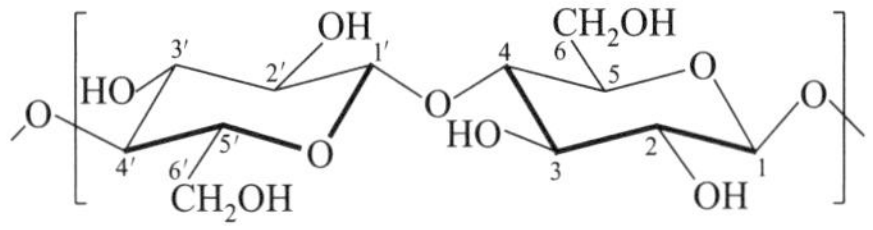

(b) 椅式

图 2-3　纤维素的两种化学结构式

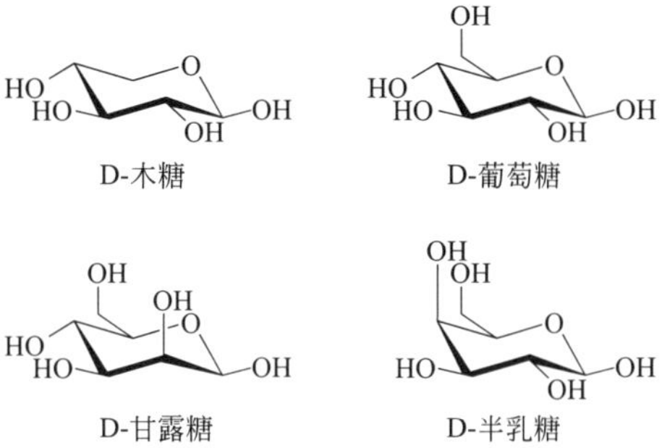

D-木糖　D-葡萄糖

D-甘露糖　D-半乳糖

图 2-4　半纤维素的基本组成单元

穿于纤维素和木质素之间，将二者紧密连接在一起共同组成木质纤维素（lignocellulosic materials），以增强细胞壁的强度。Schulze 于 1891 年最早提出了半纤维素这个名称，发现这些聚糖能够用碱液从植物细胞壁中抽提出来，而且总是与纤维素紧密地结合在一起，一度误认为它们是纤维素合成过程中的中间产物。后来的研究证实，半纤维素并不是纤维素合成的前驱物质，与纤维素的合成无关，主要表现在以下几点：

① 纤维素的糖基为葡萄糖，为同聚多糖，而半纤维素含有多种糖，可为同聚多糖，也可以为两种或多种单糖形成的杂多聚糖；

② 糖链的聚合度不同，纤维素的糖链较长，而半纤维素的链长较短；

③ 纤维素链无分枝，半纤维素有分枝，有的单糖组分只出现在支链上。

半纤维素是戊糖（木糖、阿拉伯糖）、己糖（甘露糖、葡萄糖、半乳糖）和糖酸所组成的不均一聚糖，为异质多糖，结构与纤维素不同，水解后产生混合糖。半纤维素作为一种重要的纤维质原料，占植物干重的 15%～35%，是自然界中总量仅次于纤维素（cellulose）的第二大糖，据估算植物每年经光合作用生成的半纤维素的总量约为 450 亿吨。在目前能源日益短缺的情况下，半纤维素通过生化转化作用生产燃料乙醇、丁醇等高品位液体燃料也愈发引起人们的广泛关注。

不同纤维素原料组成见表 2-6。

表 2-6　纤维素原料的组成

原料	纤维素/%	半纤维素/%	木质素/%
硬木(杨、柳和桦等)	40～45	24～40	18～25
软木(松、杉等)	40～50	25～35	25～35
玉米芯	45	35	15
麦秸	30	50	15
草	25～40	35～50	10～30
树叶	15～20	80～85	0
纸张	40～55	20～40	18～30

2.3 乙醇发酵的生化反应过程

酵母、根霉、曲霉和部分细菌都能够进行乙醇发酵，但大多数乙醇发酵菌株都没有水解多糖物质的能力，或者能力低下，所以在乙醇生产工艺中，常采用预处理和酶解方式，先将淀粉或纤维素降解为单糖分子，然后再通过 EMP、ED 和 HMP 等途径的代谢生成乙醇。

2.3.1 原料水解

淀粉质、纤维质原料水解成可发酵糖是乙醇发酵的必需步骤，这一水解过程又通常称为糖化过程。经过糖化水解过程，原料中的聚合物大分子被解聚成葡萄糖和木糖。与此同时，一些含量较少的其他单糖，如甘露糖、半乳糖、鼠李糖和阿拉伯糖等也在水解过程中产生。目前原料水解方法主要有三种，分别利用稀酸、酶和碱法水解。多数情况下，为了获得更好的水解效果，往往采用生化、有机化学、热处理等多种方法进行综合水解。

2.3.1.1 酶水解

酶水解，即利用酶催化剂对原料进行催化反应降解成单糖或者低聚可发酵糖类。酶是由细胞产生的，酶的主要组分是蛋白质，具有蛋白质的一般特性，与非生物催化剂比较它具有以下优点。

1）酶催化效率高

酶的催化效率远远高于非生物催化剂，一般是后者的 10^5～10^{13} 倍，用少量的酶即可催化大量的底物。在酶与底物反应过程中，酶迅速与反应物结合成过渡态，降低反应所需的活化能，只需少量能量就可形成活化分子，与非酶催化反应相比，活化分子数量大大增加，反应速度加快。

2）酶催化底物专一性强

底物专一性即酶对催化反应和反应物具有严格的选择性，酶往往只能催化一种或一类反应，作用于一种或一类物质。生物体内虽然含有多种酶类，但它们分工不同，催化不同的生化反应，完成细胞整个的复杂代谢过程。

3）酶催化反应条件温和

酶是生物大分子蛋白质，因此具有蛋白质的特性，在高温、强碱、强酸及重金属盐条件下均会失去活性，因此酶所需的催化反应往往是在较温和的常温、常压及接近中性酸碱条件下进行。

（1）淀粉原料的水解

淀粉原料的可发酵物质主要是淀粉，以颗粒形态存在于原料细胞内，淀粉颗粒通常不能被酵母、运动发酵单胞菌等乙醇发酵微生物直接发酵利用产生乙醇，需要水解成可发酵的单糖。淀粉的酶水解过程主要是由淀粉酶来实现的，淀粉酶（amylase）一般作用于可溶性淀粉、直链淀粉、糖元等α-1,4-葡聚糖，是水解α-1,4-糖苷键的酶。根据酶水解产物异构类型的不同可分为α-淀粉酶（EC 3.2.1.1）与β-淀粉酶（EC 3.2.1.2），脱支淀粉酶与糖化淀粉酶（表2-7）。

表2-7　淀粉酶的分类[2]

EC号	系统名称	常用名	作用特点
EC 3.2.1.1	α-1,4-葡聚糖水解酶	α-淀粉酶、液化酶、淀粉-1,4-糊精酶	随机水解淀粉、糖原的α-1,4-糖苷键
EC 3.2.1.2	α-1,4-葡聚糖4-麦芽糖水解酶	β-淀粉酶、淀粉-1,4-麦芽糖苷酶	从非还原端以麦芽糖为单位依次水解淀粉的α-1,4-糖苷键
EC 3.2.1.3	α-1,4-葡聚糖-葡萄糖水解酶	糖化淀粉酶、糖化酶、葡萄糖淀粉酶、淀粉-1,4-葡萄糖苷酶、γ-淀粉酶	从非还原端以葡萄糖为单位依次水解α-1,4-糖苷键
EC 3.2.1.41	普鲁兰6-葡聚糖水解酶	异淀粉酶、淀粉-1,6-糊精酶、R-酶	分解支链淀粉、糖原中的α-1,6-糖苷键

淀粉的酶水解途径需要α-淀粉酶、β-淀粉酶、葡萄糖淀粉酶与极限糊精酶等的共同作用。一般认为α-淀粉酶是水解淀粉的起始酶，随机水解直链淀粉和支链淀粉非还原端α-1,4-糖苷键，分别生成产物麦芽糖、麦芽三糖和α-糊精。β-淀粉酶则从直链淀粉的非还原端水解两个单位葡萄糖，同时降解支链淀粉的外围碳链，生成麦芽糖和α-糊精；其余30%～40%的未水解部分称为极限糊精或α-糊精，它们能被脱支淀粉酶进一步水解形成麦芽糖，麦芽糖进一步被α-葡萄糖苷酶分解成两分子的葡萄糖（图2-5）。

1）α-淀粉酶

也称淀粉-1,4-糊精酶、液化酶，系统名称为α-1,4-葡聚糖水解酶（α-1,4-glucan maltohydrolase，EC 3.2.1.1）。它广泛存在于动物（唾液、胰脏等）、植物（麦

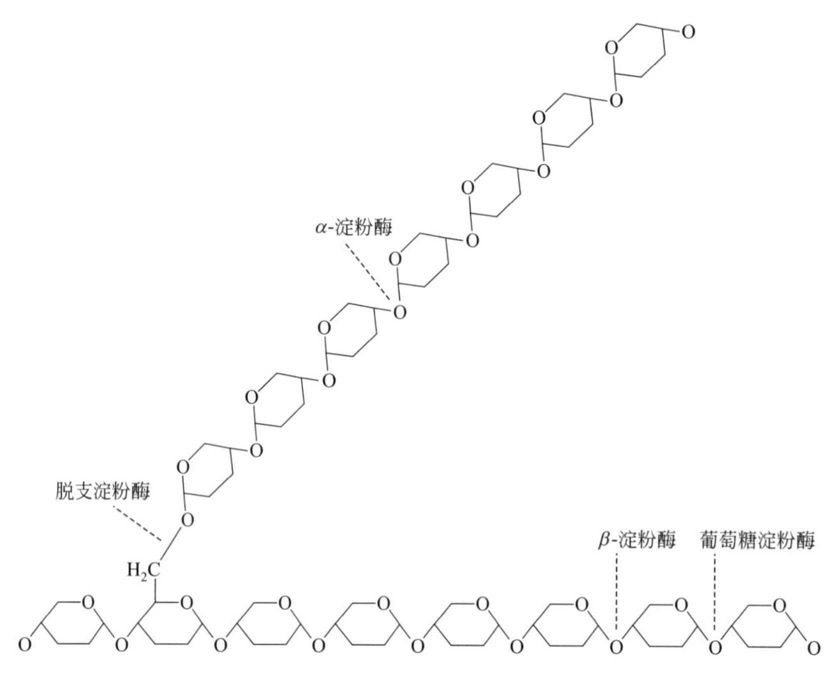

图 2-5 淀粉酶作用位点[22]

芽、山蓊菜）和微生物中。该酶是一种内切酶，可作用于直链淀粉，也可作用于支链淀粉，无差别地随机切断糖链内部的 α-1,4-糖苷键。它作用于黏稠的淀粉糊时，能使淀粉糊黏度迅速下降，成为稀溶液状态，工业上称这种作用为“液化”。液化反应的另一个典型特征是碘反应的消失，生成的最终产物在分解直链淀粉时以葡萄糖为主，此外，还有少量麦芽三糖及麦芽糖。

α-淀粉酶是淀粉酶法水解的先导酶，大分子淀粉经其作用断裂，产生许多非还原性末端，为 β-淀粉酶或葡萄糖淀粉酶提供了更多的作用底物。

2）β-淀粉酶

又称淀粉-1,4-麦芽糖苷酶，系统名称为 α-1,4-葡聚糖 4-麦芽糖水解酶（α-1,4-glucan 4-glucanohydrolase，EC 3.2.1.2）。它广泛分布于高等植物中，如大麦、小麦、甘薯、大豆等，但也有在细菌、牛乳和霉菌中被发现。

β-淀粉酶是一种外切酶，与 α-淀粉酶不同，它从非还原性末端逐次切断 α-1,4-葡聚糖链，生成麦芽糖。该酶可以将直链淀粉完全分解得到麦芽糖和少量的葡萄糖。而作用于支链淀粉或葡聚糖的时候，切断至 α-1,6-键的前面反应就停止，因此生成分子量比较大的分支糊精，称为 β-极限糊精。β-淀粉酶作用时水解液中还原糖线性增加，但黏度不能迅速降低，碘显色反应亦不明显，水解至极限时，水解率达 60%以上。β-淀粉酶催化水解会发生一个 Walden-wession 转位反应，将 α-型转变成 β-型，生成 β-麦芽糖，因此称为 β-淀粉酶。

3）葡萄糖淀粉酶（glucoamylase，EC 3.2.1.3）

俗称糖化酶、γ-淀粉酶（γ-amylase）。它是一种外切酶，能将淀粉分子从非还原

端依次切割 α-1,4-糖苷键，逐个切下葡萄糖残基，与 β-淀粉酶类似，水解产生的游离半缩醛羟基发生转位作用，释放 β-葡萄糖。无论作用于直链淀粉还是支链淀粉，最终产物均为葡萄糖。此外，γ-淀粉酶还能水解 γ-淀粉酶 α-1,6-和 α-1,3-键，但水解速度较慢。该酶作用于淀粉糊时，黏度下降较慢，但还原力上升很快，因此也称为糖化酶。

γ-淀粉酶存在于霉菌、细菌和酵母中，常用的生产菌是霉菌，如根霉、曲霉、拟内孢霉、黑曲霉、红曲霉等。该酶用于酒类、淀粉糖以及其他一些发酵工业的淀粉质原料糖化，是一种应用非常广泛的酶制剂。

4）极限糊精酶（limit dextrinase）

α-糊精 6-葡聚糖水解酶，又称普鲁兰 6-葡聚糖水解酶（Pullulan 6-alpha-glucanohydrolase，EC 3.2.1.41），其对 α-1,6-糖苷键具有高度特异性，是一类能专一催化水解普鲁兰、支链淀粉和支链淀粉的 α-极限糊精、糖原的 β-极限糊精等分支点中的 α-1,6-糖苷键。

该酶主要有两类：一类来源于植物，称为极限糊精酶或 R-酶（植物脱支酶）；另一类来源于微生物，称为普鲁兰酶。

（2）木质纤维素原料的水解

木质纤维素主要是由木质素、半纤维素和纤维素三种生物聚合物组成。纤维素是葡萄糖的多聚体，半纤维素的主要组成单元包括木糖、甘露糖、半乳糖、鼠李糖和阿拉伯糖，木质素是由四种醇单体形成的一种复杂酚类聚合物。因此，木质纤维素水解成可发酵单糖需要多种不同的酶协同作用才能完成。目前已经发现的降解木质素的酶较少。

1）纤维素酶水解

纤维素的水解过程由一系列的纤维素酶（cellulase）协同作用完成。整个水解过程可以分解成三个步骤，即酶吸附至纤维素表面将葡聚糖晶体切割成长链不一的多聚体、β-1,4-糖苷键水解生成单糖、酶脱离过程。一般情况下，根据催化反应类型，可将纤维素酶大致分为内切纤维素酶、外切纤维素酶和纤维二糖酶三类。

① 内切纤维素酶（endocellulase，EC 3.2.1.4）。又被称为内切葡聚糖酶（endoglucanase），能随机作用于纤维素内部的化学键，将多聚葡萄糖支链从纤维素晶体结构上切除，或者将葡聚糖长链结构切割成短链寡糖。

② 外切纤维素酶（exocellulase，EC 3.2.1.91）。又名外切葡聚糖酶（exoglucanase），从链状葡聚糖结构的末端水解 2～4 个单糖的寡糖单元，生成纤维二糖或纤维四糖。由于外切纤维素酶生成纤维二糖，又被称为纤维二糖水解酶（cellobiohydrolases，CBH）。目前已知的纤维二糖水解酶有两种类型，分别命名为 CBHⅠ和 CBHⅡ，CBHⅠ作用于纤维素的还原末端，而 CBHⅡ作用于纤维素的非还原端。

③ 纤维二糖酶（cellobiase，EC 3.2.1.21）。又称为 β-葡萄糖苷酶，能水解外切纤维素的水解产物生成 D-葡萄糖。

2）纤维素酶水解机制

纤维素是由 D-吡喃葡萄糖苷通过 β-1,4-糖苷键聚合生成的线型大分子，由于来源不同，纤维素的聚合度亦呈现极大的差异性，目前已知的最小聚合度只有100，最大则可达14000。纤维素酶水解机制相当复杂，目前被人们普遍接受的酶催化机制是上述三大类纤维素酶协同作用将纤维素水解成单糖（图2-6，表2-8），这一水解机制被认为既可以作用于不可溶的固态纤维素，也可以作用于可溶性的多聚寡糖。

首先，内切纤维素酶随机吸附至纤维素内部的β-1,4-糖苷键，将大分子切割成相对较小的葡聚糖片段；外切纤维素酶则从纤维素大分子的两端逐渐水解2个或4个葡萄糖单元，生成纤维二糖或纤维四糖；在内切纤维素酶与外切纤维素酶的共同作用下，纤维素晶体结构被水解成聚合度小于6的纤维寡糖；由于纤维素晶体结构的致密性，其解聚反应速度通常比较缓慢，是纤维素水解成单糖整个反应过程的限速反应。最后，可溶性的纤维寡糖进一步被纤维二糖酶水解生成D-葡萄糖。此外，可溶性的纤维多糖（cellodextrins，聚合度为2～6）亦能够被某些纤维二糖酶水解成单糖，这一反应被认为是纤维素的二次水解过程[23]。

纤维素酶的水解程度主要取决于纤维素的可及度，酶水解时纤维素酶必须先吸附至纤维素表面，固态纤维素不溶于水，结构复杂，酶只能作用于纤维素表面，纤维素结晶区域的打开及其在水中分散与溶解度的提高等均有利于酶水解速率的提高。

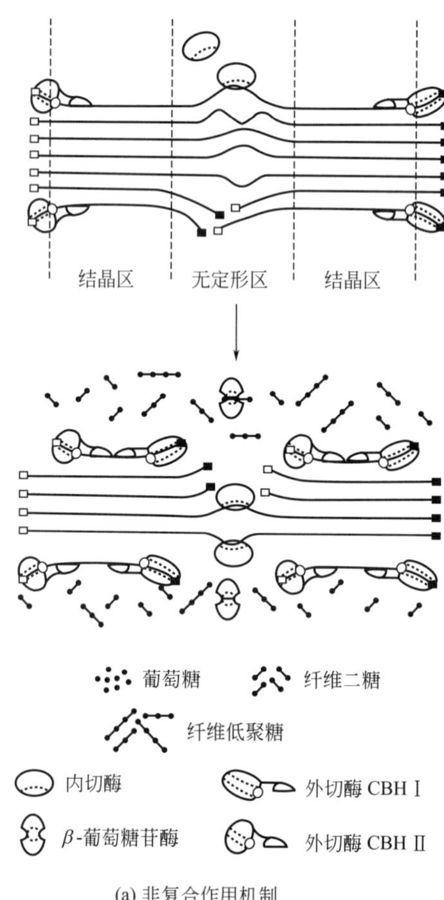

(a) 非复合作用机制

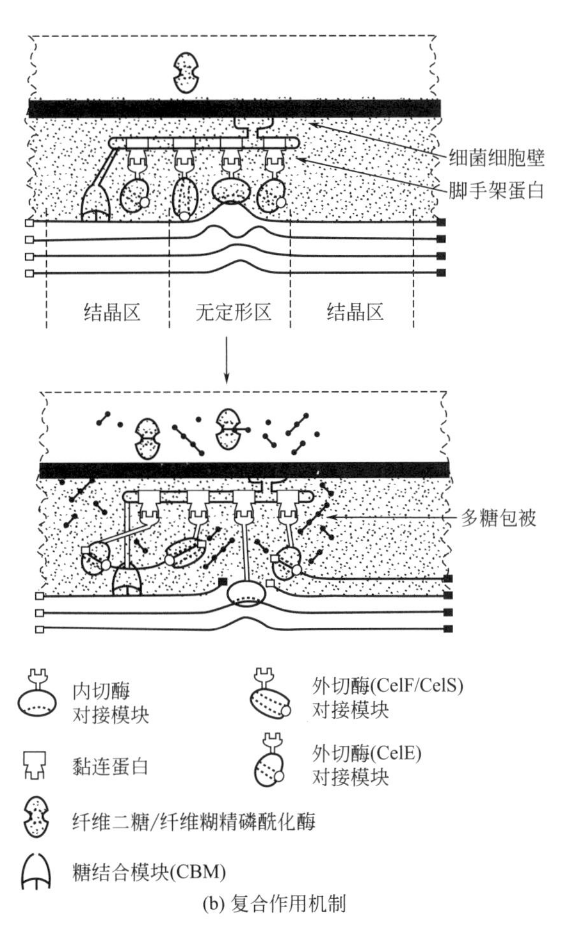

(b) 复合作用机制

图 2-6 纤维素水解机制示意[24]

表 2-8 纤维素与半纤维素所需的水解酶

作用底物	所需酶类	CAZy 家族
纤维素	β-1,4-内切葡聚糖酶	GH5,7,12,45,9,48
	纤维二糖水解酶	GH6,7,4,48,9
	β-1,4-葡萄糖苷酶	GH1,3,9
半纤维素	β-1,4-内切木聚糖酶	GH10,11,9,8
	β-1,4-木糖苷酶	GH3,43
	α-葡萄糖醛酸酶	GH67,115
	α-阿拉伯呋喃糖苷酶	GH51,54
	阿拉伯木聚糖-阿拉伯呋喃糖苷酶	GH62
	β-1,4-半乳糖苷酶	GH2,35
	乙酰木糖酯酶	CE1,4,5,16

3）半纤维素酶水解

木质纤维素中含有20%～40%的半纤维素，其主链是含有500～3000个木糖单元的木聚糖主链，侧链上带有多种糖基修饰。根据来源不同，所含的侧链亦有很大的差异性，这些侧链有由 α-1,2-糖苷键连接的 4-O-甲基-2-葡萄糖醛酸，α-1,2-或 α-1,3-糖苷键连接至主链的 L-阿拉伯糖基，木糖基 O-2 或 O-3 位上连接的乙酰基，对香豆酸和阿魏酸。此外，β-甘露聚糖亦是半纤维素的重要组成部分，其主链 β-1,4-糖苷键连接的甘露糖，随机分布着葡萄糖和甘露糖侧链。半纤维素的另一个组成是半乳甘露聚糖，其主链组成单元是 α-1,6-糖苷键连接的半乳糖，侧链被甘露糖或乙酰基取代。阿拉伯聚糖与阿拉伯半乳聚糖也被归类为半纤维素，前者的主链是 α-1,5-糖苷键连接的 L-阿拉伯呋喃单元，侧链的阿拉伯聚糖则是通过 α-1,2-或 α-1,3-糖苷键与主链相连，阿拉伯半乳聚糖的主链为 β-1,3-半乳糖单元，侧链则分别由 β-1,3-糖苷键连接的半乳糖与 α-1,3-糖苷键连接的阿拉伯糖取代（图 2-7）。

半纤维素的结构相对松散，然而组成成分复杂，因此需要各类不同的半纤维素酶才能水解完全。半纤维素的完全水解通常需要以下酶类的协同作用。

① β-木聚糖酶（β-xylanase）。根据所作用的糖苷键不同，又可分为 β-1,4-木聚糖酶和 β-1,3-木聚糖酶，β-1,4-木聚糖酶（endo-β-1,4-xylanase，EC 3.2.1.8）随机切割于主链内部的 β-1,4-D-木聚糖的糖苷键，β-1,3-木聚糖酶（endo-β-1,3-xylanase，EC 3.2.1.32）则作用于 β-1,3-D-木聚糖的糖苷键。

② β-木糖苷酶（β-xylosidase，EC 3.2.1.37）。作用于 β-1,4-D-木聚糖，从非还原端连接水解 D-木糖单元。

③ α-L-阿拉伯呋喃糖苷酶（α-L-arabinofuranosidase，EC 3.2.1.55）。催化非还原端的 α-1,3-或 α-1,5-糖苷键的水解，生成 α-L-阿拉伯呋喃糖残基。

④ α-D-葡萄糖醛酸酶（α-D-glucuronidase，EC 3.2.1.139）。水解侧链的 α-葡萄糖醛酸。

⑤ 乙酰木聚糖酯酶（acetyl xylan esterase，EC3.2.1.72）。负责水解木聚糖和木寡糖侧链的乙酰基。

4）半纤维素酶水解机制

半纤维素的结构较纤维素松散，然而侧链取代基却更复杂，因此其确切的水解机制尚不够清晰。目前普遍认为，半纤维素的完全水解是在多种酶的共同协作下完成的，首先木聚糖主链骨架在内切木聚糖酶的催化作用下解聚形成聚合度较低的低聚木寡糖，随着水解时间的延长，生成分子量更小的木糖、木二糖、木三糖等。这些水解产物随后被 β-木糖苷酶继续水解生成单糖。而阿拉伯呋喃糖苷酶、α-葡萄糖醛酸酶、乙酰木聚糖酯酶等则催化木聚糖相关侧链的水解，完成木聚糖的完全水解[25]。

2.3.1.2 酸水解

酸水解过程即水解原料所用的催化剂为无机酸（如硫酸、盐酸、磷酸等）、无机酸盐或有机酸等。在酸水解的分类上首先是以所采用的催化剂不同而进行分类，如硫酸法、盐酸法、磷酸法、无机酸盐法和有机酸法等。其中有机酸法，又称无酸或自动水解法，这种方法是以半纤维素水解时溶解的乙酰基生成的乙酸为催化剂[26]。

尽管酸水解采用各种催化剂，然而起主要作用的是酸的 H^+，基于 H^+ 浓度的不

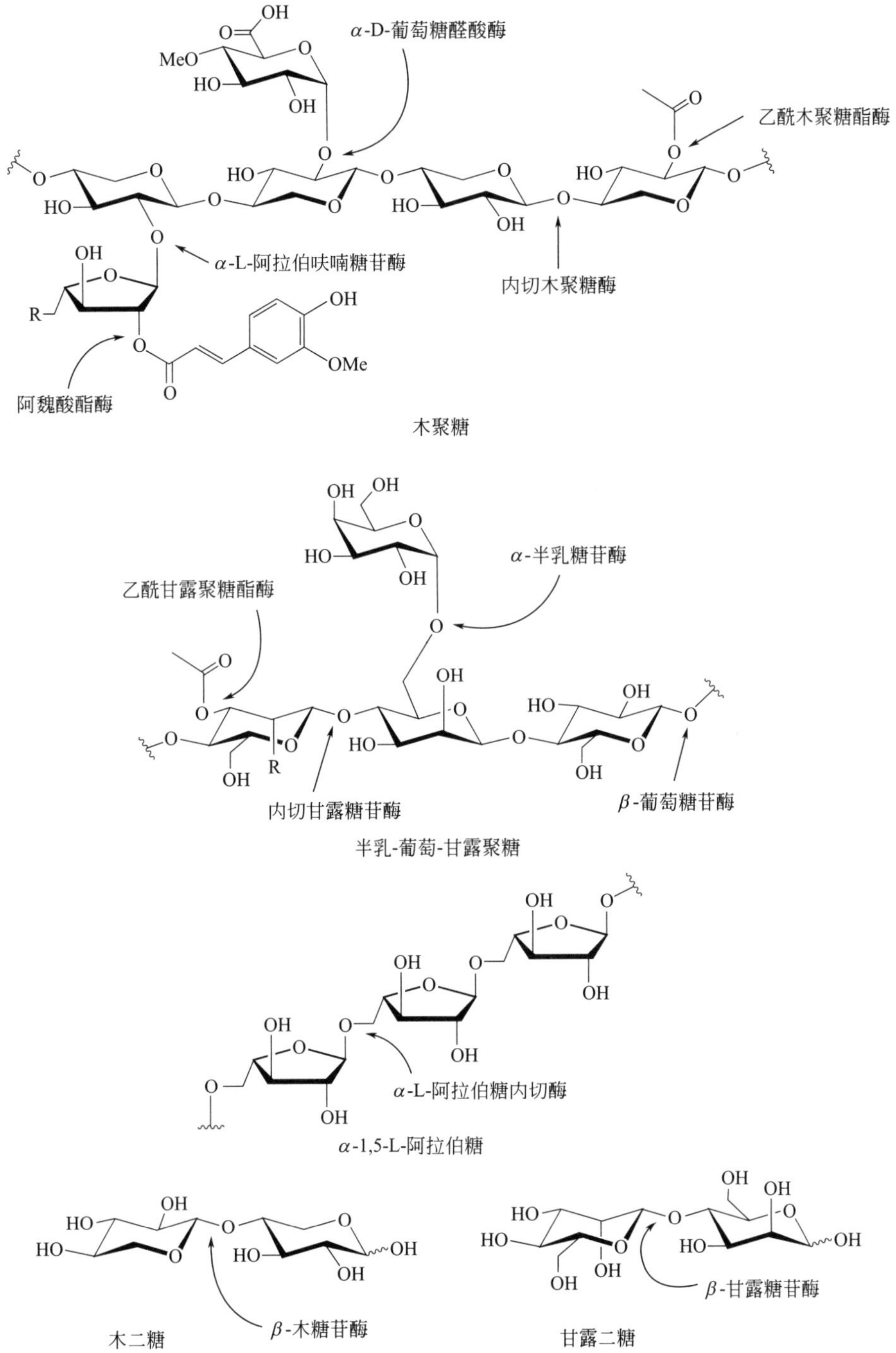
α-D-葡萄糖醛酸酶
乙酰木聚糖酯酶
α-L-阿拉伯呋喃糖苷酶
内切木聚糖酶
阿魏酸酯酶
木聚糖
α-半乳糖苷酶
乙酰甘露聚糖酯酶
内切甘露糖苷酶
β-葡萄糖苷酶
半乳-葡萄-甘露聚糖
α-L-阿拉伯糖内切酶
α-1,5-L-阿拉伯糖
β-木糖苷酶
木二糖
β-甘露糖苷酶
甘露二糖

图 2-7　半纤维素水解酶作用位点[25]

同可分为高浓度酸水解、稀酸水解和无酸水解。

(1) 高浓度酸水解

浓酸水解是使用最早的水解方法，早在1883年，就有人使用浓硫酸水解纯棉花生成单糖。高浓度酸水解纤维原料过程所使用的酸主要是浓硫酸和浓盐酸，由于高浓度酸的不经济性，研究人员不断尝试各种试验来降低该方法的成本。直到19世纪90年代，美国Arkenol公司开发出新的高浓度酸水解方法，有效地提高了该方法的经济可行性。该方法含有两个水解阶段：第一个水解阶段称为解晶作用，是利用70%～77%的浓硫酸与纤维原料混合，反应温度控制在50℃以下；第二个阶段为糖化阶段，加入水将酸稀释至20%～30%浓度，并加热至100℃，并释放出单糖。

1945年开始，人们就着手研究高浓度酸水解纤维素的机制，发现纤维素可被50%的浓硫酸润胀，随着浓度提高至62%，纤维素由润胀状态转变为可溶性状态。随后，对纤维素微晶结构的研究发现，62%的浓硫酸可在4h内使纤维素完全可溶，而这一反应则是遵循零级反应动力学。对于浓酸水解纤维素结晶的机制，人们普遍接受的说法是高浓度的酸破坏了晶体结构中的氢键网络，进一步引起纤维素润胀和糖苷键的断裂。

(2) 稀酸水解

相较于高浓度酸水解，稀酸催化的水解反应则缓慢很多，不能将纤维素完全水解，因此需要更高的反应温度、更长的水解时间，才能获得较高的水解率。稀硫酸是目前使用最多的稀酸水解方法，一般硫酸浓度不高于4%，多数为1%。当前稀酸水解方法使用较为广泛的为固定法水解工艺与渗滤法水解工艺。

(3) 无酸水解

无酸水解就是直接用液态水对原料进行水解，无需添加无机酸催化，该过程可以简单描述为将生物质原料与水混合后，通过加温、加压方法促使原料水解。因此，该方法又称为高温液态水水解、热水处理和自动水解。无酸水解以液态水为催化剂，但是需要高温和高压条件，其原因在于，高温高压条件下，水的解离常数与常温常压时不同。

水的解离常数K_w计算公式如下：

$$K_w=\frac{[H^+][OH^-]}{[H_2O]}$$

水的pK_w随着温度的升高而呈现U形的变化。常温常压时，pK_w等于14，相应pH值为7。然而随着反应温度的提高，饱和蒸气压增加，pK_w不断降低，直至250℃时，达到最低值，随后温度升高，pK_w又升高，直至临界温度375℃。在250℃时，水中pH值为5.6，因为液体仍然是中性状态，此时pH值也是5.6，水中OH^-数是常温时的25倍，因此，催化酸碱水解反应所需的H^+和OH^-数量大大增加，因此催化效率远远高于常温常压状态(图2-8)。

随着水解反应的进行，半纤维素侧链上的乙酰基、葡萄糖醛酸残基、乙酰丙酸残基、甲酸基等被逐渐水解，在水中生成相应的有机酸，水解液的pH值从7.0降低至3.0～4.5，随后的水解机制与稀酸水解过程相似。

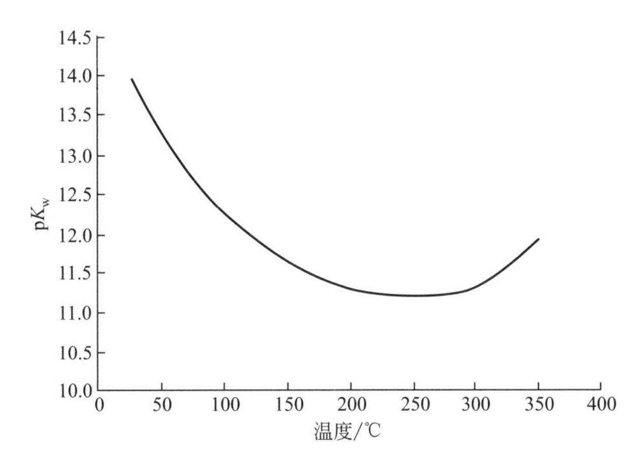

图 2-8　水的 pK_w 与温度之间的线性关系

2.3.1.3　碱水解

木质纤维素原料的碱水解的想法来源于制浆造纸工业，在造纸工业，碱水解的目的在于去除木质纤维素原料中的木质素。木质素的存在极大地阻碍了纤维素酶与纤维素的吸附作用。木质纤维素中的木质素是酚类物质，不仅不能用于乙醇发酵，而且会对发酵过程产生一定的抑制作用。同时，碱水解可以部分去除木质纤维素表面的石蜡、二氧化硅以及包被于植物细胞表层的水保护膜层。碱性条件下，半纤维素的乙酰侧链基团极易水解。这些因素都有利于下一步的纤维素酶解过程。

碱水解纤维素的机制在于 OH^- 能削弱纤维素与半纤维素之间的氢键，同时皂化二者之间存在的酯键连接。稀碱处理可以引起木质纤维素原料的润胀，增大内部表面积，降低聚合度，促进木质素和糖类化合物之间的化学键断裂，破坏木质素结构。

目前常用的碱水解试剂主要为 NaOH 或氨溶液。NaOH 溶液水解法是发现最早、应用最多、比较有效的水解方法，NaOH 水解后的原料糖化率可提高 60%以上。氨水解则是将原料浸泡在 10%左右浓度的氨水中。碱水解能脱除 80%以上的木质素，同时纤维素的保留率能达到 90%，只是半纤维素在碱浓度提高时才会被部分降解。

与酸水解相比较，碱水解的反应条件则温和很多，所需的投资成本也较低，然而碱水解后产生的黑液会造成很大的环境污染。

2.3.2　糖酵解

糖酵解（glycolysis）作用是指在无氧条件下，葡萄糖进行分解，形成 2 分子丙酮酸的同时产生腺苷三磷酸（ATP）的一系列反应。在需氧条件下，丙酮酸进入线粒体，经三羧酸循环和电子传递链，彻底氧化成 CO_2 和 H_2O。如果氧气供应不充分，丙酮酸则转变成乳酸，在某些厌氧生物中，丙酮酸转变成乙醇（图 2-9）。

乙醇发酵作用反应式（Pi 指磷酸；ADP 指二磷酸腺苷）：

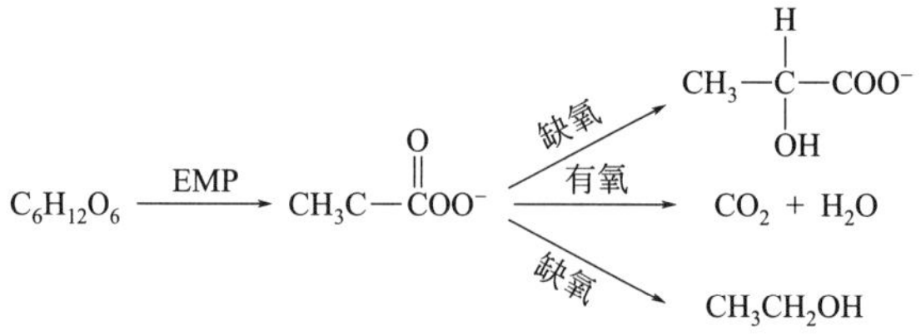

$$C_6H_{12}O_6 \xrightarrow{EMP} CH_3C(=O)COO^- \begin{cases} \xrightarrow{缺氧} CH_3CH(OH)COO^- \\ \xrightarrow{有氧} CO_2 + H_2O \\ \xrightarrow{缺氧} CH_3CH_2OH \end{cases}$$

图 2-9 糖酵解代谢途径[6]

$$C_6H_{12}O_6 + 2Pi + 2ADP \longrightarrow 2CH_3CH_2OH + 2ATP + 2H_2O + 2CO_2$$

1940 年，整个糖酵解过程得以完全被阐明。由于 Embden，Meyerhof，Parnas，Warbur 与 Cori 等对该项工作的重大贡献，糖酵解过程也被称为 Embden-Meyerhof-Parnas 途径，简称 EMP 途径。

EMP 途径是在细胞的胞质中进行，全过程含有十多个步骤，由多个酶连续催化完成，总体划分为四个阶段。

2.3.2.1 第一阶段

葡萄糖的磷酸化，葡萄糖活化形成果糖-1,6-二磷酸，该阶段是 EMP 准备阶段。此阶段包括三步反应，即磷酸化、异构化和二次磷酸化。

① 在葡萄糖激酶作用下，ATP 的 γ-磷酸基团转移至 D-葡萄糖分子，生成葡萄糖-6-磷酸，反应需要 Mg^{2+} 的参与，此反应为不可逆反应，反应式如下；

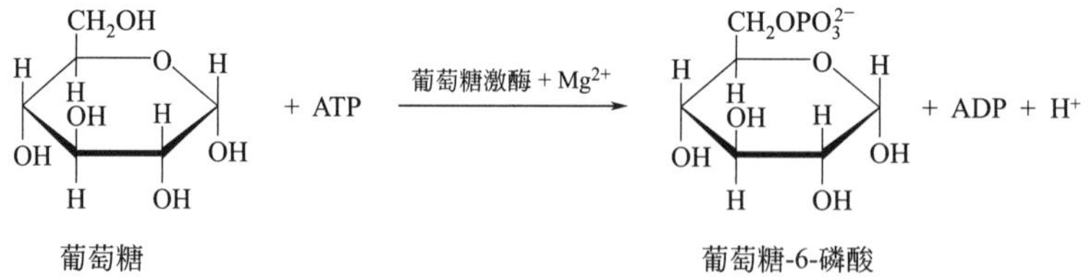

$$葡萄糖 + ATP \xrightarrow{葡萄糖激酶 + Mg^{2+}} 葡萄糖\text{-}6\text{-}磷酸 + ADP + H^+$$

② 葡萄糖-6-磷酸异构化形成果糖-6-磷酸，此反应是在磷酸葡萄糖异构酶的催化作用下完成，反应所需的自由能较小，是可逆反应。

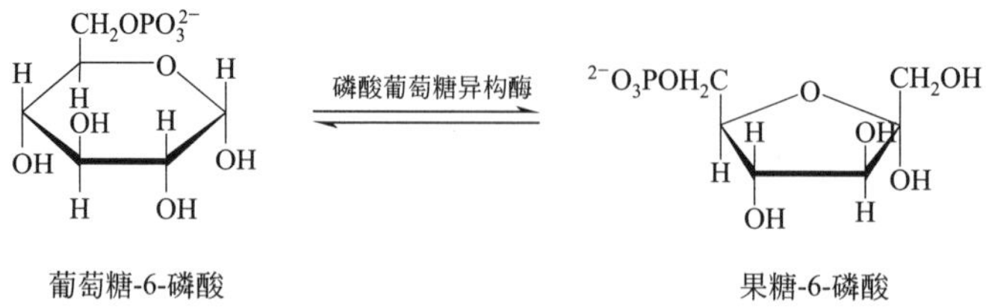

$$葡萄糖\text{-}6\text{-}磷酸 \underset{}{\overset{磷酸葡萄糖异构酶}{\rightleftharpoons}} 果糖\text{-}6\text{-}磷酸$$

③ 果糖-6-磷酸再次磷酸化形成果糖-1,6-二磷酸，在磷酸果糖激酶作用下，果糖-6-磷酸被 ATP 进一步磷酸化，此反应的自由能 $G=-14.23\text{kJ/mol}$，是不可逆反应过程。

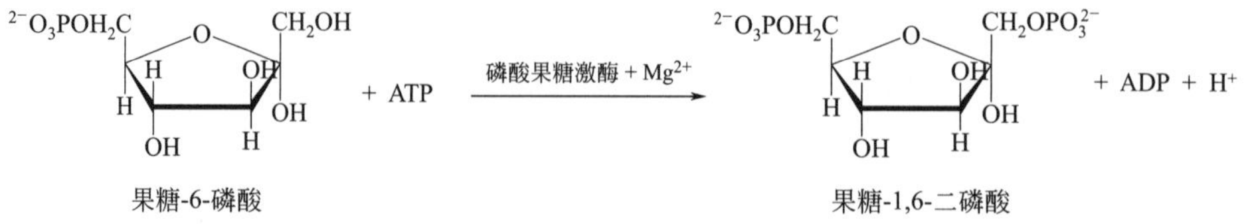

$$果糖\text{-}6\text{-}磷酸 + ATP \xrightarrow{磷酸果糖激酶 + Mg^{2+}} 果糖\text{-}1,6\text{-}二磷酸 + ADP + H^+$$

2.3.2.2　第二阶段

甘油醛-3-磷酸的形成与氧化。果糖-1,6-二磷酸的形成为这一阶段的分子裂解完成了条件准备，此阶段亦包含 3 个反应。

① 果糖-1,6-二磷酸在醛缩酶（aldolase）作用下发生裂解反应生成 1 分子甘油醛-3-磷酸和 1 分子二羟丙酮磷酸，此反应是一个可逆过程，在标准状况下，这一反应是向缩合方向进行，但在细胞内，该反应很容易自左向右进行，即向裂解的方向进行。

$$\underset{\text{果糖-1,6-二磷酸}}{CH_2OPO_3^{2-}-C(=O)-CH(OH)-CH(OH)-CH(OH)-CH_2OPO_3^{2-}} \xrightleftharpoons{\text{醛缩酶}} \underset{\text{二羟丙酮磷酸}}{CH_2OPO_3^{2-}-C(=O)-CH_2OH} + \underset{\text{甘油醛-3-磷酸}}{HC(=O)-CH(OH)-CH_2OPO_3^{2-}}$$

② 二羟丙酮磷酸转变成甘油醛-3-磷酸，上一步的 2 个三碳糖可以互变，而只有甘油醛-3-磷酸能进入 EMP 下一步反应，这一异构反应是在丙糖磷酸异构酶催化作用下完成。2 个三碳糖的互变异构极其迅速，因此这 2 种物质总是维持在反应平衡状态。

$$\underset{\text{二羟丙酮磷酸}}{CH_2OPO_3^{2-}-C(=O)-CH_2OH} \xrightleftharpoons{\text{丙糖磷酸异构酶}} \underset{\text{甘油醛-3-磷酸}}{HC(=O)-CH(OH)-CH_2OPO_3^{2-}}$$

③ 甘油醛-3-磷酸的氧化磷酸化，在甘油醛-3-磷酸脱氢酶的催化下，由 NAD^+ 和无机磷酸 Pi 参加，醛基氧化为羧基并释放出能量，贮存于 ATP 分子中，并形成 1,3-二磷酸甘油酸，这是具有高能磷酸基团转移势能的化合物——酰基磷酸。

$$\underset{\text{甘油醛-3-磷酸}}{HC(=O)-CH(OH)-CH_2OPO_3^{2-}} + NAD^+ + Pi \xrightleftharpoons{\text{甘油醛-3-磷酸脱氢酶}} \underset{\text{1,3-二磷酸甘油酸}}{O=C(OPO_3^{2-})-CH(OH)-CH_2OPO_3^{2-}} + NADH + H^+$$

2.3.2.3　第三阶段

该阶段为丙酮酸的生成，放能阶段的开始。

① EMP 途径开始，1,3-二磷酸甘油酸在 1,3-二磷酸甘油酸激酶的催化下，将其高能酸酐键转移至 ADP 分子上形成 ATP，同时生成 3-磷酸甘油酸，该反应是一个高效的放能反应。

$$\underset{\text{1,3-二磷酸甘油酸}}{O=C(OPO_3^{2-})-CH(OH)-CH_2OPO_3^{2-}} + ADP \xrightarrow{\text{1,3-二磷酸甘油酸激酶}+Mg^{2+}} \underset{\text{3-磷酸甘油酸}}{O=C(O^-)-CH(OH)-CH_2OPO_3^{2-}} + ATP$$

② 3-磷酸甘油酸转变为2-磷酸甘油酸，该反应是在磷酸甘油酸变位酶催化下完成。

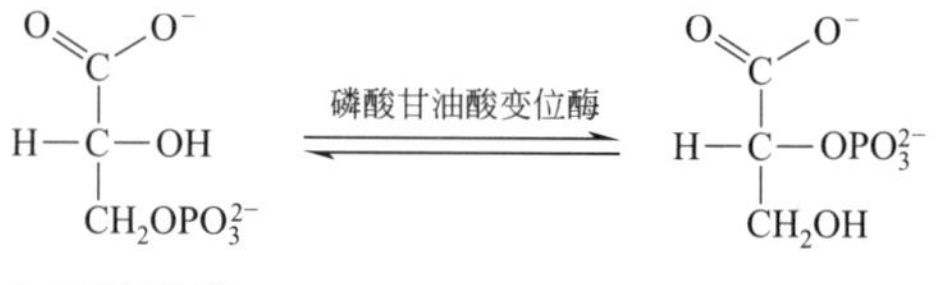

$$\text{3-磷酸甘油酸}\ (\mathrm{COO^-{-}CH(OH){-}CH_2OPO_3^{2-}}) \xrightleftharpoons{\text{磷酸甘油酸变位酶}} \text{2-磷酸甘油酸}\ (\mathrm{COO^-{-}CH(OPO_3^{2-}){-}CH_2OH})$$

③ 2-磷酸甘油酸脱水生成磷酸烯醇式丙酮酸，此反应是烯醇化酶催化完成。在脱水过程中，2-磷酸甘油酸分子内的能量重新分配，产生高能化合物——磷酸烯醇式丙酮酸。

$$\text{2-磷酸甘油酸}\ (\mathrm{COO^-{-}CH(OPO_3^{2-}){-}CH_2OH}) \xrightleftharpoons{\text{烯醇化酶}} \text{磷酸烯醇式丙酮酸}\ (\mathrm{COO^-{-}C(OPO_3^{2-}){=}CH{-}OH}) + H_2O$$

④ 磷酸烯醇式丙酮酸转变成丙酮酸并生在1分子ATP，丙酮酸激酶将高能磷酸基团转移至ADP，生成ATP和丙酮酸，此反应是糖酵解过程中第二次在底物水平上释放ATP。烯醇式丙酮酸极不稳定，容易自发转变为丙酮酸，此反应为不可逆反应。

2.3.2.4 第四阶段

乙醇的生成，酵母在无氧条件下将丙酮酸转变成乙醇和CO_2。

这一阶段包括如下两个反应：

① 丙酮酸脱羧生成乙醛，该反应是在丙酮酸脱羧酶催化下完成的。该酶以硫胺素焦磷酸为辅酶，酶与底物以非共价键紧密结合，形成极不稳定的中间复合物，随后释放出1分子CO_2并生成乙醛。

② 乙醛还原生成乙醇，在乙醇脱氢酶作用下，NADH转移一个H^+至乙醛，生成乙醇和氧化型NAD^+。

2.3.2.5 糖酵解反应的能量变化

糖酵解的整个过程总结于图2-10。

由图2-10可知，1分子葡萄糖酵解后生成2分子乙醇，该过程的化学方程式如下：

$$C_6H_{12}O_6+2Pi+2ADP \longrightarrow 2CH_3CH_2OH+2ATP+2H_2O+2CO_2$$

参与EMP的反应中多数为可逆反应，但由于磷酸己糖激酶、磷酸果糖激酶和丙酮酸激酶所催化的反应是不可逆反应。因此，整个EMP过程是一个单方向的反应过程。并且，EMP速率受上述3种酶与ATP水平的调节与控制，ATP水平低时，反应加速。反之，ATP水平高时则减速。

EMP途径是一个放能过程，从1分子葡萄糖降解形成2分子乙醇的过程（图2-10），净生成2分子ATP，具体的ATP的消耗与产生情况可见表2-9。

在EMP过程中，除了ATP，还有一些高反应活性的中间产物生成，它们是脂肪、蛋白质及其他次生物质合成的中间产物，与生物体代谢密切相关。

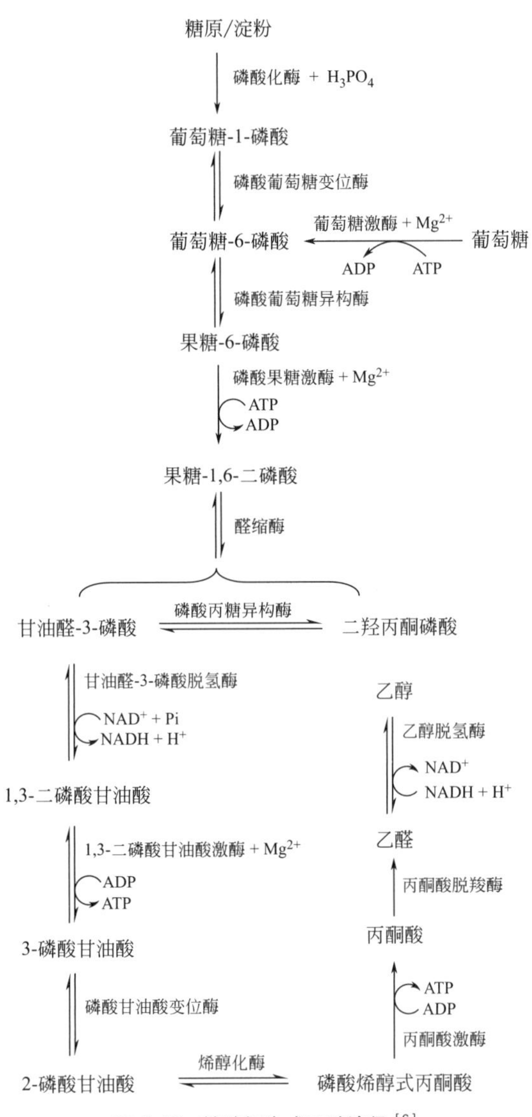

图 2-10　糖酵解生成乙醇途径[6]

表 2-9　EMP 途径能量变化[6]

消耗/生成 ATP 的反应	每分子 ATP 葡萄糖产生的 ATP 变化分子数①
葡萄糖→葡萄糖-6-磷酸	−1
果糖-6-磷酸→果糖-1,6-二磷酸	−1
1,3-二磷酸甘油酸→3-磷酸甘油酸	+1×2
磷酸烯醇式丙酮酸→丙酮酸	+1×2
总计	+2

① 负号（−）代表消耗，正号（+）代表生成。

2.4 乙醇发酵相关微生物

淀粉、纤维素和半纤维素作为世界上含量非常丰富的多糖化合物，经淀粉酶、纤维素酶和半纤维素酶水解后可产生葡萄糖、木糖等单糖，然后被微生物发酵转化为乙醇。淀粉酶、纤维素酶和半纤维素酶主要依靠微生物来发酵生产，许多种类的微生物均能产生这些酶类，从原核生物中的细菌到真核生物中的酵母等都发现有这些水解酶类基因的存在。

同时，自然界中存在很多种可发酵糖类物质生成乙醇的微生物，包括细菌、丝状真菌和酵母，但其中可应用于大规模生产乙醇或具有工业应用价值的菌株却很少。在乙醇工业生产过程中，菌种的产乙醇能力和耐乙醇能力起着决定性作用。随着高浓度酒精发酵技术在生产中的广泛应用，尤其是考虑到产品的质量和经济效益，菌种这两方面的性能就显得尤为重要。

2.4.1 常用水解酶生产微生物

2.4.1.1 淀粉水解微生物

能够水解利用淀粉的微生物种类很多，细菌、根霉、毛霉、放线菌和酵母等种群中都发现有大量高活力的淀粉分解微生物存在。细菌中产淀粉酶的微生物主要集中在芽孢杆菌，许多产自芽孢杆菌的淀粉酶已经在工业上得到了广泛应用。真菌中能产淀粉酶分解淀粉的微生物种类也很多，黑曲霉和米曲霉也是工业生产葡萄糖淀粉酶的优良菌株。放线菌中的小单孢菌、诺卡氏菌和链霉菌也能分解淀粉，但能力相对较弱（表 2-10）。

表 2-10 常见淀粉水解微生物[22, 27]

酶类	菌株类别
α-淀粉酶	枯草芽孢杆菌(*Bacillus subtilis*)、地衣芽孢杆菌(*B. licheniformis*)、米曲霉(*Aspergillus oryzae*)、黑曲霉(*A. niger*)、白曲霉菌(*A. Kawachii*)、沟巢曲霉(*A. nidulans*)、根霉(*Rhizopus* sp.)、小孢根霉(*R. microsporu*)、超嗜热古菌(*Thermococcus* sp.)、嗜热放线菌(*Thermobifida fusca*)、链霉菌(*Streptomyces* sp.)、扣囊覆膜酵母(*Saccharomycopsis fibuligera*)、许旺酵母(*S. occidentalis*)、橘林油脂酵母(*Lipomyces kononenkoae*)、内串生孢霉属(*Chalara paradoxa*)、疏棉状嗜热丝孢菌(*Thermomyces lanuginosus*)、丙酮丁醇梭菌(*Clostridium acetobutylicum*)、中间气单胞菌(*Aeromonas media*)等
β-淀粉酶	蜡状芽孢杆菌(*Bacillus cereus*)、巨大芽孢杆菌(*B. megaterium*)、凝结芽孢杆菌(*B. coaglans*)、多黏芽孢杆菌(*B. polymyxa*)

续表

酶类	菌株类别
葡萄糖淀粉酶	泡盛曲霉(*Aspergillus awamori*)、臭曲霉(*A. foetidus*)、黑曲霉(*A. niger*)、米曲霉(*A. oryzae*)、土曲霉(*A. terreus*)、鲁氏毛霉(*Mucor rouxians*)、爪哇毛霉(*M. javanicus*)、粗糙脉孢菌(*Neurospora crassa*)、德氏根霉(*Rhizopus Delmar*)、米根霉(*R. oryzae*)、嗜热毛壳菌(*Chaetomium thermophile*)、疏棉状嗜热丝孢菌(*Thermomyces lanuginosus*)、太瑞斯梭孢壳霉(*Thielavia terrestris*)和单胞节丛孢霉(*Arthrobotrys amerospora*)等
脱支淀粉酶	产气杆菌(*Aerobacter aerogene*)、假单胞菌属(*Pseudomonas*)、芽孢杆菌属(*Bacillus* sp.)、产酸克雷伯氏菌(*Klebsiella oxytoca*)、单孢高温放线菌(*Thermomonos poraceae*)、栖热菌属(*Thermus*)、橘林油脂酵母(*Lipomyces kononenkoae*)、热硫梭菌(*Clostridium thermosulfurogenes*)等

(1) 产α-淀粉酶微生物

植物和动物中都可以提取到α-淀粉酶，这些酶可满足植物和动物的某些特殊生理需求。然而，由于成本高、产量低，目前还不能实现工业化生产。工业上大规模生产和应用的α-淀粉酶主要来源于细菌和曲霉菌（表2-11），尤其是枯草芽孢杆菌是主要的生产菌株，如中国淀粉工业使用的BF-7658及美国的Tenase等都属于此类菌产生。

表2-11　常用的α-淀粉酶生产菌[28]

来源	生产菌株
细菌	枯草芽孢杆菌JD-32(*Bacillus subtilis* JD-32)
	枯草芽孢杆菌BF-7658(*B. subtilis* BF-7658)
	淀粉液化芽孢杆菌(*B. amyloliquefaciens*)
	淀粉糖化芽孢杆菌(*B. amylosaccharogenicus*)
	嗜热脂肪芽孢杆菌(*B. stearothermophilus*)
	马铃薯芽孢杆菌(*B. mesentericus*)
	凝聚芽孢杆菌(*B. coagulans*)
	多黏芽孢杆菌(*B. polymyxa*)
	地衣芽孢杆菌(*B. licheniformis*)
	嗜碱芽孢杆菌(*B. alkalophilic*)
曲霉菌	米曲霉(*A. oryzae*)
	黑曲霉(*A. niger*)
	泡曲酒曲霉(*A. awamori*)
	金黄曲霉(*A. aureus*)

枯草芽孢杆菌BF-7658所产的α-淀粉酶是我国产量最大、用途最广的一种液化型α-淀粉酶，其最适pH值在6.5左右，可在pH值6～10之间保持活性，最适温度在65℃左右。BF-7658是原始菌株经过多次物理、化学诱变后获得的突变株，其α-淀粉酶活性比原始菌株提高了50%以上。目前我国液体深层发酵生产淀粉酶的菌株主

要是它的一些突变株，如 B. S. 209、K22、B. S. 796 等。

（2）产 β-淀粉酶微生物

β-淀粉酶过去主要来源于高等植物，如大麦、小麦、玉米、甘薯和大豆等。近年来发现不少微生物有 β-淀粉酶的存在，如巨大芽孢杆菌、多黏芽孢杆菌、蜡状芽孢杆菌、假单胞菌及链霉菌和曲霉菌等。不同来源的 β-淀粉酶，在理化性质上有一定的差异，见表 2-12。

表 2-12 不同来源 β-淀粉酶的酶学性质[29]

来源	最适温度/℃	最适 pH 值	等电点	分子量
蜡状芽孢杆菌	40～60	6.0～7.0	—	80000～166000
	75	5.5	5.1	55000
多黏菌属	45	7.5	8.3～8.6	42000～70000
假单胞菌	45～55	6.5～7.5	—	37000
诺卡氏菌属	60	7.0	—	53000

（3）葡萄糖淀粉酶生产微生物

葡萄糖淀粉酶只存在于微生物中，生产菌株主要有曲霉、毛霉、根霉、拟内孢霉等真菌和丙酮丁醇梭状芽孢杆菌等。工业生产中所采用的菌株主要为德氏根霉、黑曲霉、泡盛曲霉、海枣曲霉、臭曲霉、红曲霉等的变异株。其中，黑曲霉是最重要的生产菌株，所生产的葡萄糖淀粉酶分泌在培养液中，可直接提取利用。由于黑曲霉的培养条件多不适于杂菌生长，杂菌污染问题较少，因此是唯一可用 $150m^3$ 大发酵罐大量廉价生产的产酶菌株。

霉菌生产的淀粉酶是混合酶，同时生产葡萄糖淀粉酶、α-淀粉酶和葡萄糖苷转移酶，这三者的比例会因菌株、培养条件和培养基成分的不同而异。根据产酶活性不同，葡萄糖淀粉酶生产菌分为 5 种类型（表 2-13）。其中，根霉的葡萄糖淀粉酶活性强，α-淀粉酶弱，葡萄糖苷转移酶中等，能 100％水解淀粉；而米曲霉 α-淀粉酶强，葡萄糖淀粉酶弱，水解液中主要成分是麦芽糖；黑曲霉葡萄糖淀粉酶活性强，葡萄糖苷转移酶也强，淀粉水解率只有 80％左右。

表 2-13 霉菌淀粉酶系主要类型的酶活力

霉菌	α-淀粉酶	葡萄糖淀粉酶	葡萄糖苷转移酶
米曲霉	+++	+	+
黑曲霉	+	+++	+++
泡盛曲霉	++	++	+++
德氏曲霉	++	+++	—
河内根霉	+	+++	++

注：“+”数量表示酶活性大小。

（4）脱支淀粉酶生产微生物

脱支淀粉酶的微生物来源主要有产气杆菌、大肠杆菌中间体和微小链球菌等。

不同来源的脱支淀粉酶的性质有一定差别，表2-14中列出了各种来源脱支淀粉酶的作用条件。

表2-14　各种脱支淀粉酶的作用条件

菌株	最适温度/℃	最适pH值	pH值稳定范围	酶失活温度/℃
酵母	20	6.0	—	—
产气杆菌	47	6.0	<5.0	>25
假单胞菌	52	3.0～4.0	5.5～7.5	55
放线菌	60	5.0	3.5～7.5	55
大肠杆菌	47	6.0	5.0～7.5	55
诺卡氏菌	45	6.5	—	—
乳酸杆菌	55	5.5	5.5～7.5	50
小球菌	45	5.5	5.5～7.5	60

（5）产淀粉酶微生物的选育

近几年来产淀粉酶微生物的选育都倾向于产极端酶微生物的选育，这类微生物能在极端条件下生长并保持较高的产酶活性，例如在低pH值、高pH值、高温或低温等环境条件下生长良好，并能保持高产淀粉酶的活力。

耐高温α-淀粉酶通常是指最适反应温度为90～95℃、热稳定性在90℃以上的α-淀粉酶。耐高温α-淀粉酶与一般细菌α-淀粉酶在液化淀粉方面相比，有节约能源、降低成本等优点，且耐高温α-淀粉酶稳定性好，保存条件范围宽，易于贮存和运输，因此被广泛应用于酿酒、食品、医药、纺织和环境治理等行业。国外已从嗜热真菌、高温放线菌，特别是从嗜热细菌嗜热脂肪芽孢杆菌和地衣芽孢杆菌中分离得到了耐高温的α-淀粉酶生产菌种。低温淀粉酶（cold active amylase）一般由低温微生物产生，其最适作用温度一般为30℃以下，且在0℃保持较好的酶学活性。低温淀粉酶在淀粉无蒸煮工艺及低温处理的食品加工、医药化工中具有十分重要的应用价值，近年来也引起了人们的极大研究兴趣。

另外一种工业应用比较多的是酸性淀粉酶，酸性α-淀粉酶的作用pH值在4.0～5.0，由于该酶能在酸性条件下保持较高的活性，被广泛地用于玉米淀粉酿酒、乳酸发酵、制糖业和食品等诸多行业。它不仅可以简化液化、糖化过程，降低淀粉深加工的生产成本，还可用于高麦芽糖浆的生产、开发新型助消化剂以及工业废液处理等多个领域，具有巨大的应用前景。当前，产酸性淀粉酶微生物的选育已成为近年来世界各国科研工作者竞相研究的热点。

从分子水平上看，分子育种技术的飞速发展为寻找极端淀粉酶开辟了新途径。Richardson等从环境微生物DNA文库中克隆到的一系列可能来源于一种嗜热球菌属（*Thermococcus* sp.）的高温酸性α-淀粉酶基因，并通过定向进化筛选到1个高温酸性α-淀粉酶人工突变体BD5088，并在荧光假单胞菌（*Pseudomonas fluorescens*）获得了表达。国内目前也陆续开展了从耐热、耐酸微生物中克隆淀粉酶基因的研究。

2.4.1.2 纤维素水解微生物

纤维素分解微生物广泛分布于细菌和真菌中。细菌中以好氧的放线菌和厌氧的梭菌降解纤维能力最强。真菌中从原始的厌氧壶菌（*Chytridomycetes*）到高级的好氧担子菌（*Basidiomycetes*）都有大量分布。

（1）真菌

真菌具有较强的产纤维素酶能力，且所产纤维素酶通常会分泌到培养基中，用过滤和离心的方法就能够比较容易地得到无细胞酶制品。真菌产生的纤维素酶组分组成较为协调，各酶之间有很强烈的协同作用，有些还能同时产生纤维素酶和半纤维素酶[30]。常见的产纤维素酶真菌主要有木霉属、曲霉属、青霉属和枝顶孢属等（表 2-15）。

表 2-15 常见产纤维素水解酶真菌[31~33]

菌属	菌株名称	菌属	菌株名称
木霉	里氏木霉(*Trichoderma reesei*)	曲霉	米曲霉(*A. oryzae*)
	绿色木霉(*T. viride*)		烟曲霉(*A. fumigatus*)
	康氏木霉(*T. koningii*)	青霉	橘青霉(*Penicillium citrinum*)
	拟康氏木霉(*T. pseudokoningii*)		绳状青霉(*P. funiculosum*)
	哈茨木霉(*T. harzianum*)		微紫青霉(*P. janthinellum*)
	长枝木霉(*T. longibrachiatum*)		点青霉(*P. notatum*)
曲霉	黑曲霉(*A. niger*)	其他	粗糙脉孢菌(*Neurospora crassa*)
	黄曲霉(*A. flavus*)		枝顶孢属(*Acremonium*)

1）木霉属（*Trichoderma*）

木霉属是迄今所知形成和分泌的纤维素酶成分最全面、活力最高的一个属，这其中研究得最多且最清楚的是里氏木霉（*Trichoderma reesei*），也是目前研究纤维素降解的模式菌株。里氏木霉能产生完全水解纤维素原料所需的所有纤维素酶，包含纤维二糖水解酶、内切纤维素酶和纤维二糖酶等。最早发现的里氏木霉 QM6a 是由美国军方在第二次世界大战时驻所罗门岛的腐烂帐篷中分离得到的，该菌株具有强劲的胞外酶分泌能力与纤维素酶表达系统，之后许多纤维素酶生产菌株都是由 QM6a 突变获得。如目前工业化应用的菌株，Rut-30、RL-P37、MCG-80 等。我国一般以里氏木霉 QM9414 作为其他酶活力的比较菌株[34]。

2）曲霉属（*Aspergillus*）

曲霉广泛存在于森林土壤、绿地、湿地、耕地，甚至沙漠中都发现有曲霉的存在。许多曲霉都能产生纤维素酶，例如烟曲霉（*A. fumigatus*）、花斑曲霉（*A. versicolor*）、土曲霉（*A. terreus*）、黄曲霉（*A. flavus*）和米曲霉（*A. oryzae*）等。然而由于曲霉产纤维素酶的能力较弱，因此，对曲霉属的研究并没有受到重视。

3）青霉属（*Penicillium*）

青霉属的产纤维素酶能力是近些年来才逐渐被人们所发现和重视，某些青霉菌的纤维素酶具有很好的应用潜力。青霉生产的纤维素酶的主要特点在于含有很高的 β-葡萄糖苷糖酶活性、底物特异性很强的纤维二糖水解酶，同时对木质素的亲和力低，因此木质素产生的对酶抑制作用也比较弱，这一特点使其在纤维素水解应用方面具有很高的经济价值。此外，某些青霉属纤维素酶对纤维二糖的敏感性也较低，不容易受到中间产物抑制作用的影响而导致水解效率下降。然而，青霉属菌株的纤维素酶表达水平较低，这就限制了它在纤维素酶水解方面的应用[35]。

4）枝顶孢属（*Acremonium*）

枝顶孢属是日本明治公司开发的一种新的工业纤维素酶生产菌株。据报道，该菌株水解纤维素生成的单糖量高于里氏木霉 Accellerase 1000，其原因在于枝顶孢属菌株对纤维素水解过程中的抑制物敏感性较低。

5）其他产纤维素酶真菌

作为最原始的真菌，厌氧壶菌（*Chytridomycetes*）是以降解反刍动物胃肠道内的纤维素而闻名。基于其孢子的运动性和营养菌体的形态，该壶菌可以细分为：*Neocallimastix*、*Piromyces*、*Caecomyces*、*Orpinomyces* 和 *Anaeromyces* 等。相比之下，好氧真菌仍是分解纤维素的代表，如接合菌纲（Zygomycetes）的接近 700 个种中只有毛霉属（*Mucor*）有着较强的分解纤维素能力，而且利用可溶性底物效果较好。相比之下，子囊菌纲（Ascomycetes）、担子菌纲（Basidiomycetes）和半知菌纲（Decuteromycetes）分别都有超过 15000 个种能分解纤维素。由于其产纤维素酶和/或木材降解能力较强，其中许多种属都受到了人们关注，如子囊菌中的 *Bulgaria*、毛壳菌属（*Chaetomium*）和蜡钉菌属（*Helotium*），担子菌中的栓菌属（*Coriolus*）、平革菌属（*Phanerochaete*）、卧孔菌属（*Poria*）、裂褶菌属（*Schizophyllum*）和龙介虫属（*Serpula*），半知菌中的曲霉属（*Aspergillus*）、芽枝霉属（*Cladosporium*）、镰刀霉属（*Fusarium*）、地霉属（*Geotrichum*）、漆斑菌属（*Myrothecium*）、拟青霉属（*Paecilomyces*）、青霉属（*Penicillium*）和木霉属（*Trichoderma*）等。

（2）细菌

产纤维素细菌的研究在 20 世纪 90 年代才开始兴起。由于来源于细菌的纤维素酶作用 pH 多为中性至偏碱性，对天然纤维素的水解能力也较弱，且多数都是胞内酶，不能分泌至培养基中，因此长期以来很少受到重视。直至中性纤维素酶与碱性纤维素酶在纺织行业与洗涤剂行业的成功应用，细菌纤维素酶的使用性能与经济价值才逐渐受到人们的重视。

能产纤维素酶的细菌常见于腐殖土壤中，包括好氧细菌，如纤维弧菌属、纤维单胞菌属、噬细胞菌属等，以及厌氧细菌，如芽孢梭菌属、产琥珀酸拟杆菌、瘤胃球菌、溶纤维丁酸弧菌等。

微生物形态学观察发现，分解纤维素的细菌主要分为 3 个生理群：

① 发酵型的厌氧菌，以革兰氏阳性菌为代表，还有少量革兰氏阴性菌；

② 好氧的革兰氏阳性菌；

③ 好氧的滑行细菌。

降解纤维素细菌在厌氧菌与好氧菌、中温菌与高温菌，以及革兰氏阳性菌与阴性菌中都有分布。运动方式和休眠方式均呈多样性，这也进一步证实了纤维素降解菌分布的广泛性。近年来，研究表明不能分解纤维素的梭孢杆菌（*Clostridium acetobutylicum*）虽含有完整的纤维小体基因簇但却不能表达，部分原因是启动子序列的失效[36]。

厌氧菌和好氧菌在降解纤维素策略方面有着明显的差异。绝大多数厌氧菌降解纤维素都是依靠纤维素酶系，这在热纤梭菌（*Clostridium thermocellum*）得到了很好证实。热纤梭菌分泌的纤维素降解酶在液相和细胞表面都有分布。然而，许多厌氧菌利用纤维素并没有释放出可检测的胞外纤维素酶，而是直接在细胞表面或细胞-多糖基质上发现了复合纤维素酶。大部分厌氧菌只有接触到纤维素才能较好生长，而且还有一些种对纤维素的分解具有专一性。降解纤维素的厌氧菌和其他发酵型厌氧菌类似，在大批底物转化成发酵末端产物，如乙醇、有机酸、CO_2 和 H_2 的过程中细胞产率较低[37]。

纤维素好氧降解菌通过产生大量的胞外纤维素酶来利用纤维素。尽管这些纤维素酶偶尔会以复合体的形式出现在细胞表面，但这些酶都能很容易从培养液中提取得到。这些酶在水解纤维素过程中表现出强烈的协同作用。但是发现许多好氧菌水解纤维素时，其细胞并不需要与纤维素有物理接触。如采用琼脂层或膜过滤器从纤维素中分离出的噬纤维菌（*Cytophaga*），其细胞对纤维素的利用能力较强。好氧菌通常具有较高的细胞得率，常被用来利用纤维废弃物生产微生物细胞蛋白。此外，关于纤维素降解的好氧菌的研究多集中在如何提高纤维素酶的产率与性质上。除了研究生长条件对酶分泌的影响外，好氧菌的其他生理学研究相对较少[38]。

（3）放线菌（*Actinomycetes*）

放线菌是一类具有丝状分支细胞的原核微生物，因其菌落呈放射状态而得名。它与细菌十分接近，多数为革兰氏阳性菌。放线菌广泛存在于泥土中，每克土壤中含有 $10^4 \sim 10^6$ 个放线菌。放线菌最大的经济价值是其能产生抑制其他微生物生长的抗生素，目前从自然界分离出来的 4000 多种抗生素大多来源于放线菌。

直至 20 世纪 90 年代后才有放线菌产纤维素酶的研究报道，其相关研究主要集中在碱性纤维素酶生产菌与嗜热放线菌。碱性纤维素酶的放线菌主要是链霉菌属（*Streptomyces*）、假诺卡氏菌属等。此外，热单胞菌属生产的纤维素酶具有很强的耐热性。目前已发现的产纤维素酶放线菌见表 2-16。

表 2-16 常见产纤维素酶放线菌

放线菌	拉丁名	放线菌	拉丁名
赭色嗜热单胞菌	*Thermomonospora fusca*	灰色链霉菌	*S. griseus*
弯曲高温单胞菌	*T. curvata*	红色链霉菌	*S. ruber*
双孢小双孢菌	*Microbispora bispora*	白色链霉菌	*S. albus*
绿孢链霉菌	*Streptomyces viridosporus*		

2.4.1.3 半纤维素水解微生物

目前已知的可以分解半纤维素的微生物有几十个属，100 多个种，主要包括细菌、放线菌和真菌等。如黑曲霉（*Aspergillus niger*）、烟曲霉（*A. fumigatus*）、乳白耙霉（*Irpex lacteus*）、芽孢杆菌（*Bacillus subtilis*、*B. pumilus*、*B. irrculaus*）、多孢丝孢酵母（*Trichosporon cutaneum*）、白色隐球酵母（*Cryptococcus albidus*）和木霉属（*Trichoderma*）等对半纤维素都具有较好的分解作用，它们所产的半纤维素酶系也被研究得较为充分。

可能由于植物细胞中纤维素和半纤维素紧密相连的原因，一般在植物残留物上能够生长的微生物都能够合成降解纤维素和半纤维素的水解酶类，但也存在仅产生纤维素水解酶或半纤维素水解酶的菌种。其中大多数的细菌和真菌能够分泌胞外木聚糖酶，以便生长作用于半纤维素类物质。瘤胃微生物是目前所知最具潜力的半纤维素酶的生产者。大多数具有纤维素分解能力的微生物如瑞氏木霉（*Trichoderma reesei*）、绿色木霉（*T. viride*）、康氏木霉（*T. koningii*）和绳状青霉（*Penicillium funiculosum*）等纤维素分解菌也都具有分解半纤维素的能力，并能产生较高的胞外半纤维素酶活性。但很多能分解半纤维素的微生物，特别是放线菌和细菌，因只具有内切葡聚酶、缺少外切葡聚酶而无纤维素分解能力。一些常用的淀粉酶生产菌也同样具有半纤维素分解能力。此外，酵母菌中的丝孢酵母（*Trichosporon*）、隐球酵母（*Cryptococcus*）等也能分解半纤维素，甚至某些原生动物和藻类也有这种能力[39]。

能够分解半纤维素的微生物分布广泛且多样，其降解半纤维素的策略呈现出多样性。根据分解半纤维素策略的不同，产半纤维素酶微生物大致可分为三类。

一类主要是一些好氧丝状真菌，通过几种胞外分泌的半纤维素酶协同作用将半纤维素完全分解成单糖和二糖，代表菌种有镰刀菌属（*Fusarium*）、拮抗菌属（*Thrichoderma*）和曲霉属（*Aspergillus*）等在内的许多品种。

另一类，芽孢杆菌属（*Bacillus* sp.）的细菌先通过胞外分泌的酶将半纤维素分解成低聚糖，然后由细胞黏附蛋白或胞内的半纤维素酶进一步水解。通过这种方式分解半纤维素的微生物比不具备分解半纤维素的微生物在糖竞争上具有明显的优势。

还有一类则通过一种具备吸附半纤维素底物和降解半纤维素两种功能的多酶复合体结构实现对半纤维素的分解。这种多酶复合体被称为纤维小体，它是通过细胞黏附蛋白附着在细胞壁上，由各种纤维素酶和半纤维素酶等酶亚基通过脚手架蛋白组装起来的复合体。梭菌属（*Clotridium*）的一些细菌如嗜热梭菌（*Clotridium thermocellum*）以及一些厌氧真菌（*Piromyces*）中都发现有纤维小体结构的存在。

2.4.2 常用发酵微生物

2.4.2.1 六碳糖发酵微生物

自然界中存在很多种可发酵糖类物质生成乙醇的微生物，包括细菌、丝状真菌和酵母，但其中可应用于大规模生产乙醇或具有工业应用价值的菌株却很少。表2-17为几种常见的乙醇发酵微生物及其发酵底物。

表2-17 乙醇发酵微生物种类及底物[40]

发酵微生物	可发酵的主要底物
酿酒酵母(*Saccharomyces cerevisiae*)	葡萄糖、果糖、半乳糖、麦芽糖、麦芽三糖和木酮糖
鲁氏酵母(*Saccharomyces rouxii*)	葡萄糖、果糖、麦芽糖和蔗糖
卡尔斯伯酵母(*Saccharomyces carlsbergensis*)	葡萄糖、果糖、半乳糖、麦芽糖、麦芽三糖和木酮糖
粟酒裂殖酵母(*Schizosaccharomyces pombe*)	葡萄糖、木糖
脆壁克鲁维酵母(*Kluyveromyces fragilis*)	葡萄糖、半乳糖、乳糖
乳酸克鲁维酵母(*Kluyveromyces lactis*)	葡萄糖、半乳糖、乳糖
嗜单宁管囊酵母(*Pachysolen tannophilus*)	葡萄糖、木糖
休哈塔假丝酵母(*Candida shehatae*)	葡萄糖、木糖
热带假丝酵母(*Candida tropicalis*)	葡萄糖、木糖、木酮糖
树干毕赤酵母(*Pichia stipitis*)	葡萄糖、木糖、甘露糖、半乳糖和纤维二糖
运动发酵单胞菌(*Zymomonas mobilis*)	葡萄糖、果糖和蔗糖
布氏热厌氧菌(*Thermoanaerobacter brockii*)	葡萄糖、蔗糖和纤维二糖
乙酰乙基热厌氧杆菌(*Thermoanaerobacter acetoethylicus*)	葡萄糖、蔗糖和纤维二糖
热纤梭菌(*Clostridium thermocellum*)	葡萄糖、纤维二糖和纤维素
热硫化氢梭菌(*Clostridium thermohydrosulfuricum*)	葡萄糖、木糖、蔗糖、纤维二糖、淀粉

在乙醇生产过程中，菌种的产乙醇能力和耐乙醇能力起着决定性作用。酿酒酵母（*Saccharomyces cerevisiae*）和运动发酵单胞菌（*Zymomonas mobilis*）在这两方面具有明显的生产优势，它们不仅乙醇的产量和产率高，而且耐乙醇的能力较强。

（1）酿酒酵母（*Saccharomyces cerevisiae*）

酿酒酵母属于单细胞真核微生物，其细胞为球形或卵形，繁殖方式为无性出芽生殖。作为乙醇发酵生产的典型六碳糖发酵菌种，酿酒酵母工业应用历史悠久，生产工艺技术也十分成熟，它也是当前应用最为广泛的乙醇发酵工业生产菌种。从古代酿制含有酒精的饮料开始，人们便不自觉地使用酵母。后来，开始有意识地分离培养酵母并用于发酵生产酒精。酿酒酵母底物范围较广，可以利用葡萄糖、麦芽糖、甘露糖和半乳糖，不能发酵乳糖和蜜二糖；能够在厌氧下生长并进行六碳糖发酵；对各种抑制物的耐受能力较强；耐高糖能力较强，可实现高糖发酵。

酿酒酵母能够通过EMP途径进行同型酒精发酵，即由EMP途径代谢产生的丙酮酸经过脱羧放出CO_2，同时生成乙醛，乙醛接受糖酵解过程中释放的NADH被还原成乙醇。发酵过程中，随着发酵液里的乙醇浓度增加，乙醇对酿酒酵母毒性增大。允许酿酒酵母生长的最高乙醇浓度即代表了酵母的乙醇耐受水平。其中，能在3%～6%乙醇中生长的菌株，乙醇耐受性为差，6%～10%为中等，而10%～13%则为高[41]。

高浓度乙醇对细胞的毒害作用主要表现在对细胞形态和细胞生理活动影响两个方面。细胞形态变化主要表现为细胞骨架变得疏散，细胞变大。细胞生理活动的变化主要体现在以下几点：

① 细胞膜的结构遭到破坏，高浓度的乙醇能增强细胞膜流动性，破坏细胞膜结构，从而影响细胞膜对葡萄糖、氨基酸等营养物质的吸收；

② 生物大分子物质的合成与代谢受阻；

③ 糖酵解相关酶的活性变化等，大量研究表明，酿酒酵母乙醇耐受性与细胞结构以及细胞内的营养物质密切相关[42]。

酵母细胞膜脂质的主要构成成分——磷脂性脂肪酸和麦角固醇，其含量多少被认为是解析乙醇耐受性的重要因素。脂肪酸组成水平上的改变包括：

① 脂肪酸饱和度和酰基长度的调整，一些乙醇耐受性酵母菌株本身在生长过程中就可以合成较多的长链不饱和脂肪酸，维持膜的流动性，增加菌体对乙醇的耐受性。

② 脂肪酸的异构化，酵母通过改变顺、反式脂肪酸的比例对抗细胞膜通透性的增加。顺式脂肪酸有弯曲的构型，与不饱和脂肪酸类似，赋予膜的流动性；反式脂肪酸有一定的刚性，可以像饱和脂肪酸一样，插入膜的内部，增加膜的非流动性。麦角固醇是酵母细胞固醇类中最主要的一种化合物，它能增加细胞膜的稳定性，调节细胞膜的流动性，在细胞膜上形成障碍物，降低乙醇进入细胞的通透性。

提高细胞不饱和脂肪酸和甾醇的含量能够有效增加细胞膜对乙醇的耐受性。此外，在构建乙醇耐受性高产菌株的同时，也常通过构建高表达海藻糖、脯氨酸、色氨酸和热激蛋白等方法获得高耐受乙醇发酵菌株。但是，由于乙醇毒性的生理上的复杂性，酵母菌的乙醇耐受性与几百个基因有关，涉及蛋白质合成、物质运输、脂类代谢、膜和细胞壁合成、脯氨酸和色氨酸合成、转录因子和信号传导途径等。因此，通过传统的单基因敲除或过量表达很难达到提高酵母菌乙醇耐受性的目的。目前，构建乙醇耐受性高产酵母菌株更多的是采用定向进化以及全转录工程等基因组水平的系统工程方法。

（2）运动发酵单胞菌（*Zymomonas mobilis*）

运动发酵单胞菌是发酵单胞菌属的一个种，由于其具有很强的运动性而得名。1928 年，Lindner 从墨西哥龙舌兰酒中分离出运动发酵单胞菌，后来人们在苹果酒、棕榈树榨取液、甘蔗汁以及啤酒中均发现有 *Z. mobilis* 的存在。运动发酵单胞菌是厌氧型、微好氧生长的革兰氏阴性菌，呈棒状，长为 2～6μm，宽为 1～1.4μm，有鞭毛，不产生孢子和荚膜。

它是唯一一种通过 ED 代谢途径将葡萄糖和果糖转化为乙醇的细菌。因其丙酮酸脱羧酶和乙醇脱氢酶基因能够高效表达，乙醇发酵能力非常突出。在燃料乙醇生产方面，运动发酵单胞菌有很多优势：该菌株代谢糖生成乙醇的速度比酵母快 3～4 倍；在以葡萄糖或果糖为底物的发酵中，97.3%～98%的底物被转化为乙醇，只有剩下的一小部分被转化为生物能量，所以发酵过程中细胞积累较少，葡萄糖乙醇得率较高（0.49～0.50g 乙醇/g 葡萄糖），底物利用效率高；与许多酵母不同，其生长不需要氧气，能在不含有机物的基础培养基中生长；具有高效的糖扩散转运系统、高效表达的丙酮酸脱羧酶基因（pyruvate decarboxylase，PDC）和乙醇脱氢酶基因（alcohol dehydrogenase，ADH），能够快速有效地转化葡萄糖生成乙醇；很多菌株可以在 38～40℃生长，比酵母高 6～7℃，有利于高温发酵；能耐高渗透压，大部分菌株可在 40％葡萄糖溶液中生长；耐乙醇能力强，30℃发酵乙醇的质量分数可达到 12％，而很少有其他细菌能在如此高乙醇浓度的环境下生存；可以在低 pH 值条件下发酵，对水解液中抑制物有较强耐受能力，同时 *Z. mobilis* 生长的营养需求相对简单，而且其发酵醪的蒸馏残留物还可以作为安全的动物饲料，因而被人们认为是发酵乙醇领域中一种很有发展潜质的微生物，已应用于淀粉质原料的乙醇发酵生产工艺中[43]。

2.4.2.2 五碳糖发酵微生物

（1）木糖发酵微生物

从 1922 年 Willaman 等发现第一株可发酵木糖菌株 *Fusarium lini* 至今，已发现能代谢木糖的微生物有上百种（表 2-18），包括细菌、真菌和酵母菌，但是不同菌种的发酵性能差别很大，即使同一菌种下的不同菌株，其发酵性能也是参差不齐。细菌底物利用范围较宽，能够利用多种糖类，但其发酵液中副产物多，乙醇得率和浓度都较低，大多仅为 0.16～0.39g/g。而且细菌的生长和乙醇发酵需要中性 pH 环境，这也加大了发酵过程中污染杂菌的风险。有些细菌在代谢中易产生毒素，加大了产物分离提纯的难度，提高了生产成本。

表 2-18 自然界中木糖发酵菌种[44]

菌种名称	木糖/(g/L)	乙醇/(g/L)	得率/(g/g)	产率/[g/(L·h)]
细菌				
软化芽孢杆菌(*Bacillus macerans* DMS 1574)	20	3.3	0.16	0.03
多动拟杆菌(*Bacteroides polypragmatus* NRCC 2288)	44	6.5	0.15	0.09
化糖梭菌(*Clostridium saccharolyticum* ATCC 35040)	25	5.2	0.21	0.05
热硫化氢梭菌(*C. thermohydrosulfuricum* 39E)	5	2.0	0.39	—
菊欧文氏菌(*Erwinia chrysanthemi*)	20.0	7.4	0.22	0.30
产乙醇热厌氧杆菌(*Thermoanaerobacter ethanolicus* ATCC 31938)	4	1.5	0.36	—
酵母菌				
布朗克假丝酵母(*Candida blankii* ATCC 18735)	50	5.1	0.10	0.07
无名假丝酵母(*Candida famata*)	20	3.9	0.20	0.07
果假丝酵母(*Candida fructus* JCM-1513)	20	4.7	0.24	0.02
季也蒙念珠菌(*Monilia. guilliermondii* ATCC 22017)	40	4.5	0.11	0.04
休哈塔假丝酵母(*Candida shehatae* CBS 4705)	50	24.0	0.48	0.19
休哈塔假丝酵母(*Candida shehatae* CSIR-Y492)	90	26.2	0.29	0.66
假丝酵母(*Candida* sp. CSIR-62 A/2)	50	20.1	0.40	0.42

续表

菌种名称	木糖/(g/L)	乙醇/(g/L)	得率/(g/g)	产率/[g/(L·h)]
特纽斯假丝酵母(*C. tenius* CBS 4435)	20	6.4	0.32	0.03
热带假丝酵母(*Candida tropicalis* ATCC 1369)	100	5.4	0.11	—
多形汉逊酵母(*Hansenula polymorpha* KT2)	20	3.4	—	—
马克斯克鲁维酵母(*Kluyveromyces marxianus* KY 5199)	100	30.0	0.31	—
嗜鞣管囊酵母(*Pachysolen tannophilus* NRRL Y-2460)	20	6.2	0.31	0.06
嗜鞣管囊酵母(*P. tannophilus* RL 171)	50	13.8	0.28	0.28
树干毕赤酵母(*Pichia stipitis* CBS 5573)	20	5.9	0.30	0.02
树干毕赤酵母(*P. stipitis* CBS 5776)	20	22.3	0.45	0.34
P. segobiensis CBS 6857	20	5.0	0.25	0.02
粟酒裂殖酵母(*Schizosaccharomyces pombe* ATCC 2478)	50	5.0	0.10	0.07
丝状真菌				
出芽短梗霉(*Areobasidium pullulans*)	20	4.2	0.21	0.09
泡盛曲霉(*Aspergillus awamori* 3112)	50	1.4	0.03	0.01
黑曲霉(*A. niger* 326)	50	1.2	0.02	0.01
米曲霉(*A. oryzae* 694)	50	4.7	0.09	0.03
酱油曲霉(*A. sojae* 5597)	50	5.4	0.12	0.04
溜曲霉(*A. tamari* 430)	50	3.5	0.07	0.03
臭曲霉(*A. foetidus* 337)	50	3.4	0.07	0.03
燕麦镰刀菌(*Fusarium avenaceum* VTT-D-80146)	50	12.0	0.24	0.07
F. clamydosporum VTT-D-77055	50	11.0	0.22	0.07
黄色镰刀菌(*F. culmorum* VTT-D-80148)	50	12.0	0.24	0.07
禾谷镰刀菌(*F. graminearum* VTT-D-79129)	50	11.0	0.22	0.07
番茄镰刀菌(*F. lycopersici* ATCC 16417)	50	16.0	0.32	0.17
尖孢镰刀菌(*F. oxysporum* VTT-D-80134)	50	25.0	0.50	0.17
接骨木镰刀菌(*F. sambucium* VTT-D-77056)	50	13.0	0.26	0.08
腐皮镰刀菌(*F. solani* VTT-D-77057)	50	11.0	0.22	0.07
三线镰刀菌(*F. tricinetum* VTT-D-80139)	50	7.0	0.14	0.04
念珠菌属(*Monilia* sp.)	50	12.6	0.25	0.08
毛霉菌属(*Mucor* sp. 105)	50	8.0	0.16	0.08
印度毛霉菌(*Mucor indicus*)	50	11.0	0.22	0.18
冻土毛霉(*M. hiemalis*)	50	9.0	0.18	0.12
皮质毛霉(*M. corticolous*)	50	7.5	0.15	0.10
粗糙脉胞菌(*Neurospora crassa* NCIM 870)	20	6.9	0.35	0.04
拟青霉属(*Paecilomyces* sp. NFI ATCC 20766)	100	39.8	0.40	0.24
米根霉(*Rhizopus oryzae* B)	50	14.0	0.28	0.11
爪哇根霉(*Rhizopus javanicus* 2871)	50	11.7	0.23	0.16

木糖发酵丝状真菌的研究主要集中在尖孢镰刀菌（*Fusarium oxysporum*）和粗糙脉胞菌（*Neurospora crassa*）上。这两个菌种可产生纤维素酶和半纤维素酶，又具有发酵五碳糖和六碳糖生产乙醇的能力，大大简化了天然纤维原料的乙醇生产工艺。但是目前这两个菌种多应用于同步糖化发酵，其单纯作为木糖发酵还没有得到广泛研究。酵母中可发酵木糖的菌种主要为嗜鞣管囊酵母（*Pachysolen tannophilus*）、休哈塔假丝酵母（*Candida shehatae*）和树干毕赤酵母（*Pichia stipitis*），木糖发酵生产乙醇得率可达理论值的62.7%～88.2%，其中树干毕赤酵母（*Pichia stipitis*）CBS 5776 的产量最高为0.45g/g。这些天然木糖代谢酵母菌乙醇产率较高，但它们普遍存在一些缺陷：发酵木糖生成乙醇的体积产率要比葡萄糖低；必须在限制性供氧条件下发酵，增加能耗同时也提高了杂菌污染的概率，生产调控要求高；对木质纤维水解液中抑制物的耐受能力较差，需要对水解液进行脱毒预处理，增加了乙醇生产成本；对高浓度的乙醇耐受性差，产品乙醇浓度较低，副产物多，增加了后续蒸馏工序的操作成本；五碳糖代谢受六碳糖的抑制，因此这些菌种用于大规模的纤维素乙醇工业化生产还存在一定的困难[45]。

（2）阿拉伯糖发酵微生物

目前发酵阿拉伯糖的菌株主要集中在细菌和丝状真菌中（表2-19），只有很少一部分是酵母菌。多数的木糖发酵酵母都可以代谢阿拉伯糖，只有很少的菌株可以对其进行发酵产生乙醇，并且乙醇产量很低，平均只有木糖产乙醇量的1/5。这么低的乙醇产量使得自然界发现的阿拉伯糖发酵菌株根本不足以进行工业化生产。

表2-19 自然界中阿拉伯糖发酵菌种[2,46]

菌种名称	阿拉伯糖/(g/L)	乙醇/(g/L)	阿糖醇/(g/L)	糖利用率/%
细菌				
胃八叠球菌(*Sarcina ventriculi*)	20.4	6.0	—	90
软化芽孢杆菌(*Bacillus macerans*)	—	—	—	—
多黏芽孢杆菌(*Bacillus polymyxa*)	—	—	—	—
真菌				
粗糙脉孢菌[*Neurospora crassa*(D-阿拉伯糖)]	20	4.0	—	—
淡紫拟青霉菌(*Paecilomyces lilacinus*)	—	—	—	—
拟青霉属(*Paecilomyces* sp. NFI ATCC20766)	—	13.8	—	—
酵母菌				
单孢虫道酵母(*Ambrosiozyma monospora* Y-1081)	80	0.8±0.2	0±0	14±6
单孢虫道酵母(*Ambrosiozyma monospora* Y-5955)	80	1.8±0.7	0±0	19±8
单孢虫道酵母(*Ambrosiozyma monospora* Y-1484)	80	2.3±0.4	4±0	36±4
阿拉伯糖发酵假丝酵母(*Candida arabinofermentans* YB-2248)	80	0.7±0.3	—	—
Candida auringiensis Y-11848	80	1.4±0.6	17±1	32±1
疏丝假丝酵母(*Candida succiphila* Y-11997)	80	2.1±0.3	8±1	43±2
疏丝假丝酵母(*Candida succiphila* Y-11998)	80	2.3±0.4	8±0	32±6
假丝酵母菌属(*Candida* sp. YB-2248)	80	3.4±0.1	4±0	33±5

2.4.3 微生物生长调控

2.4.3.1 微生物的生长

细胞的最基本生命特征是生长和繁殖，不同学科对微生物生长的定义有不同的见解。生物学认为微生物生长是细胞质有规律地、不可逆地增加，导致细胞体积扩大的生物学过程；繁殖是微生物生长到一定阶段，由于细胞结构的复制与重建并通过特定方式产生新的生命个体，即引起生命个体数量增加的生物学过程。生长与繁殖是两个不同但又相互联系的概念。

为了控制菌体的生长，需要了解生长的方式、细胞分裂与调节的规律，测量微生物生长的各种办法、微生物生长繁殖的形式与工业生产的关系、环境变化对微生物生长的影响。许多迹象表明，微生物的分化和繁殖过程与次级代谢产物的合成有某种特定联系，因此，研究微生物的生长分化规律是发酵调控原理的一个重要组成部分。

（1）生长的形式

为了测量微生物的生长，需研究不同类别微生物的生长性质、物理性质、复制的机制和生长形式。

1）酵母的生长

酿酒酵母属于真核生物，不形成孢子或菌丝，在生长周期中部分时间以单细胞形式存在。酿酒酵母在营养丰富条件下生长时，新合成的细胞壁物质通常在细胞顶部插入，形成细胞壁扩增，以容纳更多的原生质。当生长达到细胞同等大小时，细胞向外凸起，形成一个芽，随后新的细胞壁物质不断在芽与细胞之间插入，芽长大，同时复制的核与原生质导入芽内，最后芽与细胞之间形成新的细胞壁，与原来的母细胞分离，成为一个新的酵母细胞，母细胞表面留下一个圆形突起的芽痕，母细胞继续生长再次向外出芽，但是新的芽不会在芽痕上生成。通过芽痕的数量可以推测酵母的菌龄，电镜观察看到酵母母细胞上多达20多个的芽痕。

2）细菌的生长

细菌是原核生物，根据革兰氏染色的不同，可以分为革兰氏阳性细菌和革兰氏阴性细菌，前者的细胞壁是30多层的多糖胞壁质，后者则是单层多糖胞壁质，以及脂多糖和脂蛋白。细菌细胞是通过一分为二的裂殖方式进行繁殖的。新生的两个细胞具有相同的形态和组成，其细胞组分、蛋白、RNA和基因组完全一致。细胞分裂开始时，细胞壁向内生长启动，最终形成一横断间隔，继而间隔分裂，形成两个相同的子细胞。每个子细胞都保留亲代细胞壁的一半。细菌的菌龄以培养时间表示，真实菌龄则通过繁殖代数表示。

（2）微生物的群体生长繁殖

微生物是细胞生物，肉眼所能看到或接触到的微生物不是单个体，而是成千上万个单个的微生物组成的群体，微生物生长繁殖是以群体为单位来进行观察的[47]。

细菌接种到液体培养基后，当细菌分裂繁殖后，生成的子细胞也具有相同的特性。在培养条件固定的前提下，以时间为横坐标、菌体数量为纵坐标，不同培养时间细菌数量会发生变化，反映细菌在整个培养期间菌体数量变化规律的曲线，被称为生长曲线。典型的生长曲线一般可分为迟缓期、对数生长期、稳定生长期、衰亡期四个生长时期。

1）迟缓期（lag phase）

将细菌接种至新鲜培养基，处于一个新的生长环境，在一段时间内不马上分裂，细菌菌体数量维持不变，或增加很少。在工业发酵中迟缓期会增加生长周期，但是迟缓期是必需的，需要采取一定的措施使其减短，如：a. 通过生物遗传学方法改变遗传特性；b. 以对数生长期的细胞作为转接的种子；c. 增加接种量等。

2）对数生长期（log phase）

又称为指数生长期（exponential phase），此时细胞以最大的速率生长和分裂，细菌数量呈现对数增加。对数期的细菌代谢活性、酶活性高，大小比较一致，生命力强。

3）稳定生长期（stationary phase）

培养基中营养物质消耗，代谢产物积累，逐渐不适宜生长，细胞生长速率为零，活菌数量保持稳定。

4）衰亡期（decline 或 death phase）

营养物质消耗殆尽，细菌死亡高于细菌分裂数量，活菌数量逐渐减少，进入衰亡期。

2.4.3.2 微生物生长调控

（1）一般调控方法

1）同步培养

微生物群体中个体可能是处于个体生长的不同阶段，它们的生长、生理、代谢特性都不一致，导致生长与分裂不同步。同步培养是使群体中不同步的细胞转变成能同时进行生长或分裂，同步培养使群体细胞处于同一生长阶段，有利于工业发酵种子的培养和生理及遗传特性的研究。

同步培养有机械法和环境条件控制两大类。

① 机械法是利用微生物生长阶段的细胞体积与质量不同，或根据它们与某种材料结合能力的不同，进行同步的培养。常用的方法有离心法、过滤分离法、硝酸纤维素滤膜分离法等。

② 环境条件控制是根据细胞生长分裂对环境的要求不同而获得同步细胞的方法。常涉及的条件有温度、培养基成分控制、光照条件等。

2）连续培养

连续培养方法是通过一定的方法使微生物以恒定的生长速率生长并持续生长的一种方法。一般情况下，营养物的消耗与代谢产物的积累是导致微生物生长的主要原因。因此，不断补充营养物质与同步移出代谢产物是实现连续培养的基本原则。

连续培养有两种类型，即恒化连续培养和恒浊连续培养。前者主要是通过控制培养基中特定营养物质的浓度，使其保持恒定，从而保证细胞生长速率持续不变。通常使用的培养物质一般是氨基酸、氨、铵盐等氮源，或者是葡萄糖、麦芽糖等碳源，或是无机盐及生长因子等物质。恒浊连续培养则是通过控制装置中的光电系统控制培养液中菌体浓度，即通过光电系统调节稀释率来维持细菌数量恒定，使细胞连续生长。此方法一般用于工业化代谢产物生产的发酵工业，以获得更好的经济效益。

（2）其他微生物污染的控制

微生物培养基营养丰富，往往会引起其他非目标微生物的生长和繁殖，这些杂菌的生长会带来许多不利的影响，因此，控制其他微生物的繁殖是非常必要的。根据作用方式的不同，往往可以分为化学方法控制其他微生物的污染和物理方法控制其他微生物的污染。

抗菌剂是一类能杀死微生物或抑制微生物生长的化学物质，根据其特性可以分为抑菌剂、灭菌剂、溶菌剂等。抑菌剂是指能抑制微生物生长但不能杀死它们的一类化学物质，其往往是结合到微生物核糖体上，抑制蛋白质的合成，导致细胞停止生长。灭菌剂则可以紧密结合至细胞作用靶位，杀死细胞。溶菌剂是以促使细胞裂解的方式杀死细胞，此类物质加入细胞悬液后，会抑制细胞壁合成或损伤细胞质膜，导致细胞裂解。

2.4.4　微生物生长的检测

微生物的生长情况可通过测定单位时间内微生物细胞的数量或生物量的变化来评价。通过微生物生长的测定可以客观地评价培养条件、营养物质对微生物生长的影响，客观反映微生物的生长规律。微生物生长的测定方法有计数法、称重法、生理指标测定法等。

2.4.4.1　计数法

计数法常用于测定细菌、孢子、酵母等细胞的数量，可以分为直接法和间接法两类。

（1）直接计数法

利用特定的细胞计数板，在显微镜下计算一定容积内细胞的数量。该方法不区分活菌与死菌。计数板常是一块特制的载玻片，含有一个计数室，计数室又被划分成若干中格，中格再进一步划分为小格，通常一个计数室由400个小格组成。

样品稀释后滴在计数板上，在显微镜下观察计算4～5个中格中的细胞数，算出每个小格的平均细胞个数，再按相应的小格数与稀释倍数计算出每毫升样品的细胞数量。

（2）间接计数法

又称活菌计数法，原理是活细菌在适宜培条件下可以生长形成菌落进行细胞数量的测定。将样品按10倍逐级稀释，选取3～5个稀释倍数的菌液0.2mL涂布至固体培养基平板，适宜培养后，计算菌落生长个数，反向推算出原始样品中的细菌数量。

活菌计数法能测定出土壤、牛奶等食品和其他材料中所含的细菌、酵母、芽孢和孢子等的数量。然而，此方法不适用于丝状体微生物，如放线菌、丝状真菌、丝状蓝细菌的细胞数量的测定。

（3）比浊法

在一定范围内，菌体悬液中混浊度与细胞的浓度成正比，即光密度与细胞数量成正比，细菌数越多，光密度越大。因此，可以借助分光光度计，在一定波长下测定菌悬液的光密度，以光密度（optical density，OD）值表示菌体数量。此方法要控制在菌体浓度与光密度成正比的线性范围内，否则计算出的细胞数量不准确。

2.4.4.2 称重法

细胞在同一生长状态时，其重量是相对一致的，将一定体积的微生物样品通过离心或过滤的方法将菌体分离出来，经过洗涤、再离心后测定重量，求出湿重。或是将样品放置于已知重量的平皿或烧杯内，于105℃烘干至恒重，冷却后称量，得出微生物干重。

除了干重和湿重可以反映细胞物质重量外，细胞中蛋白质或DNA的含量亦可以反映细胞的数量。细胞中蛋白质的含量都比较稳定，而氮是蛋白质的重要组成元素。通过凯氏测氮法测出总氮含量，再计算出细胞的质量。核酸DNA是微生物的重要遗传物质，每个DNA含量恒定，通过测定一定体积微生物样品中的DNA含量，也可计算出该体积微生物所含的细胞数量。

2.4.4.3 生理指标测定法

对某些含有微生物样品的溶液，可以用生理指标测定法测定微生物的生长情况。这些指标包括微生物的呼吸强度、耗氧量、酶活性等特性，这些特性会随着微生物生长数量的增加而增加。可借助特定的仪器，如瓦勃氏呼吸仪、微量量热仪等来测定相应的指标。

参考文献

[1] 李海滨，袁振宏，马晓茜. 现代生物质能利用技术［M］. 北京：化学工业出版社，2012.

[2] 袁振宏. 能源微生物学［M］. 北京：化学工业出版社，2012.

[3] 张和平. 合成气直接或间接制乙醇非铑基催化剂研究进展［J］. 化工进展，2015，34（1）：110-115.

[4] 宋安东，冯新军，谢慧，等. 合成气制取乙醇2种技术比较分析［J］. 生物加工过程，2012，10（5）：72-78.

[5] 沈萍. 微生物学［M］. 北京：高等教育出版社，2000.

[6] 王镜岩，朱圣庚，徐长法. 生物化学［M］. 第3版. 北京：高等教育出版社，2002.

[7] 许敬亮，常春，韩秀丽，等. 合成气乙醇发酵技术研究进展 [J]. 化工进展，2019，38 (1)：586-600.

[8] Henstra A M，Sipma J，Rinzema A，et al. Microbiology of synthesis gas fermentation for biofuel production [J]. Current Opinion in Biotechnology，2007，18：200-206.

[9] Abubackar H N，Veiga M C，Kennes C. Biological conversion of carbon monoxide: rich syngas or waste gases to bioethanol [J]. Biofuels，Bioproducts and Biorefining，2011，5 (1)：93-114.

[10] Mohammadi M，Najafpour G D，Younesi H，et al. Bioconversion of synthesis gas to second generation biofuels：a review [J]. Renewable and Sustainable Energy Reviews，2011，15 (9)：4255-4273.

[11] Rajagopalan S，Datar R P，Lewis R S. Formation of ethanol from carbon monoxide via a new microbial catalyst [J]. Biomass and Bioenergy，2002，23：487-493.

[12] Bramlett M R，Tan X S，Lindahl P A. Inactivation of acetyl-CoA synthase/carbon monoxide dehydrogenase by copper [J]. Journal of the American Chemical Society，2003，125 (31)：9316-9317.

[13] Bredwell M D，Srivastava P，Worden R M. Reactor design issues for synthesis-gas fermentations [J]. Biotechnology Progress，1999，15 (5)：834-844.

[14] Lane J. Coskata's technology re-emerges as Synata Bio：biofuels digest. [EB/OL]. [2016-01-24]. http：//www. biofuelsdigest. com/bdigest/2016/01/24/coskatas-technology-re-emerges-as-synata-bio/.

[15] Yuan Zhenhong，et al. Bioenergy：Principles and Technologies [M]. Beijing：De Gruyter and Science Press，2018.

[16] 袁振宏，吴创之，马隆龙，等. 生物质能利用原理与技术 [M]. 北京：化学工业出版社，2016.

[17] 赵海，靳艳玲，方扬，何开泽，等，高粘度薯类原料高效乙醇转化技术推动我国能源结构调整 [J]. 科技促进发展，2016，12 (1)：35-40.

[18] 李宇浩，靳艳玲，龙飞，等. 降粘酶在新鲜木薯发酵生产高浓度乙醇中的应用 [J]. 应用与环境生物学报，2013，19 (3)：501-505.

[19] Huang Yuhong，Jin Yanling，Fang Yang，et al. Simultaneous utilization of non-starch polysaccharides and starch and viscosity reduction for bioethanol fermentation from fresh *Canna edulis* Ker. tubers [J]. Bioresource Technology，2013，128：560-564.

[20] Xiao Yao，Fang Yang，Jin Yanling，et al. Culturing duckweed in the field for starch accumulation. Industrial crops and products [J]. Industrial Crops and Products，2013，48：183-190.

[21] Chen Qian，Jin Yanling，Zhang Guohua，et al. Improving production of bioethanol from duckweed (*Landoltia punctata*) by pectinase pretreatment [J]. Energies，2012，5：3019-3032.

[22] 曹健，师俊玲. 食品酶学 [M]. 郑州：郑州大学出版社，2011.

[23] Biswas R，Persad A，Bisaria V S. Production of cellulolytic enzymes// Bioprocessing of Renewable Resources to Commodity Bioproducts [M]. Bisaria V S，Kondo A. Hoboken N J：John Wiley & Sons Inc，2014.

[24] Lynd L R，Weimer P J，van Zyl W H，et al. Microbial cellulose utilization：Fundamentals and biotechnology [J]. Microbiology and Molecular Biology Reviews，2002，66 (3)：506-577.

[25] Stickel J J, Elander R T, Mcmillan J D, et al. Enzymatic hydrolysis of lignocellulosic biomass//Bioprocessing of Renewable Resources to Commodity Bioproducts [M]. Bisaria V S, Kondo A. Hoboken N J: John Wiley & Sons Inc, 2014.
[26] Rajendran K, Taherzadeh M J. Pretreatment of lignocellulosic materials//Bioprocessing of Renewable Resources to Commodity Bioproducts [M]. Bisaria V S, Kondo A. Hoboken N J: John Wiley & Sons Inc, 2014.
[27] Richardson T H, Tan X Q, Frey G, et al. A novel, high performance enzyme for starch liquefaction—Discovery and optimization of a low pH, thermostable α-amylase [J]. Journal of Biological Chemistry, 2002, 277 (29): 26501-26507.
[28] 何国庆. 食品发酵与酿造工艺学 [M]. 北京：中国农业出版社，2001.
[29] 郑宝东. 食品酶学 [M]. 南京：东南大学出版社，2006.
[30] Benoit I, de Vries R P, Baker S E, et al. *Aspergilli* and Biomass-Degrading Fungi, The Ecological Genomics of Fungi [M]. Martin F. Hoboken N J: John Wiley & Sons Inc, 2013.
[31] Howard J A, Nikolov Z, Hood E E. Enzyme production systems for biomass conversion// Plant Biomass Conversion [M]. Hood E E, Nelson P, Powell R. Hoboken N J: John Wiley & Sons Inc, 2011.
[32] Dillon A J P, Camassola M, Henriques J A P, et al. Generation of recombinants strains to cellulases production by protoplast fusion between *Penicillium echinulatum* and *Trichoderma harzianum* [J]. Enzyme and Microbial Technology, 2008, 43 (6): 403-409.
[33] Nakazawa H, Okada K, Kobayashi R, et al. Characterization of the catalytic domains of *Trichoderma reesei* endoglucanase Ⅰ, Ⅱ, and Ⅲ, expressed in *Escherichia coli* [J]. Applied Microbiology and Biotechnology, 2008, 81 (4): 681-689.
[34] Amarasekara A S. Handbook of Cellulosic Ethanol [M]. Hoboken N J: John Wiley & Sons Inc, 2013.
[35] Jeng W Y, Wang N C, Lin M H, et al. Structural and functional analysis of three [beta]-glucosidases from bacterium *Clostridium cellulovorans*, fungus *Trichoderma reesei* and termite *Neotermes koshunensis* [J]. Journal of Structural Biology, 2010, 173 (1): 46-56.
[36] Ike M, Park J, Tabuse M, et al. Cellulase production on glucose-based media by the UV-irradiated mutants of *Trichoderma reesei* [J]. Applied Microbiology and Biotechnology, 2010, 87 (6): 2059-2066.
[37] Kitago Y, Karita S, Watanabe N, et al. Crystal structure of Cel44A, a glycoside hydrolase family 44 endoglucanase from *Clostridium thermocellum* [J]. Journal of Biological Chemistry, 2007, 282 (49): 35703-35711.
[38] He J, Yu B, Zhang K Y, et al. Strain improvement of *Trichoderma reesei* Rut C-30 for increased cellulase production [J]. Indian Journal of Microbiology, 2009, 49 (2): 188-195.
[39] Saha B C. Hemicellulose bioconversion [J]. Journal of Industrial Microbiology & Biotechnology, 2003, 30 (5): 279-291.
[40] Arroyo-López, Noé F, Sandi Orlić, et al. Effects of temperature, pH and sugar concentration on the growth parameters of *Saccharomyces cerevisiae*, *S. kudriavzevii* and their interspecific hybrid [J]. International Journal of Food Microbiology,

2009，131（2-3）：120-127.

[41] Rández-Gil F，Ballester-Tomás L，Prieto J A. Yeast// Bakery Products Science and Technology [M]. Second Edition. Zhou W，Hui Y H，Leyn I De，Pagani M A，Rosell C M，Selman J D，Therdthai N. Chichester：John Wiley & Sons Ltd，2014.

[42] Hasunuma T，Yamada R，Kondo A. Ethanol production from yeasts// Bioprocessing of Renewable Resources to Commodity Bioproducts [M]. Bisaria V S，Kondo A. Hoboken N J：John Wiley & Sons Inc，2014.

[43] Joachimsthal E L，Rogers P L. Characterization of a high-productivity recombinant strain of *Zymomonas mobilis* for ethanol production from glucose/xylose mixtures [J]. Applied Biochemistry and Biotechnology，2000，84（6）：343-356.

[44] 陈艳萍，勇强，刘超纲，等. 戊糖发酵微生物及其选育 [J]. 纤维科学与技术，2001，9（3）：57-61.

[45] Bajwa P K，Pinel D，Martin V J J，et al. Strain improvement of the pentose-fermenting yeast *Pichia stipitis* by genome shuffling [J]. Journal of Microbiological Methods，2010，81（2）：179-186.

[46] Deanda K，Zhang M，Eddy C，et al. Development of an arabinose-fermenting *Zymomonas mobilis* strain by metabolic pathway engineering [J]. Applied and Environmental Microbiology，1996，62（12）：4465-4470.

[47] 周德庆. 微生物学 [M]. 北京：高等教育出版社，2002.

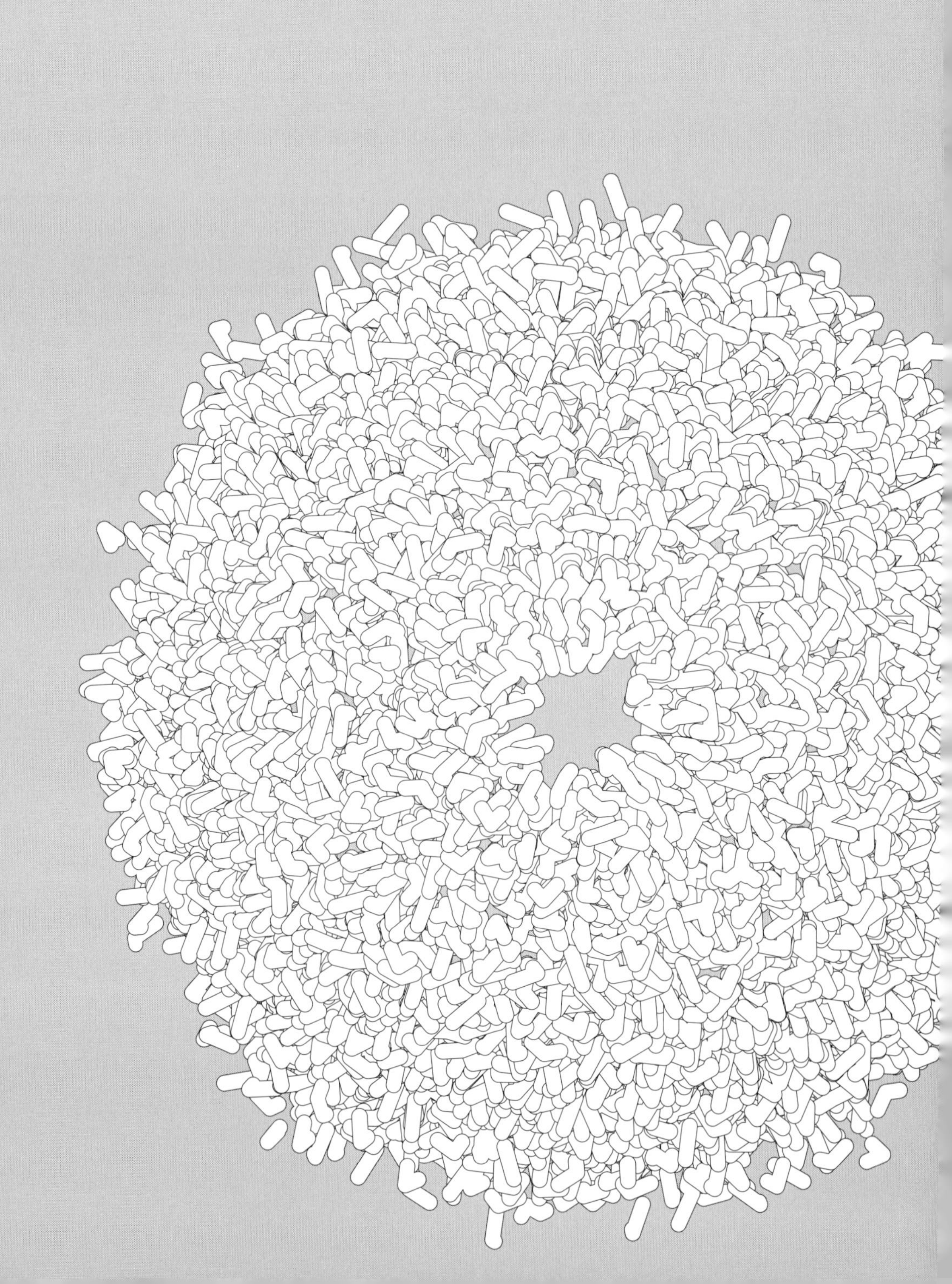

第3章

乙醇发酵的工艺类型

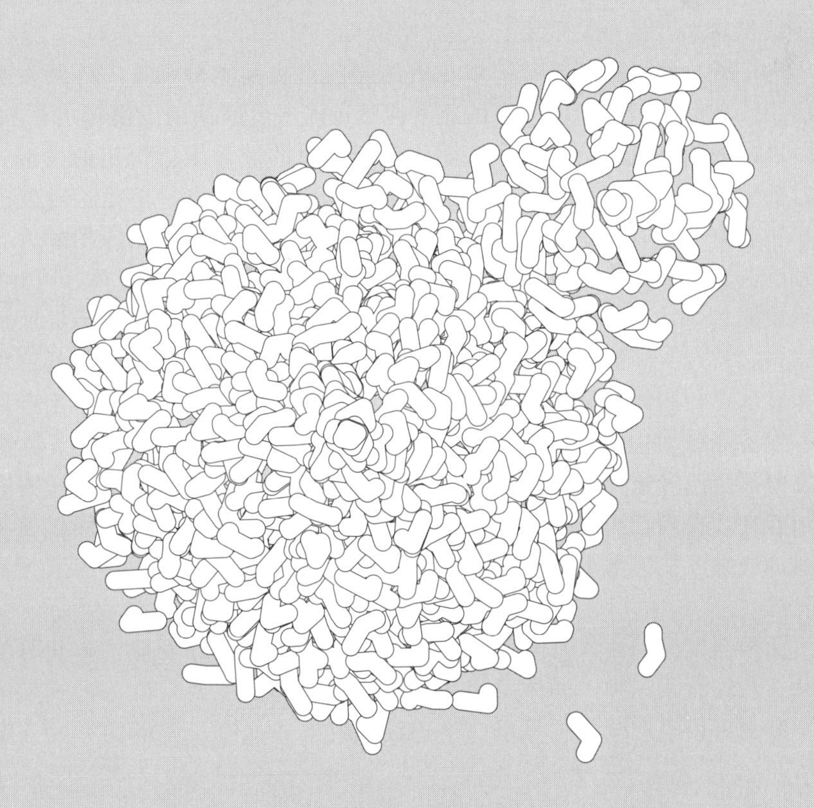

根据发酵过程中产乙醇的速度，可以将乙醇发酵分为三个不同的阶段，即前发酵期、主发酵期和后发酵期。各期时间长短与菌株的种类、数量，糖化剂的种类，醪液进罐温度以及发酵操作等关系密切。酒母种子液进入发酵罐与原料醪液混合后，乙醇发酵即启动，由于菌体密度不高，醪液中的各种营养也充分，因此，菌体经短时间适应后开始生长繁殖。前发酵期延续时间一般为 10h 左右。前发酵期因菌体数量较少，所以发酵作用不强烈，醪液温度低，乙醇含量低，对杂菌抑制能力差，因此，此发酵阶段应特别防止杂菌污染。随后，由于酵母细胞大量形成，醪液中的细胞数可达 1 亿个/mL 以上，而醪液中氮、磷等缺乏，菌体已不再大量繁殖，所以主要进行乙醇发酵，即进入主发酵期。此阶段，醪液中的糖分消耗迅速，乙醇含量增加。主发酵时间一般持续 12～15h。随着醪液中的糖分大部分被酵母菌所利用，发酵速度减缓，进入后发酵期。后发酵期乙醇和二氧化碳生成量较主发酵期减少，表观看来，气泡仍不断产生。淀粉质原料生产乙醇的后发酵阶段一般约需要 40h 才能完成。此时发酵液的温度应控制在 30～32℃，若醪液温度太低则会影响糊精及淀粉的糖化作用，造成残糖增加，影响原料的淀粉利用率。

上述发酵时期的划分主要是指分批发酵（又称为分批培养），即在一个密闭系统内投入有限数量的营养物质后，接入少量的微生物菌种进行培养，使微生物生长繁殖，在特定的条件下只完成一个生长周期的微生物培养方法。也指在发酵过程中，除了不断进行通气（好氧培养）和为调节发酵液的 pH 值而加入酸碱溶液外，与外界没有其他物料交换的一种发酵方式。培养基的量一次性加入，产品一次性收获，是目前广泛采用的一种发酵方式。在分批培养的条件下，把握好微生物的生长过程，对于获得最大产量至关重要。

为了减少酵母菌体繁殖扩增花费的时间，提高发酵强度，连续发酵方式被开发并应用。连续发酵是指以一定的速度向已进入主发酵期的发酵罐内添加新鲜培养基，同时以相同速度流出培养液，从而使发酵罐内的液量维持恒定的发酵过程。连续发酵时前发酵期基本不存在。虽然连续发酵具有诸多优点，但是这种发酵方式并不适用于所有类型的原料。按照发酵过程中物料的存在状态，乙醇发酵方式可以分为液体发酵法、半固体发酵法和固体发酵法。糖类原料本身为液体，可进行液体发酵；淀粉质原料中，玉米等粮食作物中含有较多的脂肪和蛋白质，可提取加工成食用油和饲料，具有很高的附加值，分离这些高附加值产品后获得较纯的淀粉，可以进行液体发酵；与固体发酵法相比，液体发酵方式具有生产成本低、生产周期短、连续化、设备能自动化、劳动强度大大减轻等优点。而甘薯、芭蕉芋、木薯等淀粉质原料发酵醪脂肪和蛋白质含量相对较低，其分离产品附加值低，进行固液分离反而会增加能耗，提高乙醇生产成本，因而只能采用固体发酵或者半固体发酵；纤维素类原料因纤维不能为酵母提供营养、易堵塞管道等原因，多通过固液分离后，进行液体发酵。

而根据发酵醪注入发酵罐的方式不同，可以将乙醇发酵的方式分为分批式、半连续式和连续式三种。固体发酵法和半固体发酵法主要采取分批式发酵的方式；液体发酵则可以采取分批式发酵、半连续式发酵或连续式发酵的方式（图 3-1）。不仅发酵工序如此，糖化和酒母培养工序根据物料的流动性也类似地采用上述方式。下面仅以发酵工序为例，介绍分批式发酵、半连续式发酵和连续式发酵的操作方式和工艺特点。

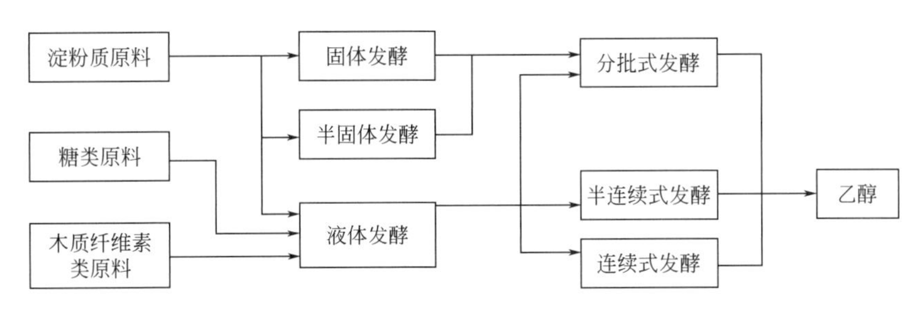

图 3-1　原料特性与乙醇发酵类型

3.1　分批式发酵法

分批式发酵法就是指全部发酵过程始终在一个发酵罐中进行。由于发酵罐容量和工艺操作不同，在分批发酵工艺中，又可分为如下几种方法[1]。

3.1.1　一次加满法

将醪液冷却到27～30℃后，用泵送入发酵罐，一次性加至合适的装样量，同时加入酒母（一般为接入醪量10%），混合均匀后，经过60～72h发酵即得发酵成熟醪。在主发酵期间，如果发酵醪的温度超过34℃，则通过开冷却水对发酵醪进行冷却。

此法适用于糖化或预处理罐与发酵罐容积相等的小型乙醇厂，蒸煮和糖化过程均采取分批工艺。优点是操作简便，易于管理；缺点是开始时酵母密度低，发酵迟缓期延长。另外，开始时醪中可发酵性糖浓度高，对酵母的生长和发酵速度也有影响。

3.1.2　分次添加法

此法适用于糖化或预处理罐容量小，而发酵罐容量大的工厂。生产时，醪液分几批加入发酵罐，先打入发酵罐容积 1/3 左右的醪液，接入 10%左右的酒母进行发酵，再隔 1～3h 后（根据产量判断分批时间），加入第二批醪液，再隔 1～3h，加第三批醪液，直至加到发酵罐容积的 90%左右为止。这种方法的优点是较一次性加满法发酵旺盛，迟缓期短，有利于抵制杂菌繁殖。

此法适用于糖化或预处理罐容量小于发酵罐的工厂，当酒母罐总容量不能生产足够的酒母时，也可采用这种方法。夏天缺少冷却水的工厂，采用这种方法可以使发酵醪的温度上升不至于过快，可节省冷却水，或使发酵醪的温度不至于过高。采用此法要注意的是，从第一次加醪液直到加满发酵罐为止，总时间不应超过 10h，否则，后加进去的物料会来不及彻底被转化成糖并进一步发酵成乙醇，最后造成成熟发酵醪的残糖浓度高，出酒率降低。

3.1.3 连续添加法

此法适用于采用连续蒸煮、连续糖化的乙醇生产工厂。生产开始时，先将一定量的酒母打入发酵罐，同时连续添加糖化醪，然后根据生产量确定流加速度，一般应控制在 6～8h 内加满一个发酵罐。流加速度与酒母接种量和繁殖速度有密切关系，如果流加速度太快，则发酵醪中酵母细胞数太少，不能造成酵母繁殖的优势，易被杂菌所污染；如果流量太慢，则延长满罐时间，也会造成后加入的醪液中的糖不能被彻底利用。一般从接种酵母后应于 6～8h 内将罐装满。如果根据产量决定的全部糖化醪同时流入一只发酵罐，满罐时间少于 6h，则可以将糖化醪同时流入 2 只或 3 只发酵罐，以求得到合适的满罐时间。

连续添加法由于基本消除了发酵的迟缓期，所以总发酵时间要比一次满罐法短些。

3.1.4 分割主发酵醪法

此法的基础是要求发酵醪基本不染菌，其无菌要求较高，适用于卫生条件和无菌管理较好的乙醇工厂。此法是将处于旺盛主发酵阶段的发酵醪分出 1/3～1/2 至第二罐，然后两罐同时补加新鲜糖化醪至满，继续发酵。待第二罐发酵正常，又进入主发酵阶段时，同法又分出 1/3～1/2 发酵醪至第三罐，并加新鲜糖化醪至第二、第三罐。如此连续分割第三、第四罐……前面的第一、第二罐……发酵成熟的醪液送去蒸馏。

此法的优点是可以节省酒母用量，省去了酒母制作过程，由于接种量大，相应地减少了酵母生长的前发酵期，发酵时间也可相应缩短。但是因发酵过程中操作过于频繁，杂菌容易污染，所以一般不主张采用。当缺少酒母而要采用分割法时，有的工厂加 0.005%的甲醛以抑制杂菌生长。

上述分批发酵虽然物料加入的方式不同，但其共同的特点是，在发酵过程中，进入主发酵期后没有物料继续加入发酵罐，主发酵期和后发酵期结束后即进入蒸馏工序。发酵温度一般在 30～34℃，如果超过 34℃，需要使用冷却水冷却，发酵时间一般需要 58～72h，发酵醪的乙醇浓度在 6%～10%（体积分数）之间，一些生产和管理条件较好的工厂，在加工优质原料时，乙醇浓度可超过 10%，达到 12%左右。

总体来说，分批发酵的人力、物力消耗较大，每批发酵都需要进行装料、灭菌、接种、放料、清洗等操作，工序繁琐，发酵周期较长，生产效率较低，尤其是一次加满法；分次添加和连续添加法虽然可通过补料补充养分或前体的不足，但是由于有害代谢产物的不断积累，产物合成最终难免受到阻遏。乙醇浓度过低会造成设备利用率低、单耗增加等问题，在可能的情况下，工厂应尽可能地提高发酵醪的乙醇浓度。

3.2 半连续式发酵法

半连续式发酵是指在主发酵阶段采用连续式发酵，而后发酵则采用分批式发酵的方式，是介于分批式发酵和连续式发酵过程之间的一种过渡培养方式。

半连续式发酵的类型较多，主要分类如下：

① 按补料方式可分为连续补料、不连续补料、多周期补料；

② 按每次补料的流速可分为快速补料、恒速补料、指数速度补料、变速补料；

③ 按反应器中发酵醪液的体积可分为变体积、恒体积；

④ 按反应器的数目可分为单级、多级；

⑤ 按补料培养基组成可分为单一组分补料、多组分补料。

在生产中常见的两种半连续式发酵如下。

第一种是将一组发酵罐连接起来，使前 3 只罐保持连续主发酵状态，从第三只罐流出的发酵液分别顺次装满其他发酵罐，并在其中发酵，直到发酵完毕。具体做法是：开始投产时，在第一个发酵罐接入酒母后，使该罐始终处于主发酵状态的情况下，连续流加糖化醪。待第一罐加满后，流入第二罐，第一罐中糖化醪的流加速度不能太大，必要时糖化醪可分别加向第一、第二两罐，并保持两罐始终处于主发酵状态。待第二罐流加满后，自然流入第三罐。第三罐流加满后，流入第四罐。第四罐施加满后，则由第三罐改流至第五罐，第五罐满后，则由第三罐改流至第六罐，依次类推。第四、第五、第六罐发酵醪继续发酵，发酵结束后，送去蒸馏。第四、第五、第六发酵罐空出后，清洗干净后再投入生产，重复接收第三罐流出的发酵醪。而前面 3 只发酵罐连续发酵一段时间后，也要出空灭菌，这时另取其他 3 只空发酵罐用作前3只罐，加入酒母，流加糖液，开始一个新的周期。此法由于前发酵连续，因而可省去大量酒母，并可适当缩短发酵时间。问题是要及时注意消毒灭菌，以免染菌。

第二种方法是由7～8只罐组成一组罐，各罐用管道从上部通入下罐底部相串连。投产时，先制备1/3体积的酒母，加入第一罐，随后在保持主发酵状态下流加糖化醪。满罐后，第一罐的醪液通过溢流管流入第二罐，待第二罐醪液加至1/3容积时，糖化醪转流加至第二罐。第二罐加满后，流入第三罐，然后重复第二罐操作，直至末罐。最后，从首罐至末罐逐个顺次将发酵成熟醪送去蒸馏。这种方法也可以节省大量酒母，当然新发酵周期开始时要制备新的酒母。

总的来说，半连续式发酵过程中，通过放掉部分发酵液再补入新鲜培养基，不仅可以补充养分和前体，而且代谢有害物被稀释，从而有利于产物的继续合成。半连续式发酵工艺的应用可以起到缓解产物抑制和避免代谢副产物积累的作用，改善了微生物的培养环境，有助于保持菌体活力的稳定。半连续式发酵生产乙醇，一方面相对于分批式发酵而言提高了设备利用率，缩短了发酵周期，另一方面为将来的连续式发酵生产乙醇打下了基础，以便整个乙醇生产流程实现自动化控制。

3.3 连续式发酵法

在采用分批式发酵进行乙醇生产的过程中，发酵罐中的培养液始终不更新，因此，发酵液的各个参数、菌体数、组成成分（营养分和代谢产物）、pH值等都不断地发生变化，菌体所处的生长发育的阶段也在变化，导致分批式发酵的多种弊端：

① 有较长的非生产性时间；

② 微生物由于环境不断变化，不能充分发挥其生产潜力；

③ 难以自动化控制等。

如采用培养液不断流加更新、发酵成熟醪不断排出的连续式发酵方法，就能较好地解决上述问题。当采取适当的培养液更新速度时，就能使微生物细胞所处的环境条件，如营养物质的浓度、产物的浓度、pH值以及微生物细胞浓度、比生长速率等可以自始至终基本保持不变，发酵罐中的各个参数稳定在人们需要的状态，甚至还可以根据需要来调节微生物细胞的生长速率，这对理论研究和工厂生产实践都有很重要的意义。微生物细胞的生产速率、产物的代谢均处于恒定状态，可达到稳定、高速培养微生物细胞或产生大量代谢产物的目的。

在国内外早有连续式发酵研究，但是由于连续式发酵设备仅在发酵启动之前进行灭菌，且中途补料等操作多、持续时间长，导致杂菌污染问题没能很好解决，容易倒罐，所以未能普遍推广和应用。近年来，由于发酵理论研究有所进展，尤其是在淀粉质原料生产乙醇的过程中采用了连续蒸煮、连续糖化和耐酸菌株等新工艺，给连续式发酵创造了条件，因此，连续式发酵引起了人们的普遍重视，也取得了很大成绩。目前，乙醇的规模化生产主要采用连续式浓醪发酵工艺。

3.3.1 连续式发酵的形式

连续式发酵可分为全混（均相）连续式发酵法和梯级（多级）连续式发酵法两大类。

3.3.1.1 全混（均相）连续式发酵法

微生物培养是在一个设备中进行的，液体培养基混合搅拌良好，以保证整个发酵液的均一性。均相连续发酵系统根据控制的方法，又可分为化学控制器（简称恒化器）和浊度控制器（简称恒浊器）两类。恒化器是通过对培养液中某一微生物生长的必要成分浓度的控制来进行调控，乙醇生产就属于这一类，例如控制发酵液中总糖浓度为20%，则通过调节糖化醪的流加速度就可以控制发酵罐中酵母的细胞密度，进而控制整个乙醇发酵过程。恒浊器则是通过对培养液浊度变化的控制来进行调控，但仅适于清液发酵。因为透明培养液的浊度是与其中微生物的密度直接相关，所以，可以通过光电敏感仪来自动测定培养液的浊度变化，并进而调节培养液的流加量，以达到控制微生物密度的目的。

3.3.1.2 梯级（多级）连续式发酵法

对于发酵时间要求较长的产品生产来说，一只发酵罐已无法适应，这时就应采用梯级连续式发酵法。梯级（多级）连续式发酵是把发酵过程的不同阶段分别放在不同的发酵罐中进行。新鲜糖化醪从首罐不断流入，直到成熟发酵醪从末罐不断流出，整个发酵过程呈连续状态，所以称作多级连续式发酵。

本方法的微生物培养和发酵过程是在一组罐内进行的，每个罐本身的各种参数保持基本不变，但罐与罐之间则并不相同，且按一定的规律形成一个梯度，在发酵过程中自首罐至末罐，溶液浓度依次降低，乙醇含量依次增高，所以又称作梯级连续式发酵。对于每个发酵罐，醪液的流量、醪液浓度、乙醇含量、酵母细胞数量以及醪液温度、pH值等，均应保持相对稳定状态，这样，才能使连续式发酵顺利进行。目前乙醇生产企业，尤其是年产几十万吨的大型生产企业，一般在4～6级连续式发酵工艺中，通过减少整体返混的方式来缓解产物抑制。

3.3.2 连续式发酵的控制

乙醇连续式发酵和其他各种连续式发酵一样，是在培养液不断更新、成熟醪不断排出的前提下进行的。为此，通过保持各发酵罐中酵母细胞密度的稳定、保持限制性营养成分的均衡供应等方式来保证整个系统的稳定是正常进行乙醇发酵的关键，具体的控制手段如下。

3.3.2.1 防止杂菌污染

对杂菌污染的控制是决定连续式发酵成败的关键。连续式发酵维持的时间越长，其经济效益和技术效益就越显著。但是，连续式发酵比分批式发酵更容易受到杂菌的污染。而且，连续式发酵一旦染菌，就会影响到整套发酵罐组，倒罐产生的经济损失比分批式发酵更大。为此，连续式发酵一定要采取预防污染的措施。

乙醇连续式发酵污染防止的方法有以下几种。

(1) 加酸酸化

乙醇发酵时的杂菌以乳酸菌为代表，在 pH＝4.2 时已基本停止生长。而酵母在 pH＝4.2～4.5 时能够正常繁殖和发酵，因此可以采用酸化糖化醪的方法来防止杂菌生长。醪液酸化不但影响微生物，还会对酶活产生影响。对于糖蜜的乙醇连续式发酵工艺来说，不存在影响水解酶的问题，因此酸化醪液早已广泛应用。而对淀粉质原料来说，因为以前的淀粉酶系统是不耐酸的，醪液酸化工艺会影响淀粉的后糖化过程。近年来，我国已转为采用耐酸型的淀粉酶系统，为此，可以采用将糖化醪加 H_2SO_4 酸化至 pH＝4.2～4.5 来防止杂菌污染，解决连续式发酵中杂菌污染的问题。季更生等在树干毕赤酵母级连续式发酵戊糖己糖时采用低 pH 值处理技术来抑制杂菌，经此技术处理后，以 15g/L 木糖和 30g/L 葡萄糖混合物为发酵底物，发酵温度 (35±1)℃，底物流加速度 30mL/h，二级连续发酵液中乙醇平均浓度为 15.22g/L，还原糖利用率为 95.66%。该系统在连续发酵 22d 的运行中从未发现染菌现象，发酵操作相当稳定。结果证明树干毕赤酵母对低 pH 值处理有良好的驯化适应性，pH 值为 2.40～3.60 的处理条件对树干毕赤酵母完全可行。但值得注意的是，酸处理不当可能会降低酵母的活性，废液中硫离子浓度过高也会增加废水处理的难度，对环境有较大污染，不能作为工业上控制乙醇发酵过程染菌的长久方法。

(2) 加抗生素或防腐剂

采用加抗生素（青霉素、链霉素和金霉素等）的方法来防止杂菌污染是一种行之有效的方法，国外早就进行了研究，后来因为药品价格问题而未能工业化应用。现在由于抗生素生产技术的发展，其成本已大为降低，使用抗生素防污染已能为乙醇工厂所接受。但是，添加抗生素除了很容易产生细菌耐药性以外，抗生素也会残留在酒糟中，从而对食品安全和公共安全造成严重威胁，已经被我国严禁添加。

(3) 新型抑菌剂

具有抑菌生物活性的天然化合物，如植物提取物和功能酶等新型抑菌剂可以有效抑制污染的杂菌，同时不会对环境造成危害。随着环境保护逐渐受到政府和社会的高度重视，新型抑菌剂的应用成为解决工业酒精发酵杂菌污染的环境友好途径之一，如：葡萄糖氧化酶可以专一地将葡萄糖氧化成葡萄糖酸和过氧化氢，葡萄糖酸能够降低发酵液的 pH 值，同时过氧化氢是广谱杀菌剂，均可以达到抑菌效果。溶菌酶可以水解细菌细胞壁肽聚糖起到抑菌作用，对没有肽聚糖组分的酵母细胞壁没有影响。

3.3.2.2 调节稀释比

稀释比 $D=\frac{F}{V}$，即单位时间内醪液流加量和发酵罐内总醪液量的比值。当细胞的比生长速度与稀释比一致时，连续式发酵系统处于稳定的状态。对于乙醇连续式发酵来说，就是要通过调节流加速度 F 或改变发酵罐的有效容积 V，来确定一个合适的 D，使得与之相应的酵母细胞密度能维持在 $(0.8\sim1)\times10^8$ 个/mL 水平。F 值是与生产能力直接有关的，不能随意变动，所以只有改变 V 来求得最佳的稀释比。当计算得到的首罐体积太大，那么可以采用两个罐并联（即同时将糖化醪流入两只首罐中）的方法来解决。根据淀粉质原料连续发酵的实践，最佳的稀释比应控制在 0.1～0.5 之间（采用固定化或细胞回用时 D 可增大几倍）。

3.3.2.3 防止滑流和滞留

在进行连续式发酵时，后进的醪液先流出去，即发生滑流；而先进的醪液后流出去即发酵滞留。滑流现象的存在会造成醪液发酵不完全。为了防止滑流造成的不良后果，发酵罐组的罐数不得少于 6 只，罐数越多，总体来说，滑流的概率越小。一般工厂里，乙醇连续发酵罐组取 8～10 只。

滞留现象是造成连续发酵污染的主要原因之一，防止滞留现象主要要从设备结构上下功夫，不能有造成死角的结构，发酵罐的直径不要太大，一定要有锥形底等，这是减少滞留的良好措施。

3.3.2.4 防止二氧化碳气塞

伴随乙醇发酵会产生大量的副产物二氧化碳，二氧化碳的浓度随发酵醪的黏度和深度增加而增大。在连续发酵时因多罐相接，发酵醪从前面一只发酵罐底部流出，沿溢流管流入后一只发酵罐时，由于压力的减小，会形成大量 CO_2 气体。如果在管道上部有地方积留这些气体，等到积累到一定数量时，就会形成气塞，影响溢流，甚至全部堵塞溢流管，只有当前面发酵罐的液面升高，压力加大到能冲破气塞时，溢流才恢复。但不久气塞再次形成，又影响正常溢流。如此周而复始，给连续发酵带来很大麻烦。为此在安装连接前后发酵罐的溢流管、特别是连接前一发酵罐底部和后一发酵罐上部的溢流管时，要注意不要在上部进口处造成可能形成二氧化碳气塞的部位。

3.3.3 连续式发酵工艺

在乙醇发酵过程中，发酵副产物有些是酵母的生命活动引起的，有些则是因为发酵过程中被杂菌污染。副产物的生成直接消耗了原料，降低了原料的乙醇得率。

因此，各种发酵工艺的重点都在于通过对工艺条件的控制减少副产物的生成，使更多的糖分转化成乙醇。

连续式乙醇发酵研究和实践的重点都在于防止杂菌污染，尽量延长连续式发酵的持续时间。在这些研究的基础上由于具体操作方法的不同，形成了如下 3 种连续式发酵工艺。

3.3.3.1 循环连续式发酵法

此法是将 9～10 只罐组成一组连续式发酵罐组，各罐连接方式是从前罐上部流入下一罐底部。投产时，先将酒母打入第一罐，同时加入糖化醪，在保持该罐处于主发酵状态下流加糖化醪至满，然后自然流入第二罐，满后又依次流入第三罐，直至末罐。待醪液流至末罐并加满后，发酵醪就成熟。将末罐成熟的发酵醪送去蒸馏，洗刷末罐并杀菌，用末罐变首罐，重新接种发酵，然后以相反方向重复以上操作，这样使首罐变末罐，进行循环连续发酵。

3.3.3.2 多级连续式发酵法

多级连续式发酵法也称作连续流动发酵法。与循环法类似，也是用 9～10 只发酵罐串连在一起，组成一组发酵系统。各罐连接也是由前一罐上部经连通管流至下一罐底部。投产时，先将酒母接入第一罐，然后在保持主发酵状态下流加糖化醪，满罐后，流入第二罐。在保持两罐均处于主发酵状态下，与第一罐同时流加糖化醪。待第二罐流加满后，又流入第三罐，又在保持 3 只罐均处于主发酵状态下向 3 只罐同时流加糖化醪。待第三罐流加满后，自然流入第四罐，直流至末罐。这样，只在前 3 只发酵罐中流加糖化醪，并使处于主发酵状态，从而保证了酵母菌生长繁殖的绝对优势，抑制了杂菌的生长。从第四罐起，不再流加糖化醪，使之处于后发酵阶段。当醪液流至末罐时，发酵醪即成熟，即可送去蒸馏。发酵过程从前到后，各罐之间的醪液浓度、乙醇含量等均保持相对稳定的浓度梯度。从前面 3 只发酵罐连续流加糖化醪，到最后一只罐连续流出成熟发酵醪，整个过程处于连续状态。

目前，我国淀粉质原料连续式发酵制乙醇基本上是利用上述方式进行。

3.3.3.3 双流糖化和连续式发酵

双流糖化和连续式发酵的操作过程是将蒸煮醪按两种糖化方法进行：第一种方法在 58～60℃ 条件下糖化 50～60min；第二种方法在真空条件下 60℃ 糖化 5～6min。糖化剂使用甘薯曲霉和拟内孢霉深层培养液，用量为淀粉重量的 85%。其中 2/3 酶液加入第一种糖化方法的糖化器中，其余 1/3 加入第二种糖化器内。经第一种糖化器糖化的醪液流入主发酵罐内，而从第二糖化器流出的糖化醪送入其他发酵罐内。

酵母接种量按主发酵容积的 25%加入。为防止杂菌污染，可加入 0.01%的抗乳菌素（一种抑制乳酸菌的抗生物质）。

发酵至第八、第九罐结束（每组由 12 只罐组成），成熟发酵醪乙醇含量（体积分数）为 8.42%～8.76%，残糖 0.22%～0.26%，其中可发酵性残糖仅 0.1%。

3.3.3.4 固定化酵母连续式发酵技术

固定化细胞是自然固定或利用物理或化学的手段将游离细胞定位于限定的空间区域，使其保持活性并可反复使用的一种技术。因细胞固定，所以不随培养液的流加而离开发酵罐，可以反复、连续使用，减少了细胞繁殖扩增时间，缩短了前发酵期。固定化细胞技术自 20 世纪 70 年代开始研究和应用以来，现已发展到第三代：第一代以固定化死细胞为主，大部分是催化简单的单酶反应，如异构酶、淀粉水解酶等；第二代以固定化增殖细胞为主，利用增殖细胞质中的多酶体系或整个代谢系统来生产产品，如有机酸、酒精、啤酒、多肽等；第三代是将动植物细胞进行固定化，从而克服动植物游离细胞大规模培养生长缓慢、目标物质产率低、对机械作用敏感、需要支持物等困难，提高了动植物细胞大规模培养、生产工业化的可能性，拓展了应用前景。

对于连续式发酵的研究及工业应用进程，以固定化技术的出现作为分界线可划分为游离细胞的连续式发酵时期和固定化细胞的连续式发酵时期。固定化连续式发酵有效解决了游离细胞连续发酵菌体浓度低、发酵时间长的缺点。酵母细胞固定化后填充在发酵罐中，作为一个连续不断的种子源，连续增殖、连续发酵，发酵效率较高。有报道指出，固定化酵母发酵技术较传统的发酵技术发酵速率、设备利用率和酒精产量可同时提高 10%～30%。

（1）酵母细胞固定化方法及其应用研究

近些年，随着固定化技术的发展，对固定化方法和载体材料的研究越来越广泛，目前应用于酵母细胞的固定化方法越来越多。按照固定化载体与细胞作用方式的不同，可分为包埋法、吸附法、交联法、膜隔离法和絮凝法等[2]。

1）包埋法

包埋法是指将细胞定位于凝胶网格内或聚合物半透膜微胶囊中，形成的结构可以防止细胞渗漏，但允许底物进入、产物扩散出。

根据载体的不同包埋法又可分为凝胶包埋法和微胶囊包埋法两种。

① 凝胶包埋法是将细胞包埋在各种凝胶内部的微孔中使细胞固定的方法。

② 微胶囊包埋法是将细胞包埋在由各种高分子聚合物制成的小球内使细胞固定的方法。

包埋法具有固定条件温和、操作方法简便、稳定性好、细胞容量高等优点，是细胞固定化最常用的方法。常用的包埋剂为海藻酸盐、聚乙烯醇（PVA）、聚丙烯酰胺（ACAM）、角叉菜胶、琼脂等。

李丹等[3] 分别采用海藻酸钙和甘蔗渣为载体固定酵母细胞，比较两种方法和载体性能的优缺点，并优化发酵工艺。结果表明，以糖浓度为 180g/L 的蔗汁为发酵基质，在最佳工艺条件（固定化粒子填充率 25%，发酵温度 33℃，pH 值为 4.5）下，海藻酸钙包埋法固定化酵母发酵优于蔗渣吸附法，酒精得率最高可达 93.21%，发酵时间 22h。李建飞等[4] 采用微胶囊法固定化酵母细胞，同时利用流态化技术使胶囊化酵母细胞悬浮于稳定状态的发酵液中，进行啤酒连续发酵。结果表明，流态化的微胶囊酵母在发酵液中能够自由运动，充分地利用麦汁，且释放至发酵液中的游离酵母数少，可以反复利用。王治业等[5]采用聚乙烯醇（PVA）凝胶作为包埋剂进行酵母固定形成固定化酵母产品，并将其直接发酵甜菜汁进行燃料乙醇生产技术研究，结果表明，固定化后的酿酒酵母接种量为15%时，甜菜发酵液中酒精含量（体积分数）最高，达到9.41%，其他接种量都有所降低。利用固定化酵母进行甜菜酒精发酵比对照组酒精平均值提高了2.86%。连续9批次发酵且期间不进行灭菌处理，产酒稳定。因此，利用固定化酵母直接发酵甜菜汁生产燃料乙醇是可行的。李魁[6]也采用了聚乙烯醇为载体，但共同固定了酵母菌细胞和糖化酶制剂，并以木薯为原料进行酒精连续式发酵工艺研究。实验结果表明，木薯酒精连续式发酵的最佳工艺条件为：硫酸铵添加量为原料量的0.5%，α-淀粉酶用量为5U/g，糖化酶的用量为150U/g，适宜pH值为4.5，酵母菌细胞与糖化酶制剂共固定化凝胶颗粒填装量为50%。在稀释速率为0.155h^{-1}、糖化醪总糖为119.8g/L、还原糖为80.33g/L、醪液在反应器中停留时间为3.1h时，发酵醪酒精浓度为12.3%，成熟发酵醪残余总糖为2.72g/L，残余还原糖为0.6g/L，总糖利用率达96.91%。

2）吸附法

吸附法又叫载体结合法，由于带电的酵母细胞和载体之间的静电力、表面张力和黏附力的作用，而使酵母细胞固定在载体表面和内部形成生物膜的方法，可分为物理吸附法和离子吸附法两种。

① 物理吸附法是通过非特异性物理吸附作用，将微生物固定到载体表面的方法，载体主要有硅胶、活性炭、多孔玻璃、碎石、卵石、铅炭、硅藻土、多孔砖、甘蔗块等。

② 离子吸附法是利用微生物在解离状态下离子键作用而固定于带有相反电荷的离子交换剂上的方法，常见的离子交换剂有DEAE-纤维素（二乙氨基乙基纤维素）、CM-纤维素等（羧甲基纤维素）。

吸附法操作简单、条件温和，细胞活性损失小，载体可再生后反复利用，并且载体机械强度好；其缺点是微生物细胞与载体结合不牢，易脱落。

梁磊等[7]将甘蔗块分别按5种不同方式处理后固定酵母细胞，用于蔗汁发酵生产乙醇，结果表明，大量酵母细胞固定于蔗块内部的纤维间隙和蔗块表面，经冻融和去木质素处理的蔗块固定化效果较好，将此类固定化酵母按40%的装填率发酵36h，乙醇浓度达99.34g/L，糖利用率为99.23%。李丹[8]以泡沫陶瓷吸附酵母细胞，发现泡沫多孔陶瓷的吸附量达6.81×10^{7}个/g，是一种良好的酵母固定化载体。

3）交联法

交联法是利用双功能或多功能试剂，直接与酵母细胞表面的反应基团（如氨基酸、羟基等）发生反应形成共价键，使其菌体相互连接成网状结构而达到固定化的目的。常用的交联剂主要有戊二醛、聚乙烯亚胺、甲苯二异氰酸酯、双重氮联苯胺等。交联法细胞与载体结合紧密，可以长时间使用。但由于交联反应条件较激烈，易引起细胞失活，很少单独使用，常与吸附法或包埋法联合使用，可以既提高固定化细胞的活力，又起到加固的效果。

马中良等[9]用壳聚糖作吸附剂、戊二醛作交联剂，实现了酵母蔗糖酶的固定化，并发现固定化蔗糖酶对变性剂（乙醇）的耐受力明显高于游离酶。交联法在固定化颗粒性能改进方面也有应用，由于海藻酸钙凝胶固定化酵母机械强度和稳定性较差，有学者采用低浓度的交联剂以提高机械强度。

王鲁燕等[10]研究发现用0.05%的戊二醛处理由5%海藻酸钠固定的细胞，机械性能改良效果较佳。

4）膜隔离法

膜隔离法是指利用半通透性的膜（如渗析膜、超滤膜、反渗透膜、中空纤维膜等）将细胞同发酵液隔离的固定化方法，底物和产物可透过此膜，而微生物细胞不能透过。如果将隔离膜制备成球状，即为微胶囊法。膜隔离法具有固定化方法简单、通过控制膜孔径可选择性控制底物和产物扩散、基质与微生物细胞充分接触等优点。但也存在传质限制、膜容易堵塞和生产成本高等问题，所以在燃料乙醇领域应用较少。

5）絮凝法

絮凝法是一种无载体固定化技术，即利用某些微生物细胞自身絮凝形成颗粒的能力而对细胞进行固定化的方法。絮凝法具有固定化过程简单、传质限制小和细胞可连续利用等优点，但也存在发酵原料要求高、细胞颗粒刚性差、不耐剪切等问题。

蔡倩[11]利用SPSC01自絮凝颗粒酵母进行了10个批次的重复分批发酵，获得高浓度乙醇发酵醪13.44L，平均乙醇浓度122g/L，平均乙醇得率0.46g/g，平均残糖量为0.46g/L，10个批次的发酵时间共为142.73h。尹怀奇[12]以无载体固定化技术采用絮凝酵母SPSC01进行重复批次发酵，36℃下发酵共运行了160h，发酵结束时乙醇浓度为100g/L，残糖量低于1g/L，平均乙醇生产强度为5.33g/(L·h)，乙醇得率为0.45g/g，基本符合工业生产的要求。徐铁军等[13]建立了一套由四级磁力搅拌发酵罐串联组成、总有效容积4000mL的小型组合生物反应器系统，其中一级罐作为种子培养罐。以脱胚脱皮玉米粉双酶法制备的糖化液为种子培养基和发酵底物，进行了自絮凝颗粒酵母酒精连续发酵的研究。种子罐培养基还原糖浓度为100g/L，添加$(NH_4)_2HPO_4$和KH_2PO_4各2.0g/L，以$0.017h^{-1}$的恒定稀释速率流加，并溢流至后续酒精发酵系统。发酵底物初始还原糖浓度220g/L，添加$(NH_4)_2HPO_4$ 1.5g/L和KH_2PO_4 2.5g/L，流加至第一级发酵罐，稀释速率分别为$0.017h^{-1}$、$0.025h^{-1}$、$0.033h^{-1}$、$0.040h^{-1}$和$0.050h^{-1}$。实验数据表明，自絮凝颗粒酵母在各发酵罐中呈部分固定化状态，在稀释速率$0.040h^{-1}$条件下，发酵系统呈一定的振荡行为，其他4个稀释速率实验组均能够达拟稳态。当稀释速率不超过$0.033h^{-1}$，流出末级发酵罐的发酵液中酒精浓度可以达到12%（体积分数）以上，残还原糖和残总糖分别在0.11%和0.35%（质量浓度）以下。在稀释速率为$0.033h^{-1}$时，计算发酵系统酒精的设备生产强度指标为3.32g/(L·h)，与游离酵母细胞传统酒精发酵工艺相比增加约1倍。

（2）固定化对酵母细胞生理特性的影响

微生物细胞固定化后，会诱发细胞生长方式、生理机能和代谢活动等发生改变，许多学者对诱发的原因进行了研究和讨论，尚未得出确切结论。但普遍认为，很难预测固定化带来的这种改变，因为这种改变是众多因素综合影响的结果，如固定化对传质的改变、对细胞生长模型的改变、对表面张力和胞内渗透压的改变等。

1）对细胞生长和生理机能的影响

Melzoch等[14]将*Saccharomyces cerevisiae*固定化后，采用填充床生物反应器，以麦芽汁为发酵底物连续发酵，与游离酵母相比，固定化酵母细胞的生长速率显著降低。Melzoch等研究发现由于在固定化载体中酵母细胞的生长空间是有限的，导致固定化酵母细胞的形态与游离酵母不同。同时发现，固定化细胞在低温下能够长时间保持细胞活性。Jamai等[15]以海藻酸钙为载体分别固定*Candida tropicalis*和*Saccharomyces cerevisiae*，对比发现固定化对新陈代谢的影响与细胞形态的改变无关紧要，同时与其他不同的固定化载体对比发现，细胞固定化后形成的微环境是诱发细胞的形态和代谢方式改变的原因，并不是载体本身结构导致的。

2）对新陈代谢的影响

固定化酵母发酵对酵母细胞的代谢活力等方面会产生影响，如细胞内pH值、细胞膜通透性等，从而改变酵母细胞内原有的理化平衡，可能导致其胞内关键酶活性的波动，进而对新陈代谢造成影响。黑曲霉固定在海藻酸钙凝胶微球中，与游离细胞相比细胞内抗氧化酶的量增加。Navarro等[16]通过吸附法将酵母固定化在多孔的玻璃珠上发酵，发现乙醇得率提高，CO_2转化率降低。Demuyakor等[17]将酵母细胞固定在陶粒上也得出了类似的结论。Doran等[18]发现海藻酸钙固定化酵母细胞内含有更多的贮存性多糖，并且胞内DNA、RNA存在明显差别。Buzas等发现固定化酵母细胞发酵细胞内的pH值低于游离酵母，这主要是由于细胞固定化后细胞膜对H^+的通透性增强。

3）对细胞耐受性的影响

众多的研究发现，固定化酵母可以提高酵母细胞对乙醇等发酵抑制物的耐受性。Norton等[19]解释这一现象是由于固定化载体在细胞表面形成了保护层，或者是由于载体对氧传质的限制改变了细胞膜上饱和脂肪酸的浓度，同时也发现固定化细胞对基质渗透压的耐受性也增强了。Norton等还发现，固定化酵母细胞内能够产生调节压力的化合物（如多元醇类），是由于固定化技术诱发的渗透压而产生的，此类化合物能够降低水的活度，进而对发酵抑制物有强耐受性。王杏文等也研究了固定化酵母和游离酵母对发酵副产物及产物乙醇的耐受性，结果表明，与游离酵母相比，固定化酵母对发酵抑制物具有更强的耐受能力；并且，固定化酵母对高糖渗透压、温度变化等不利发酵环境的耐受能力同样强于游离酵母。

（3）固定化酵母生物反应器

目前，在燃料乙醇的研究与生产中，发酵工艺已逐渐由传统的分批式发酵向连续式发酵转移，而酵母细胞固定化可以显著提升连续式发酵生产乙醇的效果，所以将酵母细胞固定化和连续式发酵相结合进行燃料乙醇生产一直是此领域的研究热点之一。目前，相关研究报道生物发酵行业中应用的生物反应器主要有填充床生物反应器、流化床反应器、气升式反应器、膜固定化生物反应器以及连续搅拌反应器五类。

1）填充床生物反应器

填充床生物反应器是将固定化酵母颗粒固定于支持物表面，而支持物颗粒堆叠成培养层，发酵基质在培养层间流动的反应器。填充床反应器具有返混小、结构简单以及载体机械磨损小等优点。但是此类反应器存在操作过程中固体催化剂不能更换、易形成气沟或风沟以及传质、传热效果较差等缺陷。另外，应用于填充床反应器的固定化介质应具有良好的不可压缩性。

王斌等[20]研究了填充床上固定化漆酶连续氧化茶多酚制备茶黄素，自制连续化制备茶黄素的填充床生物反应器，经试验得出该连续化制备体系是可行的结论，并且在固定化漆酶柱床体积为100mL，且温度28℃、底物流速2.0mL/min、氧气流量55mL/min、pH=5.6时，儿茶素转化率达20.99%。宋秋兰[21]发明了一种利用循环式填充床反应器发酵生产灵芝多糖的专利技术。主要将灵芝菌体细胞固定在循环式填充床反应器细胞固定化载体上，通过循环管道使发酵液处于流动状态，对固定化细胞进行循环发酵。

2）流化床反应器

流化床反应器是一种使气体或液体保持一定速度通过固定化颗粒层，使固定化颗粒处于悬浮运动状态，并进行发酵过程的反应器。此反应器具有便于连续操作、剪切力小以及传质、传热效果好等优点。但是，此反应器要求固定化介质的密度不能与发酵液密度相差太大。与发酵液密度相比，如果固定化载体的密度过大，则会导致能耗增加、固定化酵母分布不均；如果固定化载体的密度过小，则会导致固定化酵母上浮甚至洗出的现象。

昌宇奇等[22]将沼泽红假单胞菌用海藻酸钠和氯化钙固定化后，置于流化床生物反应器内对废水进行处理，结果表明，在水力停留时间为6h、温度30～35℃、pH=7时，对废水COD值去除率最大。

3）气升式反应器

气升式反应器内部设有导流板，通过注入气体使发酵液循环流动，在反应器内形成了“上升区”和“下降区”。气升式反应器具有流动性均匀、结构简单、卫生死角少以及能耗低等优点。研究发现，与其他固定化介质相比，自絮凝酵母颗粒的密度较小，且其机械强度差、颗粒形状不规则，适用于发酵环境温和的悬浮发酵体系。因此，气升式反应器应用于自絮凝酵母发酵生产燃料乙醇较为广泛。目前，在小型实验工厂和大型工厂，多级串联气升式生物反应器进行自絮凝酵母连续乙醇发酵的技术已得到应用。

4）膜固定化生物反应器

在连续发酵过程中为解除产物抑制作用，生产中经常用到膜分离技术。丁文武等[23]将硅橡胶膜（PDMS）渗透汽化分离与酵母细胞固定床耦合构成连续式发酵系统，进行了乙醇发酵实验。发酵操作连续进行了378.5h，发酵液内的乙醇质量浓度最高达70g/L，而启动PDMS膜分离后，此浓度即降低并维持在50g/L左右。隋东宇等[24]采用海藻酸钙固定普通酿酒酵母细胞和嗜鞣管囊酵母细胞于两个串联的发酵罐内，连续发酵葡萄糖和木糖组成的糖液并与膜耦合来制取酒精。通过硅橡胶膜（PDMS）的渗透蒸发过程，将产品乙醇从发酵液中移出，减少了产物乙醇对发酵的抑制作用。实验结果表明，这套采用海藻酸钙固定酵母细胞进行连续发酵并与膜耦合的生物反应器系统，在稀释率为0.321h^{-1}下稳定运行，剩余葡萄糖和木糖浓度分别为0.134g/L、4.921g/L，乙醇得率为0.457g乙醇/g糖，是理论得率的92.64%，生产能力达到10.996g/(L・h)。与其他发酵方式相比较，用海藻酸钙来固定细胞并与膜耦合的发酵过程可增大酵母细胞浓度，明显降低乙醇对酵母的抑制作用，并提高糖的转化率。

5）连续搅拌反应器

连续搅拌反应器采用机械搅拌使固定化细胞与发酵基质混合均匀，增强传质、传热，使发酵快速稳定进行。此类反应器由于安装搅拌装置，所以细胞生长速率高，传质、传热效果较好，混合充分，易于放大。但机械搅拌产生的剪切力易造成固定化介质机械强度降低，导致固定化细胞泄漏。

（4）固定化发酵的优点

1）减少酒母培养工序

作为“天然多酶反应器”，固定化酵母可以反复连续使用，不需要分离、提纯，酵母的活性也比较稳定。因此，非常适用于连续化操作和精确的自动化控制。

2）缩短生产周期

在发酵过程中，固定化增殖细胞生长迅速、细胞浓度高、反应速度快，缩短了生产周期。

3）抗冲击能力强

抗酸、碱、温度变化性能较高，生产性能较稳定，操作易于控制。

4）产品分离简单

通过固定化酵母实现的连续式发酵，因酵母被固定，所以利于产品的分离、提纯、后处理，简化了工艺操作，提高了生产效率。

（5）固定化发酵的缺点

虽然固定化发酵有一系列的优点，但是也存在一定的局限性，阻碍了其进一步的推广及应用。以黑龙江华润金玉实业有限公司使用情况为例，就出现了较多的技术问题。

1）易染菌

固定化酵母在装填中为避免酵母漂浮需在酵母罐中焊大量的网架格层，同时也营造了藏污纳垢的空间。固定化酵母在使用过程中用水清洗载体，杀菌方法为加酸调pH值到2，浸泡4～5h，用酸来杀死杂菌。然而从使用情况来看，此办法虽能够杀死大部分杂菌，但是还有一小部分健壮的杂菌在长期的低pH值环境中生存，已适应了这种环境。当 pH 值达到 2.8 时，这部分杂菌并没有被杀死，而是以芽孢的形式存在。当 pH 值恢复到培养酵母的 pH 值时杂菌也繁殖起来，造成染菌。

2）酵母易结团

结团是酵母在长期低 pH 值（3.3～3.5）下，细胞膜受到损害，因而细胞膜破损，使细胞的内容物黏多肽外流，当它与其他细胞接触时，则将其他细胞粘连在一起，形成结团现象。当结团形成后，则严重影响酵母繁殖，使酵母数迅速下降，造成发酵酵母数减少，影响发酵正常进行。

3）占罐容积

固定化酵母载体具有比较大的膨胀率。如在酒母罐中填装 8t 固定化载体，约占 $80m^3$，酒母罐有效容积为 $162m^3$，减去 $80m^3$，所剩容积为 $82m^3$，等于缩短了酵母繁殖时间 2.7h，这也是酵母数低的一个重要原因。

由于酵母少，而又在发酵罐中填装了 12t 固定化载体，约占 $120m^3$，而发酵罐原有效容积为 $1350m^3$，减去了 $120m^3$，则发酵罐容积为 $1230m^3$，两条线缩短发酵时间 11h，易造成发酵残糖高、乙醇浓度低。

4）固定化酵母载体使用时间短

经过半年左右的使用，载体产生的酵母数会越来越少，造成后发酵生酸、残糖高、乙醇浓度下降。其主要原因是载体表面已形成一层硬壳，阻塞了载体通道，存在扩散限制作用，使营养物质的进出障碍和通气困难，酵母不能繁殖，即便已经繁殖的酵母也出不去。因此本来预计使用 10 个月的固定化酵母载体，实际只使用了 6 个月。

黄向阳等[25]也发现在甘蔗糖蜜乙醇生产中，固定化酵母载体经常被一层灰分完全包住，使载体中固定的酵母细胞无法进入发酵液中，发酵罐中酵母数会随着发酵液的流动而不断减少，导致发酵乙醇浓度降低、残糖升高、发酵率降低，另外还容易感染杂菌。结垢问题严重影响固定化酵母的应用效果。

分析结垢主要有几方面原因：

① 糖蜜原料中的灰分、胶体含量高，如果糖蜜酸化、澄清工艺不做相应调整，糖蜜中的灰分不能有效排除，容易造成固定化酵母载体、冷却蛇管和粗馏塔等结垢；

② 为了抑制杂菌，通常添加硫酸，如添加量过高，pH 值过低又容易产生更多的硫酸钙沉淀等灰分物质，更容易引起结垢；

③ 如果发酵工艺控制不合理，发酵罐糖液流加速度过慢，发酵液流动速度慢、翻滚不剧烈，容易使灰分沉降到酵母载体的表面和发酵罐壁。

另外，有的固定化细胞颗粒强度较差，在反复利用过程中固定化颗粒会破裂、粉碎，减少了固定化细胞反复利用的次数，影响其使用效果。

3.3.3.5 连续式发酵的优点

（1）提高了设备利用率

连续式发酵法生产乙醇，其生产设备始终处于发酵状态，一般约需 15d 才洗刷、杀菌一次罐体。而分批式发酵每用3d，就要洗刷、杀菌一次罐体，从而省去了大量的发酵辅助时间。另外，连续式发酵过程中，醪液进入发酵罐后立即处于主发酵状态，省去了分批式发酵中的前发酵期。因此设备利用率提高20%以上，反应器的设备生产强度得以强化。

（2）提高了淀粉利用率

连续式发酵无菌条件要求高，杂菌不易污染，发酵醪液始终处于流动状态，促进了酵母与醪液的均匀接触，并有利于CO_2排除，因此增强了酵母的发酵作用，提高了出酒率。

（3）省去了酒母工段

连续式发酵工艺每15d左右才需接一次酒母，而分批式发酵一天就要培养几次酒母，因此大大减少了烦琐的酒母培养工作。如果采用液曲酒母新工艺，酒母培养在液体曲发酵罐中进行就可以了，然后将成熟的液曲酒母投入发酵罐，这样就同时省去了酒母培养和糖化两个工段，不但省去了烦琐的培养工作，也节省了设备投资。如采用固定化酵母，则可以重复或长期使用，这样既能够简化游离细胞过程需要不断培养菌体的操作，又减少了营养基质的浪费。

（4）便于实现自动化

目前，乙醇生产中蒸煮、糖化和蒸馏工艺多数已采用连续式生产，如果发酵工艺也能采用连续化，则整个生产都趋于连续化了，这对乙醇生产采用自动化控制是有利的。

3.3.3.6 连续式发酵的缺点

（1）对设备和人员的要求高

连续式发酵需要保持整个发酵系统的稳定和平衡，防止滑流和滞留，所以对设备的合理性和加料设备的精确性要求甚高，对操作人员的要求也较高。

（2）营养成分的利用低

与分批式发酵相比，连续式发酵的营养成分利用率低，产物浓度也相应地比分批式发酵低。

（3）杂菌污染的机会较多

因设备灭菌后，需要长时间连续生产，所以污染的机会较分批式发酵多，且菌种易因变异而发生退化。

3.3.4 发酵新技术

3.3.4.1 高浓度乙醇发酵

高浓度发酵技术（very high gravity，VHG）也称为浓醪乙醇发酵技术，是一种生产燃料乙醇的高强度发酵方式，作为一种新兴技术，逐渐成为国内外乙醇生产工艺改进的一个研究方向。不同原料的“高浓度”标准是不同的，同种原料的“高浓度发酵”标准也在随着技术水平的不断提升而提升。以薯类乙醇发酵为例，20 世纪 80 年代乙醇浓度（体积分数）达到 7%～9%就被视为高浓度发酵，现在木薯原料乙醇发酵成熟醪乙醇含量（体积分数）达 12.5%以上才算得上是高浓度发酵。一般认为，高浓度发酵乙醇浓度（体积分数）需超过 13%或含 270g/kg 糖化液或更高糖化液的制备和发酵[26]。高浓度乙醇发酵具有如下优点[27]。

（1）提高生产强度

高浓度发酵不需要进行蒸煮罐、糖化罐、发酵罐等罐体的改造，相同设备容量、相同劳动力强度、相同生产时间的情况下，由于醪液浓度的增加，成熟醪乙醇含量增加，提高了劳动生产率，提高了设备利用率，减少了管理费用。

（2）节约能耗

高浓度发酵由于醪液含水量的减少，节约了醪液蒸煮、蒸馏环节的能耗。

（3）节约工艺用水

以玉米和薯干生产为例，工厂现有工艺原料的料水比（原料质量与拌料用水之比）一般为（1∶2.8）～(1∶3.5)，而鲜薯原料的料水比一般为 1∶1。上述原料进行高浓度发酵时，料水比可分别减少到（1∶2.0）～(1∶2.4）和 1∶0.25。如果配合使用降黏工艺，则可以大幅度提高发酵醪的流动性，而不依赖加水保持发酵醪的流动性，拌料用水还可以进一步减少。同时，在糖化、发酵、蒸馏等环节也可节省冷却水用量。

（4）减少废水排放量

通过节约拌料工艺的用水，废水排放量必然减少，因此，高浓度发酵减少了污水处理的压力。

（5）降低蒸馏乙醇损失，提高提取率

通过蒸馏法提取乙醇时，乙醇很难被全部提出，在糟液中必然有一定残留量，发酵成熟醪中乙醇含量越高，相对最终损失的乙醇量就越少。

但是，高浓度乙醇发酵时，高底物（糖）浓度和高产物（乙醇）浓度会限制酵母菌的生长繁殖，对乙醇发酵产生强烈的抑制作用。因此，发酵工艺的改进和耐高浓度乙醇酵母的选育是实现浓醪发酵工业化生产的关键。

3.3.4.2 气提发酵工艺

Walsh 等[28]为了消除发酵液中溶解的底物和酵母细胞的悬浮对吸附剂的影响，提出了以 CO_2 作为载气进行循环气提，将发酵液中的乙醇以蒸气的形式抽提出来，然后吸附蒸气中乙醇的操作方式。一方面，由于发酵产生的乙醇都被 CO_2 循环带走，发酵液中产物可以保持较低的浓度，削弱甚至消除了乙醇对酵母细胞的抑制效应，使细胞活性增强，提高了乙醇发酵产率；另一方面，细胞活性增强又促进细胞密度增加，提高了乙醇单位体积产率。细胞活性和密度的增加又能进一步促进底物的充分利用。Liu 和 Hsu[29]在理论上对乙醇气提过程进行了较为详细的研究。他们对 Ghose-Tyagi 的比生长速率模型和 Luedeking-Piret 的产物产率模型进行了改进，建立了气提发酵的数学模型，提出了气提因子（为综合载气量、发酵温度、反应器体积、发酵液性质等因素的常数）的概念，并分析了气提因子对发酵过程的影响。秦庆军等[30]提出了乙醇气提发酵与载气蒸馏耦合的新过程，采用载气循环满足了发酵所要求的较低温度和蒸馏所需要的较大汽化量，减小了产物对酵母的抑制，采用内循环气升式反应器和板式蒸馏塔实验验证了该过程的可行性。

3.3.4.3 真空发酵

为在发酵过程中将产生的大部分乙醇排除，减少其对酵母的抑制作用，开发出了真空发酵工艺。乙醇是一种易挥发的化合物，如果在发酵罐中保持足够的真空度，使得乙醇在酵母发酵温度（30～32℃）时沸腾，那么就能保证酵母正常发酵的前提下将发酵过程中产生的乙醇大部分排出发酵系统外，这部分乙醇蒸气冷凝后送去进一步处理。低压下，发酵所产生的乙醇和 CO_2 不断地被抽出，使得原料液中葡萄糖含量即使达到34%时也不至于产生乙醇的抑制效应。

但是真空发酵过程目前还难以实现工业化，主要由于：

① 发酵过程产生大量的 CO_2，维持真空所需的能耗非常高，即使采用适当的能量回收措施，该过程的能耗仍然要比常规发酵高许多；

② 需向发酵罐中鼓纯氧以满足细胞生长的要求；

③ 长期操作会积累一些有毒的副产物，因此需稀释以减少副产物对发酵的影响，这会造成部分原料的损失。

3.3.4.4 膜回收乙醇发酵

膜回收乙醇发酵是指利用选择性膜将发酵醪中的乙醇分离出来，以降低乙醇抑制作用的发酵技术，而葡萄糖无法通过该膜，可以重新回入发酵罐直至发酵结束。在乙醇发酵中，利用膜分离的方式目前主要有以下4种形式。

（1）渗透汽化-细胞循环发酵

即在发酵的同时，发酵液连续通过渗透装置使产物及时分离出去，而发酵残液和微生物细胞则返回发酵罐内继续发酵。对该过程的研究表明，利用聚四氟乙烯作透醇膜可得到2.5%的酒精，釜内细胞浓度可达16.58%。

（2）中空纤维膜-细胞固定发酵

将固定化细胞技术应用于发酵，可以保持较高的细胞浓度，提高反应速度。用中空纤维膜固定细胞设备简单，但是Cheryan等认为这种反应器效率低，在发酵过程中其反应速度受制于扩散速度；此外还有细胞退化、泄漏和膜堵塞问题。

（3）超滤-细胞循环发酵

该过程是将含细胞的发酵液通过超滤装置，部分发酵液携带产物透过膜，而细胞被截留，返回发酵罐内继续发酵。Garcia等[31]推荐一套超滤系统，操作压力3.45～6.89MPa，膜通量为0.05～0.06L/(m^2·min)，产物回收率为70%。

（4）膜蒸馏-乙醇发酵

膜蒸馏时利用疏水性多孔膜两侧温度的不同而产生的蒸气压差作为驱动力，使蒸气通过多孔膜来实现溶液的分离。Udriot等报道使用膜蒸馏乙醇产率提高87%，但是长期操作存在膜污染和通透量下降的问题。

3.3.4.5 萃取发酵

萃取发酵是指在发酵醪中的乙醇被溶剂所萃取，从而保持发酵醪中的低乙醇浓度，将乙醇的抑制作用降到最低限度的发酵工艺。常用的萃取剂是十二烷醇和二丁酸苯二酸酯。主要过程是：发酵液引出发酵罐，经离心后，酵母回入发酵罐，离心液与溶剂混合，萃取了乙醇的溶剂再与发酵清液分层，清液回入发酵罐，饱和乙醇的溶剂送出蒸馏，而回收的溶剂再用于萃取。萃取用的溶剂必须具备以下特性：

① 对酵母无毒；

② 对乙醇有高的分配系数；

③ 对乙醇的选择性高于水和其他发酵产品；

④ 与发酵液不形成乳浊液。

尚龙安等[32]以十二烷醇为萃取剂，对固定化酵母乙醇萃取发酵进行研究，发现十二烷醇对游离酵母活力影响较大，而对固定化酵母细胞活力影响很小。正是由于对萃取剂的要求条件的苛刻，使得在目前的工业生产中对萃取剂的选择变得非常困难。另外，与膜回收技术类似，萃取发酵技术也只适于清液发酵。

参考文献

[1] 章克昌. 酒精与蒸馏酒工艺学［M］. 北京：轻工业出版社，1995.

[2] 李文. 固定化酵母发酵性能调控及在制备燃料乙醇中的应用［D］. 西安：长安大学，2014.

[3] 李丹，李苗苗，于淑娟. 固定化酵母发酵蔗汁产酒精载体选择及发酵工艺研究［J］. 酿酒科技，2010（8）：21-24.

[4] 李建飞，王德良，傅力. 流态化微胶囊固定酵母技术在啤酒生产中的应用研究［J］. 食品与发酵工业，2007，33（6）：57-60.

[5] 王治业，杨晖，赵小锋，等. 固定化酵母直接发酵甜菜汁生产燃料乙醇的研究［J］. 2012，31（8）：61-62.

[6] 李魁. 酵母菌与糖化酶共固定化木薯酒精连续发酵工艺研究［J］. 中国粮油学报，2005，20（1）：36-40.

[7] 梁磊，张远平，朱明军，等. 甘蔗块固定化酵母的制备及其在蔗汁燃料乙醇生产中的应用［J］. 食品与发酵工业，2009（2）：76-79.

[8] 李丹. 酒精高糖发酵及酵母固定化研究［D］. 广州：华南理工大学，2011.

[9] 马中良，李艳利，焦吉祥，等. 壳聚糖固定化酵母蔗糖酶的研究［J］. 药物生物技术，2006，12（6）：379-382.

[10] 王鲁燕，赵炎生，杨晓阳，等. 用固定化细胞技术连续生产麦迪霉素的研究［J］. 中国抗生素杂志，1998（6）：464-466.

[11] 蔡倩. 自絮凝颗粒酵母高浓度高强度乙醇发酵的研究［D］. 大连：大连理工大学，2008.

[12] 尹怀奇. 自絮凝酵母高温生产高浓度乙醇工艺研究［D］. 大连：大连理工大学，2009.

[13] 徐铁军，赵心清，周友超，等. 自絮凝酵母 SPSC01 在组合反应器系统中酒精连续发酵的研究［J］. 生物工程学报，2005，21（1）：113-117.

[14] Melzoch K，Rychtera M，Hábová V. Effect of immobilization upon the properties and behaviour of *Saccharomyces cerevisiae* cells［J］. Journal of Biotechnology，1994，32（1）：59-65.

[15] Jamai L，Sendide K，Ettayebi K，et al. Physiological difference during ethanol fermentation between calcium alginate immobilized *Candida tropicalis* and *Saccharomyces cerevisiae*［J］. FEMS Microbiology Letters，2001，204（2）：375-379.

[16] Navarro J，Durand G. Modification of yeast metabolism by immobilization onto porous glass［J］. European Journal of Applied Microbiology and Biotechnology，1977，4（4）：243-254.

[17] Demuyakor B，Ohta Y. Promotive action of ceramics on yeast ethanol production，and its relationship to pH，glycerol and alcohol dehydrogenase activity［J］. Applied Microbiology and Biotechnology，1992，36（6）：717-721.

[18] Doran P M，Bailey J E. Effects of immobilization on growth，fermentation properties，and macromolecular composition of *Saccharomyces cerevisiae* attached to gelatin［J］. Biotechnology and Bioengineering，1986，28（1）：73-87.

[19] Norton S，D'amore T. Physiological effects of yeast cell immobilization：applications for brewing［J］. Enzyme and Microbial Technology，1994，16（5）：365-375.

[20] 王斌，江和源，张建勇，等. 固定化多酚氧化酶填充床反应器连续制备茶黄素［J］. 食品与发酵工业，2011，37（5）：40-44.

[21] 宋秋兰. 利用循环式填充床反应器发酵产生灵芝多糖的方法. 中国：200810218713［P］，2009-03-11.

[22] 昌宇奇，赵红伟，张迅，等. 流化床固定化沼泽红假单胞菌处理废水的研究［J］. 四川化工，2009，12（3）：46-50.

[23] 丁文武，伍云涛，汤晓玉. 细胞固定化与硅橡胶膜渗透汽化分离耦合连续发酵制造乙醇［J］. 酿酒科技，2008（4）：17-20.

[24] 隋东宇，刘天庆，姜秀美，等. 与膜耦合的细胞固定化串联发酵制乙醇的研究［J］. 高校化学工程学报，2009，23（1）：80-86.

[25] 黄向阳，尚红岩，徐日益，等. 甘蔗糖蜜酒精生产固定化酵母体结垢问题探讨［J］. 广西糖业，2008（3）：38-41.

[26] Wang F Q，Gao C J，Yang C Y，et al. Optimization of an ethanol production medium in very high gravity fermentation［J］. Biotechnol Lett，2007，29：233-236.

[27] Zhang Liang，Zhao Hai，Gan Mingzhe，et al. Application of simultaneous saccharification and fermentation（SSF）from viscosity reducing of raw sweet potato for bioethanol production at laboratory，pilot and industrial scales［J］. Bioresource Technology，2011，102（6）：4573-4579.

[28] Walsh P K，Liu C P，Findley M E，et al. Ethanol separation from water in a two-stage adsorption process［J］. Biotechnology Bioengergy Symp，1983，13：629-647.

[29] Liu H，Hsu H. Analysis of gas stripping during ethanol fermentation—1. In a continuous stirred tank reactor［J］. Chemical Engineering Science，1990，45（5）：1289-1299.

[30] 秦庆军，贾鸿飞，王宇新. 乙醇气提发酵与载气蒸馏耦合过程实验［J］. 过程工程学

报，2002，2（1）：58-41.

[31] Garcia H M，Malcata F X，Hill C G，et al. Use of *candida rugosa* lipuse immobilized in a spiral wound membrane reactor for the hydrolysis of milkfat [J]. Enzyme and Microbial Technology，1992，14（7）：535-544.

[32] 尚龙安，凌海燕，范代娣，等. 固定化酵母乙醇萃取发酵研究 [J]. 化学工程，1997（6）：11.

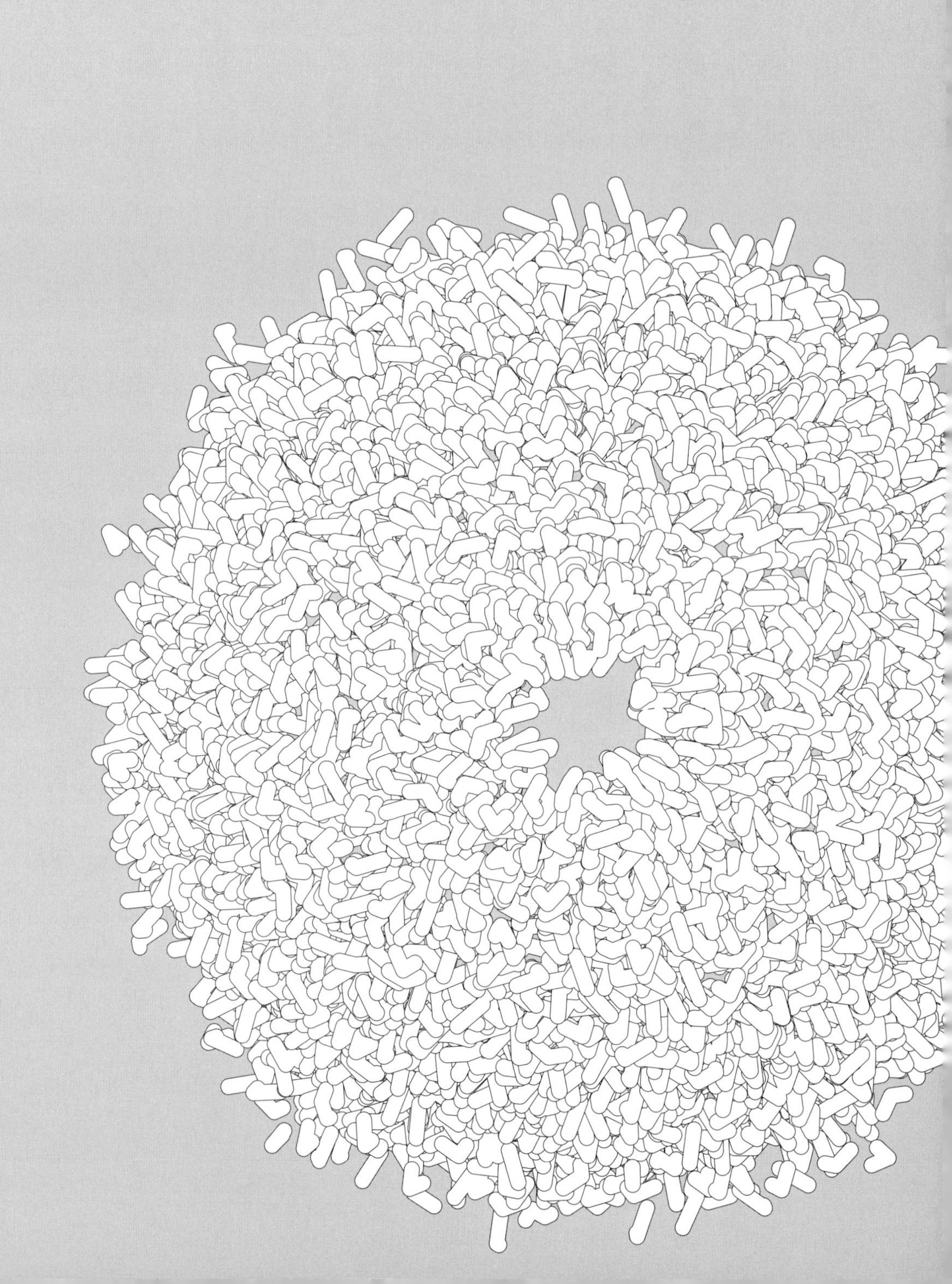

第4章

淀粉质原料的乙醇生产

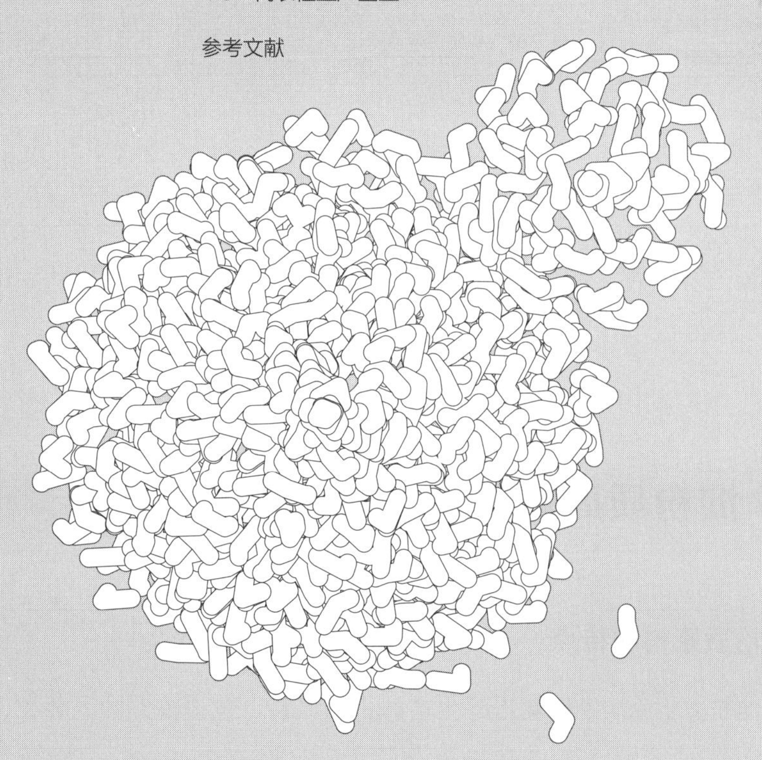

由于不同国家的农业化生产系统、交通运输系统和社会经济体制的多样性和特殊性，燃料乙醇原料的选择及其工业化生产方面也具有差异。2002年我国燃料乙醇发展初期即以淀粉质作物——玉米、小麦等为原料，目的是消化储备的陈化粮。随着陈化粮消化完毕以及玉米价格上涨，2006年12月14日，国家发改委和财政部下发了《关于加强生物燃料乙醇项目建设管理，促进产业健康发展的通知》（发改工业〔2006〕2842号），要求各地暂停核准和备案玉米加工乙醇项目，重点支持以薯类、甜高粱及纤维资源等非粮原料产业发展，非定点企业生产和供应燃料乙醇的，以及燃料乙醇定点企业未经国家批准，擅自扩大生产规模、擅自购买定点外企业乙醇的行为，一律不给予财政补贴，有关职能部门将依据相关规定予以处罚。自此，我国燃料乙醇原料开始转向了非粮化的道路，主要有非粮淀粉质、糖质和纤维素质原料。目前，中国237万吨/年的燃料乙醇产能中，淀粉质原料生产的乙醇约占93%，占据着主导地位（表4-1）。

表4-1 我国燃料乙醇定点生产企业概况[1]

类型	企业	生产能力/(万吨/年)	原料
粮食燃料乙醇（第1代燃料乙醇）	河南天冠集团	80	小麦60%,玉米20%,薯类20%
	安徽中粮生化燃料酒精有限公司(原安徽丰原生物化学股份有限公司)	44	玉米
	中粮生化能源(肇东)有限公司(原黑龙江华润酒精有限公司)	28	玉米
	吉林燃料乙醇有限公司	50	玉米
非粮燃料乙醇（第1.5代燃料乙醇）	广西中粮生物质能源有限公司	20	木薯干
纤维素燃料乙醇（第2代燃料乙醇）	中兴能源有限公司	10	甜高粱茎秆
	山东龙力生物科技股份有限公司	5	玉米芯、玉米秸秆等提取完功能糖之后的生物残渣
合计		237	

4.1 淀粉质原料乙醇生产的特点

4.1.1 淀粉质原料的特点

淀粉类生物质是燃料乙醇生产的主要原料，包括粮谷类、薯类、野生植物类和农产品加工副产品等。目前从全球范围看，玉米仍是生产燃料乙醇的主要淀粉质原料，世界第一大燃料乙醇生产国美国的乙醇生产原料主要是玉米，我国第一批批复的4家燃料乙醇定点生产企业也以玉米为主要生产原料。而我国薯类产量世界第一，甘薯、木薯、芭蕉芋和葛根等淀粉质作物因具有可发酵物质含量较高、在我国种植的面积广、资源分布区域具有互补性等优点，是目前我国燃料乙醇生产的理想非粮生物质原料。近年来，中国木薯、甘薯的主产区已逐步建成以木薯为原料的燃料乙醇工厂和以甘薯为原料的燃料乙醇试生产厂。而以菊芋、葛根为原料生产燃料乙醇仍处于实验研究阶段。不占用土地的新型水生淀粉质能源植物——浮萍也正逐渐引起研究者的重视。

我国可用于生产燃料乙醇的淀粉质原料的具体特点见第2.2.1相关内容。

4.1.2　淀粉的特点

淀粉属于糖类化合物，是植物贮存通过光合作用固定下来的太阳能的载体。

4.1.2.1　淀粉颗粒的形状

淀粉以颗粒的形态存在于植物的种子、根茎甚至叶片中，为其繁殖和各类生理活动提供能量，各种植物中淀粉的含量因品种、生育期、生长条件不同而不同。

不同原料的淀粉颗粒具有不同的形状和大小，多为圆形、椭圆形、多角形。颗粒大小对于淀粉糊化具有显著的影响，一般来说，颗粒较大的薯类淀粉较易糊化，颗粒较小的谷物、浮萍淀粉较难糊化。因此，不同淀粉蒸煮糊化的能耗也大不相同。

4.1.2.2　淀粉的分子结构

淀粉的结构根据来源不同而有差异，但它们都是由直链淀粉和支链淀粉所组成的，而这两种淀粉又都是由葡萄糖聚合而成的，它们结构上的差异在于葡萄糖的连接方式不同而造成的链的形状不同。直链淀粉是由α-1,4-糖苷键连接的无分支葡萄糖长链，平均含有200～980个葡萄糖单元，分子量相当于32000～160000，可以溶解于70～80℃水中。支链淀粉分子相对较大，平均含有600～6000个葡萄糖单元，分子量为100000～1000000。其结构较直链淀粉复杂，是具有树枝形分支结构的多糖，葡萄糖分子之间除以α-1,4-糖苷键相连外，还有以α-1,6-糖苷键相连的。所以带有分支，约20个葡萄糖单位就有一个分支，分支与分支之间的距离为11～12个葡萄糖残基，各分支也卷曲成螺旋结构。

植物品种和生长条件不同支链淀粉和直链淀粉的比例也不同。在大多数植物淀粉中，直链淀粉含量为20%～25%，支链淀粉含量为75%～80%。

4.1.2.3　水热处理对淀粉的影响[2]

淀粉是亲水胶体，直链淀粉溶于水后形成低黏度溶液，支链淀粉只在一定温度下才溶于水，生成黏性溶液。淀粉的水热处理可以表现为以下几种状态。

（1）膨胀

淀粉遇到水后，水分子会渗入淀粉颗粒的内部，从而使淀粉颗粒的体积和重量增加，这种现象叫作膨胀。淀粉在水中加热就会发生膨胀。

（2）糊化

将淀粉乳加热，则颗粒可逆地吸水膨胀，而后加热至某一温度时，颗粒突然膨胀至晶体结构消失，最后变成黏稠的糊，此后虽然停止搅拌也不会很快下沉，这种现象称为淀粉的糊化。发生糊化所需要的温度称为糊化温度，糊化后的淀粉颗粒称为糊化淀粉。糊化的本质是水分子进入淀粉料中，结晶相和无定形相的淀粉分子之间的氢键断裂，破坏了淀粉分子间的缔合状态，分散在水中成为亲水性的胶体溶液。

不同淀粉的糊化温度不一样，有许多因素可以影响淀粉的糊化过程：同一种淀粉，颗粒大小不一样，糊化温度也不一样，颗粒大的先糊化，颗粒小的后糊化，因为小颗粒淀粉内部结构紧密，糊化温度比大颗粒高；直链淀粉分子间结合力较强，因此直链淀粉含量高的淀粉比直链淀粉含量低的淀粉难糊化；电解质可以破坏分子间氢键，从而促进淀粉的糊化；二甲亚砜、盐酸胍、脲等非质子有机溶剂可破坏分子间氢键促进淀粉糊化；挤压蒸煮、γ射线等物理因素也能使淀粉的糊化温度下降；经过酯化、醚化等化学变性处理，在淀粉分子上引入新水性基团，也可以使淀粉的糊化温度下降；而糖类、盐类能破坏淀粉表面的水化膜，降低水分活度，使糊化温度升高；直链淀粉与硬脂酸形成复合物，加热至100℃不会被破坏；明胶和羧甲基纤维素等与淀粉竞争吸附水，使淀粉糊化温度升高；生长在高温环境下的淀粉糊化温度高。测定淀粉质原料糊化温度的方法较多，有DSC热分析法、电导率法、欧姆加热法、布拉班德黏度仪法和快速黏度分析仪法等；其中黏度仪法因操作简单、耗时较少等优点，目前已经得到了越来越多的应用。

（3）回生

液化了的淀粉醪液在温度降低时，黏度会逐步增加。当温度降低至60℃时变得非常黏，到55℃以下会变成冻胶，好像冷凝的果胶或动物胶溶液，时间一长则会重新发生部分结晶的现象，这种现象称为淀粉糊化醪的回生，也称为老化或反生。这种淀粉称为回生淀粉。

回生的本质是糊化的淀粉分子在温度降低时由于分子运动减慢，互相靠拢，彼此以氢键结合，重新组成混合微晶束。其结构与原来的生淀粉粒的结构很相似，但不成放射状，而是零乱地组合。由于其所得的淀粉糊中分子氢键很多，分子间缔合很牢固，水溶解性下降，如果淀粉糊的冷却速度很快，特别是较高浓度的淀粉糊，直链淀粉分子来不及重新排列结成束状结构，便形成凝胶体。

变成凝胶后的醪液无法输送，也不能与糖化剂充分混合，将造成生产的停顿。回生后的直链淀粉非常稳定，加热加压也难溶解，如果有支链淀粉分子混存，仍有加热成糊的可能。而当淀粉凝胶被冷冻和融化时，淀粉凝胶的回生是非常大的，这种现象也是生产上不愿意看到的现象。因此，在生产上，蒸煮醪冷却至酶解温度时应立即与酶混合，使淀粉变成糖或较小分子的糊精，以防止回生现象出现[3]。

4.1.3 淀粉质原料乙醇生产流程

上述淀粉质原料生产乙醇的一般步骤如下：
① 原料首先经过粉碎，破坏植物细胞组织，便于淀粉的游离；
② 经蒸煮处理使淀粉糊化；
③ 在液化酶的作用下液化，并破坏细胞，形成液化醪；
④ 在糖化酶的作用下转化为可发酵性糖；
⑤ 接种可发酵产乙醇的微生物（目前基本采用的都是酿酒酵母）发酵；
⑥ 再进行蒸馏、脱水得到无水乙醇；
⑦ 添加变性剂就变成燃料乙醇。

4.2 原料预处理技术

4.2.1 除杂及清洗

淀粉质原料在收获和干燥甚至销售过程中，往往会混入砂石、纤维质、塑料绳、金属块等杂物。这些杂质必须在粉碎前去除，否则有可能严重影响生产。石块和金属块等坚硬的杂质会使粉碎机的筛板、刀片、锤片磨损；纤维质杂物会造成管道、阀门的堵塞和桨叶的缠绕；如进入泵的活塞或叶轮也会产生磨损；杂质在蒸馏塔中沉积会使塔板的溢流管发生堵塞现象。维护和检修杂质产生的不良影响会减缓生产速度，情况严重时甚至造成停产。因此，在进行粉碎前，需要根据原料和杂质的特性选择不同的手段甚至多手段结合，以尽可能地清除这些杂质。

4.2.1.1 除杂

目前用于乙醇生产的淀粉质原料主要是玉米、薯干等干原料，这些原料中杂质的去除有以下几种方式。

（1）筛选

利用筛网或人工筛检等手段去除与原料大小差异较大的杂质，效率较低。

（2）风选

借助气流-筛式分离机等设备利用气流结合不同目数的筛网去除谷物原料中的杂质。

（3）磁选

只能用于铁质杂质，借助磁力除铁器完成。主要有永久性磁力除铁器和电磁除铁器[3]。

4.2.1.2 清洗

谷物因生长于地上，加上谷壳、苞叶的包裹，一般都较为干净，不需要清洗工序。而鲜甘薯、鲜木薯等为地下块根，离土过程中会夹带土壤和泥沙，需要通过清洗去除杂质。根据黏附土壤质地的不同，决定是否需要预淋洗工序。黏土收获原料黏附的土壤不易清洗，往往利用清洗机清洗后会在表面的薯沟残留土壤和泥沙。因此，一般在正式清洗前需要预淋洗，即以少量水喷淋于原料表面，待水浸润土壤后再进入清洗机清洗。这类清洗机多为笼式洗薯机，通过放置螺纹钢笼体，带一定压力的水流和螺旋输送装置，对球状和块状薯类表面泥沙和污物进行清洗，兼有洗薯和输送功能，有些还配有自动旋转的毛刷，以更好地清除薯沟中的泥沙。

4.2.2 粉碎及输送

4.2.2.1 粉碎

淀粉质原料中的淀粉是以淀粉颗粒的形式存在于原料的细胞之中，受植物组织与细胞壁的保护，既不能溶于水也不易和淀粉水解酶接触。为了使淀粉能最终转化成乙醇，首先要创造条件，使淀粉有可能从细胞中游离出来。为此，原料要粉碎，以破坏植物细胞组织，便于淀粉游离。粉碎可以使原料的颗粒变小，原料的细胞组织部分破坏，淀粉颗粒部分外泄；增加原料的表面积，在进行水热处理时加快原料吸水速度，降低水热处理温度，节约水热处理蒸汽；有利于液化酶与原料中淀粉分子的充分接触，促使其水解彻底、速度加快，提高淀粉的转化率；有利于物料在生产过程中的输送。在生产过程中，粉碎效果的好坏将影响到蒸煮、糖化、发酵和后续的过滤效果。原料粉碎后，粒度越小，其表面积越大，水热处理时耗用蒸汽就越少，越有利于酶的作用和传质传热；但是从经济性方面考虑，不应该片面地追求过小的粒度，因为粉碎的粒度过小时耗电较多且不经济，而单位产品耗电是衡量粉碎效率的主要指标。

实验数据表明，粉碎时保持适当的粉碎比是必要的（粉碎前最大物料直径 D 与粉碎后最大物料直径 d 的比值称为粉碎比，以 X 表示：$X=D/d$）。为了降低粉碎过程的能源消耗，应该采用二级粉碎，即粗粉碎和细粉碎，也称为一级粉碎和二级粉碎。粗粉碎的粉碎比一般控制在（10～15）∶1，细粉碎的粉碎比控制在（30～40）∶1。保持这种粉碎比时，单位产品粉碎的电耗是比较低的。可以通过控制筛网孔径来控制粉碎比，一般采用的筛孔直径范围是1～3mm，其中以直径为1.5～2mm居多。粉碎过程中，达到上述粒度要求的原料会从筛网中分离出来，从而避免在粉碎过程中已经达到粉碎度的粉料不能及时排出，造成其在粉碎机中过长时间停留，这样既增加了能耗，又会降低粉碎设备的利用率。

采用不同的原料，其粉碎的方法也截然不同。根据粉碎过程中是否需要加水，粉碎通常分为干式粉碎法和湿式粉碎法两种生产工艺。目前国内大多数乙醇生产企业采用干式粉碎生产工艺。在美国，大约 45%的玉米或谷物燃料乙醇是用湿式粉碎工艺生产的。

（1）干式粉碎法

干式粉碎法一般适合于含水量低于 15%的原料，通过滚筒式或锤片式粉碎机将原料粉碎至一定的粒度。但是，因为没有添加水，干燥的粉尘可能会悬浮于车间中，如果不注意安全防范，干式粉碎的粉碎车间就有发生粉尘爆炸的危险。

粉尘爆炸是指悬浮于空气中的可燃粉尘触及明火或电火花等火源时发生的爆炸现象。受粉尘的颗粒度、粉尘挥发性、粉尘水分、粉尘灰分和火源强度等影响，粉尘爆炸的后果有所不同，但是总体来说粉尘爆炸具有极强的破坏性。一般情况下，粉尘爆炸一旦发生就会连续发生两次爆炸。第一次爆炸时，气浪把沉积在设备或地面上的粉尘吹扬起来，在爆炸后短时间内爆炸中心区会形成负压，周围的新鲜空气便由外向内填补进来，在第一次爆炸的余火引燃下引起第二次爆炸。第二次爆炸时，粉尘浓度一般会比一次爆炸时高得多，因此二次爆炸的威力也比第一次要大得多。另外，爆炸过程中还会产生一氧化碳和爆炸物（如塑料）自身分解的毒性气体，不但危害厂房、设备，也会对车间工人的身体健康产生危害。因此，采用干式粉碎法时预防粉尘爆炸显得尤为重要。

（2）湿式粉碎法

湿式粉碎法是指粉碎时将拌料用水与原料一起加到粉碎机中去进行粉碎以及鲜薯等高含水量原料的粉碎，多采用锤片式粉碎机或磋磨式粉碎机。

这种方法的优点是：

① 原料粉末不会飞扬，这样既可消除粉尘的环境危害，减少原料的损失，又可改善劳动条件，还可省去整套的除尘设备。

② 提高了原料的粉碎细度，也提高了原料的蒸煮效果，因而为提高原料的出酒率创造了良好的条件。

③ 减少了粉碎机部件（尤其是刀片）的磨损。

该方法的缺点是粉碎所得到的浆料只能立即用于生产，不宜储藏，另外湿式粉碎的工艺投资较大、耗电量要比干式粉碎高出 8%～10%。根据这种情况，湿式粉碎常用于粉碎湿度比较大的原料[3]。

4.2.2.2　输送

国内生产厂家一般采用机械输送、气流输送和混合输送。所谓机械输送，即物料是通过各种机械从甲处输送至乙处的输送方式。而所谓气流输送，即物料随气流一并运动，由甲处输送至乙处的输送方式[4]。

（1）机械输送

机械输送的原料或粉料是靠机械构件来完成的。常用的输送机械有皮带输送器、螺旋输送器（也称绞龙）和斗式提升机三种；前两种用于水平输送，后一种用于垂直输送。机械输送是早期机械化时采用的原料输送方式。其基本流程如下：原料→称重（一般是地磅）→电磁吸铁→粗碎除杂→斗式提升机→粗料贮斗→细碎→粉料贮斗（布筒滤尘器）→螺旋推进输送机→拌水调和加温→预煮。

本方法的特点是采用简易电磁吸铁装置把原料中所夹杂的铁器之类的小杂物除去，以免影响后续工序的正常进行。

（2）气流输送

气流输送也称风送，是利用风力在管道中运送物料。其基本原理是：固体物料在垂直向上的气流中受到两个力的作用，一个是向下拉的重力 F_1，另一个是向上推的动力 F_2，如果 $F_2>F_1$，则物料被气流带动向上运动，从低位移往高位，以甘薯干为例，一旦甘薯干进入接料器，它就被引风机从低位向高位运进料管，而原料中的铁皮、石块等相对密度较大的杂质无法被气流所带走，就自动掉落在地上或接料器底部。气流输送特别适合于输送散粒状或块状的物料，实践证明这种方式有诸多优点。

① 消除了粉碎车间粉尘飞扬的问题：机械输送一般是在开放的条件下进行的，这样会不可避免地产生粉尘飞扬，既造成原料的损失，也恶化了劳动条件。采用气流输送后，输料管道和粉碎设备均在密闭负压的条件下进行运转，粉尘飞扬问题可基本消除。

② 大大降低了粉碎机锤片和筛面的损耗：机械输送时，虽然装有电磁除铁器，但无法除去石块等既坚硬又不能被磁铁吸附的杂质，因此，粉碎机锤片和筛面的破损率较高，粉浆和醪液流送过程中设备管道还会产生磨损与堵塞。采用气流输送后，上述杂质可被风选出来，从而降低了设备磨损。

③ 在不用气流输送时，已粉碎好的物料不能流畅地从粉碎机中排出，影响到粉碎机生产能力的发挥。采用气流输送后，粉料被气流从粉碎机中吸出，从而可提高粉碎机的生产能力。

另外，气流输送还由于废除了庞杂的机械提升设备，方便车间布置，并为整个粉碎过程实现连续化和自动化提供了有利条件。综上，气流输送是一种较好的输送方式，但也存在耗电较高的缺点。

（3）混合输送

根据原料在不同阶段的特点，将前述两种输送方式有机地结合起来即为混合输送。原料输送去粗碎采用机械输送，细碎后粉料的输送则用气流输送。为了降低能耗，这种输送方法在20世纪60～70年代曾较为广泛地被采用，近年来又有扩大应用的趋势。

4.2.3 蒸煮糊化及液化

4.2.3.1 蒸煮糊化

理论上，在乙醇发酵中所用的微生物有直接水解淀粉进而发酵生成乙醇的菌株，但由于经济、成本、可行性等方面的原因，目前工业上采用的乙醇发酵菌株主要是酵母，这些酵母菌株不能直接利用淀粉进行乙醇发酵。为此在发酵之前必须把淀粉水解为酵母可利用的糖类，而这种转化目前采用淀粉酶来实现。但由于植物细胞壁的保护作用，原料细胞中的淀粉颗粒不易受到淀粉酶系统的作用。另外，酶对不溶解状态的淀粉的作用非常弱，导致水解程度低。所以淀粉原料在进行糖化之前一定要使淀粉从细胞中游离出来，并转化为溶解状态，也就是液化，以使淀粉酶系统进行糖化作用。这就需要对原料进行蒸煮。

原料的各种组成成分在蒸煮过程中随着温度的不同变化会发生不同程度的物理变化和化学变化。淀粉在120℃时已经溶解，但想要使植物细胞壁强度减弱则要求更高的温度。因此，未经粉碎的原料液化处理的温度要求达到145～155℃才能得到均一的醪液。粉碎的原料由于部分植物细胞壁已经破裂，所以液化处理的温度只需要130℃就足够了。除了淀粉外，原料中通常会存在一定量的糖，一些是由原料带来的，一些是在蒸煮温度升至50～60℃时原料中本身含有的淀粉酶系统的作用而产生的，这些酶将淀粉水解为糖和糊精，此过程因此也被称为“预糖化”。生成的糊精在后续的蒸煮过程中是比较稳定的，因此不会造成可发酵物质的损失。但是，生成的糖会在随后的高温高压蒸煮过程中发生焦糖化、氨基糖反应等而被分解或转化为不能被酵母利用的物质，从而造成可发酵糖的损失，影响原料的出酒率。因此，高温蒸煮虽然会取得较好的淀粉液化效果，但是也会不可避免地耗费较多的能量并造成可发酵物质的损失。液化温度的降低可以减少可发酵性物质的损失和节约蒸汽消耗，但会影响淀粉液化的效果。为了既保证淀粉糊化得比较彻底，又使可发酵性物质的损失尽可能地小，就需要其他辅助措施来达到溶解淀粉的目的。目前常用的辅助方式是添加液化酶（α-淀粉酶）。

按照温度不同，蒸煮工艺主要有高温高压处理和常压处理两种方式。近年来，又出现了很多新的蒸煮工艺如蒸汽喷射液化工艺、无蒸煮工艺等。

（1）高温蒸煮

传统乙醇生产采用120～145℃的高温和高压蒸煮，使淀粉粒溶解并释放出来。高温蒸煮工艺对原料处理较为彻底，能较彻底地杀灭原料表面附着的微生物。但是，该过程由于耗用大量水蒸气，因而其能耗占整个生产总能耗的30%左右。而且高温蒸煮易使原料中果糖转化为焦糖，焦糖不仅不能使酵母发酵，还会阻碍糖化酶对淀粉的作用，影响酵母生长和乙醇产量，淀粉损失可达1.2%～1.5%，从而降低了淀粉的乙醇产率。另外，高温蒸煮因需要较大的压力，对设备的耐压性、密封性等均具有较高的要求，并且还有投资大、杂质产生多等缺点，所以近年来正在逐步被中温蒸煮工艺和低温蒸煮工艺所代替。

（2）中温蒸煮

中温蒸煮是指温度在100～120℃的蒸煮，对于促进淀粉糊化溶解的原理与高温蒸煮是不同的。它是在相对比较低的温度条件下，借助α-淀粉酶的作用，穿过网结构层而吸附于淀粉，将淀粉链切短成糊精而使其溶出的一个过程。优点是糖化完全，不易染菌；缺点是蒸煮后为了达到α-淀粉酶的最适作用温度（以诺维信利可来耐高温淀粉酶为例，其最适作用温度为85～96℃，最高耐受温度达100℃以上），需要蒸煮后尽快冷却，而冷却设备投资大，耐高温淀粉酶价格高，乙醇成本高。

(3) 低温蒸煮

低温蒸煮是指温度在100℃以内的蒸煮。低温蒸煮可以比高温蒸煮降低能耗40%～50%，而且因为不需要高压而降低了对蒸煮设备的要求，还可以降低设备的成本。并且低温蒸煮还可以减少高温蒸煮过程中糖分的损失，同时又可以减少高温高压条件下果胶质分解，从而降低产物中甲醇的产量。但是，低温蒸煮也有一些不足之处，如蒸煮温度较低对原料杀菌的效果受到了限制，后续发酵尤其是连续发酵时染杂菌的风险大幅度提升；较低的温度不利于淀粉颗粒的充分糊化和溶出。为了解决这些问题，可以从以下几个方面提高低温蒸煮的出酒率：

① 采用合适的粉碎度，一般为1.5～1.8mm；

② 添加复合酶，添加适量的蛋白酶、果胶酶、纤维素酶等，以破坏粗纤维、粗蛋白等对淀粉颗粒的包裹和保护作用；

③ 可通过添加调节pH值或通过添加不能抑制酵母活性的细菌抑菌剂，如青霉素等来防止污染杂菌；

④ 采用合适的工艺参数，拌浆水温必须严格，不能低于60℃，液化时间尽可能保持在30min左右。

(4) 蒸汽喷射液化工艺

蒸汽喷射液化工艺早已被应用在淀粉糖、味精、有机酸等工业上，20世纪90年代起逐渐被应用于乙醇行业。喷射液化是利用蒸汽喷射液化器来完成淀粉蒸煮和液化的。蒸汽从喷射液化器喷嘴中以高速喷出，进入喷射的接收室，并把喷射器进料出口前的料浆吸走，形成汽-料湍流。汽-液混合物湍流途经气体混合室、扩散管或缓冲管，在进入接收室的过程中蒸汽流体将势能或热能传递给料浆，料浆中的淀粉质既受到高压到低压的蒸汽湍流和较高温度的双重物理作用，同时也受到淀粉酶的作用，料浆黏度急剧下降，然后再经较短时间即可完成液化。喷射液化具有连续液化、操作稳定、液化均匀等优点，而且对蒸汽压力要求低，节省蒸汽，加热均匀。但是因为喷射液化器的管道和喷嘴较蒸煮罐小得多，而薯类等淀粉质原料又是高黏度的非牛顿流体，容易造成喷射液化器的堵塞，尤其是原料中纤维含量较高时，堵塞问题更为严重。为解决这一问题，可以增加预液化、降黏处理、添加筛网等工序。

(5) 无蒸煮工艺

乙醇生产过程中，原料的蒸煮液化耗能较大。凡是完全排除对淀粉质原料进行热处理的乙醇生产工艺均属于无蒸煮发酵，实施生料无蒸煮乙醇生产工艺对降低生产成本、提高经济效益意义重大。无蒸煮工艺分为生料发酵、挤压膨化、超细磨等。

1) 生料发酵

生料发酵是指原料不经蒸煮而直接进行糖化、发酵，与传统的方法相比，生料发酵省去了高温蒸煮工艺，具有降低能耗、提高乙醇产率、简化操作工序、便于工业化生产等优点。早在20世纪50年代，日本学者Yamasaki等就报道过淀粉不经蒸煮直接进行生料乙醇发酵，发现黑曲霉（*A. niger*）的淀粉酶活力比米曲霉（*A. oryzae*）高，淀粉可不经蒸煮就能被用来发酵生产乙醇。不同类型原料生淀粉糖化的关键是筛选出适合其本身的酶或产酶的微生物。目前，许多酶制剂公司已有成品的生料淀粉酶销售。

虽然生料发酵具有很好的前景，但是对生淀粉糖化酶的依赖性较强，目前的技术生淀粉糖化酶的酶活还较低、成本较高，由此会导致淀粉水解不充分，原料转化率低，而且发酵时间长，并会因此进一步增加乙醇发酵醪污染杂菌的机会。

2）挤压膨化

挤压膨化技术是指通过采用挤压技术使淀粉瞬间膨化，不仅改变了淀粉原料外形，而且也改变了淀粉的微观结构，从而为淀粉酶系创造良好的水解条件。魏华等采用挤压膨化工艺对大米乙醇无蒸煮发酵进行了研究，结果发现膨化工艺与传统工艺相比，缩短了时间，节约了能耗，出酒率提高了41%，最高达76%。

3）超细磨技术

超细磨技术是苏联为了提高连续蒸煮效益而采用的一项主要措施，如果能在能耗不太大的前提下解决原料的超细磨问题，也可为无蒸煮乙醇发酵提供一条新的途径。

但是，总体来说，虽然无蒸煮工艺具有大幅降低乙醇生产能量消耗的优势，但是现有的无蒸煮工艺因为缺少蒸煮过程，受细胞壁保护的淀粉颗粒的水解效果受到很大影响（如α-淀粉酶水解淀粉颗粒和水解糊化淀粉的速度约为1∶20000），所以本法普遍存在着发酵时间长、糖化酶用量大、较易发生污染或需要添加其他辅助酶制剂等缺点，如何在尽可能低的能耗等投入下获得尽可能高的预处理效果尚需要平衡，因此目前不管是在国外还是在国内，无蒸煮工艺都还没有得到广泛的应用。

（6）其他蒸煮糊化工艺

除了上述依赖于加热的蒸煮工艺和不依赖于加热的无蒸煮工艺外，还有一些新型的蒸煮糊化工艺，如汽爆。专利“一种对汽爆葛根进行综合利用的工艺及其使用设备”和“汽爆红薯直接固态发酵生产燃料乙醇”创新性地将“汽爆”预处理与“连续耦合固态发酵”技术相结合，采用低压短时间（0.6～1.0MPa，2～4min）代替传统工艺淀粉质原料的粉碎与长时间高温蒸煮过程（90～120℃，30～120min）。

4.2.3.2 液化

蒸煮后的淀粉主要转化为糊精和少量还原糖，糊精是比淀粉分子小的多糖，能溶于水成为胶体溶液，无论直链淀粉还是支链淀粉，受到α-淀粉酶水解作用，可以使淀粉糊的黏度很快降低，因此α-淀粉酶也被称为液化酶（参见第2章）。α-淀粉酶是目前低温蒸煮工艺和无蒸煮工艺的基础。

(1) 液化程度的判断

α-淀粉酶的作用也不是越彻底越好，液化过头反而会不利于后续糖化酶的作用，导致发酵成熟醪的残总糖过高。可以通过测定还原糖的释放量来判断原料的液化程度，但这一过程往往比较耗时，而 α-淀粉酶在适合的温度和 pH 值等条件下会快速发生作用，为避免在确定还原糖释放量前液化过程已结束，可以通过简单的碘反应来判断何时终止液化。

溶于水中的直链淀粉，呈弯曲形式，由分子内氢键相接卷曲成螺旋状。加入碘，存有的游离碘分子钻入螺旋当中空隙，经范德华力与直链淀粉联在一起，形成淀粉-碘络合物，最近的研究表明这种络合物类似吡咯并花-碘的晶体结构（图 4-1）[5]。络合物能比较均匀地吸收除蓝光以外的其他可见光，从而使淀粉变为深蓝色。淀粉的碘反应与淀粉分子长度有关，长链淀粉与碘显深蓝色；链长在 20～30 个葡萄糖单位之间的，淀粉液的碘反应迅速失去蓝色，变为紫色；13～20 个葡萄糖单位之间是红色；7 个葡萄糖单位以下无色。液化至碘反应红棕色就可以中止液化反应进行糖化处理。

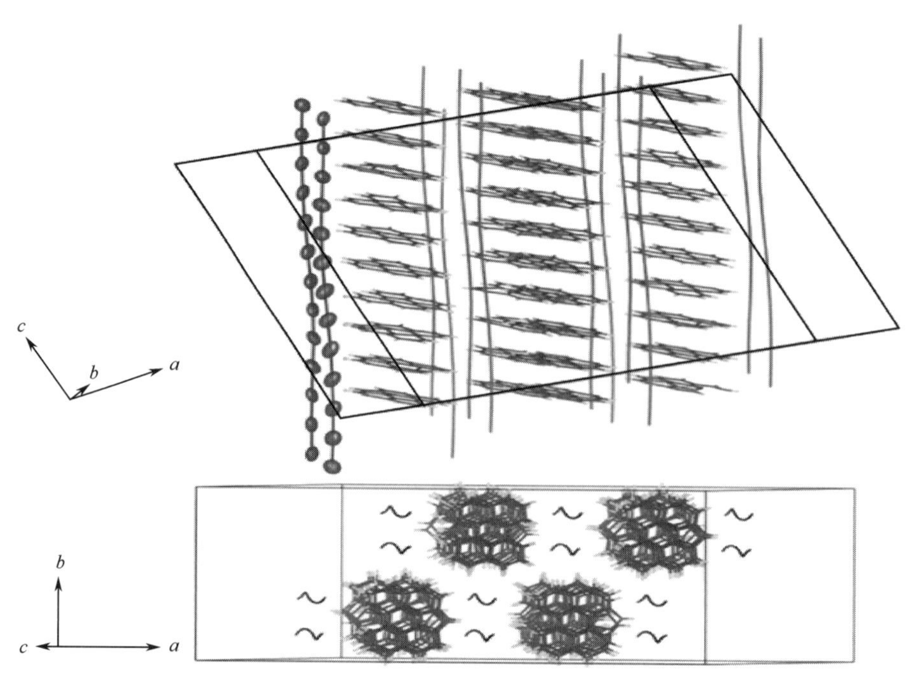

图 4-1 吡咯并花-碘的晶体结构[5]

(2) 影响液化速度的因素

1) 温度

不同微生物来源的 α-淀粉酶，其最适作用温度是不同的：如枯草杆菌源生产的 α-淀粉酶的液化酶的最适温度是 55℃，米曲霉生产的 α-淀粉酶的最适温度是 50～52℃。可见，一般情况下，细菌生产的 α-淀粉酶的最适温度较霉菌高，因此，在糖化醪冷却到 30℃发酵温度时细菌生产的 α-淀粉酶对淀粉的水解作用几乎停止，但霉菌生产的α-淀粉酶仍然可以继续发挥作用。而为了配合喷射液化等高温液化过程，目前也有可以耐受100℃以上温度的耐高温淀粉酶商业化。

2）pH值

pH值即氢离子浓度，可以从许多方面影响酶的活性，可以改变酶的活性中心的电子化，改变酶蛋白结构的稳定性等。每种酶都有最适宜作用的pH值。酶的来源不同，它们的最适pH值也不一样。而且作用温度不同，最适pH值也会发生变化。α-淀粉酶的最适pH值一般在5～6之间。

3）离子

淀粉酶属于金属酶，准确说是钙离子金属酶，因此需要钙离子的参与才能更好地发挥作用。

4.2.4 糖化

蒸煮糊化和液化工艺将原料中不溶状态的淀粉变成可溶状态的淀粉、糊精、低聚糖等，但是上述成分均不能被酵母或者运动发酵单胞菌利用生成乙醇。因此，必须进行糖化，使其转化成葡萄糖等可被乙醇发酵微生物利用的可发酵性糖，糖化后的醪液称为糖化醪。糖化可以在糖化酶或者酸的作用下进行。由于酸水解会导致一部分糖的进一步分解，使乙醇得率降低，并产生对乙醇发酵微生物不利的有害物质，因此，目前基本是由糖化酶来实现糖化过程。糖化酶即α-1,4-葡聚糖葡萄糖水解酶，除了能从淀粉链的非还原性末端切开α-1,4-键外，也能切开α-1,6-键和α-1,3-键，只是这三种键的水解速度不同（参见第2章）。

4.2.4.1 糖化方式

根据葡萄糖淀粉酶的添加方式，糖化过程可以通过外加葡萄糖淀粉酶和葡萄糖淀粉酶生产菌与乙醇生产菌混合培养两种方式来实现，但由于糖化菌一般对乙醇的耐受性都比较低，糖化的效果不能得到保障，而且糖化酶生产菌会与乙醇生产菌竞争利用底物，降低底物的乙醇转化率。因此，利用商品化糖化酶进行糖化是目前的主流工艺。

根据设备容积、生产规模等因素，糖化工艺可分为间歇糖化工艺和连续糖化工艺。按照糖化时期不同，糖化工艺可分为先糖化后发酵（separate hydrolysis and fermentation，SHF）、边糖化边发酵（simultaneous saccharification and fermentation，SSF）、部分糖化发酵（partial simultaneous saccharification and fermentation，partial SSF）。

（1）SHF模式

SHF模式的工艺特点是糖化和发酵分别在不同的反应器中进行。当前淀粉质原料发酵生产乙醇普遍采用的是SHF模式。但是SHF模式发酵速度较慢，一方面是由于发酵初期高的葡萄糖浓度对酵母发酵产生抑制；另一方面即使SHF模式中也存在后糖化过程，酵母自身不能利用淀粉，发酵结束除了取决于酵母利用葡萄糖的速度，还取决于发酵后期糖化酶的后糖化速度。SHF 模式中，糖化后的高浓度葡萄糖对糖化酶的产物抑制作用使其活性下降较快，造成后糖化作用弱，发酵时间延长。

（2）SSF 模式

20 世纪 70 年代，一些学者在研究纤维素发酵转化乙醇的过程中，为了防止糖积累和最终产物抑制，从而提高纤维素酶的催化水解效率，提出了同步糖化发酵（SSF）模式，受到了广泛的重视，各国学者进行了大量研究。采用 SSF 模式发酵淀粉原料生产乙醇，省略了糖化工段，能耗降低；糖化和发酵在同一个反应器中进行，设备投资省；另外糖化和发酵同时进行，糖化生产的葡萄糖一经产生就被酵母利用，解除了产物抑制，保持了糖化酶的活性，有利于防止染菌。SSF 模式存在的一个主要问题就是糖化和发酵的最适温度不一致。一般来说，糖化的最适温度高于 50℃，而发酵微生物的理想生长及发酵温度低于 40℃。为了解决这一矛盾，研究者们提出了非等温同步糖化发酵法。但也有研究表明，非等温同步糖化发酵法并不能提高乙醇产率。另外，选育耐热酵母菌也是解决此矛盾的一条途径。

（3）partial SSF 模式

partial SSF 指先糖化后发酵，发酵时再加入糖化酶。

4.2.4.2 糖化过程中物质的变化

糖化过程是一个复杂的生物化学变化过程，在糖化过程中淀粉质原料会发生许多反应。

（1）糖类

糖化的最终产物大部分是可发酵性的糖，但也会形成少量非发酵性糖，例如潘糖、异麦芽糖和一些五碳糖。

（2）含氮物质

在糖化过程中氨基态氮的含量也相应地增加，这些小分子的氨基酸在发酵时适合作为酵母的营养物质。

（3）果胶物质和半纤维素

工业用微生物糖化酶中，除了淀粉酶系统外，有些也会含有一定量的果胶酶和半纤维素酶，它们的含量随来源不同而有异。因此，在糖化过程中，醪液中的果胶和半纤维素会被不同程度地水解，并生成相应的水解产物。例如，甘薯的果胶含量较多，成熟发酵醪中就会相应地有一些甲醇产生。

4.2.4.3 影响糖化速度的因素

（1）酶的浓度

在糖化过程中，随着葡萄糖淀粉酶制剂用量的增加，淀粉的水解速度也相应地加快。

（2）温度

随着温度的升高，糖化过程基质分子反应能力也相应地提高，因为动能增加了，同时电子也处于能量较高的轨道上。化学反应速率常数与温度的关系服从阿伦尼乌斯方程式。

不同微生物来源的葡萄糖淀粉酶的作用温度是不同的：根霉生产的葡萄糖淀粉酶的最适作用温度55～60℃，泡盛曲霉生产的葡萄糖淀粉酶的最适作用温度55℃，曲霉生产的葡萄糖淀粉酶的最适作用温度58～60℃，内孢霉生产的葡萄糖淀粉酶的最适作用温度40～50℃。

糖化的目的是将淀粉酶解成可发酵性糖，但是，在糖化工序内不可能将全部淀粉都转化为糖，在发酵过程中葡萄糖淀粉酶可以继续水解淀粉和糊精。相当一部分淀粉和糊精要在发酵过程中进一步酶水解，并生成可发酵性糖。后面这个过程在乙醇生产上称为“后糖化”，而前面的糖化工序则称为“前糖化”或“糖化”。

(3) pH值

大部分糖化酶的活性在pH＝3.5～5.5时最高，如泡盛曲霉葡萄糖淀粉酶的最适pH值为4.5，在pH值为3.0时活性降低62%，在pH值为6.0时活性降低3.7%，可见调节醪液pH值为最适pH值对于葡萄糖淀粉酶发挥作用非常重要。

4.2.4.4　糖化醪质量检测

糖化程度对发酵过程有重要影响，因此，在生产过程中需要及时判断糖化程度，以确定接种酵母的时间。糖化醪质量检测的项目很多，如外观糖度、酸度、还原糖量、碘液试验。为了提高质量控制的准确度，有些检测技术水平较高的企业还要测定糖化醪中葡萄糖与麦芽糖的含量、糖化酶活力等与糖化密切相关的指标。目前，多数乙醇生产企业判断糖化醪质量的方法是以测定外观糖度、酸度以及还原糖量为标准。

外观糖度是用糖度计测定的糖化醪粗滤液的度数，它只表示糖化醪可溶性物质的浓度，但已能对生产管理起到一定的指导作用。

酸度一般采用滴定法测定，以NaOH溶液滴定、酚酞作指示剂。糖化醪的酸度用来和发酵醪的酸度作比较，从而判断杂菌污染的情况。

4.2.4.5　糖化过程的防污染控制

糖化过程不是在无菌条件下进行的，而且加入的糖化剂中也会带入杂菌，先糖化后发酵的糖化方式糖化温度较高，会杀死大部分菌体的营养细胞，但杀不死它们的孢子，特别是糖化以后，糖化醪中糖和其他营养物质丰富，温度又降低了，如果这种糖化醪停留或滞留在管道、阀门等处，则杂菌就会大量繁殖，成为污染发酵的主要污染源。为此，许多工厂采取每班将糖化罐、冷却设备及管道彻底清洗和灭菌的做法。而同步糖化发酵因糖化工序和发酵工序同步进行，酵母菌形成优势菌后，降低了杂菌污染的概率。

但无论是先糖化后发酵还是同步糖化发酵，停止输送醪液时，一定要用水或蒸汽将管道中的糖化醪放空并冲洗干净。喷淋冷却器等冷却设备的结构要能排污，并且不能有死角。

4.2.5 降黏

为了降低蒸馏能耗，高浓度乙醇发酵技术是乙醇发酵的重要趋势，该技术可以有效地提高单位时间的燃料乙醇产量、单位设备的能量产出，减少发酵过程中的水耗、蒸馏过程中的能耗和污染杂菌的概率，从而降低乙醇生产成本。但是高浓度乙醇发酵势必要求原料中的糖浓度较高，为达到这一目标就不能过度添加配料水，通常会导致发酵醪黏度非常高。目前以玉米为原料的高浓度乙醇发酵因为醪液黏度低的特性已投入生产，但是以甘薯为原料的高浓度发酵还处于示范研究阶段，其工业化的瓶颈之一就是甘薯醪液黏度很大，这给料液的混合、运输、液化、糖化、发酵及蒸馏，特别是大规模生产的操作带来较大的困难，而且高黏度影响淀粉完全水解为可发酵的糖。另外，虽然添加更多的水能降低黏度，但发酵初总糖量因稀释而降低，导致乙醇浓度较低，乙醇的蒸馏需要消耗更多的能量，发酵效率也不高。可见，降低甘薯的黏度是实现高浓度发酵的关键。

在薯类降黏技术方面，中国科学院成都生物研究所已获得了具有自主知识产权的降黏酶系生产菌，可将薯类原料黏度降低 90%以上，从而从节水、减排、增效方面提升了薯类乙醇业的技术水平。下一步还将在提高产酶能力、降低产酶成本等方面继续开展研究，或通过转录组水平的分析，选择最具有应用价值的甘薯降黏酶进行异源表达。

4.3 乙醇发酵技术

4.3.1 发酵微生物的扩大培养及杂菌控制

4.3.1.1 乙醇发酵微生物的特性

乙醇发酵的过程主要由微生物通过代谢作用完成，能用于乙醇生产的酵母菌株必须基本符合以下性能要求：应具有高的发酵能力；繁殖速度快；具有较高的耐乙醇能力；抵抗杂菌能力强；对培养基的适应性强。自然界中，包括某些梭菌在内的多种微生物都能代谢产生乙醇，但酿酒酵母等酵母菌和兼性厌氧细菌运动发酵单胞菌则是目前乙醇生产菌的主要开发对象。运动发酵单胞菌利用葡萄糖生产乙醇的速度比酵母快 3～4 倍，乙醇产量可以达到理论值的 97%，但是，因其底物范围较窄、pH 值耐受范围较窄等问题，并没有在工业上取代酵母的生产地位，目前工业生产上还是以酵母发酵为主。

4.3.1.2 酵母培养所需要的营养物质

大规模乙醇发酵时，需要大量的酵母细胞，发酵醪中酵母细胞数最高可达（1～2）亿个/mL。但乙醇生产的开始，往往只有一支试管的酵母菌种，要想把一支小小试管的菌种培养成发酵时需要的大量酵母，就需要合理地提供其所需要的各种营养物质。

（1）碳源

如前所述，能被酵母利用的碳源主要为糖类，酵母在繁殖过程中吸收的糖分，一部分用于合成菌体蛋白中的碳架；另一部分转化为酵母的贮藏物质，还会释放出一定能量，以供合成菌体物质时的能量消耗。

（2）氮源

酵母在繁殖过程中还需要从外界环境中吸收含氮物质，以供菌体生长之需并合成乙醇发酵相关的酶。淀粉质原料中的蛋白质等含氮物质经过液化和糖化处理会发生一定程度的水解，生成小分子量的蛋白胨或氨基酸，这些物质均可以被酵母作为氮源利用。一般情况下原料中的含氮量是不足的，因此需要外加氮源供酵母利用。从成本上考虑，外加氮源一般为无机氮，生产上多采用硫酸铵和尿素。但值得注意的是，氮源也不能添加过量，过量的氮源会使酵母过多地利用碳源繁殖，积累酵母生物量，从而竞争性地占用了可以用于转化为乙醇的碳源，导致原料乙醇转化率降低。

（3）无机盐

磷、镁、钾等无机盐对于酵母的生长、代谢等活动非常关键，但是一般情况下原料中的上述无机盐含量是充足的，不需要额外添加[6]。

（4）维生素

维生素对于酵母的生长和代谢也非常重要，一般情况下酵母在生长繁殖过程中所需要的维生素主要从糖化醪中获得，生物质原料中的维生素一般是充足的，不需要额外添加。但是高浓度发酵时，外加维生素可以在提高乙醇浓度的前提下获得较高的发酵效率[7]。

4.3.1.3 酵母扩大培养工艺

酵母菌的扩大培养一般需要经历实验室培养和种子罐培养两段。

实验室培养阶段一般多采用米曲汁或麦芽汁作培养基。由于其中含有丰富的碳、氮及其他营养物质，很适宜于酵母菌开始繁殖时在试管、三角瓶培养阶段的营养需要。

当扩大培养至种子罐阶段时，由于需要大量的培养基，这时如果再使用米曲汁或麦芽汁就很不经济。因此，生产上这一阶段的酒母培养基是采用淀粉质原料来制作酒母糖化醪。

培养时除了适宜的培养温度、pH 值、溶氧等条件外，还需要注意防止杂菌污染。

4.3.1.4 酵母的质量指标

酵母质量直接影响到乙醇发酵的原料转化效率，因此在培养过程中需要通过多个指标来对其监测，质检合格的酵母方能用于发酵。

（1）细胞数量

成熟酵母醪中酵母细胞数一般为1亿个/mL，如果培养时间足够但酵母细胞数量仍不足的话，则有可能是营养不足、培养条件不适宜或受到杂菌污染。需要根据实际情况做出相应的处理措施。

（2）出芽率

酵母菌进行无性繁殖的主要方式是芽殖。成熟的酵母菌细胞，先长出一个小芽，芽细胞长到一定程度，脱离母细胞继续生长，而后形成新个体。出芽率高，说明酵母处于旺盛繁殖期，此时的酵母菌活力高，转化底物生成乙醇的能力强。一般出芽率以15%～30%为宜。如果出芽率低，说明酵母过老了。但是，出芽率过高也不行，说明此时酵母还比较“嫩”。

（3）死亡率

正常培养的酵母中不应有死细胞，如果死亡率达1%以上，应及时查找原因。死亡酵母可以通过美蓝染色来计数。

（4）酸度

酸度是判断是否发生杂菌污染的重要指标。如果发现酵母成熟醪的酸度增加，则说明已发生杂菌污染。此时需要借助显微镜镜检，如果镜检也发现有杂菌（一般为杆菌），则该酵母醪已不适宜作为种子液使用。

4.3.1.5 杂菌控制

乙醇发酵的酵母接种量约为总发酵醪的10%，绝对无菌地培养数量这么庞大的酒母成本较高，因此工业生产中多是以相对无菌的条件进行酵母培养的。实验室进行的从斜面到三角瓶甚至到小酒母罐多为无菌操作，而从小酒母罐到大酒母罐则通过限制杂菌进入和生长实现。例如，调节酵母醪的pH值为4以下时大多数细菌已经不再生存，而酵母还能正常生长。

4.3.1.6 发酵微生物的发展趋势

考虑到酵母逐级扩大培养过程繁琐、耗费人力和设备、易染菌等问题，使用酵母作为发酵微生物的企业除了自行进行酵母逐级扩大培养外，许多企业已转为开始使用商品化的酿酒活性干酵母，不但节约了酵母培养的设备、人力、物力、时间等，还降低了污染杂菌的概率，而且使用灵活，随时可以对新酵母进行补充与使用。

4.3.2 乙醇发酵

4.3.2.1 总体目标

在适宜的温度、pH值等条件下，酵母接入糖化后的醪液，在厌氧条件下可发酵己糖形成乙醇（具体生化反应过程参见第 2 章）。发酵过程中除主要生成乙醇外，还生成少量的其他副产物，包括甘油、有机酸（主要是琥珀酸）、杂醇油（高级醇）、醛类、酯类等。理论上 1mol 葡萄糖可产生 2mol 乙醇，即 180g 葡萄糖产生 92g 乙醇，得率为 51.1%，可是实际得率没有这么高。因为酵母菌体的积累约需消耗 2%的葡萄糖，另外约 2%的葡萄糖用于形成甘油、有机酸、杂醇油等。因此，实际上只有约 47%的葡萄糖转化成乙醇。而乙醇生产，目标是用最少的原料来尽快生产尽可能多的乙醇，为达到这一目的，必须创造如下有利的条件：

① 在发酵的前期，要创造条件，让酵母菌迅速繁殖，并且成为发酵醪中的绝对优势菌。

② 保持糖化酶的活力，使后糖化过程可以顺利进行。

③ 发酵前期要适度通气使酵母细胞大量繁殖，相反地，发酵的中期和后期则要创造厌氧条件，因为酵母在无氧条件下才进行乙醇发酵。

④ 防止杂菌污染。

⑤ 发酵过程中产生的二氧化碳会对乙醇发酵产生反馈抑制，应通过搅拌等方式尽快排出于发酵罐并回收利用，同时注意对随着二氧化碳逸出时被带走的乙醇进行回收。

4.3.2.2 发酵过程

乙醇发酵可分为前发酵期、主发酵期和后发酵期三个不同的阶段，各期时间长短与菌株的种类、数量、糖化剂的种类、醪液进罐温度以及发酵操作等关系密切。

（1）前发酵期

酵母种子液进入发酵罐与糖化醪混合后，由于菌体密度不高，醪液中的各种营养也充分，因此菌体经短时间适应后开始生长繁殖。与此同时，糖化酶继续作用，糊化液化的淀粉以及糊精被转化为糖。前发酵期延续时间一般为 10h 左右，连续发酵时前发酵期基本不存在。前发酵期的发酵作用不强烈，醪液温度低，乙醇含量低，对杂菌抑制能力差，因此此发酵阶段应特别注意防止杂菌污染。

（2）主发酵期

主发酵期由于酵母细胞大量形成，醪液中的细胞数可达 1 亿个/mL 以上，由于醪液中氮、磷等缺乏，菌体已不再大量繁殖，而主要进行乙醇发酵。此阶段，醪液中的糖分消耗迅速，乙醇含量增加，二氧化碳大量产生，可见发酵醪中气泡不断产生犹如热水沸腾。主发酵时间一般为 12～15h。

（3）后发酵期

后发酵期醪液中的糖分已大部分被酵母菌所利用，但醪液中残存的糊精等多糖成分继续被转化为可发酵性糖，酵母则将它转化为乙醇。后糖化的作用的速度比糖发酵速度要慢得多。后发酵期乙醇和二氧化碳生成量较主发酵期减少，表观看来，气泡仍不断产生。淀粉质原料生产乙醇的后发酵阶段一般需要 40h 左右才能完成。此时发酵液的温度应控制在 30～32℃，若醪液温度太低，会影响糊精及淀粉的糖化作用，造成残糖增加，影响原料的淀粉利用率。

4.3.2.3 发酵方式

在乙醇发酵过程中，发酵副产物有些是酵母的生命活动引起的，有些则是因为发酵过程中被杂菌污染所致。副产物的生成直接消耗了原料，降低了原料的乙醇得率。因此，各种发酵工艺的重点都在于通过对工艺条件的控制减少副产物的生成，使更多的糖分转化成乙醇。

现有的发酵工艺根据发酵醪注入发酵罐和操作方式的不同，可以分为间歇式、连续式和半连续式三种。

（1）间歇式发酵（分批发酵）

间歇式发酵工艺是指一次投料、一次接种、一次收获的间歇培养方式，全过程是在一个发酵罐中完成的，国内大多数乙醇厂采用此工艺。由于发酵罐体积和糖化醪流加方式等工艺操作的不同，间歇式发酵又可以分为一次加满法、分次添加法、连续添加法和分割主发酵醪法四种。该方法的优点是操作简单，易于管理。但开始时酵母密度低，同时醪液中可发酵糖的浓度高，影响酵母的生长和发酵速度。

（2）连续式发酵

连续式发酵是指培养过程中连续地向发酵罐中加入培养基，同时以相同流速从发酵罐中排出含有产品的培养基。对于薯类等淀粉质原料来说，实现这一工艺的关键就是如何降低发酵醪的黏度，使其具备良好的流动性，以实现在管道中的连续流加。此外，因为连续运行，所以杂菌污染的防治问题需要格外重视。

（3）半连续式发酵

半连续式发酵是指主发酵阶段采用连续式发酵、后发酵阶段采用间歇式发酵的方法。

4.3.3 淀粉出酒率与淀粉利用率

淀粉质原料生产乙醇是在微生物作用下进行的，其化学反应可以用下式表示：

$$\underset{\substack{\text{淀粉}\\162}}{C_6H_{10}O_5} + \underset{\substack{\text{水}\\18}}{H_2O} \longrightarrow \underset{\substack{\text{葡萄糖}\\180}}{C_6H_{12}O_6}$$

$$\underset{\substack{\text{葡萄糖}\\180}}{C_6H_{12}O_6} \longrightarrow \underset{\substack{\text{乙醇}\\2\times46}}{2CH_3CH_2OH} + \underset{\substack{\text{二氧化碳}\\2\times44}}{2CO_2}$$

根据上述反应式，可以算出100kg淀粉理论上可以产无水乙醇的数量为56.78kg。

实际上，由于生产中各种损失，是不能达到上述出酒率的。造成损失的因素主要有如下几方面：

① 原料在粉碎过程中的糖分损失，约为1%～1.5%。

② 酵母菌繁殖与维持生命活动必需消耗的糖分，为1.6%～2%。

③ 发酵过程中产生甘油等副产物，消耗一部分糖分。

④ 杂菌污染时，杂菌生长及产生乳酸、醋酸等物质消耗糖分。

⑤ 乙醇挥发造成的损失。

⑥ 液化、糖化不彻底，残糖未被发酵造成的损失。

⑦ 蒸煮时高温造成的糖分解和转化。

生产上希望尽可能多的糖分都转化为乙醇，尽量减少糖分损失，以提高出酒率。为了衡量生产成绩的好坏，用淀粉利用率的高低来考核乙醇工厂生产和技术管理水平。

$$\text{淀粉利用率}=\frac{\text{实际出酒率}}{\text{理论出酒率}}\times 100\%$$

4.4 发酵成熟醪后处理

因为原料、发酵工艺和生产管理水平等不同，乙醇发酵成熟醪的组成有所不同，总体来说它是水分、乙醇、干物质和其他杂醇油等多组分的混合物。杂质可分为头级杂质、中间杂质和尾级杂质三种：比乙醇更易挥发的杂质称为头级杂质；中间杂质的挥发性与乙醇很接近，所以较难分离净；尾级杂质的挥发性比乙醇低，常被称为杂醇油。包含这些杂质的发酵醪需要经过蒸馏、脱水、变性等工序，才成为可以与汽油混配的燃料乙醇。

4.4.1 蒸馏

在现有技术水平条件下，淀粉质原料的成熟发酵醪中乙醇浓度一般在12%左右，而蒸馏是当前全世界乙醇工业从发酵醪中回收乙醇所采用的唯一的方法。其技术原理是基于欲分离各组分在相同温度条件下的挥发度不同，通过液相和气相间的质量传递来实现组分分离的。近年来，各种类型的节能蒸馏流程和非蒸馏法回收乙醇方法不断出现，但是，除少数节能型蒸馏工艺外，其他的方法均尚处于实验室或扩大试验阶段。

根据流程不同，蒸馏分为单塔蒸馏、双塔蒸馏、三塔蒸馏、五塔蒸馏、多塔蒸馏等几种。采用多塔蒸馏可以提高乙醇质量，但是能耗又成为突出的矛盾，因此，蒸馏过程的节能技术是目前的研究重点。总体上来说，蒸馏主要分为粗馏和精馏两部分。

4.4.1.1 粗馏

粗馏工艺的主要功能是脱除成熟醪中的大部分水、酵母菌体、纤维和淀粉等不可溶性固形物，以及未发酵完的糖、糊精、可溶性蛋白质、高沸点的有机酸和无机盐等可溶性不挥发物质，同时也脱除二氧化碳。

精馏装置主要由粗馏塔、塔顶冷凝器、塔底再沸器、进料闪蒸罐和塔顶再沸循环泵等主要设备组成。

4.4.1.2 精馏

精馏是进一步除去粗乙醇中的醇类、醛类、酯类和酸类挥发性杂质，进一步提高乙醇浓度的过程。其主要设备为精馏塔、再沸器和杂醇油萃取器等。目前国内外大型燃料乙醇企业精馏装置的主导工艺流程为热耦合双塔流程，而我国中小乙醇厂普遍采用气相进料双塔乙醇精馏工艺流程。

值得注意的是，近几年随着醪液制备技术的进步，特别是高浓度乙醇发酵技术和生料乙醇发酵技术的发展，对乙醇蒸馏提出了新的要求。其特点是高浓度发酵时醪液固形物含量增大、流体黏度增大、流动性不佳，采用原有的为稀醪液设计的精馏塔不能满足脱杂的要求，容易造成蒸馏塔堵塞、乙醇逃逸。因此，必须对原有蒸馏塔在结构上进行改造。

4.4.2 脱水

乙醇的沸点为78.3℃，水的沸点是100℃，当把成熟醪加热时，乙醇因沸点低而挥发快，水分因沸点高而挥发慢。根据这一特征，可以通过多级蒸馏获得高浓度乙醇。但是，乙醇-水溶液中乙醇的挥发性能随系统中乙醇浓度的增加而减小，因此，当乙醇浓度增加到97.6%(体积分数)[95.57%(质量分数)]时，体系成为乙醇-水恒沸混合物，常规的蒸馏方法已经不能使乙醇浓度继续提高。所以，在常压下采用常规蒸馏手段是无法得到无水乙醇的。而作为生物能源使用的燃料乙醇，一般是指体积分数达到99.5%以上的乙醇。因此，为了提高乙醇浓度，去除多余的水分，就需进一步采用特殊的脱水方法。目前制备燃料乙醇的方法主要有化学反应脱水法、恒沸精馏、萃取精馏、吸附、膜分离、真空蒸馏法、离子交换树脂法等。

4.4.2.1 化学脱水法

有Merek法和Hiag法。前者用生石灰、氯化钙等作为脱水剂。后者是用醋酸钠混合液，在精馏塔中逆向交换吸收脱水，可制得99.8%的乙醇。

4.4.2.2 分子筛脱水法

分子筛脱水法是一种低能耗、高效率的脱水方法。在此过程中，利用分子筛孔径大小选择性吸附水，从而实现脱水的操作。具有分子筛作用的物质很多，其中应用得最为广泛的是沸石（具有骨架结构的硅铝酸盐，骨架形成的空穴为大的离子和水所占据，两者可以自由移动，而进行离子交换和可逆地脱水）。当含水乙醇通过沸石分子筛塔时，被吸附的3/4是水，1/4是乙醇，一个分子筛塔饱和后转入另一个新塔中，同时将饱和塔再生，回收排出液中的乙醇。此法可制得99%以上的乙醇。

4.4.2.3 三元共沸物蒸馏脱水法

此法以苯为共沸剂，在含水乙醇中加入苯或环己烷、乙二醇等，组成三元共沸混合物，经过蒸馏塔蒸馏，可得到99.8%～99.95%的乙醇。在多数情况下，采用苯作为共沸剂和其他过程相比能够维持相对平均的设备投资和操作费用，但苯对操作人员的健康危害比较大，在不久的将来也许会被替代。

4.4.2.4 萃取蒸馏

常采用甘油、乙二醇、醋酸钾-乙二醇等作为萃取剂，在蒸馏塔中经过多级蒸馏，从上部回收无水乙醇，而溶剂则把水分带走下移，溶剂回收后可以循环使用。

4.4.2.5 淀粉吸附法

淀粉对水具有良好的吸附作用，对乙醇-水混合物而言，水分子在淀粉中的滞留时间是乙醇分子的1000倍，所以淀粉可以作为乙醇-水混合物的吸附脱水剂。作为吸附剂的淀粉可以是玉米粉、马铃薯淀粉、玉米淀粉等。与分子筛吸附脱水技术相比，淀粉吸附脱水技术具有如下优点：

① 能耗低，为130～140kJ/mol；

② 床层再生的温度比较低，一般控制在60～110℃；

③ 与价值昂贵的分子筛相比，淀粉的价格极其低廉；

④ 多次使用后，物理性质发生显著变化的淀粉可以直接作为乙醇生产的原料，不存在废物处理的问题。

然而，淀粉吸附脱水最大的缺点是吸附剂连续使用寿命短，虽然不能作为吸附剂使用的淀粉可以作为乙醇生产的原料，但频繁地装填和清理床层，工人的劳动强度比较大，吸附塔的设备利用率低，而且淀粉吸附床层的操作稳定性目前还不如分子筛床层，因此淀粉吸附脱水技术还没有成为乙醇-水混合物脱水的主流技术[8]。

4.4.3 变性

脱水之后得到的无水乙醇在出厂之前要进行变性处理。变性处理的主要目的是防止作为燃料或燃料添加剂使用的乙醇流入食用酒精市场，因为目前燃料乙醇专门用作燃料，享受国家政策性补贴，而食用酒精不享有国家补贴。另外，作为燃料用途的乙醇，其质量控制指标与食用酒精有非常大的差别，许多对人类健康危害严重的化学物质，包括甲醇、杂醇等，在燃料乙醇中的浓度有些根本不加以限定，即使限定，其浓度指标也远远高于食用酒精。以甲醇为例，《变性燃料乙醇》（GB 18350—2013）中规定变性燃料乙醇中甲醇的浓度为低于0.5%，而《食用酒精》（GB 10343—2008）中规定特级、优级和普通级食用酒精中甲醇浓度分别为低于2×10^{-6}、50×10^{-6}和150×10^{-6}，即变性燃料乙醇中甲醇的浓度限量分别是食用特级、优级和普通级酒精的2500倍、100倍和30倍。因此，加入变性剂是非常必要的。

作为无水乙醇的变性剂的基本要求是：

① 有明显的气味或颜色，使加入无水乙醇之后形成的变性燃料乙醇有明显的气味或颜色，易于与食用酒精相区别。

② 不影响乙醇作为燃料或燃料添加剂的使用性能。

目前，广泛使用的变性剂是汽油。将其按照国家标准规定的比例加入无水乙醇中，就完成了无水乙醇的变性处理，技术上非常简便。按照《变性燃料乙醇》（GB 18350—2013）的规定，无水乙醇中可以添加0.99%～4.76%（体积分数）的汽油进行变性处理，得到的变性燃料乙醇可以用来混配成《车用乙醇》（GB 18351—2017）中规定的车用乙醇汽油。

4.4.4 混配

乙醇的理化性质较接近于汽油，又容易与汽油按一定比例混溶，变性燃料乙醇在进入燃料供应系统以前由车用乙醇汽油定点调配中心进行调配。国外首先以低比例的［一般小于15%（体积分数），即E10汽油］乙醇与汽油形成混合燃料用于汽车上，尽管动力性能比只用汽油时略有减少，为了用户方便，无混合燃料供应时仍可只用汽油保持原来发动机性能，所以对发动机不变动、不调整。当需要以较多的乙醇代替汽油时，可以在汽油中掺入中比例或高比例的乙醇，如E20、E75、E85等，但是需要对发动机的混合气空燃比、点火提前角及金属部件进行调整和改造。

目前，我国暂定为添加变性燃料乙醇的比例为10%，即E10汽油。按国标《车用乙醇》（GB 18351—2017）的质量要求，通过特定工艺混配而成乙醇汽油。随着乙醇汽油的推广和汽车发动机的改造，变性燃料乙醇的比例还将继续增加。目前我国的国家标准《车用乙醇汽油E85》（GB 35793—2018）已经国家质量监督检验检疫总局、国家标准化管理委员会批准发布，于2018年9月1日起开始实施。该标准属于强制性国家标准，适用于车用点燃式内燃机的燃料，规定了在变性燃料乙醇中添加一定量的烃类及改善性能的添加剂后组成车用乙醇汽油E85的技术条件，分别对外观、乙醇、酸度（以乙酸计）、硫、甲醇、实际胶质、未洗胶质、pH_e、无机氯、水、铜、铜片腐蚀试验等项目提出明确的质量标准、技术要求和试验方法，对包装、运输、贮存等各环节提出了具体的标准要求。

4.5 代表性生产企业

4.5.1 企业概况

2008 年 4 月初，国家发改委发布消息，委托中国国际工程咨询公司对重点省市的生物燃料乙醇专项规划评估已完成。评估认为，利用薯类作为原料生产燃料乙醇略具经济性。2012 年 7 月河南天冠集团 30 万吨木薯非粮燃料乙醇装置通过鉴定，2012 年 11 月中粮生物化学（安徽）股份有限公司 15 万吨/年木薯燃料乙醇装置通过鉴定。

在众多淀粉质燃料乙醇生产工程中，最具代表性的是广西中粮生物质能源有限公司的 20 万吨/年木薯乙醇生产线。该生产线于 2006 年 10 月在广西开工，项目得到了国家发改委的批准，2007 年 12 月投入生产。该生产线是我国第一套非粮燃料乙醇项目，具有里程碑式的意义。其采用的是具有自主知识产权的木薯燃料乙醇成套技术，建立了木薯燃料乙醇全流程数学模型，开发出木薯浓醪除沙技术、高温喷射与低能阶换热集成完全液化工艺、木薯同步糖化发酵及浓醪发酵技术、三效热耦合精馏技术、与精馏过程耦合的分子筛变压吸附脱水工艺、大型侧入式搅拌发酵罐放大方法、高润湿性填料及抗堵型塔板设计及制造技术。

但是这样一个符合国家能源发展战略要求、具备创新能力的企业，却于 2011 年 3 月被迫停产。究其原因，主要有以下两个方面。

（1）原料无法长期稳定供应

该公司每年大约需要 150 万吨鲜木薯或 60 万吨木薯干片，虽然与农民签订了收购合同，但由于原料供应有限，所以抬高了当地及越南等东南亚国家进口木薯的价格，甚至致其价格翻番，生产成本一度超过玉米燃料乙醇成本。

（2）与汽油竞争不力

因政策和消费认可度等原因造成了乙醇燃料与普通燃料在市场竞争中的不平等，导致下游销售遇阻。

4.5.2 发展对策

原料的长期稳定供应问题和消费认可度的问题不仅仅是木薯燃料乙醇面临的问

题，也是其他非粮原料燃料乙醇面临的共性问题。为解决这些问题，可以从以下角度着手。

4.5.2.1 结合供需总量进行合理布局

发展以淀粉质作物为原料的燃料乙醇建设项目要量资源而行，首先要做好资源评价工作。以甘薯为例，甘薯在中国分布很广，以淮海平原、长江流域和东南沿海各省最多。全国分为5个薯区：

① 北方春薯区。包括辽宁、吉林、河北、陕西北部等地，该区无霜期短，低温来临早，多栽种春薯。

② 黄淮流域春夏薯区。属暖温带季风气候，栽种春夏薯均较适宜，种植面积约占全国总面积的40%。

③ 长江流域夏薯区。除青海和川西北高原以外的整个长江流域。

④ 南方夏秋薯区。北回归线以北，长江流域以南，除种植夏薯外，部分地区还种植秋薯。

⑤ 南方秋冬薯区。北回归线以南的沿海陆地和台湾等岛屿属热带湿润气候，夏季高温，日夜温差小，主要种植秋冬薯。

要结合各种可利用的淀粉质作物产区的土地资源、气候、产量、品种特性、实际可利用量、发展潜力等状况，研究分析供需总量和区域分布，围绕燃料乙醇产业经济性和目标市场，因地制宜地确定淀粉质原料乙醇产业发展的指导思想，确定建设项目的类型和产能，合理设置本地区淀粉质原料燃料乙醇产业链。考虑到运输费用，燃料乙醇企业与淀粉质原料产地之间的运输半径要进行经济性评估，在保证经济规模的基础上，根据“大分散、小集中”的原则减少原料运输的消耗，避免原料供应不足，以解决原料生产的分散性与燃料乙醇加工业的集中性之间的矛盾。同时，还需要通过开发原料的保藏技术，实现全年均衡生产，以解决原料收获的季节性和燃料乙醇加工业的连续性之间存在的矛盾。并通过配套建设运输、仓储、产品的分配和利用、副产物综合利用等设施，延伸产业链，从而带动地方经济发展。

4.5.2.2 利用生物技术创新专用淀粉质非粮原料品种

不同于食用淀粉质作物，能源化专用淀粉质原料需要具有高产、高能、高效转化、高抗逆、适于机械化操作等特性，因此需要进行专用品种的创新。由于复杂的遗传背景、近缘野生种利用困难、遗传资源匮乏、病虫害严重以及育种手段单一等问题极大地制约了非粮淀粉质原料生产的发展，只有靠分子生物学技术和常规杂交育种技术相结合，才能有效地打破物种隔离和基因连锁，聚合多种有益基因，培育具有突破性的新品种。

主要的研究方向如下：运用基因组学、功能基因组学、转录组学、蛋白组学和代谢物组学等，大力开展有关抗逆、高效捕能和聚能基因资源的挖掘，建立能源植物特征基因资源库；结合能源专用淀粉质作物的重要经济性状分析，通过现代生物技术（如杂交育种、诱变育种等）进行新种质的集成创制；燃料乙醇生产专用淀粉质作物的大规模种植必须利用边际土地，对原料的性状改良特别是对干旱、寒冷、贫瘠、盐碱地等逆性环境的适应性和耐受性的改良是种质创新的重点。

可喜的是，淀粉质非粮作物的基因组信息正在逐渐完善。2014 年，中国热带农业科学院、中国科学院、华盛顿大学等 10 多家机构的研究人员成功绘制出了木薯的基因组序列草图。上海辰山植物园、德国马克斯-普朗克研究所、中国科学院上海生命科学研究院等机构于 2016 年公布了甘薯基因组信息。美国已开始利用高通量 DNA 测序仪来开发甘薯基因芯片，进一步将研究特定基因在何处、何时以及如何表达，基因如何影响根茎产量（尤其是在诸多干旱等环境胁迫的情况下）。广东省农业科学院和四川大学等单位已开展了甘薯转录组信息方面的研究，建立了稳定高效的甘薯遗传转化体系，为后续基因功能鉴定、转基因育种等奠定了坚实的基础。

4.5.2.3 建立淀粉质原料能源化利用系列标准

巴西是世界上最早的生物燃料生产国、最大的乙醇出口国和第二大乙醇生产国，其燃料乙醇生产原料为甘蔗。1975～2004 年这 30 年间，巴西燃料乙醇产业飞速发展，单位面积原料乙醇产出水平增加了 3 倍，其主要原因是农业生物技术部门明确改变了以高蔗糖含量为原料育种目标的思路（蔗糖含量只占甘蔗能量产出的 1/3），而改为以高总可利用糖产出作为原料育种目标，并选育出了更优质的甘蔗品种。可见，正确的原料选择和明确的原料标准是提高乙醇生产经济性的前提，其成功经验可以为我国燃料乙醇产业发展提供借鉴。

木薯、甘薯、芭蕉芋等淀粉质非粮作物是适合中国国情的非粮燃料乙醇生产原料，但是以上述作物为原料生产燃料乙醇是新兴产业，还缺乏原料的评价指标。目前的经济评价指标主要是淀粉率和单产，忽略了包括可溶性糖在内的可发酵糖含量以及能源产出水平、能源产出速度和污染物排放量等指标，因此，亟须从这几方面综合考虑制定燃料乙醇专用淀粉质非粮原料品种评价的行业标准、国家标准以至国际标准，一方面，可以按照标准从现有的淀粉质非粮原料品种中选择出适于燃料乙醇生产的品种；另一方面，还可以引导淀粉质非粮原料育种、种植等工作有针对性地进行，从而促进淀粉质燃料乙醇产业的健康发展。

4.5.2.4 重点开发清洁、高效、低成本的乙醇转化技术

决定未来燃料乙醇发展前景的关键是成本和技术。在成本方面，原料是构成燃料乙醇生产成本的主要因素，原料成本约占终端产品成本的 60%以上。近年来，由于人工、材料、运输等成本上涨，除玉米以外的淀粉质原料到厂交付价格有所上涨，导致乙醇生产成本仍然较高。对此，除了进行高产品种的良种选育、开发配套的种植技术外，还需要研发机械化装备，以提高种植、收获过程中的自动化程度，降低原料成本。

在薯燃料乙醇转化技术方面，虽然许多企业和科研单位已在高效菌株选育、原料降黏工艺的开发、发酵过程调控工艺研发等关键技术领域取得了突破性进展，但目前淀粉质非粮原料燃料乙醇产业的整体技术水平尚不成熟，原料采收、储运、配

套装备的开发方面尚不完善，物耗、水耗高，污染问题仍然比较突出。不但影响了淀粉质非粮原料燃料乙醇产业的整体技术水平，而且导致整个生产环节的成本仍然较高，市场竞争力不足。因此，开发清洁、高效、低成本的乙醇转化技术，是淀粉质非粮原料燃料乙醇产业商业化应用的保障。

另外，为了确保淀粉质非粮原料的燃料乙醇生产“不与人争粮，不与粮争地”，利用荒草地、盐碱地等边际土地种植将是一个保证原料供应的重要发展方向。而对于边际土地上产出淀粉质非粮原料的乙醇发酵特征目前还没有研究。如沿海滩涂上生产出的淀粉质非粮原料，其 Cl^{-}、Na^{+}、Ca^{2+} 等离子的浓度均较高，而过高的离子浓度可能会对乙醇发酵菌株产生胁迫，从而抑制其乙醇代谢活性。因此，需要针对性地开发边际土地生产淀粉质非粮原料的燃料乙醇发酵技术，包括高抗性菌株的选育、发酵过程调控、代谢促进剂的开发等。

4.5.2.5 由单纯的燃料乙醇向多种产品的生物炼制方向发展

目前，淀粉质原料中，仅以玉米为原料生产燃料乙醇时可以综合利用原料，如美国通过玉米生物炼制工艺，产品有 30 多种，将玉米油、胚芽蛋白、淀粉和膳食纤维等完全利用。而薯类原料乙醇生产基本是单一产品的模式，由于产品单一，没有形成联产食品、化学品和能源产品等的生物炼制思路，导致原料利用率低、生产成本高、污染物处理难度大等几个主要问题，而且也可能出现原料浪费的现象。国外近年来出现的生物炼制是一个重要的发展方向，即将生物质综合及其分级利用，在生产能源产品的同时联产化学品、材料、肥料等，以达到最大的原料利用率、“三废”最小化及其产出最大化。

根据薯类等淀粉质非粮原料的成分特点，其淀粉和可溶性糖在乙醇发酵过程中被微生物转化生成乙醇后，其残余的果胶、糖、纤维素、蛋白质等可产生果胶、膳食纤维、丁醇、乳酸、饲料、有机肥等丰富多样的联产物和副产物，而葛根还可以提取具有药用和保健功能的葛根素，从而大大提高原料利用率，降低生产成本，这对于尚处于发展初级阶段的淀粉质非粮原料燃料乙醇产业尤为重要。因此，基于原料综合利用的生物炼制技术是发展的重要战略方向，可以使产出比达到最大化。

参考文献

[1] 贾敬敦，马隆龙，蒋丹平，等. 生物质能源产业科技创新发展战略 [M]. 北京：化学工业出版社，2013.

[2] 张燕萍. 变性淀粉制造与应用 [M]. 北京：化学工业出版社，2003.

[3] 章克昌. 酒精与蒸馏酒工艺学 [M]. 北京：中国轻工业出版社，1995.

[4] 刘铁男. 燃料乙醇与中国 [M]. 北京：经济科学出版社，2004.

[5] Sheri Madhu，Hayden A Evans，Doan-Nguyen，et al. Infinite polyiodide chains in the pyrroloperylene-iodine complex [J]. Angewandte Chemie，2016，55 (28)：8135.

[6] 靳艳玲，甘明哲，方扬，等. 鲜甘薯发酵生产高浓度乙醇的技术 [J]. 应用与环境生物学报，2009，15(3)：410-413.
[7] 刘艳，戚天胜，申乃坤，等. 初期通气和震荡培养提高高浓度乙醇发酵的乙醇浓度和产率 [J]. 应用与环境生物学报，2009，15(4)：563-567.
[8] 袁振宏，吴创之，马隆龙. 生物质能利用原理与技术 [M]. 北京：化学工业出版社，2017.

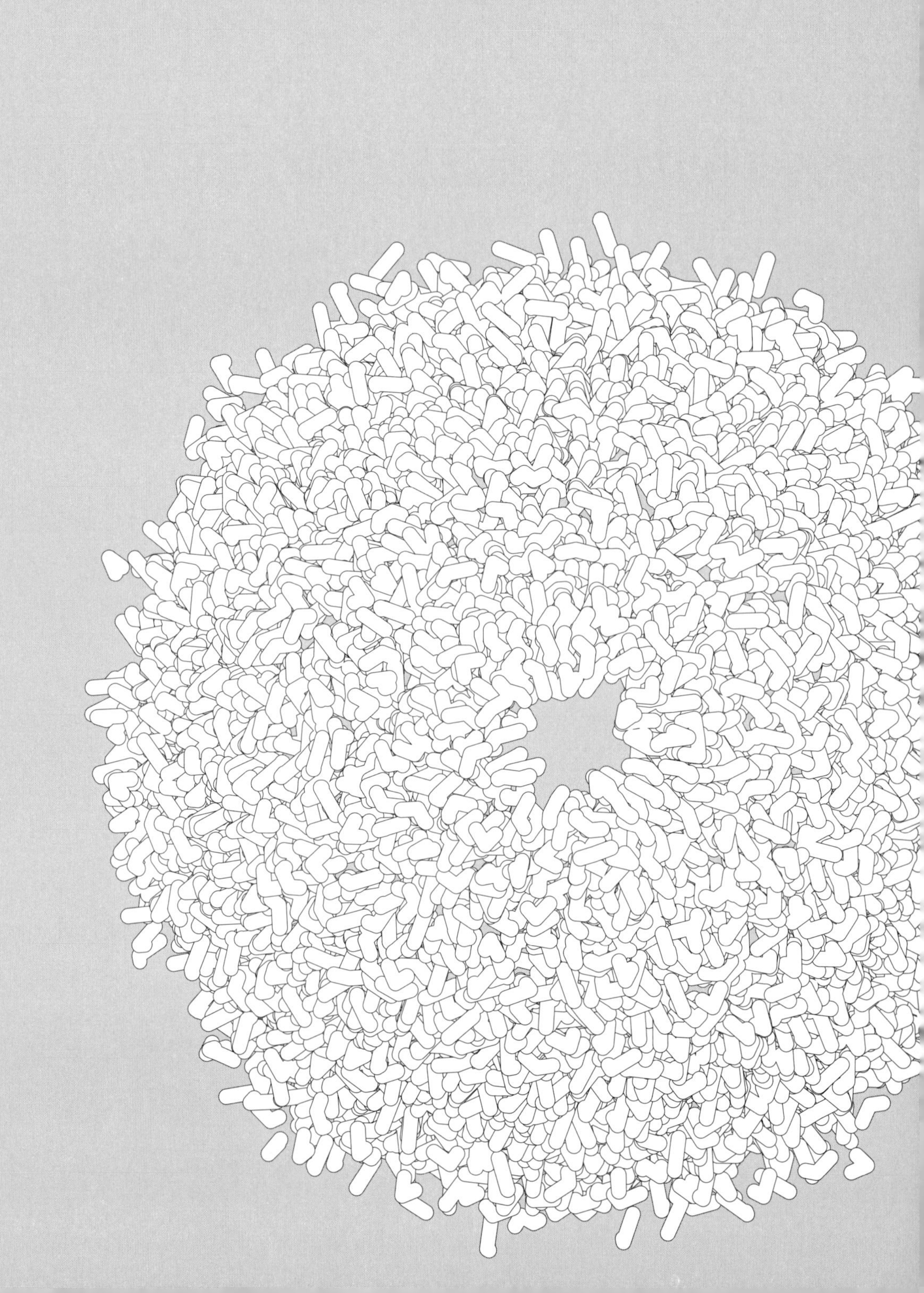

第
5
章

糖类原料的乙醇生产

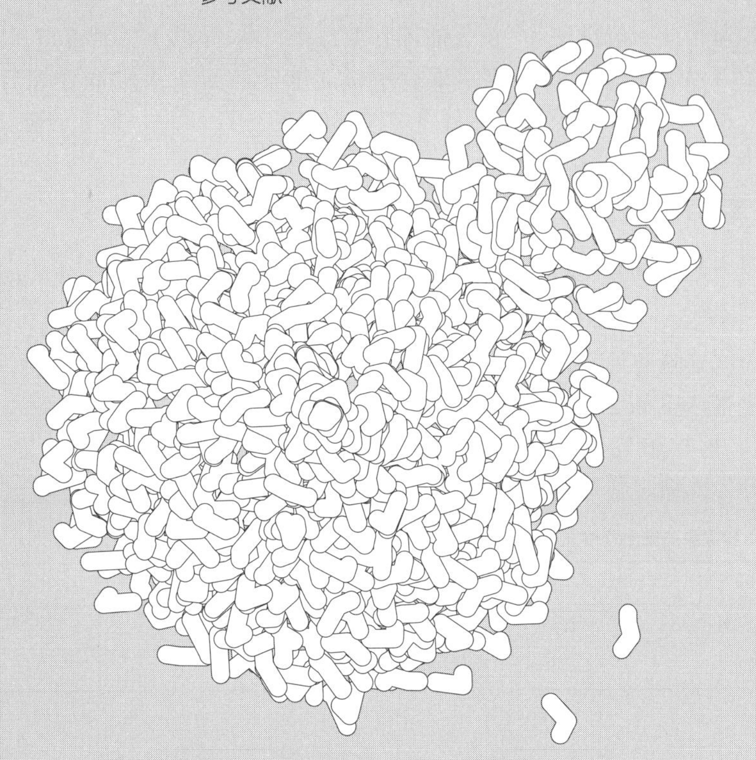

糖类原料的可发酵性物质是糖分，可用于燃料乙醇生产的糖类原料有糖蜜、甜高粱、甘蔗和甜菜等。在巴西，燃料乙醇发酵的原料主要是甘蔗糖汁。而在我国，由于食糖在很长一段时间内都处于短缺状态，尚不能以蔗汁作为发酵乙醇的主要原料。因此糖类原料用于乙醇生产的主要是糖蜜，且总量较为有限。

5.1 糖类原料乙醇生产的特点

5.1.1 糖类原料的理化特征

与淀粉质原料和纤维质原料相比，糖类原料本身就含有相当数量的可发酵性糖，利用糖类原料生产乙醇其工艺过程和设备简单，转化速度快、发酵周期短，与淀粉质原料生产乙醇相比，可以省去蒸煮、制曲、糖化等工序，而且发酵液黏度低，属于清液发酵，因此，其能耗和成本都比较低，工艺操作简便。原料的一般情况参见第2章。

5.1.1.1 甘蔗

普通甘蔗一般亩产4～6t，能源甘蔗亩产可达8t以上，甘蔗可压榨部分为70%，其余30%为梢和叶。压榨或萃取后所得的蔗汁经石灰水澄清处理后，含糖12%～14%，可直接用于乙醇发酵，纤维含量11.5%～12.5%，剩下的蔗渣可用于燃烧发电或作为纤维素乙醇的原料。

5.1.1.2 甜菜

糖用甜菜一般亩产块根2000～4000kg，蔗糖含量14%～21%。

5.1.1.3 甜高粱

甜高粱除获得亩产250～300kg粮食外，还可获得茎秆4t左右（表5-1）。籽实中含粗蛋白质8.2%，粗脂肪2.6%，粗纤维3.6%，无氮浸出物72.7%，粗灰分3.9%，钙0.07%，磷0.24%。茎秆含糖量11%～21%，茎汁锤度5%～22%，主要糖分为蔗糖、葡萄糖和果糖[1]。

表5-1 我国甜高粱生产性状

项目	茎秆单产/(t/hm^2)	茎汁锤度/%	籽粒单产/(t/hm^2)	1t无水乙醇需甜高粱茎秆/t
一般范围	40～120	5～22	2.25～7.5	13～20
平均	60	18	4	16

5.1.1.4 糖蜜

糖蜜因制糖原料、加工条件的不同而有差异，其中主要含有大量可发酵糖（主要是蔗糖），因而是很好的发酵原料[2]。从制糖原料来分，糖蜜主要可分为甘蔗糖蜜和甜菜糖蜜，另外还有大豆糖蜜和玉米糖蜜等。

（1）甘蔗糖蜜

甘蔗糖蜜是甘蔗糖厂的副产物，产于我国南方各地，以广东、广西、福建、台湾、四川为最多，甘蔗糖蜜的产量也较大，其产量为原料甘蔗的 2.5%～3%。它的组成成分随产地、品种和制糖工艺不同而异。甘蔗糖蜜为棕黄色至黑褐色的均匀浓稠液体，含有大量的蔗糖和转化糖，一般总糖可达到 40%～50%。对于发酵用甘蔗糖蜜，《甘蔗糖蜜》(QB/T 2684—2005）规定了原料标准，见表 5-2。

表 5-2 发酵用甘蔗糖蜜质量要求

项目	指标
总糖分(蔗糖分＋还原糖分)/%	≥48.0
纯度(总糖分/折射锤度)/%	≥60.0
酸度	≤15
总灰分(硫酸灰分)/%	≤12.0
铜(以 Cu 计)/(mg/kg)	≤10.0
菌落总数/(cfu/g)	≤5.0×10^{5}

注：总还原糖、纯度低于以上指标值以及酸度、总灰分、菌落总数高于以上指标值时，若买卖双方仍要进行交易，可制定详细的合同，按质论价。

（2）甜菜糖蜜

甜菜糖蜜为甜菜糖厂的一种副产物，甜菜产地以我国东北、西北、华北地区为主，其产量为原料甜菜的 3%～4%，目前我国黑龙江、辽宁、吉林、内蒙古等省区都兴建了不少利用甜菜制糖的工厂，许多糖厂都附设糖蜜乙醇车间。

甜菜糖蜜与甘蔗糖蜜的主要区别是甜菜糖蜜中转化糖含量极少，而蔗糖含量较多，占绝大部分，甘蔗糖蜜成微酸性，pH＝6.2，而甜菜糖蜜则呈微碱性，pH＝7.4，甜菜糖蜜中氮素含量 1.68%～2.3%，甘蔗糖蜜中氮素含量 0.5%，虽然甜菜糖蜜的氮素含量比甘蔗糖蜜多，但是占甜菜糖蜜含氮量 50%的甜菜碱很少被酵母消化（在强烈通风下仅消化 50%）。对于发酵用甜菜糖蜜，《甜菜糖蜜》(QB/T 5005—2016）规定了原料标准，见表 5-3。

（3）大豆糖蜜

大豆糖蜜是生产大豆浓缩蛋白过程中醇溶部分物质经过浓缩处理后的产品，因富含糖类物质，颜色和流动性类似蜂蜜，所以命名为大豆糖蜜。大豆糖蜜的浓度一般为 65%～72%，主要成分见表 5-4。

表 5-3 发酵用甜菜糖蜜质量要求

项目	指标
总糖分(蔗糖分+还原糖分)/(g/100g)	≥45.0
纯度(总糖分/折射锤度)/(g/100g)	≥56.0
总灰分(硫酸灰分)/(g/100g)	≤12.0
铜(Cu)/(mg/kg)	≤10.0
铅(Pb)/(mg/kg)	≤1.0
总砷(以 As 计)/(mg/kg)	≤0.5

注：总还原糖、纯度低于以上指标值以及总灰分高于以上指标值时，若买卖双方仍要进行交易，可制定详细的合同，按质论价。

表 5-4 大豆糖蜜的主要组分表

项目	指标/%
糖类	30～35
粗蛋白(脂蛋白、糖蛋白、胰蛋白酶抑制剂)	5～8
脂类物质(甘油酯、磷脂、植物甾醇)	4～8
灰分	4
大豆皂苷	3～6
大豆异黄酮	0.5～2
酚酸、果胶质、阿拉伯半乳糖	少许

5.1.2 糖类原料乙醇生产流程

与淀粉质原料相比，糖类原料乙醇生产可以省去原料蒸煮、糖化步骤，但是因为原料成分的特点也需要预处理操作，调节糖浓度或者澄清、除杂。一般流程可分为：前处理→菌种的制备→糖液的发酵→成熟醪的蒸馏与精馏。

5.2 原料预处理技术

5.2.1 糖汁分离及获取

对于糖蜜来说，原料本身为液体，因此不需要进行糖汁的分离。而对于甘蔗、甜菜、甜高粱茎秆来说，需要压榨分离其糖汁。

5.2.1.1 甘蔗

巴西是最成功地使用甘蔗汁直接发酵生产酒精的国家。甘蔗糖汁分离过程如下：喷水粗洗→切断→撕裂→4～6 级轴式压机压榨→粗蔗汁。

在压榨过程中，可以提高喷洗水的水温从而提高糖的得率，一般可达 85%～90%。粗蔗汁中含有 12%～16%的糖。

5.2.1.2 甜菜

甜菜可以粉碎加热处理并酶解后带渣发酵，或者进行糖液发酵。甜菜糖汁分离过程如下：清洗→粉碎→热水萃取→粗甜菜汁。粗甜菜汁中一般含有 10%～15%的糖。

5.2.1.3 甜高粱茎秆

甜高粱茎秆可经粉碎后进行固态发酵，也可经类似甘蔗的方式进行糖汁分离后进行液态发酵。茎秆含糖量一般在 11%～21%之间，多数品种在 14%左右。

5.2.2 贮藏

谷物、薯干和秸秆因含水率较低，所以较易贮藏。糖蜜因糖浓度较高，也不易受杂菌污染。而甜高粱糖汁因糖浓度适宜，水活度高，茎秆中的糖类比甘蔗更容易转化，容易受杂菌污染而造成可发酵性糖的损失。目前发展甜高粱制取生物酒精项目主要的瓶颈在于甜高粱茎秆不易长期贮藏，产业化无法获取周年的生产原料。甜高粱的收获期约为半个月，收获后其茎秆中的糖分容易变质，收获后必须迅速加工。压榨后的茎秆汁液也不能长时间贮存，茎秆汁液如贮存不好，极易腐败酸化，将影响酒精的发酵。在甜高粱茎秆汁液制取燃料乙醇技术中，甜高粱茎秆汁液的贮藏问题并没有得到很好的解决，已成为制约该技术发展的瓶颈。因此，在短时间内压榨、并有效地贮存茎秆和汁液，可以延长加工季节，提高设备的利用率，缩短投资回收期，增加产业经济效益。

欧盟对甜高粱收获后的茎秆贮藏做了实验研究，分劈开、切断和整株 3 种处理方式。结果表明贮藏的形式对糖分的损失有着显著影响，糖渣温度含量的控制是成功利用甜高粱的关键因素。关于甜高粱茎秆汁液的贮藏国内外研究很少，一般采取冷冻贮藏，但是冷冻贮存能耗较大，并且需要建设大量的冷库。如能利用生产地自然条件加以贮藏，有助于降低能耗。高双双[3] 通过对甜高粱茎秆露天自然贮藏的感官观察和理化分析，比较甜高粱茎秆在贮藏期间的各种变化，研究了新疆自然的冬天寒冷天气对甜高粱茎秆的贮藏效果。有报道表明甜高粱茎秆汁液浓缩至 66°Bx，浓缩后的汁液可以贮存较长时间，并且节约了占地空间，但是该方法耗能大，且容易造成糖分褐变，实际生产成本较高。汪彤彤[4] 探讨了苯甲酸钠、漂白粉、尼泊金乙酯 3 种防腐剂对甜高粱茎秆汁液贮存及酒精发酵的影响。结果表明，添加防腐剂后，茎秆汁液中总糖含量变化不大，茎秆汁液至少可贮存1个月。随着贮存天数的增加，甜高粱茎秆汁液总的变化趋势为：pH值逐步下降，蔗糖含量逐渐下降，还原糖含量逐渐升高，其中漂白粉对延缓茎秆汁液中蔗糖转化还原糖的过程效果最好。在酒精发酵方面，漂白粉的效果最好，副作用最小，酒精含量（体积分数）达到7.3%，残糖含量降到1.02%；其次是尼泊金乙酯，酒精含量为7.1%，残糖含量为1.34%；苯甲酸钠对甜高粱茎秆汁液酒精发酵抑制作用最大，采用固定化酵母进行发酵可降低这种抑制效应。曹卫星[5] 研究了添加甲酸和壳聚糖对甜高粱茎秆汁液进行贮藏，结果表明，甲酸与壳聚糖都有利于甜高粱茎秆汁液中的糖分保存及贮藏后汁液的乙醇发酵。甜高粱茎秆汁液中添加体积分数为0.1%的甲酸是研究的几种处理中效果最好的处理方法，在该贮藏条件下贮藏40d后甜高粱茎秆汁液中总可溶性糖的损失率为15.9%，接种固定化酵母粒子发酵30h后，乙醇浓度和乙醇产率分别为39.94g/L和75.49%。

5.2.3 糖度调节

对于甘蔗、甜菜、甜高粱茎秆糖汁来说，根据品种不同分离获得的糖汁浓度则不同，一般不需要稀释，有些糖浓度较低的甚至需要浓缩方可进行发酵或贮藏。

糖蜜一般锤度为80～90°Bx，含糖分50%以上，在这样高的浓度下，酵母的生长、繁殖和乙醇发酵都十分困难，因此糖蜜不能直接用来进行乙醇发酵，发酵前必须加水冲稀，在工艺上称为稀释，稀释糖蜜的浓度随生产工艺流程和操作而不同，通常分为单浓度流程和双浓度流程[2]，一般情况下：

① 单浓度流程稀糖液浓度22%～25%；

② 双浓度流程酒母稀糖液12%～14%，而基本稀糖液33%～35%。

5.2.4 酸化与澄清

5.2.4.1 酸化

糖蜜是微生物良好的培养基，所以一般都污染有很多杂菌，为了抑制杂菌生长，一般要加酸酸化，如调节pH值为4.0～4.5之间，酵母可正常生长代谢，而醋酸菌、乳酸菌等杂菌生长受限。另外，糖蜜中存在大量的可溶性胶体物质和无机灰分杂质，这些胶体物质和灰分杂质的存在，不但对发酵产生影响，而且使蒸馏设备积垢。如果酸化酸为硫酸（H_2SO_4）的话，它不但能使稀糖液中的胶体变性而沉淀，而且可以沉淀灰分物质中易于形成设备积垢的部分阳离子（Ca^{2+}、Mg^{2+}等）。

糖蜜酸化这一工艺步骤也为预防污染和减少设备积垢发挥了重要作用，但是由于硫酸用量的增加而导致酒糟液治理难度增大和生产设备腐蚀严重问题不可忽视。因此，近年来，出现了无酸发酵的建议：通过高温灭菌或高选择性的酒精专用杀菌剂以切断杂菌污染。但这一方案无法解决无酸条件下蒸馏设备积垢的问题。

5.2.4.2 澄清

糖蜜中含有5%～12%由果胶质、焦糖和黑色素等组成的胶体物质，导致乙醇发酵时产生大量的泡沫，且胶体会吸附在酵母细胞膜的表面使其新陈代谢困难，降低了乙醇发酵效率。甘蔗中的酚类物质在多酚氧化酶和铁离子的作用下生成的深色酚类色素与酵母菌的蛋白质结合，使它们丧失活性，并且多酚与金属离子络合后能抑制微生物代谢酶的活性。Guillouxbenatier等[6]研究了不同胶体浓度对乙醇发酵的影响，结果表明胶体浓度与活细胞产生的大分子有关。糖蜜中焦糖色素和碱性降解产物（ADP）在发酵开始后的24h内使乙醇产量分别降低了43.3%和11.7%；类黑精对甘蔗糖蜜乙醇发酵无明显的抑制作用。

为去除上述杂质，需要对原料进行澄清处理。冷酸通风处理及热酸处理法都可在灭菌的同时发挥澄清作用，尤其是热酸澄清法。目前我国糖蜜乙醇厂多采用将糖蜜稀释到40%～60%后，再加酸，然后加热澄清，取清液再进行稀释。这样既能提高酸的灭菌作用，又可加速沉淀，并能减少酸化设备的容积，提高设备利用率。它的优点是：糖蜜只需经一次稀释，简化了生产过程，有利于实行自动化；加酸可在室外进行，以降低厂房的高度；无须设置单独的输酸管道。缺点是：由于糖蜜黏度大，为了保证糖蜜和酸均匀混合，必须有专门的混合器；酸化后贮存时，贮槽的槽壁必须用耐酸材料。糖蜜酸化时，通常用硫酸或盐酸，用盐酸时，在以后生产过程中不生成沉淀，而硫酸盐是生产设备积垢的主要原因之一。用盐酸酸化后回收酵母的色泽较好，因Cl^-能起一定的漂白作用，但盐酸的腐蚀性较大，在缺乏耐酸材料的情况下，用盐酸有一定的困难。

另外，加絮凝剂、通过离心或者过滤机械分离以及添加新型澄清剂，也可实现澄清。Kaseno等[7]用陶瓷微滤膜预处理甘蔗糖蜜，发酵78h残糖下降了42%，酒精度提高了18.1%。Deirdre等[8]研究超滤和渗析处理对甘蔗糖蜜乙醇发酵的影响，结果表明超滤处理后使酒度提高了4.5%，而渗析处理不适合甘蔗糖蜜的乙醇发酵。Kenichi等[9]对甘蔗糖蜜进行稀释、酸解、离心、色谱柱吸附，发酵初糖100g/L的糖蜜酒度（体积分数）为4.9%，色素脱除率达87%，COD下降28%。林波等[10]将淀粉和甲壳素作为天然高分子絮凝剂来分离澄清甘蔗糖蜜，得出使用4.0g/100mL絮凝剂3h效果较好。曹卫星[5]对甜高粱茎秆汁液采用壳聚糖溶液进行澄清处理，通过响应面方法优化得到最佳的澄清处理效果为壳聚糖用量为0.42g/L，汁液pH值为5.4，温度29.6℃。在最优条件下进行验证试验，预处理后汁液澄清度为90.62%±0.12%，总可溶性糖含量为（130.32±0.22）g/L。研究了澄清处理与对照汁液的发酵动力学参数，动力学方程的拟合结果表明，试验数据拟合度较好，拟合得到的动力学相关参数进一步表明，澄清处理提高了酵母细胞的最大比生长速率，增加酵母细胞的数量，加快了甜高粱茎秆汁液中糖分的消耗速度，从而提高乙醇产量。

5.2.5 营养盐的添加

糖汁或糖蜜因品种不同，所含的成分也不一样，如果缺乏酵母所必需的营养物质，则需要外加营养盐，以保证酵母的生长繁殖和乙醇发酵。因此，发酵前必须对每批原料进行分析，及时了解营养缺乏的程度才能决定必须添加的营养盐的种类和数量。

一般来说，甘蔗糖蜜中缺乏的营养成分主要是氮、镁。另外，从生产实践中选育分离驯养的酵母菌种，对生长素的要求并不突出，因此大规模生产时采用添加生长素的较少。然而对于低纯度糖蜜和劣质糖蜜的乙醇发酵时，对生长素的要求值得引起注意。酵母必要的生长素有维生素 B_1、维生素 B_2、菸酸、肌醇、生物素及泛酸等，各种糖蜜中的生长素由于制糖过程中的高温蒸发或糖蜜处理时加热而被破坏，宜适当添加酵母生长素，一般是添加适量的玉米浆、米糠或副麸曲自溶物等作为酵母生长素的补充。而甜菜糖蜜的成分与甘蔗糖蜜不完全相同，甜菜糖蜜中并不缺乏氮源和生长素，但缺磷。

孙清等[11] 采用正交试验的方法，以辽宁沈抚污灌区栽种的甜高粱茎秆为试材，研究了钾、氮、镁营养盐添加量对酒精产率的影响，确定了甜高粱发酵酒精的适宜工艺。结果表明，在发酵液中添加 0.5% 的 KH_2PO_4、0.05% 的 $(NH_4)_2SO_4$、0.05%的 $MgSO_4$，5～6h 后可得到较高的酒精产率（可达理论产率的 93%）。张恩铭等[12] 研究了在甜高粱汁液态发酵过程中添加四种营养盐 $(NH_4)_2SO_4$、$CaCl_2$、$MgSO_4$、KH_2PO_4 对最终酒精产量的影响，结果分析表明，$(NH_4)_2SO_4$、$MgSO_4$、KH_2PO_4 和 $CaCl_2$ 的最优添加量分别为 1g/L、10g/L、5g/L、5g/L。$MgSO_4$ 和 $CaCl_2$ 的添加量对发酵结果影响极显著，KH_2PO_4 的添加量对发酵结果影响显著，$(NH_4)_2SO_4$ 的添加量对发酵结果影响不显著。王锋等[13] 研究了 $MgSO_4$、$(NH_4)_2SO_4$ 和 KH_2PO_4 对甜高粱茎秆汁液酒精发酵的影响，并对其酒精发酵的经济可行性进行了分析。认为 $(NH_4)_2SO_4$ 和 KH_2PO_4 的添加有利于提高甜高粱汁酒精发酵的产量和产率，$MgSO_4$ 的添加无益于酒精产量的提高；$(NH_4)_2SO_4$ 和 KH_2PO_4 的用量分别为 2g/L 和 5g/L 时，终酒精浓度为 94.5g/L，酒精产率为 0.44。张先舟[14] 通过单因子试验研究了适宜甜高粱汁发酵酒精的氮源和无机盐，再通过四因素三水平的正交优化试验确定其适宜氮源和无机盐的添加量，分别为硫酸铵 6g/L、硫酸镁 6g/L、氯化钙 10g/L、磷酸二氢钾 0.3g/L。最终发酵时间为 28h，酒精体积分数可达到 9.7%。李青川[15] 以单因素试验为基础，采用四元二次通用旋转组合试验，以乙醇产量为响应值作响应面设计，对 *Saccharomyces cerevisiae* P14 的发酵培养基进行了优化。确定大豆糖蜜高产乙醇的最佳发酵培养基为：大豆糖蜜浓度为 40%，蛋白胨添加量为 1.2g/L，$MgSO_4$ 添加量为 0.34g/L，Na_2HPO_4 添加量为 1.87g/L，$FeSO_4$ 添加量为 0.025g/L，生长因子添加量为 2.78g/L。在此条件下乙醇产量可达 12.43%。

上述学者的结论存在一定的差异，从客观条件分析，可能是由于试验所用甜高粱品种不同，其汁液成分存在差异，因此菌株发酵所需要的各种营养盐的种类与数量必然存在差异。

5.2.6 酶的添加

甘蔗皮由果胶和纤维素组成，含有丰富的纤维素，在糖蜜的生产过程中会有很大部分未被处理和转化而存在糖蜜中，用纤维素酶对糖蜜中的纤维素及其他寡糖进行酶解预处理，可以增加糖蜜中的可发酵性糖。徐晚霞[16]考察了纤维素酶添加对糖蜜酶解及糖蜜酒精连续发酵残糖的影响。结果表明，纤维素酶对低、高锤度糖蜜进行预处理时，得到在低、高锤度下最佳的添加酶量分别为15FPU/g固形物和10FPU/g固形物；纤维素酶酶解22°Bx糖蜜后发酵，得到的发酵效率、总糖消耗率、乙醇得率和乙醇生产率分别是87.28%、97.75%、0.46g/g和3.06g/(L·h)，得到的平均残糖浓度及平均乙醇浓度分别是3.71g/L和73.45g/L，与未酶解的22°Bx糖蜜发酵相比，残糖浓度降低了42.9%，乙醇浓度提高了11.6%。通过发酵工艺的优化和纤维素酶的运用，在糖蜜酒精发酵过程中，成功地提高出酒率，同时降低了酒精废液的残糖浓度。

5.3 乙醇发酵技术

5.3.1 酵母的制备

一般乙醇发酵用的酵母菌种应具有生长速度快、高发酵速度、高基质转化率等优良性能，然而对于糖蜜发酵用酵母来说，除上述优良性能外，还需要有强的耐渗透压性能，即在含高浓度灰分和胶体物质的糖液中能正常快速地生长繁殖和乙醇发酵。这一点是糖蜜发酵用酵母区别于淀粉质原料乙醇发酵用酵母的主要特征。为了使酵母菌能够更好地利用糖蜜，提高糖利用率，增加酒精发酵产量，可以对酵母菌通过诱变驯化、基因工程手段进行改良[17,18]。

王娜[19]用自然选育法，从大自然中分离筛选适合以甜高粱汁液为原料发酵制备燃料乙醇的高产酒精酵母。共从来源不同的基质中分离得到165株酵母菌，经初筛、复筛和酒精发酵试验，最终获得五株适宜甜高粱为原料，可进行酒精发酵的高产酵母菌株。经单因素试验和四因素三水平正交试验确定了这五株菌的酒精发酵工艺。以汁液锤度为19°Bx的甜高粱汁发酵，酒精浓度（体积分数）达12.45%。曹俊峰等[20]采用负染色计数法从非自然诱变菌株中成功地选育了一株以 C_4 植物甜高粱汁做基质发酵生产酒精的酵母菌株，产酒率（体积分数）最高达 12.80%。张学良[21]以酵母菌株 S. FFCC2167 为出发菌株，首先经过驯育后提高了酵母菌株耐高糖能力，再用 X 射线和 DES 进行复合诱变，利用 TTC 鉴别培养基筛选出突变株，耐酒精试验进行三筛，得到了菌株 FXD-3，不仅提高了酒精的产率，还提高了耐酒精能力。以 220g/L 甜高粱茎汁通用配方为发酵培养基，最佳发酵条件是接种量 10%(体积分数)，30℃，pH=4.5，酒精产量 92.98g/L，酒精得率为 90.03%。米慧芝[22]报道，酿酒酵母 gxas02 能直接发酵 30%（体积分数）的蔗糖溶液，发酵周期只有 2～3d，其最终产生的酒精可以达到 17.08%(体积分数)。凌长清[23]报道了高产酿酒酵母菌株 MF1001 的甘蔗糖蜜酒精发酵特性及利用该菌株进行甘蔗糖蜜高浓度酒精发酵的结果，结果表明，20°Bx 糖蜜对菌株的酒精发酵没影响，发酵的适宜温度为 30℃，pH=4.0 的发酵效果明显优于 pH=3.8 的。按其甘蔗糖蜜酒精生产的发酵工艺，用 20°Bx 糖蜜培养基培养菌株，制备种子液，然后将种子液与 55°Bx 的糖蜜培养基 1∶1 混合进行中试发酵，发酵 48～52h 的醪液酒精含量（体积分数）达到了 13.3%～13.4%。发酵结束时醪液可发酵残糖含量为 0.64%～1.02%。将该菌株用于 5 万吨规模的甘蔗糖蜜酒精发酵生产，全年生产的成熟醪酒精含量（体积分数）维持在 12.5%以上，发酵效率维持在 91%～93%，生产 1t 酒精的废液排放维持在 8t 左右，生产效益显著。

另外，我国糖蜜发酵生产酒精工艺过程已经广泛采用多孔圆柱体（蜂窝煤状）固定化酵母载体进行连续发酵，同传统酒精发酵工艺相比，固定化酵母具有发酵周期短、设备利用率高、杂菌感染少、发酵率高、生产成本低等优点。

5.3.2 发酵

糖蜜类乙醇的发酵方法很多，基本上可分为间歇法与连续法两大类，糖类原料与淀粉质原料相比，其为流动液体的特性具有明显优势，因此多采用连续发酵。

目前我国的糖蜜酒精发酵大多采用双浓度双流加连续发酵工艺。该工艺是一种使用两种不同的糖液，即酒母稀糖液（低浓糖液）和发酵稀糖液（高浓糖液）双流加以实现连续发酵的流程。双流加连续发酵工艺具有设备利用率高、发酵周期短、操作简单、利于自动化控制的特点，因而在糖蜜酒精发酵中得到普及。但在双流加连续发酵工艺中，各酒精厂高低浓度糖液流加的比例各不相同，该比例会影响到发酵酒分和残糖等，因而有必要对不同的糖蜜流加比例及浓度进行探究，找出适合各厂实际情况的流加工艺参数。

Haraldson 等[24]介绍了一种适合实验室规模使用的连续发酵体系，适用于浓缩的发酵液。Borzani 等[25]对压榨酵母甘蔗糖蜜半连续乙醇发酵进行研究，建立了一个接种量对发酵时间和乙醇产率关系的数学模型。Santos 等[26]研究压榨酵母甘蔗糖蜜半连续乙醇发酵的接种体积分数与发酵时间的关系，结果表明当接种量体积分数为发酵液体积的 58%时，乙醇产率达到最大为 12.0g/(L·h)。Borzani 等[27] 研究甘蔗糖蜜连续乙醇发酵过程中乙醇产量的变化趋势，实际乙醇产量达到理论值的 85.6%，且乙醇的比生成速率与酵母细胞的比生长速率呈线性关系。顾燕松等[28] 研究了 13 株耐高渗酵母菌株的发酵特性，初糖 30%（质量浓度）的糖蜜发酵液，30℃条件下，在 5L 罐中发酵 48h，酒精度（体积分数）达到 15.0%。补料分批发酵相比于分批发酵可以减轻底物抑制、缩短发酵时间和提高最终酒度。Carvalho 等[29] 发现反应釜的填料时间 $T=3h$，初始接种质量 $M=1300g$，补料速率的指数衰减常数 $K=1.6h^{-1}$，乙醇产率达到最大 16.9g/(L·h)。徐晚霞[16] 建立了基于固定化酵母和酵母固定化的三级连续发酵系统，考察不同的稀释率和不同浓度的糖蜜对酒精连续发酵的影响。结果表明，稀释率和糖蜜浓度对糖蜜酒精连续发酵的发酵效率、糖利用率、乙醇得率和乙醇生产率有显著的影响。在一定条件下，稀释率与醪液中的残糖浓度和乙醇浓度之间呈现线性关系。在糖锤度为 22°Bx、稀释率为 $0.0037h^{-1}$ 下，得到最高的发酵效率、最大的乙醇得率和最低的残糖浓度，分别为 83.92%、0.44g/g 和 6.53g/L。

5.4 代表性生产企业

巴西是利用糖类原料生产乙醇最成功的国家之一；巴西通过立法确立了用燃料乙醇替代汽油的发展方向，经过 20 多年的发展，已经成为燃料乙醇生产能力最大的国家，也是世界上燃料乙醇生产成本最低的国家，生产成本约合 0.2 美元/L，同期汽油价格为 0.6～0.7 美元/L。燃料乙醇已经具备了相当的市场竞争力，从 2001 年开始巴西政府已经取消了对燃料乙醇的补贴，由市场供求直接调节。

我国糖蜜乙醇主要由各大糖厂的子公司或酒精车间完成，尤其以广西较为集中，但生产规模均较小。如广西海盈酒精有限责任公司、广西农垦糖业集团昌菱制糖有限公司建有 3 万吨的乙醇生产线，广西贵港市甘化酒精有限公司现有年产 2 万吨食用酒精的生产规模，形成了酒精生产→废液浓缩→燃烧→产汽发电→再生产→再浓缩→再燃烧的循环。

参考文献

[1] 卢庆善. 甜高粱 [M]. 北京：中国农业科学技术出版社，2008.

[2] 黄衡，陆美艳，甘美慢，等. 流加比对双流加糖蜜酒精连续发酵的影响 [J]. 甘蔗糖业，2014，1：30-33.
[3] 高双双. 甜高粱茎秆贮藏及固态发酵技术的研究 [D]. 石河子：石河子大学，2009.
[4] 汪彤彤. 防腐剂对甜高粱茎秆汁液贮存及酒精发酵影响的试验研究 [D]. 沈阳：沈阳农业大学，2006.
[5] 曹卫星. 预处理方法对甜高粱茎秆汁液及残渣乙醇发酵的影响 [D]. 上海：上海交通大学，2012.
[6] Guillouxbenatier M，Guerreau J，Feuillat M. Influence of initial colloid content on yeast macromolecule production and on the metabolism of wine microorganisms [J]. American Journal of Enology & Viticulture，1995，46 (4)：486-492.
[7] Kaseno，Kokugan T. The effect of molasses pretreatment by ceramic microfiltration membrane on ethanol fermentation [J]. Journal of Fermentation & Bioengineering，1997，83 (6)：577-582.
[8] Deirdre R，Robert J. Dialysis and ultrafiltration of molasses for fermentation enhancement [J]. Separation & Purification Technology，2001，22-23：239-245.
[9] Kenichi H，Satoshi K，Yohei N，et al. Novel strategy using an adsorbent-column chromatography for effective ethanol production from sugarcane or sugar beet molasses [J]. Bioresource Technology，2009，100 (20)：4697-4703.
[10] 林波，郭海蓉，任二芳，等. 天然高分子絮凝剂分离澄清甘蔗糖蜜 [J]. 食品研究与开发，2011，32 (8)：39-41.
[11] 孙清，赵玲，孙波，等. 油污地甜高粱茎秆汁液制取酒精的试验研究 [J]. 可再生能源，2005 (6)：16-17.
[12] 张恩铭，刘荣厚，孙清，等. 营养盐对甜高粱茎秆汁液酒精发酵的影响 [J]. 农机化研究，2005 (6)：175-177，180.
[13] 王锋，成喜雨，吴大祥，等. 甜高粱茎秆汁液酒精发酵及其经济可行性研究 [J]. 酿酒科技，2006 (8)：41-44.
[14] 张先舟. 甜高粱汁发酵生产燃料酒精的工艺研究 [D]. 保定：河北农业大学，2008.
[15] 李青川. 大豆糖蜜发酵生产乙醇关键技术研究 [D]. 大庆：黑龙江八一农垦大学，2012.
[16] 徐晚霞. 甘蔗糖蜜连续乙醇发酵及其残糖控制技术的研究 [D]. 广州：华南理工大学，2013.
[17] 杨丽峰. 甘蔗糖蜜中影响高浓度乙醇发酵的主要因素 [D]. 柳州：广西科技大学，2016.
[18] 郭艺山，尚红岩，黄向阳，等. 一种多孔质固定化酵母在糖蜜酒精生产中的应用研究 [J]. 广西糖业，2016，8：20-23.
[19] 王娜. 发酵甜高粱汁高产酒精酵母菌株的选育 [D]. 石河子：石河子大学，2010.
[20] 曹俊峰，姚培鑫，马小魁. 发酵甜高粱汁耐高浓度酒精酵母菌的选育 [J]. 西北植物学报，2001，5：1009-1012.
[21] 张学良. 甜高粱茎汁发酵菌株的选育及其发酵动力学的研究 [D]. 大连：大连工业大学，2011.
[22] 米慧芝，杨登峰，关妮，等. 高浓度蔗糖酒精发酵的初步研究 [J]. 中国酿造，2011，2：46-48.
[23] 凌长清. 利用高产酵母实现甘蔗糖蜜高浓度酒精发酵研究 [J]. 广西轻工业，2011，2：6-9.
[24] Haraldson Å，Rosén C G. Studies on continuous ethanol fermentation of sugar cane molasses [J]. European Journal of Applied Microbiology & Biotechnology，1982，

14 (4): 216-219.

[25] Borzani W, Hiss H, Santos T W D, et al. Semicontinuous ethanol fermentation of sugar cane blackstrap molasses by pressed yeast [J]. Biotechnology Letters, 1992, 14 (10): 981-984.

[26] Santos T W D, Vairo M L R, Hiss H, et al. Semicontinuous alcoholic fermentation of sugar cane blackstrap molasses by pressed yeast [J]. Biotechnology Letters, 1992, 14 (14): 975-980.

[27] Borzani W. Variation of the ethanol yield during oscillatory concentrations changes in undisturbed continuous ethanol fermentation of sugar-cane blackstrap molasses [J]. World Journal of Microbiology & Biotechnology, 2001, 17 (3): 253-258.

[28] 顾燕松. 用废糖蜜高效发酵酒精新工艺研究 [D]. 北京: 北京理工大学, 2001.

[29] Carvalho J C M, Vitolo M, Sato S, et al. Ethanol production by Saccharomyces cerevisiae grown in sugarcane blackstrap molasses through a fed-batch process: optimization by response surface methodology [J]. Applied Biochemistry & Biotechnology, 2003, 110 (3): 151-164.

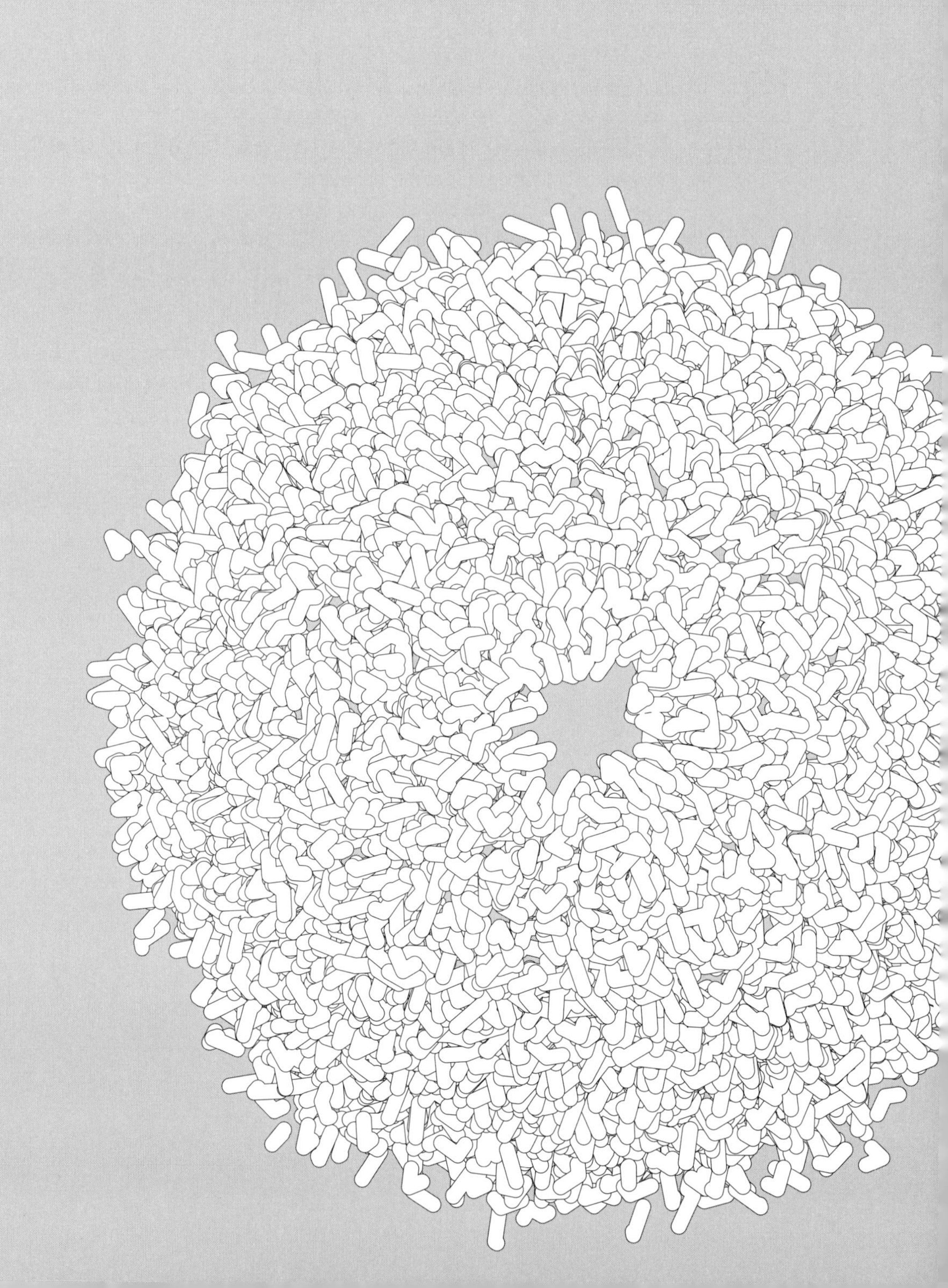

第6章

纤维素原料的乙醇生产

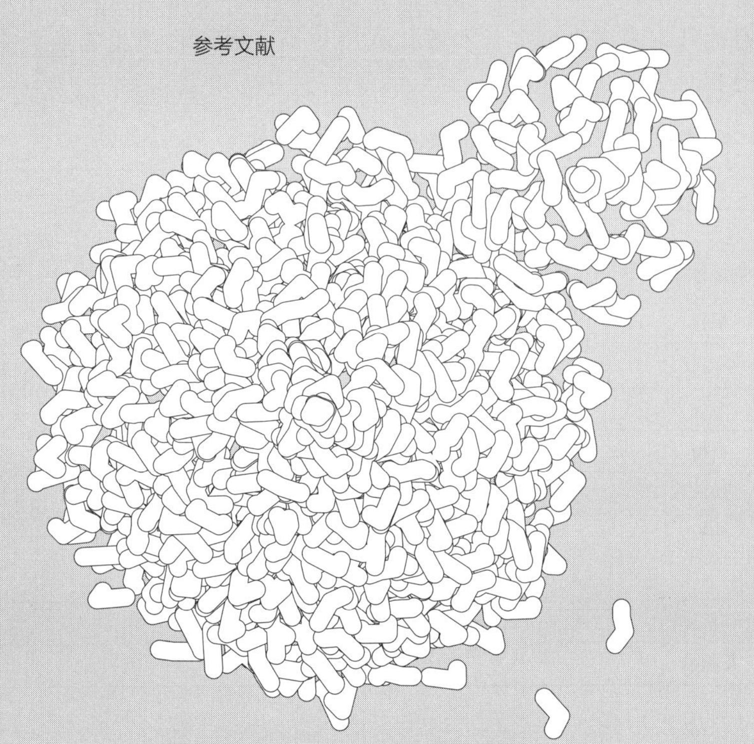

6.1 纤维质原料乙醇生产的特点

6.1.1 纤维质原料的物理特征

中国是世界上最大的农业国，每年产生近8亿吨的农作物秸秆废弃物，其中玉米秸秆近2亿吨。目前这些废弃物绝大部分被焚烧还田或作为农村的初级燃料，利用效率极低，而且造成了严重的环境污染。如果把全国年产8亿吨农作物秸秆中的1/2用来生产纤维素乙醇，按5t秸秆生产1t乙醇的收率计算，可以生产8000万吨燃料乙醇，相当于2012年全国汽油消费总量。利用不能种植粮食或油料作物的边际性土地，发展种植芒草、芦苇等能源草，或者种植速生能源林木，是未来纤维素原料的主要来源，对于燃料乙醇的发展前景具有重要意义。中国农业大学、北京林业大学、华中农业大学等单位纷纷建立了生物质能源原料研究机构，深入开展了相关的研究工作，建立了示范生产基地。这些研究将为纤维素乙醇产业的发展提供新的原料资源。纤维质原料主要包括木材（如杨树、桉树、松树等）及林产加工废弃物、农业秸秆类废弃物（如玉米芯、玉米秆、麦秆、稻草等）、能源草（如柳枝稷、芒草等）和其他纤维废弃物（如甘蔗渣、甜高粱渣、木薯渣等）。它主要由纤维素、半纤维素和木质素组成，其中木材类生物质相对禾本科类生物质含有的纤维素成分更多、木质化程度更高，而秸秆类生物质含有的半纤维素和灰分等相对更高（表6-1）。

表6-1 典型生物质主要成分含量（以干重计） 单位：%

原料	纤维素	半纤维素	木质素	灰分
农业类生物质				
玉米秸秆	37.1	24.2	18.2	5.2
稻秆	36.0	19.6	24.0	6.3
小麦秆	44.5	24.3	21.3	3.1
硬木类生物质				
白杨	49.0	25.6	23.1	0.2
桦木	42.6	13.3	30.9	0.8
桉木	48.0	14.0	29.0	1.0
软木类生物质				
辐射松	41.7	20.5	25.9	0.3
花旗松	42.0	23.5	27.8	0.4

6.1.2　纤维素

纤维素是整个生物质的骨架部分，含量约占 40%，由脱水葡萄糖基通过 β-1,4-糖苷键连接成直链状结构，其聚合度从几百到 10000 以上。纤维素大分子的每个基环均具有 3 个醇羟基，其中 C2 和 C3 上为仲醇羟基，而 C6 上为伯醇羟基，它们的反应能力不同，可以发生氧化、酯化和醚化等反应。纤维素大分子的两个末端基性质不同，左端的 C4 上有一个仲醇羟基，右端 C1 上有一个苷羟基，苷羟基上的氢原子易发生转位与基环上氧桥的氧结合，使环式结构开环，C1 原子变成醛基从而表现出还原性[1]。纤维素链中每个残基相对于前一个残基翻转 180°，使链处于完全伸展的构象，相邻、平行的伸展链在残基平面的水平方向通过链内和链间氢键形成片层结构，片层之间通过氢键和范德华力维系（图 6-1）。多个葡聚糖链聚集在一起形成直径为 2～10nm 的微纤维，有结晶区和非结晶区。结晶区是由 30～36 个葡聚糖链通过氢键和范德华力形成的有周期性晶格的分子束，非结晶区是由排列疏松无序的葡聚糖链形成的无定形区。整个微纤维被半纤维素等其他细胞壁成分包裹。一般来说，木材类生物质相对农业秸秆类生物质纤维素聚合度和微晶体较大。

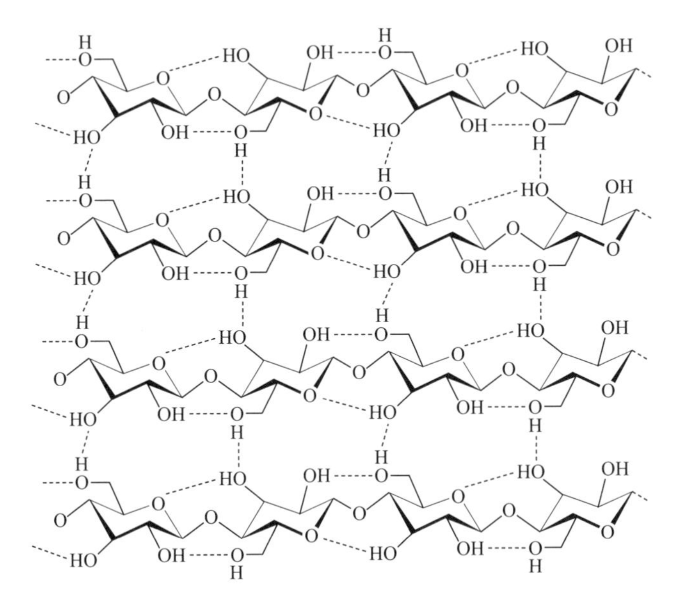

图 6-1　纤维素片层结构

6.1.3　半纤维素

半纤维素是无定形的生物高聚物，大多带有侧链，通过氢键与纤维素的微纤丝结合，形成作为细胞壁骨架的网络结构。半纤维素由多种糖基（中性、脱氧和酸性糖基）组成，包括 D-木糖、L-阿拉伯糖、D-葡萄糖、D-半乳糖、D-甘露糖、D-葡萄糖醛酸、4-*O*-甲基-D-葡萄糖醛酸、D-半乳糖醛酸、D-葡萄糖醛酸和少量的 L-鼠李糖、L-海藻糖及各种 O-甲基化的中性糖，其化学成分随木质生物资源种类的不同而有所差异（表 6-2），其侧链结构则由阿拉伯糖、葡萄糖醛酸和 4-O-甲基醚、乙酸、阿魏酸及对香豆酸等单位构成。比如硬木中大多以含 O-乙酰基-4-O-甲基葡萄糖醛酸木聚糖（O-acetyl-4-O-methylglucuronoxylan）为主，主链每第十个木糖的第二位碳上带有 4-O-甲基葡萄糖醛酸基（4-O-methylglucuronic acid），硬木中每个木糖的第二位碳或第三位碳位置可能会被甲基化，其中第三位碳的位置会多于第二位碳。而软木含有大量的阿拉伯糖基-4-O-甲基葡萄糖醛酸木聚糖（arabino-4-O-methylglucuronoxylan），软木含有的 4-O-甲基葡萄糖醛酸基比硬木多，会在木糖的第二位碳上连接，且木糖没有被大量甲基化，其中被甲基化的区域部分被 α-L-阿拉伯呋喃糖苷（α-L-arabinofuranose）所取代[2]。

表 6-2　木材和稻秆半纤维素各种高聚糖的组成

聚糖	原料	含量/%	组成			平均聚合度（DP_n）
			糖基	摩尔比	键型	
O-乙酰基-4-O-甲基-葡萄糖醛酸木聚糖	硬木	10～30	β-D-吡喃木糖 4-O-甲基-α-D-吡喃葡萄糖醛酸 O-乙酰基	10 1 7	1,4 1,2	200
葡萄糖-甘露聚糖	硬木	2～5	β-D-吡喃甘露糖 β-D-吡喃葡萄糖	1.5～2.0 1	1,4 1,4	200
阿拉伯糖基-4-O-甲基葡萄糖醛酸木聚糖	软木	7～10	β-D-吡喃木糖 4-O-甲基-α-D-吡喃葡萄糖醛酸 L-呋喃阿拉伯糖	10 2 1.3	1,4 1,2 1,3	100
半乳糖基葡萄糖-甘露聚糖	软木	5～15	β-D-吡喃甘露糖 β-D-吡喃葡萄糖 β-D-吡喃半乳糖 O-乙酰基	3 1 0.1～1 0.24	1,4 1,4 1,6	100
4-O-甲基-葡萄糖醛酸基-阿拉伯糖基-木聚糖	稻草	—	β-D-吡喃木糖 4-O-甲基-α-D-吡喃葡萄糖醛酸 L-呋喃阿拉伯糖	34 1 3	1,4 1,2 1,3	100

6.1.4　木质素

木质素在木质纤维素类生物质中的含量仅次于半纤维素，在木材类生物质中为 20%～40%，农作物秸秆中为 15%～25%。木质素[3] 是一类由苯丙烷结构单体通过碳碳键和醚键连接而成的具有三维网状立体结构的天然高分子化合物，它和半纤维素一起作为细胞间质填充在细胞壁的微细纤维之间，在细胞壁中起加固作用。根据木质素的分离提取办法，可以将木质素分为碱木质素、硫酸木质素、乙醇木质素和酶木质素等。木质素按照其结构可分为愈创木基木质素（G 木质素）和愈创木基-

紫丁香基木质素（G-S 木质素）。愈创木基木质素主要由松柏醇（coniferyl alcohol）脱氢聚合而成，其结构均一，多数针叶材木质素属于愈创木基木质素[4]；愈创木基-紫丁香基木质素是由松柏醇和芥子醇（synapyl alcohol）脱氢共聚而成，大部分阔叶材及禾本科木质素属于这一类型，见图 6-2。禾本科木质素中除了以上两种木质素外，还有较多呈醚键连接的对羟基苯甲烷单元（香豆醇，coumaryl alcohol），所以表现为 G-S-H 木质素。

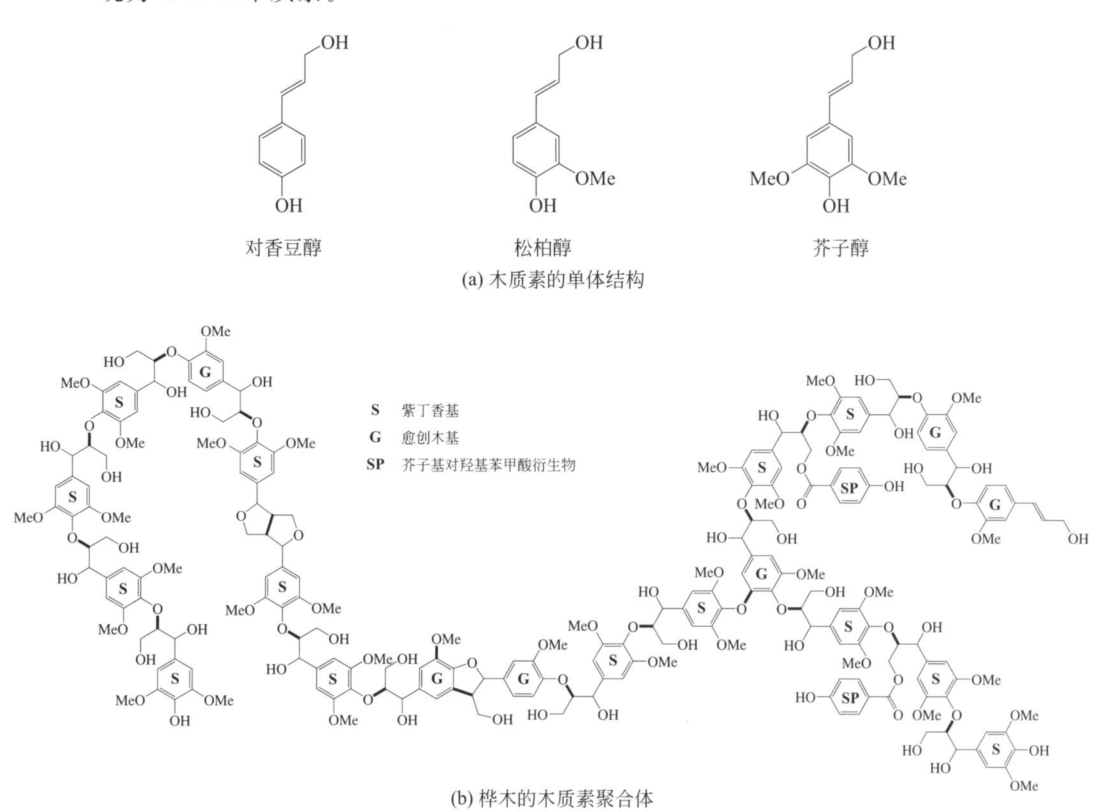

图 6-2　构成木质素的单体结构和桦木的木质素聚合体

6.1.5　细胞结构特征

木质纤维素类生物质结构的表征方法有多种，常用的有扫描电子显微镜（SEM）、透射电子显微镜（TEM）、原子力显微镜（AFM）、核磁共振法（NMR）、傅里叶转换红外光谱法（FTIR）、X 射线衍射法（XRD）等。同时，近几年发展起来的一些三维成像技术也越来越多地应用于木质纤维素类生物质的结构表征中，如相衬显微断层成像（PCT）、X 射线三维显微镜（显微 CT）等。这些表征技术让我们对木质纤维素类生物质的内部结构甚至亚显微结构都有了更加深入的了解。

Sant'Anna 等[5] 使用 SEM 对甘蔗进行了表征，从甘蔗秆的节间剖析图可知：从外到里的结构依次是表皮层、皮质层和被维管束围绕的薄壁细胞层。表皮是单层细胞，其在外周细胞壁中具有角质膜和表皮蜡。在皮层内观察到两层或三层厚壁皮下注射细胞，正好位于表皮内。在夹层皮层和薄壁组织中观察到一层小而薄壁的细胞。薄壁组织由宽度从0.6～1.2mm的薄壁细胞组成。在成熟的导管分子中观察到维管束并列且螺旋加厚的（宽2.5mm)。在维管束周围观察到厚壁组织纤维。从SEM中得到的图像可以看出甘蔗秆节间结构的内部微观结构的排列方式，Isaac等[6]使用X射线显微CT技术对甘蔗渣进行三维成像，结合SEM的图像可以实现从二维到三维更加直观地了解甘蔗的内部结构情况。在表皮附近，维管束（由纤维包围的导管）彼此紧密堆积，远离表皮使得维管束更为分散，被薄壁包围。另外，Isaac等[7]还使用同步辐射相衬层析显微镜对甘蔗渣横截面进行成像，从横截面图中发现维管束是独立的区域，厚壁细胞的厚度大约是5μm，所包含的细胞腔的直径在6～75μm之间。薄壁细胞的细胞壁更薄，其中包含孔的孔径大小在25～60μm之间。维管束由厚壁组织包围着并嵌入薄壁组织中，这也是一个典型的特征[8]。同时，还可以观察和分析出不同的细胞类型、大小、细胞内腔的表面积以及颗粒内外的比表面积等信息。Sant'Anna等[5]使用共聚焦显微镜，通过番红着色从而获得了甘蔗细胞壁中纤维素和木质素的分布图。观察到细胞壁角木质素浓度是所有细胞类型中木质素浓度最高的。而且，在胞间层相对应的区域中和次生细胞壁中也发现了高的木质素浓度。此外，在木质部和韧皮部传导组织中观察到了木质素，但是韧皮部细胞中的木质素水平较低。最后，在厚壁细胞中观察到强烈的绿色荧光信号（对应于富含纤维素的次生细胞壁）。相比之下，在木质素丰富区域中发现了较弱的绿色信号，如细胞壁角和胞间层；这可能与这些区域含有低浓度的纤维素有关。

通过以上对甘蔗的各种表征，可以从内到外、从宏观到微观、从二维到三维观察甘蔗的结构特征，同样其他的木质纤维素类生物质也可以进行这样的表征研究，虽然每种生物质中各组分含量和结构有所差异，但是都可以通过这些表征方法来进行深入研究了解。然而，在高等植物中，直径为3nm左右的微纤维，其围绕包裹细胞并且通过单链多糖如木葡聚糖交叉结合[9]，另外植物细胞壁是由高分子量的多糖、高度糖基化的蛋白质和木质素组成的复杂动态结构[9]；并且纤维素、半纤维素和木质素之间的共价键与非共价键，纤维素的结晶度等因素，使得木质纤维素类生物质的结构紧密复杂，结构抗性很大。

6.1.6 生物质的抗降解因素

生物质转化的顽抗性的形成体现在两方面：一方面是生物质原料化学结构相关因素，如纤维素的结晶聚合状态、半纤维素链式、木质素成分及单元组成等；另一方面则是与生物质细胞壁相关的物理结构因素，如比表面积和孔容、细胞壁厚度等。生物质中木质素含量和单元构成比例因生物质种类差异而不同，通常，高木质素组分的原料，其细胞壁的顽抗性较强，在转化阶段表现在纤维素分解机能较差。而且木质素中S/G单元比值、官能团含量等化学特性对转化的顽抗性影响也比较大，Studer等对杨木的研究表明预处理过程中总木糖的收率随S/G比变大而增加。此外，半纤维素链的连接类型和链的分支度也是细胞壁顽抗性的一个主要因素。Pauly等用木葡聚糖专一识别酶和KOH处理生物质细胞壁，发现半纤维素的分支嵌入纤维素的微纤丝表面，从而干扰微纤维丝的聚合和结晶，有利于酶解反应。Yoshida用木聚糖酶专一作用于生物质的半纤维素，同时用次氯酸钠脱木质素提高酶解的初始反应速率，发现总的酶解率高90.6%。纤维素的微纤丝分子规则排列，紧密结合形成结晶区，当微纤丝分子无规则罗列时则为无定形区，但两者之间无明显的界限，结晶度为结晶区在整个区域的占比，且结晶区会对进入的纤维素酶分子表现出一定抗性。Zhu等对小黑杨的实验研究发现低的结晶度，有利于加快底物酶解的初始速率，但反应一段时间后，结晶度大小对酶解的影响将逐渐消失。但因其使结晶度变化的处理方法同时也会导致其他特性结构发生变化，所以结晶度并不是能直接反映酶解效果的最主要因素。聚合度通常指聚合物里平均的重复单元数，是考量聚合物性质的一个参数，纤维素的聚合度则是指构成其葡萄糖基环的数目。酶解过程中纤维素的机械抗性很大程度上与其聚合度相关，Eremeeva等对阔叶木的研究发现处理过程中纤维素的聚合度降低到200以下，可显著提高酶解速率，认为聚合度也是限制底物反应的一个要素。

构成生物质顽抗性的物理特征主要是细胞壁上的孔容、数目和比表面积(SSA)。孔容是指单位生物质上所有孔隙的体积之和，孔隙体积大小将直接影响底物和其他大分子的耦合。每克生物质中所拥有的表面积之和则为底物的比表面积，Chandra等研究木材类生物质发现比表面积越大，纤维素酶解率越高。Wiman等用蒸汽预处理云杉的木屑，结果表明纤维素的降解水平和底物比表面积表现出较强的联系。生物质比表面积越大，孔径越大，则纤维素酶分子通过孔径与底物的耦合机会加大，酶解率得到提高。木制纤维素生物质的细胞壁由外向内一般分为初生壁(primary cell wall，简称P层)、较厚的次生壁（secondary cell wall，简称S层)，邻近的纤维细胞相互连接的部分，称包间层（middle lamella，简称ML层)。P层与ML层无明显分界，一般将两部分统称为复合胞间层，即CML层。Yu等用透射电镜观察用不同方法处理后的甘蔗渣，发现预处理后蔗渣的细胞壁各层界限被打破，各层厚度增加，尤其是CML层厚度变化明显，且随预处理强度增加细胞壁厚度也有增大的趋势。预处理过程中细胞壁厚度增加，结构松散，有利于酶作用于底物，加速酶解反应。

上述无论是生物质的细胞壁复杂的物理结构还是化学成分不均一的分布都会对预处理和酶解造成影响，但各因素的作用并不是独立的，各因素之间相互关联，共同构成了细胞壁的顽抗性。预处理目的就是冲破这种顽抗性增添生物质与纤维素酶耦合的可能性，将多糖转换为发酵还原性糖。因此预处理技术是生物质纤维炼制燃料乙醇过程中花费最高的一道工艺，所以目前的研究重点就是在提高效率和产率的基础上尽可能地降低生产成本，提高预处理的经济性。

6.1.7 纤维质原料糖化水解及乙醇生产流程

纤维质原料转化为乙醇的主要包括原料糖化水解、糖液发酵和乙醇纯化三个过程。其中纤维素和半纤维素转化为可发酵性糖是乙醇发酵的前提，理论上，每162kg纤维素水解可得180kg葡萄糖，每132kg半纤维素水解可得150kg木糖。根据所用的催化剂不同，糖化水解方法有3种：以酸作为催化剂的稀酸水解和浓酸水解，以纤维素酶为催化剂的酶水解。从学科方向来说，酸水解属化学法，具有反应速度快、成本低的明显优势。酶水解为生化法较化学法产物单一、反应条件温和，但其前提条件是必须将生物质原料进行预处理，即木质纤维素水解前用物理、化学、物理化学结合法和生物法等对原料进行预处理以破坏纤维素、半纤维素之间的连接，降低纤维素的结晶度，提高水解效率。原料预处理后，结构变得疏松，木质素被部分去除，纤维素和半纤维素更多地暴露在表面，使酶能够与纤维素充分接触，有利于进一步水解为可发酵性单糖。

纤维质原料主要通过酸法和酶法进行降解。水解反应方程式为：

$$(C_6H_{10}O_5)_n \xrightarrow{\text{酸或纤维素酶},H_2O} \beta\text{-1,4-寡聚葡萄糖}$$

$$\beta\text{-1,4-寡聚葡萄糖} \xrightarrow{\text{酸或纤维素酶},H_2O} nC_6H_{10}O_6\text{(葡萄糖)}$$

半纤维素中木聚糖的水解过程反应式为：

$$(C_5H_8O_4)_m \xrightarrow{\text{弱酸},H_2O} mC_6H_{12}O_6\text{(木糖)}$$

浓酸水解工艺比较成熟，在19世纪即已提出，它的原理是结晶纤维素在较低温度下可完全溶解在72%硫酸中，转化成含几个葡萄糖单元的低聚糖。把此溶液加水稀释并加热，经一定时间后就可把低聚糖水解为葡萄糖。浓酸水解的优点是糖的回收率高（可达90%以上），可以处理不同的原料，相对迅速，并极少降解。但对设备要求高，且酸必须回收。中国曾在黑龙江利用苏联的技术建设了年产5000t乙醇的工厂，后停产，主要问题是成本太高、原料供应短缺、污染严重等。

稀酸水解采用低于10%的稀盐酸为催化剂，反应条件相对温和，有利于生产成本的降低，其基本原理为溶液中的氢离子可与纤维素上的氧原子相结合，使其变得不稳定，容易和水反应，纤维素长链即在该处断裂，同时又放出氢离子，从而实现纤维素长链的连续解聚，直到分解成为最小的单元葡萄糖，纤维素的稀酸水解表现为串联一级反应。主要影响因素有原料粒度、液固比、温度、酸浓度和助催化剂等，原料越细，其和酸液的接触面积越大，水解效果越好，可使生成的单糖及时从固体表面移去，液固比增加单位原料的产糖量也增加，但水解成本上升，且所得糖液浓度下降，一般认为温度上升10℃水解速率可提高0.5～1倍，酸浓度提高1倍时，水解时间可缩短1/3～1/2。但这时酸成本增大，对设备抗腐蚀要求也会提高。华东理工大学发现$FeCl_2$助催化剂的添加有助于促进酸的催化作用，使水解转化率超过了70%。稀酸水解虽然可以提高水解效率，但水解后会产生乙酸、糠醛等发酵抑制物，酸强度较大时会腐蚀反应器，并使产物降解，降低糖得率，且酸解液需要脱毒和中和处理。

酶解条件温和，专一性较强，具有催化糖基转移和不产生抑制物等优点。目前，酶解过程研究较多的是里氏木霉，其产生的纤维素酶是复合酶，包括内切葡聚糖酶、外切葡聚糖酶和β-葡萄糖苷酶。当与纤维素接触时，内切葡聚糖酶先随机切割纤维素多糖链内部的无定形区，使短链露出；再由外切葡聚糖酶作用还原性和非还原性多糖链的末端，释放出葡萄糖或纤维二糖，同时外切葡聚糖酶还作用于微晶纤维素，将纤维素链剥离；最后β-葡萄糖苷酶水解纤维二糖和纤维糊精，产生葡萄糖。目前，纤维素乙醇公认的主流工艺路线是预处理-酶水解-五碳糖、六碳糖发酵三个步骤生产乙醇。工艺流程见图6-3。

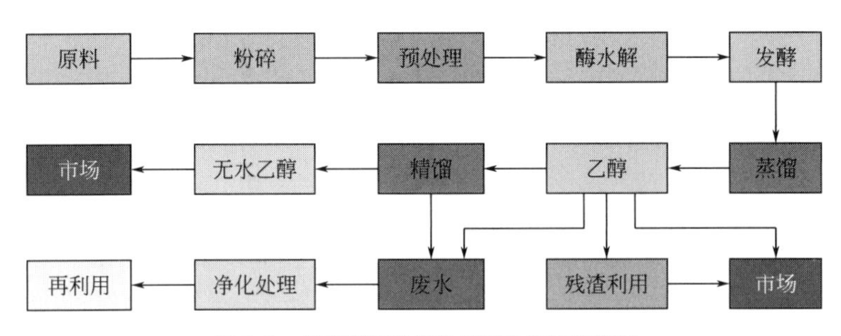

图6-3　纤维素原料燃料乙醇生产工艺流程

6.2 原料的预处理

打破紧密的纤维素-半纤维素-木质素结构，降低纤维素的结晶度和聚合度，去除木质素的位阻，增大物料表面孔径和表面积，对于提高微生物的多糖利用率至关重要[10～12]。例如在燃料乙醇的制备过程中，通过去除木质纤维素类生物质中的半纤维素和木质素，使得其中的纤维素更容易与纤维素酶接触生成可发酵性糖，从而提高乙醇的发酵效率[13～16]。预处理的方法有很多，大体上可划分为生物法、物理法、化学法和物理化学综合法四类。

6.2.1 生物法

生物法主要是利用白腐菌、白蚁等，通过产生木质素氧化酶来降解木质素，提高纤维素的酶解效率。放线菌、细菌和真菌主要是通过产生木质纤维素降解酶类来降解木质纤维素，如纤维素酶、半纤维素酶和木质素过氧化物酶等。放线菌和细菌由于产纤维素酶、半纤维素酶，尤其是木质素降解酶活力不够，使得它们降解木质纤维素的过程非常漫长，通常被用于堆肥化处理。相比于木本类植物，它们更适合于降解草本类植物，因此，真菌在生物法预处理生物质时最为常用。用于预处理木质纤维素的真菌有好氧真菌和厌氧真菌两大类。好氧真菌主要包括子囊菌纲和担子菌纲的菌株，其中担子菌纲又包括白腐菌和褐腐菌。厌氧真菌主要是存在于反刍动物胃肠内的菌株。它们均产生纤维素酶、半纤维素酶和木质素酶。不同的是，好氧真菌产生的纤维素酶为非复合体的纤维素酶，厌氧真菌产生的是纤维素酶复合体。纤维素酶和半纤维素酶通过断裂糖苷键的方式降解生物质，而木质素酶的作用方式则不同。木质素酶主要有木质素过氧化物酶、锰过氧化物酶和漆酶三种。木质素过氧化物酶和锰过氧化物酶以形成阳离子自由基的形式通过两个连续的单电子氧化步骤氧化底物。漆酶有广泛的底物专一性，它通过形成氧自由基氧化酚类和木质素结构。由于生物法采用微生物或酶预处理木质纤维素，处理条件比较温和，因此生物法预处理生物质具有成本低、能耗低和环保等优点，而其最大的缺点是处理时间长，对纤维素和半纤维素也有一定的损耗，需要借助其他预处理手段来达到最佳效果，不适宜工业化应用。

6.2.2 物理法

物理法主要是通过改变原料晶体结构来增加纤维素与酶的接触面积，进而提高酶解效率。机械碾磨可以减小生物质颗粒大小，改变木质纤维素内部的超微结构，降低结晶度，从而提高纤维素的酶解效率。它包括球磨研磨、双辊碾磨、锤式碾磨、胶体碾磨和振动流体碾磨。机械碾磨的缺点在于能耗大，且无法去除木质素。挤压是在挤压机内，通过对物料进行加热、混合以及剪切，使物料的物理和化学特性发生改变的过程。挤压后的物料酶解效率取决于挤压机内螺杆的转速和料筒的温度。

辐射包括微波和超声波，这些方法均可使纤维素粉化或软化，提高纤维素酶的水解转化率。微波处理可产生物理效应和热效应两种效应。

① 物理效应是微波辐射产生一种持续变化的磁场，导致生物质内的极性键产生相应于磁场的振动，进而提供内部热量给生物质。极性键的这种分布和振动可加速物理、生物和化学过程。

② 热效应是在水溶液中对物料进行热处理，产生乙酸，导致物料在酸性环境中自发水解。

微波辐射可以改变纤维素的超微结构，去除木质素和半纤维素，从而提高纤维素的酶解效率。当把物料浸入到酸液或碱液中再用微波处理，其酶解效果要好于水溶液，其中碱液的效果最好。陈静萍等[17] 研究发现，通过^{60}Co γ 射线辐射处理稻草秸秆，其表面结构发生显著变化，稻草秸秆表面的蜡质、硅晶体随着辐照剂量的增大破损程度增大，可消除蜡质、硅晶体对稻草纤维束的保护作用；提高可溶性还原糖和总糖的含量；之后与纤维素酶协同处理稻草秸秆，纤维素转化率提高到

88.7%，可溶性还原糖为21.44%，可溶性总糖75.85%。Kitchaiya等[18] 的研究发现用微波对植物纤维素原料进行预处理，可以部分降解木质素和纤维素，增加可及度，提高糖化的效率；但温度对其的影响大，在100℃及以下几乎没有作用，且产生了发酵抑制物。微波处理的优点在于热效率高，容易操作；缺点在于设备投资高，不利于工业化。超声波处理也产生两种效应：空穴效应和热效应，其中空穴效应对纤维素酶解的影响最为显著。在超声过程中，溶液中会产生小液泡，小液泡逐渐成长，到一定程度后就会破裂，破裂时就会引起小液泡周围发生变化，若是水溶液的话就会产生一些自由基和双氧水。当把浸润在溶液中的生物质进行超声处理时，就会在生物质与溶液相接处的界面产生小液泡，小液泡破裂时产生较大的剪切力，使小液泡周围其他液泡破裂，产生较强的机械搅拌效应，同时增强底物表面的传质传热，激发已吸附到底物表面上的纤维素酶的催化效应，从而提高底物酶解的效率。在高压条件下，有机酸预处理的玉米秸秆，用微波（4.9W/g）辐射，再用酶在40℃、pH=5.0，水解72h，糖化率高达98%。常压下，在含有少量水的甘油中加入小麦秸秆和甘蔗渣，然后用240W的微波处理10min，甘油介质的温度将达到200℃左右。与未经过预处理的相比，微波处理后酶解的产糖率将达到两倍。超声波能够打开纤维素的结晶区，分解木质素大分子，但对纤维素的微细结构影响有限，且同时降解半纤维素，引起纤维比表面积下降，对后续酶水解不利。

6.2.3 化学法

包括酸处理、碱处理、臭氧处理、有机溶剂处理和离子液处理。

6.2.3.1 酸处理

酸处理是通过酸溶解生物质中的半纤维素成分从而使得纤维素更容易与酶结合水解。稀酸处理后，半纤维素溶出率高，但木质素脱除效果较差。酸处理法既可以用浓酸也可以用稀酸处理，但在生物乙醇生产中一般采用后者，这是因为随着酸浓度的提高发酵抑制物的浓度会相应增加，不利于后续乙醇的发酵生产[19]。稀酸预处理已经被广泛应用到各种纤维素类生物质的研究中，可以在较高温度条件下（如180℃）反应，也可以在较低温度下（如120℃）反应，同时适当延长停留时间。由于反应过程中温度较高的原因，一些糖类物质的副产物如糠醛、羧甲基糠醛等发酵抑制物也会产生[20]，因此对稀酸条件的控制对稀酸预处理尤为重要。不同反应过程及反应器结构对于木质纤维素类生物质稀酸水解的效果影响很大。一般反应过程包括并流、交叉流和逆流三种，其中并流指生物质和水解液朝一个方向移动进行反应，逆流是指生物质和水解液以相反的方向接触反应，交叉流是指生物质和水解液的无规则相对运动[21]。从纯理论的观点来看，逆流反应优于其他反应过程[22,23]。就反应器而言包括间歇固定床反应器[24]、平推流式反应器[25]、渗滤式反应器[26]、压缩渗滤床反应器[27] 和螺旋传动反应器[28,29]。

1945年，Saeman[30] 提出了最简单的半纤维素水解动力学，即一级连串反应，半纤维素首先水解为木糖，接着被降解，见式（6-1）。

$$\text{半纤维素}\xrightarrow{k_1}\text{木糖}\xrightarrow{k_2}\text{降解产物} \tag{6-1}$$

1955年，Kobayashi等[31] 发现在70%的半纤维素转化后，水解反应速率会显著降低。他推测半纤维素分为快速水解部分和慢速水解部分，每一部分都有自己的动力学常数，见式（6-2）。

$$\text{易水解半纤维素}\xrightarrow{k_f}\text{木糖};\quad \text{难水解半纤维素}\xrightarrow{k_s}\text{木糖};\quad \text{木糖}\xrightarrow{k_2}\text{降解产物} \tag{6-2}$$

同时他还认为，低聚糖降解为单糖的速度比它们形成的速度更快，但是低聚糖这一中间产物不应该被忽略，这个过程可以表示为式（6-3）。

$$\text{易水解半纤维素}\xrightarrow{k_f}\text{低聚糖};\quad \text{难水解半纤维素}\xrightarrow{k_s}\text{低聚糖};\quad \text{低聚糖}\xrightarrow{k_1}\text{木糖}\xrightarrow{k_2}\text{降解产物} \tag{6-3}$$

最早的纤维素水解动力学也是Saeman提出的，他在固定床反应器中，于180～200℃下，用0.2%～2%的稀硫酸水解纤维素，指出该反应是两个假均相的一级连串反应，见式（6-4）。

$$\text{纤维素}\xrightarrow{k_1}\text{葡萄糖}\xrightarrow{k_2}\text{降解产物} \tag{6-4}$$

由于该反应是非均相的，影响因素较多，所以当用浓度高些的稀硫酸水解时就会有水解纤维素生成，这是一种聚合度降低但还具有高结晶度的纤维素水解产物[32]。纤维素非均相水解速率被诸如结晶度、润胀状态以及纤维素的分解机制等因素所影响[33]。Conner等[34] 通过研究葡萄糖的可逆反应进一步发展了该模型，它更详细地描述了葡萄糖的降解反应，见式（6-5）。

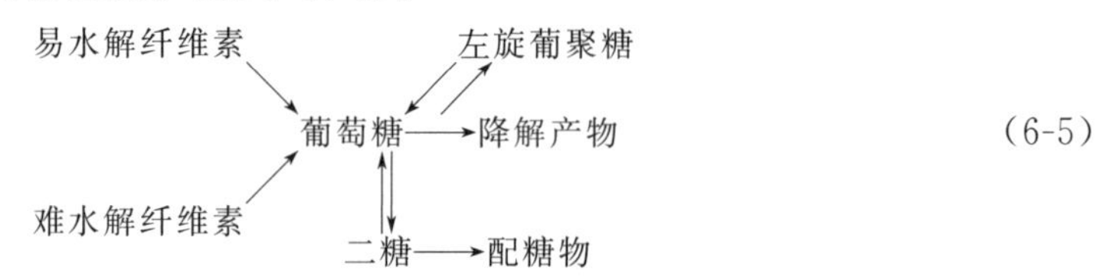

（6-5）

Mok等[35] 在渗滤系统中，用0.2%～1.0%的稀硫酸于200～240℃下水解纤维素，通过热重分析、差示扫描量热法和漫反射红外光谱分析发现了未水解成葡萄糖的纤维素低聚物，他们推测这可能是由于纤维素的一个旁路水解途径与主水解途径竞争的结果。这一模型表明，低的葡萄糖得率不仅仅是因为葡萄糖的降解或者是它的可逆反应造成的，纤维素旁路水解途径的竞争结果也会影响葡萄糖得率，见式（6-6）。

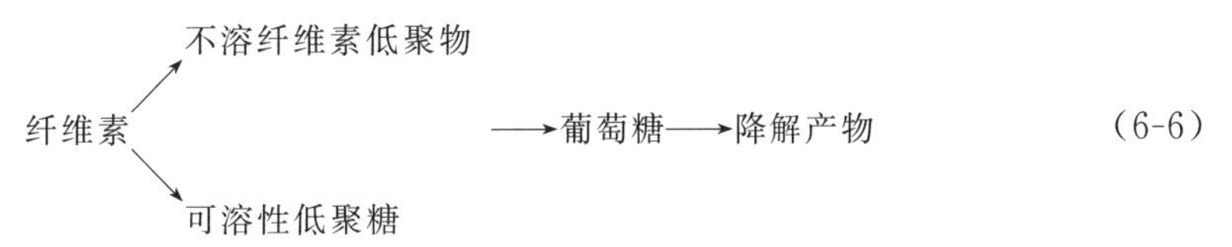

Torget 等[36] 在3种不同反应器（包括固定床反应器、渗滤反应器和压缩渗滤床反应器）中对黄杨树木屑稀酸水解结果分析后，提出了纤维素水解的非均相反应模型（图6-4），指出纤维素分界面的物理化学性质是影响葡萄糖释放的关键。纤维素由微晶束组成，它们之间由类晶体区域连接，并被带电荷的水界面层所包围，这导致了纤维素外部表面水分子间的偶极相互作用[37]。水合氢离子穿过带电的水界面层或者给界面水分子传递电荷，首先与容易接近的类晶体反应，微晶束则被荷电的水界面层所包围，水合氢离子催化微晶体表面释放葡萄糖或纤维二糖，这些产物部分通过氢键、范德华力和带电界面层的扩散阻力与纤维素表面结合，随着反应的不断进行，由于界面层葡萄糖和纤维二糖的累积引起的表面黏性增加也阻碍了葡萄糖的扩散，所以固液表面的状态受流体动力学和水表面的带电情况影响，最终影响纤维素水解速率。

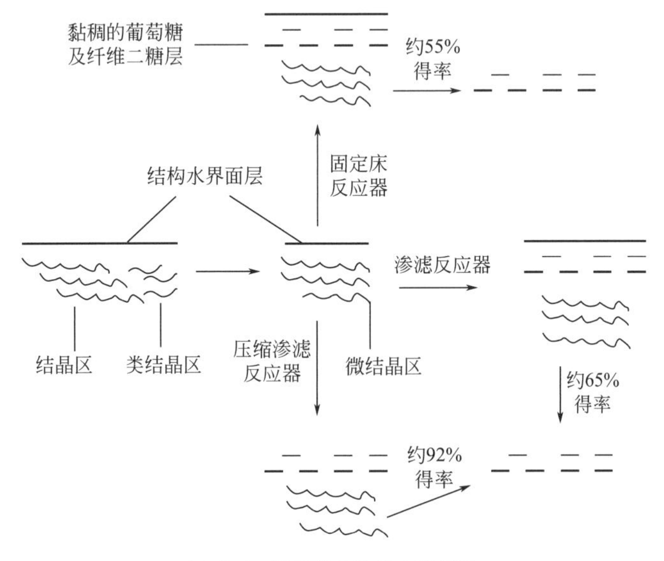

图6-4　纤维素非均相水解模型

Qian 等[38] 提出了一个综合性的动力学模型（见图6-5），这个模型解释了影响非均相反应的一些因素，例如氢键理论、后水解反应，特别是葡萄糖与酸溶木质素的相互作用。提出了 I_0 的概念，它是一个与温度和酸浓度有关的因子，随着酸浓度和温度的增加而变大，在较低的 I_0 条件下氢键相对稳定，水解速率常数具有较低的活化能，温度为210℃，稀硫酸浓度低于0.07%的条件就处于低 I_0 区。水解过程中，氢键的强度控制着葡萄糖或低聚糖从固相释放到液相中的过程，低聚糖在比较高的 I_0 条件下生成，而葡萄糖在较低的 I_0 下生成，在高 I_0 区，低聚糖被释放到液相中然后在酸性条件下被进一步水解为葡萄糖，而液相中葡萄糖会进一步与酸溶木质素作用或是降解。所以，如果纤维素能够在高的 I_0 区条件下反应，那么就会有大量的低聚糖生成而少量的葡萄糖生成，如果此时能快速停止反应，就会避免葡萄糖的降解，从而降低糖的损失。

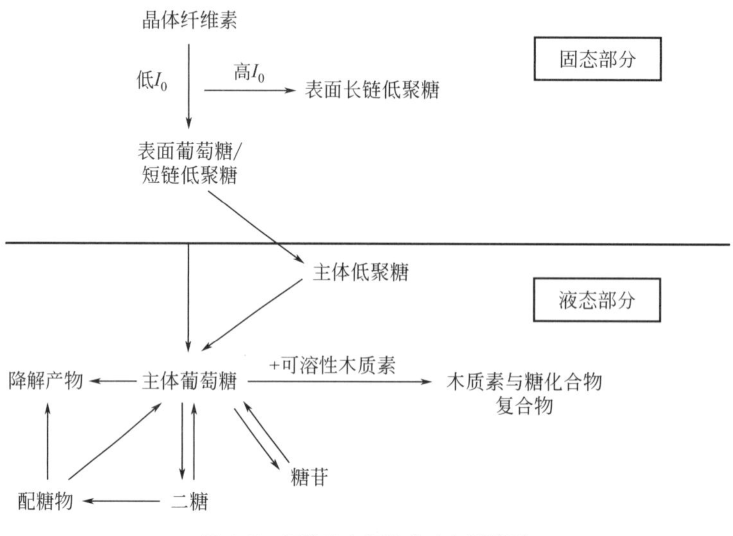

图 6-5 纤维素水解综合动力学模型

目前稀酸水解反应器主要包括间歇固定床反应器、平推流式反应器、渗滤式反应器、压缩渗滤床反应器、螺旋传动反应器五种，各反应器的特点及稀酸水解效果比较见表 6-3。

表 6-3 各反应器的特点及稀酸水解效果比较

反应器类型	特点	稀酸水解效果
间歇固定床反应器	原料和反应液呈非流动态，反应结束后收集产物。该反应器结构简单，但产物易降解	总糖得率约 40%[24]
平推流式反应器	原料和反应液呈非连续并流状态，反应产物可以随时收集，物料的停留时间可以控制，从而减少反应产物的降解	总糖得率可达到 55%[25]
渗滤式反应器	原料与反应液呈连续并流状态，糖降解减少，但由于液固比很高，糖浓度较低	木糖的收率为 97%[26]
压缩渗滤床反应器	原料与反应液呈连续并流状态，同时随着物料的消耗，固体床层的高度将被逐渐压缩，物料密度保持稳定，有利于减少糖的分解，提高糖得率	葡萄糖得率约 90%[27]
螺旋传动反应器	结合平推流过程和压缩渗滤过程于一体，包括水平螺旋平推段和垂直逆流压缩段	半纤维素和纤维素的糖收率均可达到 90%[28]

1）间歇固定床反应器（batch stirred reactor）

该反应器是将生物质原料和反应液同时放入反应器中反应，反应结束后产物被收集。这种反应器结构简单，适合于机理研究。缺点是生成的反应物不能及时移出而被进一步降解。庄新姝等[24] 在自行设计的间歇搅拌反应系统（图 6-6）中，采用高温液态水和超低酸相结合的两步水解法研究了半纤维素和纤维素的水解机理，找到了最优工况条件为：第一步水解，180℃、30min、2MPa、5%固体浓度、500r/min；第二步水解，215℃、0.05%H_2SO_4、35min、4MPa、5%固体浓度、500r/min，以玉米秸秆、白松和速生杨为原料研究了其水解情况，其糖得率分别为39.29%、42.83%和23.82%，水解液体产物经GC-MS分析，可知除生成糖类外还有糠醛、羟甲基糠醛、十二烷、3-羟基-2-丁酮等一些小分子酮、醛、醇和酸，其主要副反应是生物质水解生成的戊糖和己糖在高温和酸性的反应环境中脱水环化生成糠醛和羟甲基糠醛。

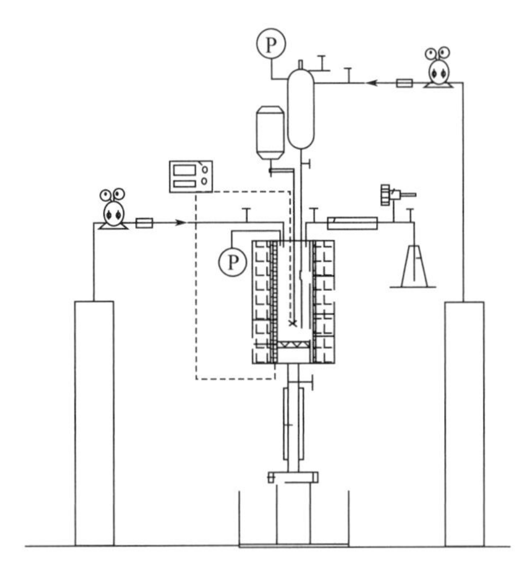

图 6-6　间歇固定床反应器系统图

2）平推流式反应器（plug-flow reactor）

该反应器虽然在形式上是连续的，但是由于在整个反应期间，任一微元固体都和同一微元液体接触，所以其本质上还是属于固定床。平推流式反应器的优点是便于控制物料的停留时间，从而减少反应产物的降解。在高温（约240℃）、1% H_2SO_4、停留时间为0.22min时，产物水解速率比降解速率快，糖得率可达到55%[25]。图6-7所示为华东理工大学颜涌捷课题组发明的平推流式反应器[39]。

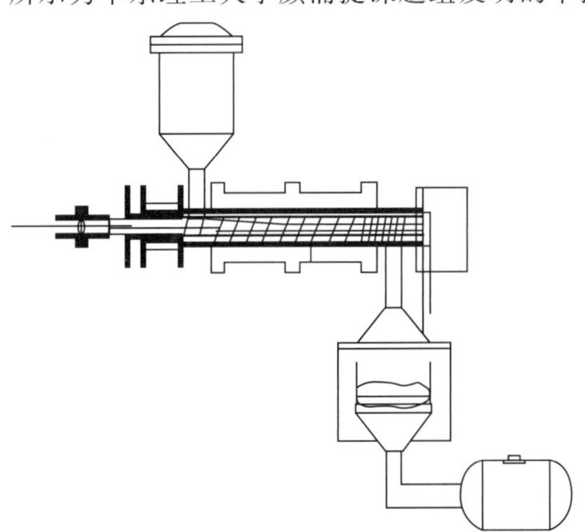

图 6-7　生物质水解的平推流式反应器

3）渗滤式反应器（flowthrough or percolation reactor）

该反应器是指液体连续流过固体物料完成水解反应的装置，由于反应中水解液不断流出，所以减少了糖的分解，提高了糖得率；但由于液固比很高，导致糖浓度较低。颜涌捷等在渗滤反应器（图 6-8）中用稀盐酸水解木屑，水解温度为 165℃、盐酸浓度为 2%、助催化剂为 2% $FeCl_2$、固液比为 1∶10、反应 30min，原料转化率为 71%[40]。美国可再生能源实验室（NREL）利用逆流渗滤反应系统（图 6-9），采用逆流方式，用两个温度来处理生物质，易水解的木聚糖在低温（150～174℃）下水解，难水解的木聚糖在高温（180～204℃）下水解，可溶性木糖的收率可达到理论值的 97%[41,42]。

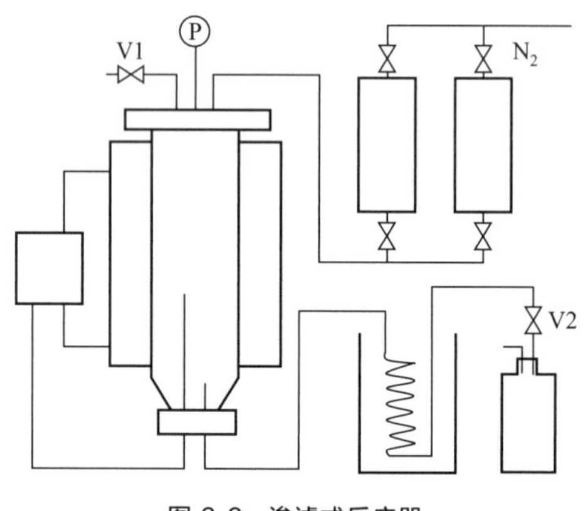

图 6-8　渗滤式反应器

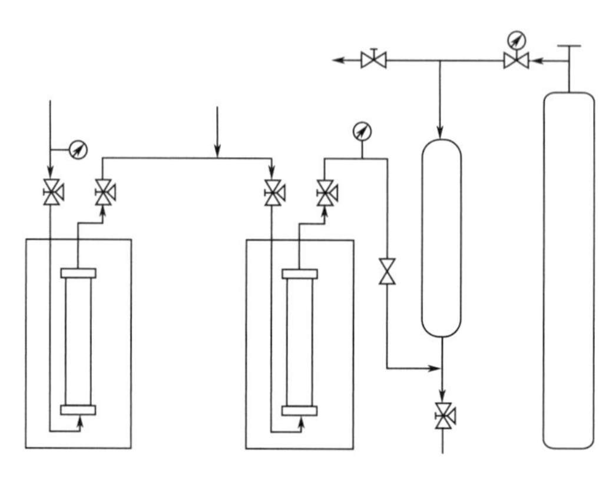

图 6-9　逆流渗滤反应系统

4）压缩渗滤床反应器（bed-shrinking flowthrough reactor）

该反应器由美国可再生能源实验室设计开发，它是渗滤床工艺的改进，其基本原理是在生物质固体物料床层上部设计一根压缩弹簧，保持一定的压力，这样随着生物质物料中可水解部分的消耗，固体床层的高度将被逐渐压缩，从而减少了水解液在收缩床内的实际停留时间，同时保证了反应器内固体物料密度的恒定，有利于减少糖的分解，提高糖得率。Kim 等[27] 利用压缩渗滤床反应器（图 6-10）在

205℃、200℃和235℃下，用超低酸（质量分数0.07%）水解黄杨树木屑，分别得到87.5%、90.3%和90.8%的葡萄糖得率，其中葡聚糖的水解速率是在间歇固定床中水解速率的3倍多。

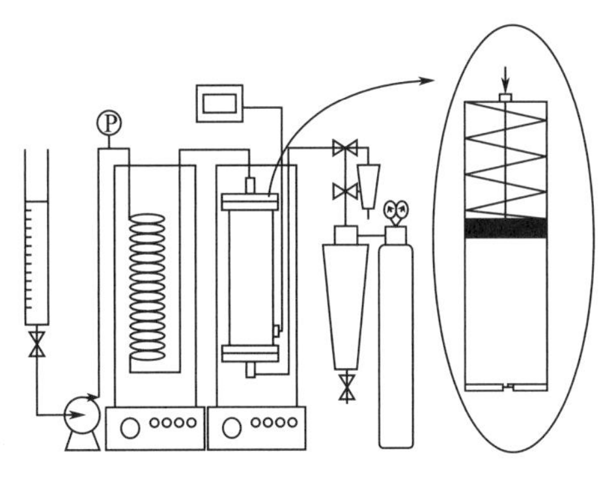

图6-10　压缩渗滤床反应器

5）螺旋传动反应器

美国可再生能源实验室（NREL）设计开发了连续两步反应系统——螺旋传动反应器（图6-11），该反应器结合平推流过程和压缩渗滤过程于一体，包括水平螺旋平推段和垂直逆流压缩段。其中，生物质中的半纤维素通过170～185℃的蒸汽在水平螺旋平推段水解，纤维素部分通过<0.1%的稀硫酸在205～225℃下垂直逆流压缩段水解。经过初步试验，黄杨树木屑半纤维素和纤维素的糖收率均可达到90%[28]。

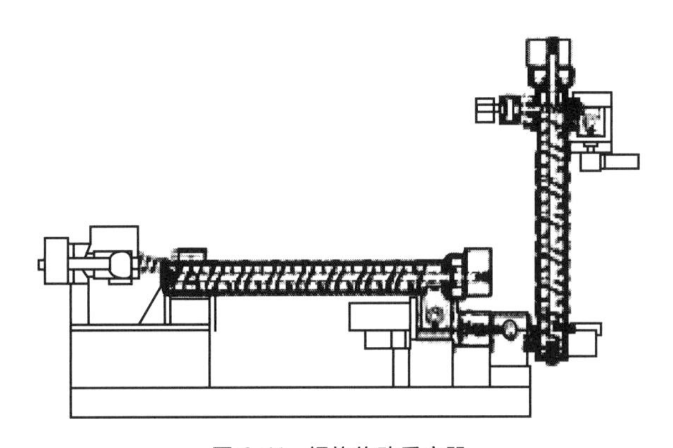

图6-11　螺旋传动反应器

比较目前的稀酸水解反应器，可推测出多步处理、逆流过程、动态反应是木质纤维素类生物质稀酸高效水解的研究趋势（表6-3）。其中多步处理可以在不同条件下得到不同的水解产物，避免了产物的降解；逆流接触被认为是最高效的反应过程；而动态反应如螺旋挤压对于反应的进行具有很好的促进作用。

6.2.3.2　碱处理

碱处理是利用木质素能溶解于碱性溶液的特点，用浓度较低的碱液[NaOH、$Ca(OH)_2$、KOH和$NH_3 \cdot H_2O$]处理生物质原料，使其木质素结构破坏，从而便于酶水解的进行。该方法能有效去除原料中的木质素，同时对木质素和半纤维素的溶解作用很小，和酸处理相比对糖的保留率高[43]。

$Ca(OH)_2$ 和 NaOH 是碱处理中最常用的介质，大量学者对其反应条件做了研究。根据碱浓度的不同，反应时间从几分钟到几天，反应温度从室温到150℃都有报道[44,45]。碱处理主要是通过润胀作用，降低原料的聚合度和纤维部分的结晶度，同时增大纤维素的内表面积，利于碳基与纤维素酶的结合。另外，原料中的半纤维素部分在剧烈的碱性条件下也会部分水解，而木质素与碳基之间的化学键遭到破坏，从而使木质素溶解[46,47]。通常酸处理会造成设备腐蚀，而氨爆破等需要比较高的压力，同这些预处理方法相比，碱处理不需要特制的设备仪器，因此具有低成本、可回收等优点[48]。另外，前人研究结果证明，相比林木类原料，碱处理对农业废弃残渣更加有效[43]。碱处理温度低时，处理时间长，温度高时，时间短。在相同条件下，与其他预处理方法相比，如酸处理、双氧水处理和臭氧处理等，碱处理去除木质素的效果更好，且更容易断裂木质素、纤维素和半纤维素之间的酯键连接。NaOH 溶液处理生物质可使纤维素膨胀，内表面积增加，结晶度下降。KOH 溶液除了可以去除木质素外，还可通过控制条件选择性地去除半纤维素。$Ca(OH)_2$ 溶液除了去除木质素后导致生物质的结晶度上升外，还可去除半纤维素中的乙酰基团消除半纤维素对酶的位阻效应。$Ca(OH)_2$ 溶液处理生物质的成本低，比 NaOH 和 KOH 溶液处理安全，同时处理液中的 $Ca(OH)_2$ 可通过 CO_2 回收。氨水处理可以断裂木质素分子内部的 C—O—C 连接以及木质素和半纤维素之间的醚键和酯键，还可导致纤维素膨胀。氨水处理操作安全，且由于氨水具有高挥发性使得其容易被回收，不污染环境，对设备腐蚀小。综上所述，不同碱液处理生物质得到的生物质残渣的结构会有所不同，且由于碱液自身的特性，使得处理完后的后续处理工作也各不相同。此外，碱液处理过程中会有部分碱液被生物质吸收，使得实际参加反应的碱液量下降，同时碱液处理会导致木质素的溶解、重新分布和凝结，改变纤维素的结晶状态，使纤维素结构更加紧密、热稳定更好，这些都会在一定程度上削弱纤维素的酶解效率。另外，碱处理后的生物质需要耗费大量的水洗涤，以利于纤维素酶解，碱处理液会造成环境污染，需要采取合适的措施降低污染。长期以来，传统的预处理方法底物浓度大多集中在固体浓度为5%～10%，为了提高由木质纤维素原料向燃料乙醇转化过程的经济性，越来越多的学者开始研究高固体浓度（≥15%）对每一个工艺环节的影响[49～52]。利用更高固体浓度的预处理方法，可以有效降低过程中水的用量以及设备投资成本[53,54]。由于 NaOH 处理在脱除木质素方面的显著效果，利用其进行高浓度固体预处理已经有所报道。Cheng 等[55] 考察了 55℃下，碱浓度范围为 0～4%，保留时间为 1～3h 的处理效果，发现碱浓度对残渣酶解效果的影响最大，随着碱浓度的升高，残渣酶解释放的糖量显著增加，并且无需对碱处理渣进行水洗。

6.2.3.3 臭氧处理

臭氧处理生物质主要去除木质素，并伴随部分半纤维素的降解，而纤维素几乎被全部保留。臭氧是一种强氧化剂，可能通过两种途径分解生物质：一种是分子态的臭氧直接与生物质反应；另一种是在臭氧分解生物质过程中产生羟基自由基和中间产物自由基，由这些产生的自由基完成分解反应。臭氧可与含有共轭双键和高电子密度功能基团的物质发生强烈反应。木质素由于含有大量的C═C，因此会被臭氧氧化降解。木质素降解物主要为一些低分子量的物质，例如有机酸，如蚁酸和乙酸。臭氧处理生物质的优点在于：可高效去除木质素；木质素的降解物不会影响后续的酶解；反应可在常温常压下进行。缺点是在工业化应用中会导致高的生产成本。

6.2.3.4 有机溶剂处理

有机溶剂处理是采用多种有机溶剂如醇、酸和酮等在100～250℃范围内，有或者没有添加催化剂的条件下，单独或联合处理生物质的过程。而有机过氧酸可在十分温和的条件下处理生物质。在用有机溶剂处理生物质时，可适当地添加无机或有机酸作为催化剂，以加速木质素和半纤维素的降解。而当处理温度在185～210℃范围内时，生物质可分解产生有机酸，无需额外向处理系统中添加有机酸。生物质经过有机溶剂处理后，大部分的木质素和半纤维素被去除，纤维素几乎被全部保留。有机溶剂处理生物质的优点在于：a.有机溶剂易于回收；b.可获得比较纯的木质素。缺点在于：a.有机溶剂处理后的固体渣需要用水洗涤，费水、费时、费力；b.有机溶剂成本及回收成本均高；c.有机溶剂处理需要在完全密封的装置中进行，以防泄漏而出现安全事故。

6.2.3.5 离子液处理

离子液是由有机阳离子和无机阴离子组成，在相对较低的温度（通常是常温）下，以液体状态存在。有机阳离子通常为烷基咪唑阳离子 $[R^1R^2IM]^+$、烷基吡啶阳离子 $[RPy]^+$、季铵阳离子 $[NR_4]^+$ 或季鏻阳离子 $[PR_4]^+$，阴离子通常为六氟磷酸阴离子 $[PF_6]^-$、四氟硼酸阴离子 $[BF_4]^-$、硝酸根 $[NO_3]^-$、甲基磺酸阴离子 $[CH_3SO_3]^-$、三氟甲基磺酸阴离子 $[CF_3SO_3]^-$、双代三氟甲基磺酰胺阴离子 $[Tf_2N]^-$、氯离子 $[Cl]^-$、溴离子 $[Br]^-$ 或碘离子 $[I]^-$。每种离子液根据其组成的离子种类和数量的不同而具有不同的特性。离子液具有化学稳定性和热稳定性、不可燃性、低的蒸气压以及在较低的温度下以液体状态存在。不同的离子液作用于木质纤维素的方式可能不同：存在较多氢键的离子液可能通过与木质纤维素中不同成分之间形成氢键，破坏木质素、纤维素和半纤维素之间的氢键连接，从而使木质素、纤维素和半纤维素分开并溶解；存在较少氢键或没有氢键存在的离子液可能通过作为电子受体和供体的形式与木质纤维素中作为电子供体和受体的基团结合，形成共价键，从而破坏木质纤维素成分之间的共价连接，使木质素、纤维素和半纤维素分开并溶解。离子液处理生物质的最大优势在于各组成成分几乎不被降解即被完整分离，它的缺点在于成本高，且非常不利于后续酶解和发酵。

6.2.4 物理化学综合法

物理化学综合法包括高温液态水处理、蒸汽爆破处理、氨纤维爆破处理、CO_2爆破处理和湿氧处理。

6.2.4.1 高温液态水处理

高温液态水指温度在160～250℃之间，压力高于其饱和蒸气压的压缩液态的水。随着温度的升高，水的性质发生了非常大的变化（表6-4）。

表6-4 常温水、高温液态水和超临界水间的物性比较[56,57]

水的种类	温度/℃	压力/MPa	密度/(g/cm³)	相对介电常数	pK_w	黏度/(mPa·s)
常温水	25	0.10	0.99	78.5	14.0	0.89
高温液态水	160～250	5～20	0.57～0.91	13～41	11～13	0.0～0.17
超临界水	400	25	0.17	5.9	19.4	0.03
	400	50	0.58	10.5	11.9	0.07

在一定压力下，水的密度随着温度的升高不断降低[58]，常温时密度为0.99g/cm³，在374℃、22.1MPa的临界点时，密度降为0.32g/cm³。通过测定水分子的径向分布函数（pair correlation functions）发现[59]，随着温度的升高，最邻近峰（$r_{oo}\approx$ 3Å，1Å=10^{-10}m）逐渐变小，并且向更大的r_{oo}偏移；与此同时，第二邻近峰（$r_{oo}\approx$4.5Å）变得越来越小，最终消失（图6-12）。这些反映出常温下水含有的四面体配位结构，由于氢键网络化程度的降低而被破坏。这些结构变化表明水逐渐变成了一种“气体”。虽然相对常温水而言，高温液态水分子表现出了无序性，然而由于弱的氢键存在[59～61]，在微观水平上它仍然具有液体的特性。

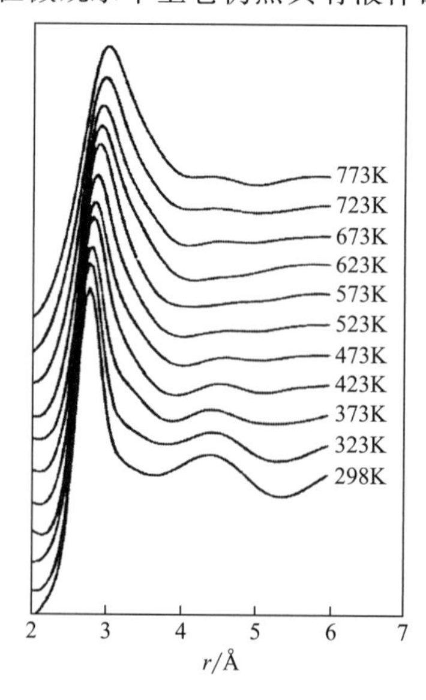

图6-12 水分子的径向分布函数（100MPa）

Uematsu 和 Franck[62] 发现，水的介电常数随密度的增加而增大，随压力的升高而增大，随温度的升高而减小，并就介电常数（ε）、温度（T）和密度（ρ）的关系得出公式（6-7）。标准状态（25℃，0.10MPa）下，由于氢键的作用，相对介电常数较高（78.5）；在 400℃、41.5MPa 时，超临界水的相对介电常数为 10.5；而在 600℃、24.6MPa 时为 1.2。介电常数的变化引起水溶解能力的变化，有利于溶解一些低挥发性物质，相应溶质的溶解度可提高 5～10 个数量级，特别是对于超临界水，介电常数与常温常压下极性有机物的介电常数相当。

$$\varepsilon=1+\left(\frac{A_1}{T}\right)\rho+\left(\frac{A_2}{T}+A_3+A_4T\right)\rho^2+\left(\frac{A_5}{T}+A_6T+A_7T^2\right)\rho^3$$
$$+\left(\frac{A_8}{T^2}+\frac{A_9}{T}+A_{10}\right)\rho^4+\left(\frac{A_8}{T^2}+\frac{A_9}{T}+A_{10}\right)\rho+\left(\frac{A_8}{T^2}+\frac{A_9}{T}+A_{10}\right)\rho^4 \qquad (6\text{-}7)$$

水的离子积（K_w）与密度（ρ）和温度（T）有关，但密度对其影响更大。

Marshall 和 Franck[63] 指出，标准条件下水的离子积是 10^{-14}，高温液态水的离子积比正常状态下的大 3 个数量级为 10^{-11}，即中性水中的 $[H]^+$ 和 $[OH]^-$ 浓度比正常条件下高出约 $10^{1.5}$ 倍。这样高温液态水自身将具有酸催化和碱催化的功能，而在超临界点附近，由于温度升高使水的密度迅速下降，导致离子积对数减小，如 450℃、25MPa 时，密度约为 $0.1g/cm^3$，离子积为 $10^{-21.6}$。通常在 $K_w \ll 10^{-14}$ 的水中，化学反应以自由基反应为主，而 $K_w > 10^{-14}$ 时为离子型反应[64]。

$$\lg K_w=A+\frac{B}{T}+\frac{C}{T^2}+\frac{D}{T^3}+\left(E+\frac{F}{T}+\frac{G}{T^2}\right)\lg\rho \qquad (6\text{-}8)$$

在一定压力下，水的黏度随着温度的升高不断降低[58]，室温水的黏度为 0.89mPa·s，在 250℃、5MPa 下的高温液态水黏度减小为 0.11mPa·s，而当温度升到临界温度以上时黏度变得更小。在高温下氢键网络结构的破坏使得水分子的扩散性增强，超临界水分子的扩散系数比普通水高 10～100 倍，使它的运动速度和分离过程的传质速率大幅度提高，因而有较好的流动性、渗透性和传递性能，利于传质和热交换。

总体来看，高温液态水除了与超临界水一样具有传质性能好（低黏度和高扩散系数）的特点外，在反应中还具有酸碱催化和溶解功能，避免了反应中化学试剂的使用。另外，相对超临界的条件，它的反应条件更温和，更容易控制实现工业化。

大量研究表明，在高温液态水中，木质纤维素类生物质中的半纤维素可以被完全水解。Mok 和 Antal[35] 将 6 种木材类生物质（红木桉、美洲黑杨、杂交银合欢、柳叶桉、银枫和香枫）和 4 种农业类生物质（柳枝草、甜高粱、食用甘蔗和能源甘蔗）在 200～300℃的高温液态水中处理 0～15min，结果表明，原料转化率为 40%～60%，同时 100%的半纤维素被水解，水解液经过 4% H_2SO_4 水解后，可以得到 90%的单糖回收率。目前，半纤维素高温液态水研究的热点主要集中在提高半纤维素衍生糖的收率和浓度，以及半纤维素高温液态水中水解的机理问题。表 6-5 列出了不同原料在不同的反应系统中的糖收率情况，Liu 和 Wyman[65] 指出与间歇反应系统相比，连续渗滤处理减少了糖的降解，可以明显提高木糖的收率、纤维素的酶解率和木质素的去除率，而且渗滤流速的增加，会使得处理效果更好，然而与此同时使得反应的液固比增大、糖浓度降低。考虑到半纤维素水解前期受流量的影响更大，而后期影响较小，所以提出了部分渗滤（partial flow）的工艺，即200℃下先间歇反应4min，然后连续渗滤8min，最后间歇反应12min，试验结果表明，部分渗滤工艺相对连续渗滤可以减少60%的耗水量，而木糖收率仍然可以达到84%～89%，酶解率为88%～90%，木质素去除率达40%～45%。

比较高温液态水水解半纤维素后糖的存在形式（表6-5），发现无论何种原料和反应系统，低聚木糖量都占回收总糖的40%～60%[64～68]，这可以用半纤维素的水解动力学来解释。Kobayashi和Sakai[69]在用稀酸水解硬木半纤维素时，发现在70%的半纤维素转化后，水解反应速率会显著降低。他们推测半纤维素分为快速水解部分和慢速水解部分，每一部分都有自己的动力学常数，见式（6-3）。Sakai还认为，低聚糖降解为单糖的速度比它们形成的速度更快，但是低聚糖这个中间产物不应该被忽略。由于高温液态水表现出一定的酸催化特性，所以仍然可以用稀酸催化水解半纤维素的动力学模型来表示，即半纤维素在高温液态水中水解为一级连串反应，半纤维素首先水解为低聚糖，然后进一步分解为单糖，当反应条件剧烈时被进一步降解为糠醛等副产物[70～73]。由于高温液态水相对稀酸水解反应条件更温和，所以低聚糖降解为单糖的速度慢，表现为水解液中存在大量的低聚糖。正是由于高温液态水技术的绿色环保和木质纤维素类生物质廉价等原因，使得高温液态水水解木质纤维素原料来制取功能性低聚糖成为研究的热点[74～76]。

表6-5　不同高温液态水反应条件下总糖收率的比较（占生物质中各种糖的百分数）

物料	反应器类型	反应条件	预处理糖收率/%		酶解糖收率/%	
			总木糖	总葡萄糖	木糖	葡萄糖
玉米秆[77]	间歇反应器	200℃，24min，20%（底物浓度）	11.9	3.7	14.1	80.4
					（22FPU纤维素酶，38CBU β-葡萄糖苷酶/g纤维素，72h）	
玉米秆[77]	连续渗滤反应器	200℃，10mL/min，24min	96.4	7.2	1.6	88.6
					（22FPU纤维素酶，38CBU β-葡萄糖苷酶/g纤维素，72h）	
玉米秆[77]	部分渗滤反应器	200℃，先间歇反应4min，再连续流动反应8min（流量10mL/min），最后间歇反应12min	89.1	6.9	4.5	84.4
					（22FPU纤维素酶，38CBU β-葡萄糖苷酶/g纤维素，72h）	
小麦秆[78]	间歇反应器	170～220℃，0～40min，10%（底物浓度）	58（184℃，24min）	6.1	41.9	56.7
					（15FPU纤维素酶，15U β-葡萄糖苷酶/g固体残渣，72h）	

续表

<table>
<tr><th rowspan="2">物料</th><th rowspan="2">反应器类型</th><th rowspan="2">反应条件</th><th colspan="2">预处理糖收率/%</th><th colspan="2">酶解糖收率/%</th></tr>
<tr><th>总木糖</th><th>总葡萄糖</th><th>木糖</th><th>葡萄糖</th></tr>
<tr><td rowspan="2">黑麦[79]</td><td rowspan="2">连续渗滤反应器</td><td rowspan="2">170～230℃,4mL/min,42.5min</td><td rowspan="2">98
(21℃)</td><td rowspan="2">7.9</td><td>0</td><td>85</td></tr>
<tr><td colspan="2">(12FPU 纤维素酶,80U 木聚糖酶/g 固体残渣,24h)</td></tr>
<tr><td rowspan="2">杨木[80]</td><td rowspan="2">间歇反应器</td><td rowspan="2">190～210℃,5～20min,15%(底物浓度)</td><td rowspan="2">62
(200℃
10min)</td><td rowspan="2">2.2</td><td>38</td><td>63.3</td></tr>
<tr><td colspan="2">(40FPU 纤维素酶,40CBU β-葡萄糖苷酶/g 纤维素,72h)</td></tr>
<tr><td rowspan="2">桉木[81]</td><td rowspan="2">间歇反应器</td><td rowspan="2">先 180℃反应 20min,再 200℃反应 20min,5%(底物浓度)</td><td rowspan="2">86.4</td><td rowspan="2">3.5</td><td>0</td><td>93.3</td></tr>
<tr><td colspan="2">(40FPU 纤维素酶/g 固体残渣,72h)</td></tr>
</table>

高温液态水中半纤维素水解的影响因素主要包括：

① 原料的种类；

② 反应系统的类型；

③ 反应工艺参数，包括反应温度、时间、压力、预热时间和渗滤液体流量等；

④ 助催化剂等其他试剂的加入。

不同种类的生物质中，半纤维素的结构及主要成分不同，木材类生物质中含有大量的4-*O*-甲基葡萄糖醛酸支链，所以反应活化能较高，Nabarlatz D. 等[68] 指出乙酰类物质的含量是影响水解效果的一个重要因素。Xin Lu 等[81] 在230℃的高温液态水下水解日本榉木，分析水解产物后提出了*O*-乙酰基-4-*O*-甲基葡萄糖醛酸基木聚糖的水解途径，并指出反应过程中生成的乙酸和葡萄糖醛酸是加速反应的催化剂。如前所述，部分渗滤反应系统相对连续渗滤反应和间歇式反应，可以明显提高糖回收率和糖浓度。随着反应时间的增加和反应温度的提高，半纤维素不断被水解为低聚糖和单糖，当反应条件剧烈时，单糖被进一步降解[81]。另外发现，金属助催化剂的加入可以明显提高半纤维素的转化率和糖收率[82～84]。

6.2.4.2 蒸汽爆破处理

蒸汽爆破处理是用加压蒸汽处理生物质数秒至数分钟后突然降压，使渗入生物质内部的水分瞬间变为蒸汽，破坏木质纤维素结构降解半纤维素和木质素，分离出纤维素的过程。蒸汽爆破可以处理多种生物质，如硬木、软木和农作物秸秆，是一种高效的预处理方法。蒸汽爆破可以改变纤维素的O/C比和H/C比，提高化学试剂的可及度，改善化学反应性能[85]。蒸汽爆破处理的效果主要与温度、处理时间和物料颗粒大小等因素相关。温度越高，纤维素的解离程度越高，当温度高到一定程度时，将会加剧半纤维素降解形成糠醛等抑制物，促使纤维素降解，同时降解木质素发生缩合反应，不利于木质素的回收和综合利用。处理时间由蒸煮时间和爆破时间两部分组成。蒸煮时间与爆破强度相关，爆破强度高，长时间的蒸煮有利于半纤维素的溶解和木质素的分离，从而得到纯度较高、热稳定性较好的纤维素。短时间的爆破，可使半纤维素和无定形纤维素降解。通常情况下，爆破时间要比蒸煮时间短，这样才能产生压差，破坏木质纤维素的结构，否则达不到蒸汽爆破的效果。张德强等[86] 将经过不同爆破条件预处理的毛白杨木粉进行酶解实验，结果表明随着爆破压力的增加，酶解糖化率也随之增加，最高爆破压力（2.7MPa）处理过的木粉酶解糖化率可达 65%，比对照提高了 4.0 倍。此外，物料颗粒粒径小，其表面积大，传热阻力小，在同等处理强度下，高压蒸汽渗透速率快，受热程度均匀，但粒径不能太小，这是因为太小的粒径会使物料受热程度过于剧烈，导致更多的单糖降解物产生，不利于单糖回收和处理残渣的后续利用。蒸汽爆破处理生物质的优势在于：可比较完整地回收生物质的各种组分；具有更好的节能前景；成本投入低。其缺点在于半纤维素的降解物会对后续酶解和发酵产生不利影响。为了使蒸汽爆破的效果更好，有研究者发现，在较温和条件下（通常是常温）把生物质置于酸液、碱液或有机溶剂中浸泡一段时间后，再进行蒸汽爆破，其效果要明显好于单纯的水蒸气爆破，使纤维素更容易被酶解。

6.2.4.3 氨纤维爆破处理

氨纤维爆破处理是在压力 100～400psi（1psi＝6894.76Pa），温度 70～200℃条件下，对氨水浸泡的生物质处理一段时间后突然降压，使渗入生物质内部的氨水瞬间变为蒸汽，导致木质纤维素膨胀，从而破坏木质纤维素的结构，降低纤维素的结晶度，使纤维素更容易被纤维素酶水解。该处理过程可以去除木质素或者改变木质素的结构，几乎完整保留半纤维素和纤维素。氨纤维爆破可高效处理农作物秸秆和草本作物，而对木质素含量较高的生物质的处理效果有限。Alizadeh 等[87] 用 AFEX 预处理柳枝，处理温度为 100℃，氨与物料比为 1∶1，处理时间为 5min；物料葡萄糖转化率为 93%。Kim 和 Lee[88] 以玉米秸秆为原料进行液氨循环浸泡，在高温下可以去除 75%～85%木质素，溶解 50%～60%的木聚糖。影响氨纤维爆破处理效果的因素有氨水的浓度、温度、时间和压力。不同的生物质，其氨纤维爆破处理的条件不同，在最佳条件下，经氨纤维爆破的生物质的酶解效果会显著增加。氨纤维爆破处理生物质的优点是：降低纤维素的结晶度；破坏木质素和纤维素以及半纤维素之间的连接；增加细胞壁上的微孔数量并使孔径变大；氨可回收利用；产生的抑制物少，处理后的固体残渣无需用水洗涤；无需调节固体残渣的 pH 值。缺点是：能耗高、氨以及氨的回收成本高。

6.2.4.4 CO_2 爆破处理

CO_2 爆破处理过程与蒸汽处理相似，不同的是使用的介质为超临界 CO_2。超临界 CO_2 具有液体的密度和气体的扩散性，其表面张力小，很容易渗入具有微孔的生物质里面，当压力突然降低时，膨胀形成气体，破坏生物质的结构，增加生物质的酶解效率。纯的超临界 CO_2 处理生物质的效果差，而在超临界 CO_2 中加入水或其他试剂处理生物质时，会增强生物质的酶解效果。超临界 CO_2 对湿物料的处理效果好于干物料。在 CO_2 爆破过程中，生物质的各个组分几乎被完整保留，很少会降解，因此不会产生抑制后续酶解和发酵的物质。CO_2 爆破处理生物质的优点是：超临界 CO_2 无毒且成本低；可处理高固体浓度的生物质；处理温度低。而 CO_2 爆破处理的缺点是高压设备的成本高，可高效处理的生物质种类有限。

6.2.4.5 湿氧处理

湿氧处理是在一定时间内，温度高于120℃的条件下，以氧气或空气作为加压气体，对浸没在水中的生物质进行处理的过程。该过程涉及两种反应：一是低温下的水解反应；二是高温下的氧化反应。影响湿氧处理效果的主要因素是温度、处理时间和氧气压力。湿氧对某些生物质的处理效率很高，可以破坏纤维素的结晶结构，且在湿氧处理条件下，脂肪族醛和饱和C—C键的反应很强烈，糖类降解物会进一步分解生成 CO_2，因此糖类降解物如糠醛和5-羟甲基糠醛等的浓度很低，不会对后续发酵造成不利影响。生物质中的有机物，主要是木质素会被分解成 CO_2、H_2O 和一些简单的有机氧化物，主要是小分子量的羧酸。湿氧处理生物质的优点是：小分子抑制物产量少；去除木质素的效率高。缺点是：氧气的成本高，不利于工业化生产。

几种典型生物质预处理方法的过程及其特点见表6-6。

表6-6　几种典型生物质预处理方法的过程及其特点

方法	过程	特点
蒸汽爆破法	饱和蒸汽（160～290℃）在0.69～4.85MPa压力下，反应几秒或几分钟，然后瞬间减压	半纤维素去除率80%～100%，其中木糖回收率45%～65%，纤维素有一定的分解，木质素去除率较小，残渣酶解率大于80%[89,90]，糖降解副产物多
氨纤维爆破法	1～2kg氨水/kg生物质，90℃，30min，压力1～1.5MPa，然后减压	无明显半纤维素去除[91]，纤维素有一定的分解，木质素去除率20%～50%，残渣酶解率大于90%，糖降解副产物少，但需要氨回收
CO_2 爆破法	4kg CO_2/kg物料，压力5.62MPa	残渣酶解率大于75%，糖降解产物少
高温液态水法	高温液态水（200℃左右），压力大于5MPa，反应时间在10～60min，物料浓度小于20%	半纤维素去除率80%～100%[92,93]，其中木糖回收率80%左右，纤维素有一定的分解，木质素去除率较小，残渣酶解率大于90%，糖降解副产物少
稀酸水解	0.01%～5% H_2SO_4、HCl、HNO_3 或甲酸和马来酸等有机酸，物料浓度5%～10%，反应温度160～250℃，反应压力小于5MPa	半纤维素去除率100%，其中木糖回收率80%左右，纤维素分解比较剧烈[92,93]，木质素去除率较小，残渣酶解率大于90%，糖降解副产物比较多
碱法	1%～5%NaOH，24h，60℃；饱和石灰水，4h，120℃；2.5%～20%氨水，1h，170℃	相对酸水解，反应器成本降低；50%以上的半纤维素被去除，其中木糖回收率60%～75%，纤维素被转化，约55%木质素被去除，残渣酶解率高于65%，糖降解产物少，需要碱回收
有机溶剂法	甲醇、乙醇、丙酮、乙二醇和四氢糠醇或者它们的混合物，185℃以上处理30～60min；或者加入1% H_2SO_4 或HCl	几乎所有的半纤维素和木质素可以被去除并回收，但处理成本较高，需要有机溶剂回收
生物处理法	白腐菌[94]和白蚁[95,96]等	通过产生木质素氧化酶来降解木质素，具有耗能低、反应条件温和和无污染等优点；缺点是反应周期长，对纤维素和半纤维素也有一定的损耗，需要借助其他预处理手段来达到最佳效果

6.3 原料酶解

6.3.1 纤维素酶

6.3.1.1 纤维素酶种类及其结构

纤维素酶是一类能够把纤维素降解为低聚葡萄糖、纤维二糖和葡萄糖的水解酶，根据纤维素酶的结构不同，分为纤维素酶复合体和非复合体纤维素酶。纤维素酶复合体是一种超分子结构的多酶蛋白复合体，由多个亚基构成，主要在醋弧菌属、拟杆菌属、丁酸弧菌属、梭菌属和瘤胃球菌属等一些厌氧细菌中发现，在部分厌氧真菌中也有发现。不同的微生物产生的纤维素酶复合体结构不同，但基本上由脚手架蛋白、凝集蛋白和锚定蛋白结合体、底物结合区域和酶亚基四个部分构成。脚手架蛋白不具有催化活性，包含多种Ⅰ型凝集蛋白模块，该模块可与带有锚定蛋白的酶亚基结合，功能是通过凝集蛋白和锚定蛋白结合体使多种酶亚基形成一个有机的整体。凝集蛋白和锚定蛋白结合体有Ⅰ和Ⅱ两种类型：Ⅰ型锚定蛋白结合到Ⅰ型凝集蛋白上，其功能主要是将酶亚基锚定在脚手架蛋白上；Ⅱ型锚定蛋白结合到Ⅱ型凝集蛋白上，其功能主要是将脚手架蛋白锚定在细菌细胞壁表面。底物集合区域主要功能是结合底物。酶亚基有多种，表现出来的酶活有内切和外切葡聚糖酶活、半纤维素酶活、壳多糖酶活和果胶酶活等其他聚糖降解酶活，主要功能是降解植物细胞壁。

纤维素酶复合体的结构见图 6-13。

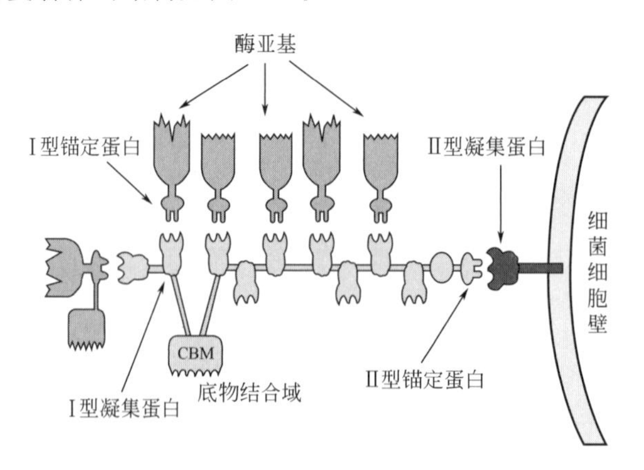

图 6-13 纤维素酶复合体的结构

非复合体纤维素酶主要由好氧的丝状真菌产生，如子囊菌纲和担子菌纲等的一些种属。它是由不同的三种酶所构成的混合物，即内切葡聚糖酶、外切葡聚糖酶和 β-葡萄糖苷酶。内切葡聚糖酶作用于纤维素的无定形区，从纤维素链内部糖苷键进行随机切割，将长链纤维素降解为短链纤维素。外切葡聚糖酶作用于纤维素的结晶区，从纤维素链末端以纤维二糖为单位进行切割，释放出纤维二糖。β-葡萄糖苷酶作用于寡聚葡萄糖和纤维二糖，产生葡萄糖。大多数纤维素酶的结构由三部分构成：纤维素结合结构域、催化结构域和连接两个结构域的连接体，其结构见图 6-14。

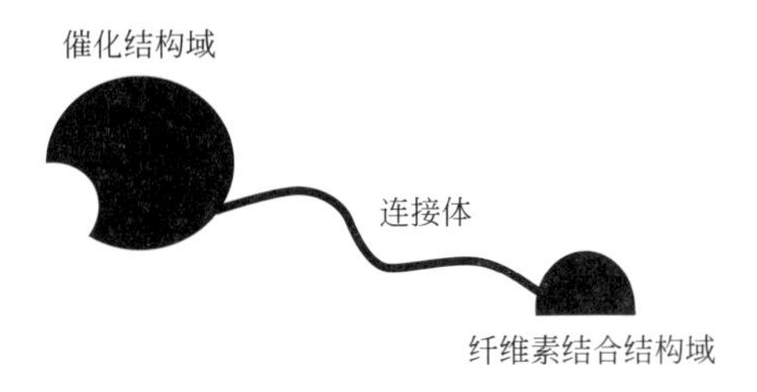

图 6-14　非复合体纤维素酶的结构

纤维素结合结构域和催化结构域具有多个家族，它们通过不同组合连接，可形成多种纤维素酶。纤维素结合结构域的主要功能是在反应的初始阶段，使纤维素酶结合到纤维素上，以保证纤维素酶的催化酶解效率。有些纤维素酶在结合结构域的辅助下结合到纤维素上后不能解吸下来，有些可以，且解吸与温度有关。除了起到结合作用外，纤维素结合结构域可深入纤维素的结晶区，促使结晶区变得松散，并防止松散的结构重新结晶。催化结构域的主要功能便是作用于 β-1,4-糖苷键，降解纤维素。连接体主要使结合结构域与催化结构域之间保持一定的距离，连接体太短会影响纤维素酶的水解效果。

6.3.1.2　纤维素酶水解机理

纤维素酶复合体的水解机理尚未被阐明，这里重点阐述非复合体纤维素酶酶解纤维素的机理。1950 年，Reese 等提出了纤维素酶酶解机制的第一个假说——C1/Cx 假说，在此基础上，Wood 和 McCrae 于 1972 年提出了目前广泛被接受的内切和外切酶协同作用模型，见图 6-15。

内切和外切葡聚糖酶首先共同作用于纤维素表面。内切葡聚糖酶作用于纤维素分子内的 β-1,4-糖苷键，产生短链纤维素和新的链末端；外切葡聚糖酶只作用于聚合度大于 10 的葡聚糖链，从链末端以纤维二糖为单位对纤维素进行切割，产生纤维二糖和葡萄糖。在内切和外切酶的共同作用下，纤维素被降解为聚合度小于 7 的可溶性寡聚葡萄糖，它们在 β-葡萄糖苷酶的作用下被降解为葡萄糖。

纤维素酶降解纤维素均是作用于糖苷键。纤维素酶断裂糖苷键存在保持机制和换向机制两种分子机制，见图 6-16。

保持机制[图 6-16(a)]是当酶与纤维素结合后，位于糖环平面两侧距离约为 5.5Å 的两个催化羧基基团通过双取代反应，使糖苷键断裂后，底物异头碳（C1）上的构象保持不变的反应。其过程大致为：第一步，糖基化，其中一个催化羧基通过酸催化提供一个 H^+ 给其中的一个糖基，另一个催化羧基通过对异头碳的亲核攻击形成糖基-酶中间体；第二步，去糖基化，第一步中提供 H^+ 的催化羧基从反应体系中的亲核物质中夺取一个 H^+，从而激活该亲核物质（一个水分子或者一个新的糖

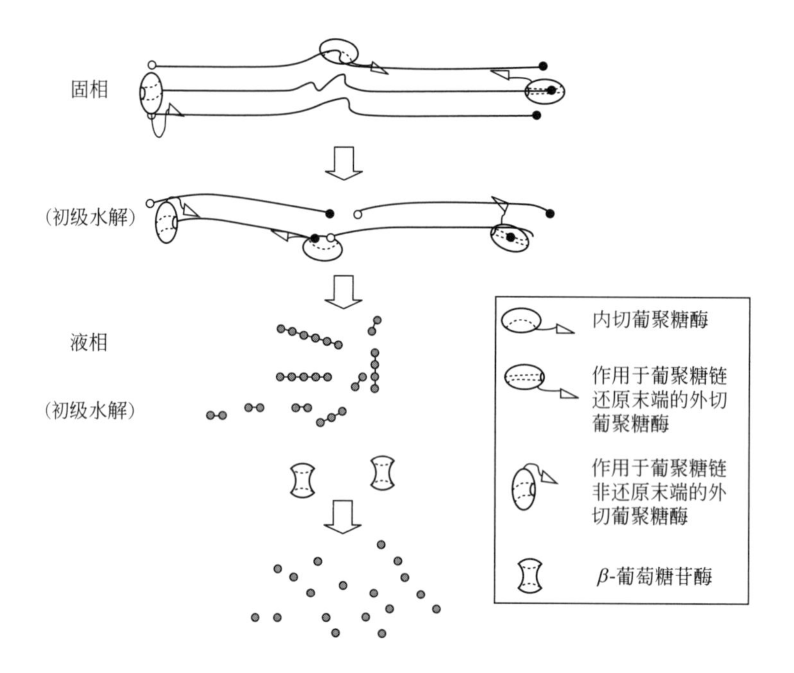

图 6-15 非复合体纤维素酶酶解纤维素的机理示意

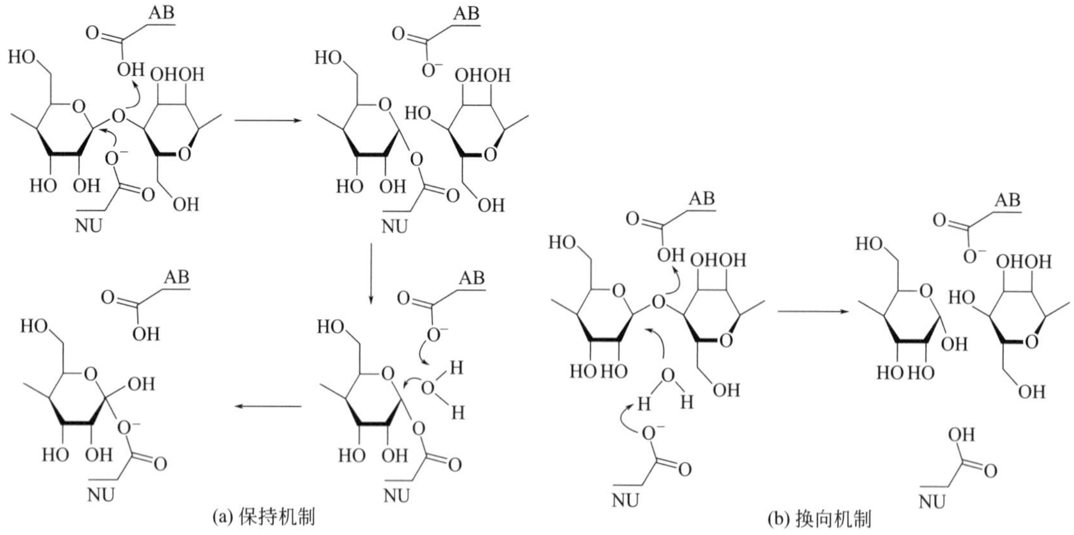

(a) 保持机制

(b) 换向机制

图 6-16 纤维素酶水解糖苷键的两种机制

基羟基基团），被激活的亲核物质参与糖基-酶中间体的反应，置换出其中的糖基，至此糖苷键被断裂。换向机制[图 6-16(b)]是当酶与纤维素结合后，位于糖环平面两侧距离为6.5～9.5Å之间的两个催化羧基基团通过单个亲核取代反应，使糖苷键断裂后，底物异头碳（C1）上的构象变成相反构象的反应，即β-糖苷键水解后，底物异头碳（C1）上的β构象变成α构象，反之亦然。换向反应机制也有两个催化羧基参与，其中一个羧基通过酸催化获取一个水分子中的H^+，另一个羧基通过酸催化提供一个H^+给其中的一个糖基，接着，水分子中的OH^-从另一个糖基环平面相反一侧通过亲核反应连接到糖基异头碳上，造成糖苷键断裂。

6.3.1.3　纤维素酶反应动力学

酶反应动力学可在研究酶结构和功能的关系、探讨酶的作用机制、优化酶催化反应的效率以及了解酶与底物的作用机制等方面提供实验数据和依据，具有重要的理论意义和一定的实践意义。

常规的酶解反应是均相反应，而纤维素酶解反应是异相反应，它比经典酶解动力学需要更多的步骤。关于纤维素酶解动力学的研究有很多，各种研究根据自身设定的条件建立了不同的酶解动力学模型，概括起来主要有经验模型、米氏模型、吸附模型、可溶底物水解模型和分形模型五类，每个模型根据物料的特性、酶解特性等又具有多种方程，这里不一一阐述，现将它们各种模型的特点归纳在表6-7中。

表6-7　五类酶解动力学模型的特点

动力学模型	适用条件	用途
经验模型	模型的建立条件	定量不同物料和酶特性对水解的影响；找寻水解与底物结构特性或时间的关系；可检测某种物料特性之间的关系；反应起始速率的估计；统计学模型可用于优化反应条件
米氏模型	均相反应；纤维素可及性和吸附分数在0.002～0.04之间	建立β-葡萄糖苷酶水解纤维二糖为葡萄糖的动力学模型；建立微晶纤维素的水解动力学模型
吸附模型	基于Langmuir等温吸附线或动力学方程	建立纤维素酶吸附与水解相关的动力学模型
可溶底物水解模型	可溶的纤维寡糖	建立纤维寡糖水解动力学模型；揭露纤维素酶的裂解模式；检测纤维素酶之间的协同作用
分形模型	水解发生在空间受限的反应体系中；涉及两种物质在非理想底物表面的扩散	建立纤维素水解动力学模型

6.3.2　酶的分离纯化

不同微生物来源的纤维素酶的分子特征都不尽相同，同时酶学性质和动力学性质也有所不同。纤维素酶的纯化一般采用以下几个步骤：首先将样品进行预处理，获得纤维素酶粗酶液；盐析多采用硫酸铵分级沉淀，先去除部分杂蛋白，然后再将目的蛋白沉淀下来；盐析后的蛋白样品通过透析或Sephadex-G25凝胶除盐；除盐后再将样品进行离子交换色谱和凝胶色谱。其中离子交换色谱多数以阴离子交换色谱来进行，少数也采用了阳离子交换色谱，极个别的纤维素酶的纯化采用了亲和色谱。大多数微生物纤维素酶发酵液都是通过离心或者过滤除去培养液中的细胞，然后通过超滤、透析、盐析或有机溶剂沉淀等方法以达到浓缩的目的。多数纤维素酶的纯化策略中，都是采用硫酸铵粗分离与几种色谱分离技术细分离相结合的方法，色谱分离技术主要包括凝胶排阻色谱、离子交换色谱、亲和色谱、疏水色谱以及等电聚焦色谱等。

6.3.2.1 沉淀法

蛋白质胶体溶液的稳定性与质点大小、电荷和水化作用有关，任何影响这些条件的因素都会影响蛋白质溶液的稳定性，一旦这种稳定性被破坏，蛋白质将从溶液中沉淀出来。沉淀蛋白质的方法有盐析法、有机溶剂沉淀法、重金属沉淀法、生物碱试剂和某些酸类沉淀法及加热变性沉淀法。其中盐析法常常用于纤维素酶的分离沉淀。由于酶蛋白的亲水性小于中性盐的亲水性，当酶溶液中加入大量的中性盐时，酶蛋白表面的水膜被脱去，电荷被中和，蛋白质分子发生聚集作用形成蛋白团而沉淀出来，这一过程称为盐析。$MgSO_4$、$(NH_4)_2SO_4$、Na_2SO_4、NaH_2PO_4是常见的盐析剂，其中以 $(NH_4)_2SO_4$ 最为普遍。半纤维素酶的分离纯化通常首先采用硫酸铵沉淀法来回收纤维素酶并去除部分杂蛋白。粗酶液在经过硫酸铵分级沉淀后，大部分酶活力得以回收，纯化倍数有所提高。即用低饱和度的硫酸铵处理，弃去沉淀杂蛋白，再用高饱和度的硫酸铵处理，得到以纤维素酶为主的沉淀物，来实现进一步分离纯化前的浓缩和初提纯。与硫酸铵一步沉淀法相比，硫酸铵分级沉淀法酶活回收率相对较低，但纯化倍数较高，因为在分级沉淀过程中在低饱和度硫酸铵处理步骤中沉淀了部分纤维素酶的同时除去了更多的杂蛋白。

6.3.2.2 超滤浓缩法

超滤是加压膜过滤方法的一种，其工作原理是运用压力差使溶液透过膜，并按溶质分子量大小、形状差异，把大分子阻留在膜的一侧，而小分子则随溶剂透过膜到另一侧，使溶质中大小分子分开的分离方法。超滤一般用于色谱分离或其他分离方法前的浓缩、脱盐和粗分离。Christoph W. 等[97] 在分离纯化海栖热袍菌（*Thermotoga maritima* MSB8）半纤维素酶时，对粗提液首先采用膜浓缩分离，纯化倍数为 4.9，分离纯化中选择膜的截留分子量应该大于目的酶的分子量的 50%，以使截留成功。采用超滤方法，有时会造成目的酶的大量损失，可与酶的结构或者膜孔的分布不均有关。同时，目的半纤维素酶结构中如果含有纤维素结合区时，膜材料最好不要选择纤维素膜，因为半纤维素酶与膜的吸附作用可能造成大量损失。Christakopoulos 等[98] 在分离纯化尖孢镰孢菌（*Fusariumoxy sporum* F3）的半纤维素酶时采用了纤维素膜分离，结果损失了约 70%的目的酶。

6.3.2.3 离子交换色谱

离子交换色谱技术是半纤维素酶分离纯化中常采用的方法，它是根据纤维素酶组分所带电荷的差异而进行的分离纯化。离子交换剂分为阴离子交换剂和阳离子交换剂两大类。由于离子交换剂连接的基团不同，每类又分为强和弱离子交换剂。所用基质材料主要有纤维素、葡聚糖凝胶和琼脂糖凝胶等。

纤维素介质是最早用于分离蛋白质的离子交换剂之一，由于其表面积大，开放性的骨架允许大分子自由通过，同时对大分子的交换容量较大的特点，一般作为纤维素酶分离纯化的第一步。但存在流速太慢，柱床高度会随缓冲液浓度及 pH 值改变等缺点。以葡聚糖凝胶为基质材料的离子交换剂如 CM-Sephadex C-50 或 DEAE-Sephadex A-50（分离范围 30000～200000），由于载量高、价格便宜，在分离纯化纤维素酶中的使用也较为普遍。但是，葡聚糖凝胶因流速、体积受外在环境影响而改变较大，逐渐被新一代凝胶所取代。琼脂糖凝胶比葡聚糖凝胶更显多孔结构，由于其孔径稍大，对于分子量在 10^6 以内的球状蛋白质表现出良好的交换容量。如 DEAE-Sepharose CL-6B，DEAE-Sepharose Fast Flow，DEAE-Sepharose 6B 等在纤维素酶的分离纯化中已广泛应用。其他高效离子交换剂指的是在中压色谱或高压色谱中使用的粒度较小且有一定的硬度，分辨率很高的一类离子交换剂。Amersham 公司的 Source 系列离子交换剂是在聚苯乙烯-二乙烯苯的表面连接上亲水基团后再结合功能基团而形成的。亲水的表面极大地降低了蛋白质和基质之间出现疏水相互作用的可能性，非特异性吸附很低，因此蛋白质活性的回收率很高。

Eleonora C. C. 等在分离纯化杂色曲霉（*Aspergillus versicolor*）的半纤维素酶时，粗酶提取液经过 DEAE-Sephadex A-50 离子交换，比活由 19.5U/mg 提高到 210.6U/mg，纯化倍数为 19.5。丁长河等在纯化卷须链霉菌半纤维素酶 B 时，硫酸铵沉淀后，采用 Q-Sepharose 离子交换纯化，得到了电泳纯的半纤维素酶，其中离子交换纯化倍数为 10.0[99]。离子交换技术的分离纯化分辨率通常较高，流速较快(合适填料)，容量很大，样品体积不受限，适于早期纯化。

6.3.2.4 凝胶排阻色谱

排阻色谱，亦称分子筛色谱或凝胶过滤，是 20 世纪 60 年代发展起来的一种简单有效的液相色谱技术。它是一种根据分子大小不同分离纯化纤维素酶的常用分离方法之一，常用于排阻色谱的凝胶类介质主要有五大类，即葡聚糖凝胶(sephadex)、琼脂糖凝胶（sepharose)、聚丙烯酰胺凝胶（sephacryl)、琼脂糖-聚丙烯酰胺凝胶、葡聚糖-聚丙烯酰胺凝胶。但是由于酶与凝胶介质（琼脂糖或葡聚糖）的相互作用会影响酶的分离纯化。Javier D. B. 等[100] 分离纯化枯草芽孢杆菌(*Bacillus amyloliquefaciens*）的半纤维素酶和 M. Bataillon 等[101] 分离纯化芽孢杆菌（*Bacillus* sp. Strain SPS-0）半纤维素酶时都发现了这一现象，类似的报道有很多。这可能由于半纤维素酶结构中含有纤维素结合域（cellulose-binding domain, CBD)，而葡聚糖是由 α-葡萄糖残基构成的，两者可以相互结合。这种结合作用使得用凝胶过滤色谱测定分子量出现异常[101]，并且酶在 SDS-PAGE 上泳动变慢。研究表明，在分离纤维素酶的过程中，使用单一的色谱分离方法，是无法得到纯化的纤维素酶单一组分，而必须多种色谱方法联合使用。根据单一组分不同的分子量和等电点，选择合适的分离介质联合，才能分离出某个纯化的纤维素酶单一组分。但随着纯化步骤的增多，收率下降，而且纯化过程烦琐，不宜于工业上应用。

6.3.3 纤维素酶水解影响因素

酶解对原料预处理有较高的要求，且纤维素酶需求量大，寻找高效产酶的微生物、提高酶解效率和降低酶用量是酶解过程的研究方向。影响纤维素酶高效酶解的因素大致可以分为两类：一类是与底物相关的因素，如木质素、半纤维素、结晶度等；另一类是与纤维素酶相关的因素，如纤维素酶酶活力、产物反馈抑制等。

6.3.3.1 与底物相关的因素

影响纤维素酶高效酶解的与底物相关的因素首先是木质素和半纤维素。木质素作为链接半纤维素和纤维素的重要成分，在生物质结构中决定着其完整性和刚性，能够有效防止木质纤维素被溶胀。因此，木质素的含量以及其破坏程度是影响木质纤维素材料酶解难易程度的最关键因素[102]。木质素首先作为一个物理屏障包裹在纤维素周围，阻止了底物与酶的有效解除，从而降低了酶解效率。其次通过疏水作用、离子键作用和氢键作用吸附纤维素酶，导致无效结合，使实际参加酶解的纤维素酶量下降。生物质不同，其木质素的结构也不同，如软木的木质素主要由愈创木基单位构成，硬木的木质素主要由愈创木基和紫丁香基单位构成，玉米秸秆的木质素主要由对羟苯基单位构成。不同结构的木质素经过预处理后，残存在固体残渣中的结构会有所不同，且同一种木质素经过不同预处理后，残存在固体残渣中的结构也会有所不同，从而对纤维素酶的影响不同。有研究表明，含较多酚羟基基团的木质素对纤维素酶解的抑制效果要强于含非酚羟基基团的木质素，且不同的酶受木质素影响的程度会有所不同。通过在酶解体系中添加碱性提取物、蛋白或者表面活性剂[103] 可以有效降低木质素对酶的无效吸附。通常采用选择特定的预处理方法，比如碱处理法、氨爆破等方法脱除木质素，可以使得孔数量明显提高，底物的表面可及性进一步提高。另外，通过生物酶即漆酶（laccase，Lac）也可以高效降解木质素。Lac 是一种含有 4 个铜原子的胞外糖蛋白，根据光谱和电子顺磁共振（EPR）特征可分为 3 类：Ⅰ型 Cu 和Ⅱ型 Cu 各 1 个，是单电受体，呈顺磁性，可用电子自旋共振（ESR）测定；Ⅲ型 Cu 有 2 个，是双电子受体，呈反磁性，ESR 检测不出来。由磁性圆二色散（MCD）和 X 射线吸收光谱分析表明：Ⅱ型 Cu 和Ⅲ型 Cu 相结合起到了三核铜簇的功能，与包括和 O_2 反应在内的外源配位体的相互作用有关。Ⅱ型 Cu 的中心具有以 2 个 His 和 1 个 H_2O 配位体的 3 配位数性质，而Ⅲ型 Cu 中的每个 Cu 都是 4 配位数性质的，具有 3 个 His 配位体和 1 个桥式氢氧化物，Ⅱ型 Cu 和Ⅲ型 Cu 之间的桥式结构能稳定过氧化物中间物，所以氧的还原需要Ⅱ型 Cu 的参与[104~106]。在氧的参与下，Lac 主要攻击木质素中的苯酚结构单元：苯酚的核失去 1 个电子而被氧化成含苯氧基的自由活性基团，结合酶活性中心——Ⅰ型铜原子位点，通过 Cys-His 途径将电子传递给三核铜簇位点，该位点又把电子传递给氧，氧作为电子受体，发生 4 电子还原，生成 2 分子的 H_2O，同时伴随着 $C\alpha$ 氧化、$C\alpha$-$C\beta$ 裂解和烷基-芳香基裂解等一系列反应。由于 Lac 的氧化还原电位较低，不能直接氧化降解木质素结构中占大多数的非酚型结构单元，因此需添加一些低氧化还原电位的化合物作为氧化还原调节剂。这些调节剂在酶的作用下形成高活性的稳定中间体，再从氧分子中获得电子传递给木质素分子从而降解木质素[107]。王闻等[108]按照60U/g底物在甜高粱渣中加入漆酶处理72h，后加入纤维素酶等混合酶，结果发现加入漆酶的实验组葡萄糖收率显著提高了30%。丁文勇等[109]在纤维素酶解体系中同时添加漆酶1.25U/g底物和纤维素酶20U/g底物后，对比单独的纤维素酶，复配酶的酶解效果提高，酶解72h后葡萄糖、木糖的浓度分别提高9.5%、12.4%，说明加入漆酶能够脱除部分木质素，促进纤维素的酶解。

朱俊勇等[110]指出木质素在木质纤维素原料中仅作为填充剂，而不像半纤维素直接同纤维素束交联，因此与木质素相比，脱除半纤维素能对木质素的三维复杂结构产生更剧烈的影响。半纤维素内存在多种糖苷键，并且支链上存在诸多复杂化学键组成的取代基结构，主要包括*O*-乙酰基、4-*O*-甲基-D-葡萄糖醛酸残基、L-阿拉伯糖残基等[111]，这些化学键相互连接形成网络状结构，是细胞壁保持立体结构的重要因素。半纤维素作为一种物理屏障，与纤维素相互连接围绕，经过木质素的包裹共同保护纤维束不被酶攻击。大量研究表明半纤维素的脱除能够有效打开纤维素-半纤维素-木质素这一复杂结构，增大纤维素的表面积，促进纤维素的酶促反应进行[112]。通过酸法等预处理可以有效脱除半纤维素，但是同时也会脱除部分木质素，这样一来预处理对酶解的促进作用往往是半纤维素和木质素共同作用的结果[113]。另外，半纤维素成分可以被半纤维素酶降解。要想解开这些复杂化学键从而彻底水解木聚糖到单糖，通常需要多步酶促反应以及两种主要半纤维素酶的协同作用：β-1,4-半纤维素酶(1,4-β-D-xylanohydro-lase,EC 3111218)和β-木糖苷酶（1,4-β-D-xylan xylohydrolase,EC 31211137)。前者主要从木聚糖分子的内部，以内切的方式作用于木聚糖的糖苷键，最后生成木二糖、木三糖等低聚木糖；后者以外切的方式作用于低聚木糖的还原端，生成木糖[114]。半纤维素会在纤维素微阵中形成保护层，通过结晶作用等嵌入到微纤维中构成纤维组合体[115,116]。因此，当纤维素通过酶作用解聚时，嵌入或者围绕纤维素晶格之中的半纤维素链会暴露出来，这样一来在木质原料降解过程中，纤维素酶和半纤维素酶之间存在协同作用。大量报道证明半纤维素酶的添加利于生物质的酶解过程[117,118]。Tabka等[119]利用*Trichoderma reesei*中获得纤维素酶和半纤维素酶，通过与漆酶等联合作用于蒸汽爆破处理的稻秆，发现在10U/g纤维素酶、3U/g半纤维素酶的作用下酶解率最高。

除了木质素和半纤维素对纤维素的酶解造成不利影响外，木质纤维素自身的特点也会影响纤维素的酶解，主要包括颗粒大小、比表面积、孔径大小、结晶度和底物浓度。

① 颗粒大小对纤维素酶解影响有两种：一是不影响纤维素的酶解；二是提高纤维素的酶解。这主要取决于物料的种类和颗粒减小的程度。Chundawat等指出，生物质原料颗粒大小减小至1/6～1/3才能得到明显较好的酶解效果。Yeh等的研究表明，亚微米大小的生物质颗粒酶解效果要好于微米大小的颗粒。

② 初始比表面积和孔容积大小都会影响纤维素的酶解。比表面积与颗粒大小成反比，颗粒越小，比表面积越大，越有利于纤维素酶的结合，物料更容易水解。物

料表面孔径越大，越有利于酶解。Grethlein 等发现酶解反应限速孔径大小为 5.1nm。

③ 结晶度降低，可以提高纤维素酶解的初始速率，但是结晶度对纤维素酶解的不利影响会随着水解时间的推移而逐渐消失。

④ 底物浓度越高，越不利于纤维素的酶解。木质纤维素不溶于水，且其组成成分具有较强的吸水性，因此对于体积一定的反应体系，木质纤维素的量越高，将会导致反应体系的黏度增加，不利于传热传质，同时，使木质素对纤维素酶无效吸附的概率增加，导致实际参加酶解反应的纤维素酶的量下降。

6.3.3.2 与纤维酶相关的因素

与纤维素酶相关的因素主要是影响纤维素酶酶活力的因素。

① 纤维素酶自身的酶活力。纤维素酶价格太高以及木质纤维素生产燃料乙醇的成本限制，在木质纤维素酶解过程中添加的纤维素酶的量通常较低，因此高酶活力的纤维素酶有利于提高纤维素的酶解效率，降低生产成本。

② 产物对纤维素酶酶活力的影响。木质纤维素经过酶解后，在水解液中主要存在纤维二糖、葡萄糖和木糖三种糖，随着酶解时间的推移，这三种糖在水解液中的浓度会逐渐增加，进而会抑制纤维素酶的酶活力。高浓度的纤维二糖可强烈抑制纤维素酶的活力，它可通过与外切葡聚糖酶催化活性位点附近的色氨酸结合发生位阻效应，阻碍酶与底物的结合，从而阻碍酶解的进行。葡萄糖浓度过高时，不仅抑制 β-葡萄糖苷酶的酶活力，同时抑制整个纤维素酶的酶活力。一个典型的纤维素酶解过程主要包含两个曲线阶段，第一个阶段是对数曲线，第二个阶段为渐近线[120]。一般说来，约有 1/2 的葡萄糖会在初始的 24h 之前释放出来，也就是对数阶段；剩余部分纤维素水解产糖则需要至少 2d 时间才能完成，也就是渐进线阶段[121]。终产物的抑制很大程度上阻碍了纤维素的快速连续酶解。葡萄糖和纤维二糖都会影响到纤维素酶复合物发挥效应[122]。Xiao 等[123] 研究表明，葡萄糖对整个纤维素酶系的作用要大于对单一葡萄糖苷酶的作用，同时在同一葡萄糖浓度下，增加底物浓度可以缓解产物抑制效应。通过加大酶的用量、额外添加葡萄糖苷酶、滤膜超滤等方式除去体系中的糖或者采用同步糖化发酵工艺，可以有效降低产物对酶的抑制效应，其中同步糖化发酵工艺研究最广泛。此外，木聚糖、低聚木糖和木糖均能抑制纤维素酶的酶活力，低聚木糖对纤维素酶的抑制要强于木聚糖和木糖。

6.3.4 提高木质纤维素酶解效率的措施

要提高木质纤维素的酶解效率，就需要降低甚至消除不利因素对纤维素酶解的影响。木质素、半纤维素以及木质纤维素自身结构对纤维素的不利影响可采取预处理的方式消除。预处理方法的选择与木质纤维素酶解效率的高低密切相关，同一种生物质经过不同的方法预处理后，其结构和成分组成会有很大的不同，因此它们的酶解效率也会有差别。当选择一种方法对木质纤维素预处理后，其酶解效率的进一步提高就有赖于酶解过程的优化。高的加酶量在很大程度上提高纤维素的酶解效率，但是也会提高生产成本，因此在低加酶量下的高效酶解成为大家的共识。研究表明，优化纤维素酶的组合或者在纤维素酶中添加其他酶，可以提高纤维素的酶解效率。Zhou等通过优化产自绿色木霉（*Trichoderma viride* T 100-14）突变菌株的内切葡聚糖酶（Cel7B、Cel12A、Cel61A）、外切葡聚糖酶（Cel7A、Cel6A、Cel6B）和β-葡萄糖苷酶的配比对汽爆玉米秸秆酶解发现，在Cel7A、Cel6A、Cel6B、Cel7B、Cel12A、Cel61A和β-葡萄糖苷酶的配比为19.8：37.5：4.7：17.7：15.2：2.3：2.8时酶解效果最好，其产糖量是未经配比优化的纤维素酶的2.1倍。Berlin等通过在纤维素酶（Celluclast 1.5L）中添加果胶酶（Multifect Pectinase）、木聚糖酶（Multifect Xylanase）和β-葡萄糖苷酶（Novozym 188）并优化它们之间的配比后对酸处理的玉米秸秆酶解24h发现，优化组合酶可使葡聚糖转化率达到99%，比单独的纤维素酶酶解高出60%左右，木聚糖转化率达到88%。

底物浓度对纤维素酶的不利影响可以通过降低反应体系的黏度以及传质传热方式来消除。高底物浓度是获得高糖浓度的前提，但是底物浓度太高，将不利于纤维素的高效酶解。为了消除高浓度底物带来的负面影响，通常采取分批加料的方式进行酶解。分批加料是针对单批加料而言的，就是在生物质酶解过程中分多次添加底物，其过程大致为：生物质先在低底物浓度下酶解一段时间后，再补加底物，酶解一段时间后，再补加底物，根据实际情况确定酶解和加料时间，直到底物的终浓度达到需求，继续酶解一段时间。这个过程可保证反应体系的黏度一直处在较低的水平，有利于酶解的高效进行，获得高浓度的糖。此外，与单批加料酶解相比，分批加料酶解具有原料成本低、操作成本低和深加工成本低等优势。目前，采用分批加料方式酶解生物质已成为在高底物浓度下提高产糖浓度的重要手段。Yang等通过分批加料的方式把质量浓度为30%的底物（汽爆结合碱性双氧水处理的玉米秸秆）酶解，得到还原糖、葡萄糖、纤维二糖和木糖的浓度分别为220g/L、175g/L、22g/L和20g/L，酶解效率为60%，其还原糖产量比12%底物单批酶解高出130g/L，酶解效率比12%底物单批酶解低5%。在他们的试验条件下，30%底物的单批酶解无法顺利进行。分批加料酶解在提高糖浓度的同时，也产生了负面效应。高浓度的糖会对纤维素酶产生反馈抑制，从而影响纤维素的酶解效率。Yang等采取了三步法酶解汽爆玉米秸秆，即第一步先酶解9h，然后离心分离底物和水解液并水洗底物，洗下残留的糖，然后重新加入新鲜缓冲液和少量的酶，再酶解9h，按之前的步骤处理底物后，接着再酶解12h，同样按照前面的步骤处理底物后，继续酶解至72h，得到的酶解效率比一步酶解高出34%～37%。

产物浓度对纤维素酶的不利影响可通过及时移除产物，使其浓度始终保持在低水平来消除。随着酶解反应的进行，纤维素被降解，纤维二糖和葡萄糖逐渐积累，当达到一定程度时就会对纤维素酶产生反馈抑制，影响纤维素的高效酶解。通常通过添加β-葡萄糖苷酶，把纤维二糖降解为葡萄糖就可消除纤维二糖对纤维素酶的抑制作用。葡萄糖对纤维素酶的抑制作用可通过以下几种方式消除。

① 膜过滤。在膜反应器中进行生物质的酶解反应，产生的葡萄糖等小分子物质

通过超滤的方法穿过滤膜而被及时移出，而纤维素酶等大分子物质和生物质则被截留在反应器中，继续进行酶解反应，这样一方面可以消除产物对纤维素酶的抑制作用，提高生物质的酶解效率和产糖浓度；另一方面可以降低设备费用。Zhang 等采用膜反应器进行了分批加料酶解，该反应器上的膜可以让纤维二糖等小分子物质通过，而酶等大分子物质被截留下来，这样不仅可以消除产物浓度对纤维素酶的抑制，提高酶解效率，还可减少纤维素酶的用量。与传统的酶解反应器相比，该反应器把纤维素的酶解效率提高了 15%左右。

② 同步糖化发酵。同步糖化发酵是相对于分步糖化发酵而言，是指在同一反应器内，相同条件下同时进行酶解和发酵的过程。同步糖化发酵可使生物质酶解产生的单糖被及时消耗，防止单糖积累，消除产物对纤维素酶的抑制，促进纤维素的酶解，提高乙醇产量，同时还降低纤维素酶的添加量，节省设备费用，从而降低生产成本。同步糖化发酵最大的缺点在于酶解和发酵的最适温度不一致。酶解通常是在 50℃下进行，而发酵是在 30℃下进行，因此要进行同步糖化发酵，就需要在较低温度下进行，这样纤维素的酶解效率会下降，最终乙醇产量也会有所下降。Öhgren K 等比较了汽爆玉米秸秆在分步糖化发酵和同步糖化发酵中的乙醇产量，发现前者比后者低 13%。Zhang 等在 6L 的反应器中比较了单批酶解结合同步糖化发酵和分批酶解结合同步糖化发酵两种方式下的乙醇产量，发现后者比前者高出 15.5g/L。

综上所述，可通过及时取出纤维二糖、葡萄糖等产物的方法或者采取同步糖化发酵的方式，均可有效提高纤维素的酶解效率。从工业化应用角度出发，同步糖化发酵具有更广的前景，但是同步糖化发酵的温度通常为发酵菌株生长的合适温度，不是酶解的最适温度，一般地，酶解温度要高于发酵温度，因此要解决这个矛盾，就需要筛选可在高温下进行发酵的菌株。田沈等通过高温驯化得到一株高温酵母(*Candida maltose* Y8)，其在 46℃下的发酵效果与原始菌株在 30℃下的效果相似，用其进行同步糖化发酵，乙醇产量达到理论产量的 88.2%。

6.4 乙醇发酵

针对预处理方式的不同，有些还需要在发酵之前进行脱毒处理。生物质经过预处理之后，固体残渣中主要包含的纤维素成分可以被水解，液体部分可能会含有部分半纤维素。人们把纤维素水解产糖过程完成后，再加入酵母转化乙醇的过程称为分步糖化发酵，这一操作过程被广泛应用在燃料乙醇的生产中。一般来说，微生物往往先利用完六碳糖再利用五碳糖，并且对抑制物很敏感，往往需及时把发酵液分离。燃料乙醇生产中最理想的微生物是能够同时利用五碳糖和六碳糖的，可以实现戊糖己糖共发酵。木质纤维原料预处理水解液中含有大量半纤维素衍生糖，同时存在发酵抑制物，如甲酸、乙酸、糠醛、5-羟甲基糠醛和芳香族化合物等，传统微生物发酵效果较差。一般地，水解液可从以下3个方面入手进行脱毒处理：

① 优化预处理过程避免或减少抑制物的产生；

② 发酵之前对水解产物进行脱毒处理；

③ 构建耐受能力较高的菌种，实现原位脱毒。

Lee等用活性炭对硬木片高温液态水水解液进行脱毒，发现用2.5%的活性炭量可以去除水解液中42%的甲酸、14%的乙酸、96%的5-羟甲基糠醛和93%的糠醛，同时约有8.9%的糖损失。然后用一株基因改造后的厌氧嗜热杆菌MO1442对脱毒后的水解液进行发酵，该菌可以代谢其中葡萄糖、木糖和阿拉伯糖，达到乙醇理论产率的100%。首都师范大学杨秀山教授培育了一株树干毕赤酵母新菌株Y7，该菌株能够对木质纤维素稀酸水解产物进行原位脱毒，能将木质纤维素稀酸水解液中的葡萄糖和木糖高效转化为乙醇，达到乙醇最高理论值的93.6%。菌种的原位脱毒可以简化以木质纤维素为原料生产乙醇的工艺、降低乙醇生产成本，对木质纤维素乙醇生产的商业化具有重要的理论和实际意义。

针对木质纤维素酶解后糖液的发酵，发展出来分步糖化发酵（SHF）、预水解同步糖化发酵（prehydrolysis to SSF）和同步糖化发酵（SSF）三种形式。分步糖化发酵是木质纤维素先经过酶解后再进行发酵，其优点在于酶解和发酵都可以在最优条件下进行，缺点就是纤维素酶会受到产物反馈抑制。同步糖化发酵是木质纤维素的酶解和发酵在同一反应器内同时进行，其优点在于可以解除产物的反馈抑制，缺点是酶解效率会下降。预水解同步糖化发酵是木质纤维素先在高温下酶解一段时间后，再降温进行同步糖化发酵，其优点在于可保证木质纤维素先在合适条件下进行酶解，降低反应体系的黏度。Peng等采用分步糖化发酵的方法对纸浆进行酶解和发酵，得到乙醇产量为190g/kg干纸浆，聚糖转化率为56.3%。Vásquez等通过先优化酸处理甘蔗渣的酶解条件，然后在最优酶解条件下进行同步糖化发酵，在10h内得到乙醇产量为30g/L。Öhgren等通过试验发现，与单纯的同步糖化发酵相比，预水解同步糖化发酵并不会提高最终的乙醇产量，其分析的原因可能是预水解温度过高引起酶失活。此外，由于处理方法的不同会导致生物质的组成不同。当生物质中半纤维素所占比例较大时，酶解后木糖产量也会比较高，这时利用葡萄糖和木糖发酵，可以大大提高乙醇产量，同时提高总纤维素的转化率。多个研究试验表明，在同步糖化发酵时，接入整合有与木糖发酵相关基因的酿酒酵母，其乙醇产量比原始酿酒酵母高。

Gauss等[124]在1976年最早提出SSF的概念，以纤维素原料作为底物，加入纤维素酶复合物和酵母，使酶水解糖化和微生物发酵两个过程在一个反应器中同时进行。同步糖化发酵法能够将纤维素水解产生的葡萄糖通过酵母的代谢作用迅速发酵为乙醇，不会有糖的大量累积，使得酶促反应尤其是纤维二糖到葡萄糖的过程得以顺利进行，所以相比SHF法，SSF工艺能够有效降低纤维素酶的用量，尤其是β-葡萄糖苷酶的添加量[125]。同时两步结合能够减少反应器数量，节约反应时间，降低投资成本，减少杂菌的污染机会[126]。

大多数的 SSF 工艺能够用较短的时间，获得更多的乙醇产量，显示出同步糖化发酵工艺在缩短反应时间、提高乙醇产量方面的优势。Anders Wingren 等[127] 以经过二氧化硫高压蒸汽预处理的杉木为原料，分别通过 SHF 和 SSF 两种方法生产乙醇，并从技术性和经济性角度对两种工艺进行了分析和对比。核算结果显示前者的生产成本为 0.63 美元/L，后者的生产成本为 0.57 美元/L，通过提高工艺体系中的底物浓度以及循环使用 60%的蒸馏蒸汽，可以将 SSF 成本进一步降低到 0.37 美元/L，显示出良好的工业应用前景。

6.4.1 同步糖化发酵工艺优化

影响 SSF 过程的因素主要包括温度、酶负载量、酵母浓度、pH 值、底物浓度以及酵母菌株类型等[128]。学者们选取部分因素作为变量，并设计相应的模型对这些变量进行优化，以提高整个进程的效率。林燕等[129] 以碱与处理后的稻秆作为原料，在 16%（质量浓度）底物浓度下，采用响应面分析法考察温度、酶负载量、酵母浓度和 pH 值对乙醇产量的影响，发现在反应温度为 37.5℃、酶负载量为 30FPU/g 底物、酵母浓度为 10g/L 和 pH 值为 4.6 的条件下乙醇产量最高。当乙醇浓度低于 40g/L，后期蒸馏提纯的成本会大幅度增加。所以，为了降低成本，提高 SSF 工艺的经济性，必然要增加底物浓度，以提高乙醇浓度。但是当反应体系中的固体浓度高于 10%，整个体系的黏度会逐渐增大，质和热的传递受阻，造成搅拌困难[130]。通过分批加料的方法逐渐增加底物浓度被认为是解决这一问题的有效方式。反应体系中不溶性的固体含量可以维持在相对较低水平，同时在发酵过程中部分抑制物可以被微生物转化，从而降低对整个反应的抑制作用[131,132]。很多学者都采用这一模式进行乙醇的研究，发现分批补料能够有效提高底物浓度，获得更高的乙醇浓度，Zhang 等[133] 通过酸碱综合预处理方法去除玉米芯中非纤维素的部分，37℃下发酵可获得 69.2g/L 的乙醇，采用分批补料方式增加固体浓度到 25%最终得到 84.7g/L 的乙醇，是迄今国内外报道的最高的乙醇浓度。

一个经典的 SSF 发酵工艺是直接将合适比例的纤维素酶、木质纤维素底物和酵母放入同一个反应器中。为了更好地发挥 SSF 法的优势，学者们通过改变工艺流程的方式对此进行了优化，如尝试采用不等温同步糖化发酵（NSSF）、循环温度同步糖化和发酵（CTSSF）以及同步水解分离发酵（SSFF），与传统 SSF 中的等温相比，这些改进使得纤维素酶的水解效果明显增强。NSSF 法最早在 1998 年由 Wu 等[134] 提出，与相应的 SSF 相比，该设计使水解和发酵可在各自最佳的温度下进行，乙醇的产量和产率都明显提高，同时还减少了 30%～40%的纤维素酶用量，节约了成本。李江等[135] 采用 CTSSF（先 42℃下水解 15min，然后在 37℃下进行 SSF 10h，重复此过程），72h 后，与相应的 37℃ SSF 相比，乙醇产量提高 50%。SSFF 是 Ishola 等[136] 提出的，首先在 50℃下水解罐中糖化 24h，经过错流方式进行膜过滤后，含糖的水解液流到发酵罐中30℃发酵，然后再重新泵回到水解罐中，其中膜和酵母都可以实现多次循环。

Marzieh等[137] 先用纤维素酶和β-葡萄糖苷酶在45℃下酶解云木和硬橡木24h，然后在37℃下进行同步糖化发酵3d，乙醇产量显著提高，分别达到理论值的85.4%和89%。

另外，为了充分利用底物，提高乙醇产率，己糖戊糖共发酵工艺（Simultaneous saccharification and co-fermentation，SSCF）正得到越来越多的关注和研究。木质纤维素原料前处理完成后，半纤维素水解产生的戊糖不与纤维素分离，而是将纤维素和半纤维素产生的糖在同一反应体系中进行发酵生产乙醇。SSCF不仅减少了水解过程的产物反馈抑制，而且去除了单独发酵戊糖这一步，将其融入己糖的发酵，提高底物利用率和乙醇产率的同时，还有助于生产成本的降低。但是，能够高效代谢木质纤维素中木糖的工业菌株还少有报道。钟桂芳等[138] 通过聚乙二醇（PEG）和电诱导融合等方法，实现了能发酵木糖产生酒精的休哈塔假丝酵母1766和高温酿酒酵母G47之间的融合。F71融合子能在45℃下发酵木糖生产酒精，其在45℃发酵木糖所产酒精体积分数为1.675%，其转化率为68.8%。Hahn-Hagerdal等[139] 针对一些戊糖发酵菌株的发酵性能进行了研究，发现TMB3400是迄今唯一一株已报道的工业化发酵戊糖的酿酒酵母，乙醇浓度达到40g/L，木糖和葡萄糖的转化率高达理论值的80%。Borbála Erdei等[140] 以蒸汽预处理过的稻秆作为原料也对TMB3400戊糖己糖共发酵的情况进行了考察，结果显示在底物浓度为7.5%WIS（water insoluble solids，水洗涤过的原料）下乙醇产率达到70%、浓度达43.7g/L，当底物浓度进一步提高到10%，乙醇浓度可以达到53g/L，大大提高了发酵醪液的乙醇浓度，对后期蒸馏成本的降低起到重要作用。Rudolf等利用甘蔗渣进行己糖戊糖共发酵过程研究发现，温度是影响SSCF工艺的重要因素之一，TMB3400在32℃的条件下比在37℃的条件下能代谢利用更多的木糖，这可能是由于较低的温度减缓了葡萄糖的释放速率，从而有利于木糖的吸收。还有一些研究发现在酿酒酵母中，木糖和己糖都是通过己糖转运蛋白运输的[141]，但是木糖对转运蛋白的亲和能力可能是葡萄糖的1/200[142]，所以发酵体系中葡萄糖浓度的高低严重影响着木糖的吸收利用。另外，通过分批补料的方式可以维持体系中的葡萄糖保持在较低的浓度，对木糖的发酵也是非常有利的。

6.4.2 高温同步糖化发酵特点

同步糖化发酵工艺虽然有诸多优点，但也存在一些缺陷。尤其是纤维素酶最适的酶解温度是在45～50℃之间，而酵母的最适宜发酵温度一般在30～37℃之间，两者最适温度范围存在明显的差别。目前，SSF工艺通常的做法是采用折中的温度——37℃[143]。但是这样使得两个过程都不能得到最合适的温度，在一定程度上降低了水解和发酵的速率。实际上，通过蛋白质工程很难降低纤维素酶的最适反应温度，因此，提高乙醇发酵酵母的最适发酵温度就成为解决这一问题的关键[144]。选择耐高温的高产发酵菌株进行高温同步糖化发酵，正受到越来越多的关注和研究，它可使发酵反应体系中的温度更加接近酶解最适温度，同时又不影响酵母的发酵能力。这样一来，不但能够发挥SSF工艺的优势，又可以提高酶解效果，使两步反应温度更加协调，提高整个SSF过程的效率。同时，采用高温同步糖化发酵的方式可以降低冷却和蒸馏成本、减少醪液污染的概率，尤其适合热带地区的乙醇生产[145]。

Ballesteros M. 等[146] 通过研究一组来自假丝酵母（*Candida*）、酿酒酵母（*Saccharomyces cerevisiae*）和克鲁维酵母（*Kluyveromyces marxianus*）属的27株酵母菌在32～45℃下的生长和发酵情况，发现*K. marxianus*和脆壁克鲁维酵母（*K. fragilis*）在高温条件下有更好的乙醇生产性能，在SSF试验中以亚硫酸盐纸浆（10%）作为底物，添加15FPU纤维素酶/g底物，在42℃下78h最高能够产生38g/L的乙醇。同时，针对不同原料、不同底物浓度以及预处理方式，研究者们也开展了相关的研究。通过对比近年来40℃及以上温度条件下进行的SSF工艺研究中的部分发酵参数可以看出，在相同条件下，*K. marxianus*的整体发酵性能优于酿酒酵母，因为其具有更强的耐高温能力，同时发酵产酒精的能力也很强。Wen-Chien Lee等[147] 以NaOH处理过的甘蔗渣作为原料，考察37℃、42℃和45℃三个温度条件下对乙醇浓度的影响，结果发现反应温度过高或者过低都不利于乙醇浓度的累积，在42℃下乙醇的浓度最高，达到理论值的92.2%，采用转筒式反应器进行同步糖化发酵放大试验，也获得了较高的产率。另外，通过改善预处理效果，增大底物浓度等方式，也可以有效增加SSF工艺中的乙醇浓度，有利于生产成本的进一步降低。

6.4.3 高温酵母的选育及其在SSF中的应用

为了解决SSF工艺中酶解和发酵温度不协调的问题，人们将目光投到高温酵母的选育上，并挑选性状优良的菌株进行同步糖化发酵试验。长期以来，高温酵母菌株的选育主要集中在高温驯化和自然界筛选。人们通过研究可用于SSF法的脆弱豆孢酵母（*Fabospora fragilis*）、葡萄汁酵母（*Saccharomyces uvarum*）、芸苔假丝酵母（*Candida brassicae*）、葡萄牙假丝酵母（*Candida lusitaniae*）和*Kluyveromyces marxianus*等的温度耐受性，以使酵母的发酵温度更接近纤维素酶的最适温度。Szczodrak等[148] 从12个属中挑选了58株菌，测试它们在40℃以上的生长和发酵性能，发现*Fabospora*和*Kluyveromyces*两个属中的一些酵母能够在46℃的高温下生长，其中*Fabospora fragilis* CCY51-1-1在43℃能够将140g/L的葡萄糖转化获得56g/L乙醇，发酵性能优良。Edgardo等[149] 和王敏等[150] 分别对酿酒酵母在高于40℃的生长和发酵情况进行了研究，经过分离纯化或者富集培养等方式可以显著提高原始菌株的性能，从而获得生长和发酵性能相对较好的菌株。也有一些学者从热带地区分离筛选耐温的酿酒酵母，用于燃料乙醇的生产[151,152]。

随着科学技术的发展，一些新兴的技术包括诱变技术、离子束注入技术、基因工程等技术应用于高温酵母选育也逐渐得到应用并表现出喜人的前景。刘海臣等[154]经过紫外诱变筛选耐高温和耐高浓度乙醇的菌株，得到2株优良酵母P1和P2，两株菌最大耐受酒精度为16%（体积分数），在52℃高温下24h内均表现出较好的生长特性，产乙醇能力分别为5.95%和5.83%。Watanabe等[154]获得了一株*Candida glabrata*突变体，不仅具有很高的乙醇发酵效率，对醪液中的酸性物质以及温度也具有很强的耐受能力。以5%（体积浓度）的结晶纤维素为底物，在42℃下此株呼吸缺陷性菌株经发酵可以获得浓度高达17%的乙醇，表现出良好的耐温高产特性。Ishchuk等[155]通过分子生物学手段构建出能够过量表达热休克蛋白Hsp16p和Hsp104p的贝克汉逊酵母菌株，其耐高温能力提高了12倍，在50℃下转化木糖生成乙醇的能力提高了5.8倍。An等[156]通过对6-磷酸海藻糖合酶的基因*TPS1*的过量表达，发现在乙醇生产中6-磷酸海藻糖合酶的活性显著，同时能够累积更多海藻糖。酿酒酵母的极限生长温度从36℃提高到42℃，38℃下乙醇的产量提高近70%。Shi等[157]以工业菌株SM-3为研究对象，通过原生质体紫外诱变和基因组重排（genome shuffling）的方式，获得1株性能优良的F34，它可以在45～48℃下利用20%（体积浓度）的葡萄糖，产生9.95%（体积浓度）的乙醇，同时可以耐受25%（体积分数）的乙醇，极大提高了原始菌株的耐温、耐酒精以及乙醇产率三个方面的性能。

总体说来，通过自然界筛选和新兴技术手段的组合运用，酵母对温度的耐受性得到很大提高，研究者们已经获得了某些具有优良性能的耐温菌株，有的菌株甚至可以在45℃条件下生长，但目前实际用于SSF发酵试验中的高温菌株主要集中在42℃。因为随着温度的进一步提高，酵母细胞受到高温的胁迫作用，逐渐造成其生理生化性能的改变，代谢糖类产乙醇的能力会逐渐下降，表现出发酵性能的显著降低[158]。

6.5 代表性生产企业

基于纤维原料来源广泛、总量丰富，以及对农业发展、改善生态和可持续发展的巨大贡献，纤维素乙醇的开发利用受到广泛关注和高度重视。作为先进生物能源的典型代表产品，一旦实现技术突破和商业化，必将引领新一轮能源技术和产业结构革命。纤维素乙醇技术近十几年来取得明显进展，已初步具备产业化的技术条件和发展基础。在技术路线上，主要有生物转化和热化学转化两条技术路线。生物转化路线采用酶水解技术，成熟度高、后续污水处理成本低，应用最广泛。其攻关重点是高效预处理工艺、低成本纤维素酶生产和戊糖发酵生产乙醇菌种技术、降低能耗与废水排放。纤维素乙醇产业化在原料可持续供应、系统集成技术、经济性等方面仍亟待取得突破。纤维素乙醇产业化的瓶颈，一是原料可持续供应难度大，体现在作物秸秆空间分布分散和收获时间集中，非耕地的分布、面积和特性有待研究，能源作物品种培育、生产收获、物流供应技术滞后；二是技术集成有待优化和完善，随着预处理、酶制剂和戊糖发酵等关键技术日趋成熟，系统集成技术和设备技术的发展显得相对滞后，其水平有待产业化进一步验证；三是经济性有待提高，主要是低成本原料获得、降低能耗物耗以及废水量。

大幅度降低纤维素乙醇成本至盈利性工业生产水平是这一产业的生命线所在。在美国，建设7.5万吨纤维素乙醇项目约需要投资1.75亿美元，一次性投资仍偏高；2007年每吨生产成本约1400美元，目前可控制在1000美元左右。在中国，除山东龙力公司由于原料来源特殊（玉米芯生产木糖后的纤维素残渣）、产品多样化，生产纤维素乙醇的成本具有一定竞争力外，中粮集团、河南天冠集团基于中试数据测算，生产成本均高于玉米燃料乙醇。考虑原油价格走势、技术进步和规模化生产，进一步降低单位产品投资、提高经济性的潜力巨大。若继续辅以高附加值生物基新材料和化工产品开发利用，产业竞争力将进一步增强。

纤维素乙醇开发是未来燃料乙醇的发展趋势，木质纤维素生物炼制产业的发展，符合循环经济的理念，可以构建效益最大化产业链，实现生物液体燃料产业可持续发展。为促进新产业的发展，急需要抓紧研究纤维素乙醇生产中联产产物生产及副产物和废弃物高价值利用技术，例如木质素利用技术、废液和废渣产沼气、发电和热电联产、生产饲料和有机肥料、CO_2利用等，特别是要在联产生物基化工产品方面取得更多突破。

纤维素乙醇有上千万吨的市场需求，而木糖醇、糠醛和木寡糖等目前多半只有几十万吨的市场容量，所以，需要解决主、副产品的平衡问题。如联产产品市场容量有限、产量过剩的话，效益会相应降低。美国政府选择出12种生物质来源的平台化合物，其中就包括木糖醇。但作为五碳的平台化合物，木糖醇不仅要做食品添加剂，更是要做化工原料。只是木糖醇作为化工原料的价格，可能没有作为食品添加剂那么高。木质素是芳香族聚合物，可以加工提取出较纯的化合物，进而改造其中的活性基团，用作化工材料的添加剂，比如水泥减水剂及橡胶、聚氨酯等材料的改性剂等，其市场也有待拓展。山东泉林集团由铵法制浆黑液生产的黄腐酸有机肥、木素有机肥等绿色有机肥料，除一般肥料的营养作用外，还具有植物激素的抗病、抗重茬作用和改良土壤团粒结构、保水抗旱作用，广受农民欢迎，有巨大的发展潜力。

目前生物基化学品占世界化学品总量的5%～8%，2020年预计可达18%，2050年可望达到50%。从非粮生物质生产替代石油路线的大宗化学品，是后化石资源时代替代石油生产化学品和材料的必然原料路线。利用纤维素、半纤维素、木质素等非粮生物质，通过先进的生物炼制技术，可以实现盈利性、连续化运行的生物炼制化学品工业生产。我们必须认真学习石油化学工业的成熟经验，打破原来用成分复杂的生物质原料只单纯生产单一品种燃料产品的传统观念，充分地利用好原料中的每一种主要组分，根据其性质将其分别转化为不同的产品，实现原料充分利用、产品价值最大化和土地利用效率最大化。这就需要探索纤维素乙醇及副产物联产生物化工产品新技术，重点研发以乙醇为原料生产生物平台化合物技术，如乙醇制乙烯及其衍生品、乙醇胺以及其他精细化工产品关键技术；木质素生产合成树脂、黏合剂技术，生产腐植酸颗粒肥料技术，催化加氢脱氧和加氢裂解制取燃油添加剂技术，调配混合燃料技术；半纤维素生产功能糖、糠醛、乳酸技术；二氧化碳制取聚碳酸酯技术，气肥藻类养殖及深加工技术等。从产业的成长性和潜力来看，依靠科技进步，能够实现纤维素原料、物流和转化工艺三大环节的技术装备突破，装置“安稳长满优”运转。预计中近期内纤维素乙醇的经济性、综合能耗以及污染物排放，将远远优于一代燃料乙醇水平。随着原料体系建设日趋成熟完善，2020 年中国将会有 10 万吨级以上的商业化装置投入建设和运营。近期具体目标（2013～2025 年）：栽培专门的能源作物，并对其进行遗传改造，扩大原料种类，拓展联产产品，开发出以植物纤维资源为原料，全面利用其各种成分，同时生产燃料、精细化学品、纤维、饲料、化工原料的新技术，建立大型植物全株综合生物炼制技术示范企业。预计中国 2025 年可望建立年产 1000 万吨植物纤维基生物炼制产品的新兴产业，新增工业产值 1000 亿元，减少 1500 万吨石油需求，并安排 30 万农村人口就业，农民通过提供秸秆类原料增收 150 亿元，减少 4000 万吨二氧化碳净排放。远期发展目标（2050 年）：实现生物质原料（淀粉、糖类、纤维素、木素等）全面利用，产品（燃料、大宗化学品和精细化学品、药品、饲料、塑料等）多元化，形成生物炼制巨型行业，部分替代不可再生的一次性矿产资源，初步实现以糖类化合物为基础的经济社会。

山东龙力生物科技股份有限公司和山东大学合作，使用玉米芯为原料，已经实现了玉米芯生物炼制的产业化。他们开发的“玉米芯废渣制备纤维素乙醇技术与应用”技术，利用玉米芯木糖加工废渣生产纤维素酶和燃料乙醇，既可以将原料和预处理成本转移到高附加值产品中去，又能就地产酶，同步酶解发酵生产乙醇。同时，预处理阶段将玉米芯的半纤维素部分转化为低聚木糖、木糖醇等高附加值产品，解决了生物质资源中的半纤维素糖乙醇转化率低的难题。剩余的木质素也用于生产较高价值的化工产品，从而提高了生产工艺的整体经济效益，形成产品多元化的合理产业结构。8t 绝干玉米芯约可生产 1.5t 乙醇、1.5t 木糖相关产品、1t 多木质素和 1.5t CO_2，发酵废液还可生产沼气，真正实现了玉米芯“吃干榨净”（图 6-17）。新技术不但突破了诸多技术瓶颈，而且率先在国际上建成了用玉米芯年产 3000t 纤维

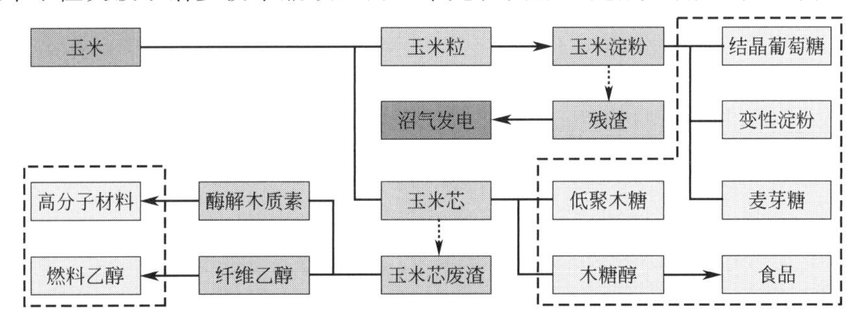

图 6-17　山东龙力生物科技股份有限公司玉米全株生物炼制策略

素乙醇的中试生产装置和万吨级的生产示范装置，使生产成本接近了粮食乙醇生产水平。最近，国家发改委已经正式批准龙力公司5万吨纤维素乙醇项目，使其成为国内首家纤维素乙醇定点生产厂，成为世界上最早实现纤维素资源生物炼制产业化的企业。通过与中石化合作，其产品已经进入汽油销售市场。

参考文献

[1] 贺近恪，李启基. 林产化学工业全书［M］. 北京：中国林业出版社，2001.

[2] 尤立智. 嗜高温纤维分解菌纤维素酶表征研究［D］. 高雄：中山大学，1993.

[3] 蒋挺大. 木质素［M］. 北京：化学工业出版社，2009：241.

[4] Buranov A U，Mazza G. Lignin in straw of herbaceous crops［J］. Industrial Crops and Products，2008，28（3）：237-259.

[5] Sant'Anna C，Costa L T，Abud Y，et al. Sugarcane cell wall structure and lignin distribution investigated by confocal and electron microscopy［J］. Microsc Res Tech，2013，76（8）：829-834.

[6] Isaac A，Sket F，Driemeier C，et al. 3D imaging of sugarcane bagasse using X-ray microtomography［J］. Industrial Crops and Products，2013，49：790-793.

[7] Isaac A，Conti R，Viana C M，et al. Exploring biomass deconstruction by phase-contrast tomography［J］. Industrial Crops and Products，2016，86：289-294.

[8] Ding Shi-You，Liu Yu-San，Zeng Yining，et al. How Does Plant Cell Wall Nanoscale Architecture Correlate with Enzymatic Digestibility［J］. Science，2012，338（6110）：1055-1060.

[9] Somerville C，Bauer S，Brininstool G，et al. Toward a systems approach to understanding plant cell walls［J］. Science，2004，306（5705）：2206-2211.

[10] Hendriks A T W M，Zeeman G. Pretreatments to enhance the digestibility of lignocellulosic biomass［J］. Bioresource Technology，2009，100（1）：10-18.

[11] Silverstein R A，Chen Y，Sharma-Shivappa R R，et al. A comparison of chemical pretreatment methods for improving saccharification of cotton stalks［J］. Bioresource Technology，2007，98（16）：3000-3011.

[12] Ingram T，Wörmeyer K，Lima J C I，et al. Comparison of different pretreatment methods for lignocellulosic materials. Part Ⅰ：Conversion of rye straw to valuable products［J］. Bioresource Technology，2011，102（8）：5221-5228.

[13] Hamelinck C N，Van Hooijdonk G，Faaij A P C. Ethanol from lignocellulosic biomass：techno-economic performance in short-，middle- and long-term［J］. Biomass & Bioenergy，2005，28（4）：384-410.

[14] Sánchez Ó J，Cardona C A. Trends in biotechnological production of fuel ethanol from different feedstocks［J］. Bioresource Technology，2008，99（13）：5270-5295.

[15] Alvira P，Tomás-Pejó E，Ballesteros M，et al. Pretreatment technologies for an efficient bioethanol production process based on enzymatic hydrolysis：A review［J］. Bioresource Technology，2010,101：4851-4861.

[16] He Beihai, Lin L, Sun Runcang. Chemical hydrolysis of lignocellulosic into fermentable sugars [J]. Progress in Chemistry, 2007, 19 (7/8): 1141-1146.
[17] 陈静萍，王克勤，彭伟正，等. ^{60}Co γ 射线处理稻草秸秆对其纤维质酶解效果的影响 [J]. 激光生物学报，2008 (1): 38-42.
[18] Kitchaiya P, Intanakul P, Krairiksh M. Enhancement of enzymatic hydrolysis of lignocellulosic wastes by microwave pretreatment under atmospheric pressure [J]. Journal of wood chemistry and technology, 2003, 23 (2): 217-225.
[19] Alvira P, Tomás-Pejó E, Ballesteros M, et al. Pretreatment technologies for an efficient bioethanol production process based on enzymatic hydrolysis: a review [J]. Bioresource Technology, 2010, 101 (13): 4851-4861.
[20] Saha B C, Iten L B, Cotta M A, et al. Dilute acid pretreatment, enzymatic saccharification and fermentation of wheat straw to ethanol [J]. Process Biochemistry, 2005, 40 (12): 3693-3700.
[21] Converse A O. Simulation of a cross-flow shrinking-bed reactor for the hydrolysis of lignocellulosics [J]. Bioresource Technology, 2002, 81 (2): 109-116.
[22] Song S K, Lee Y Y. Counter-current reactor in acid catalyzed cellulose hydrolysis [J]. Chemical Engineering Communications 1983, 17: 23-30.
[23] Greenwald C G, Nystrom J M, Lee L S. Yield predictions for various types of acid hydrolysis reactors [J]. Biotechnology & Bioengineering Symposium, 1983, 13: 27-39.
[24] 庄新姝. 生物质超低酸水解制取燃料乙醇的研究 [D]. 杭州：浙江大学，2005.
[25] David R, Thompson E G H. Design and evaluation of a plug flow reactor for acid hydrolysis of cellulose [J]. Industrial & Engineering Chemistry Research, 1979, 18: 166-169.
[26] Cahela D R, Lee Y Y, Chambers R P. Modeling of Percolation processes in hemicellulose hydrolysis [J]. Biotechnology and Bioengineering, 1983, 25: 3-17.
[27] Kim J S, Lee Y Y, Torget R W. Cellulose hydrolysis under extremely low sulfuric acid and high-temperature conditions [J]. Applied Biochemistry and Biotechnology, 2001, 91-3: 331-340.
[28] Elander R T, Nagle N J, Ucker M P. Initial results from a novel pilot scale pretreatment reactor using very dilute acid on a hardwood feedstock [C]. The 24th Symposium on Biotechnology for Fuels and Chemicals, 2002.
[29] Wan Y, Hanley T R. Computational Fluid Dynamics simulations and redesign of a screw conveyor reactor [J]. Applied Biochemistry and Biotechnology, 2004, 113 (116): 733-745.
[30] Saeman J F. Kinetics of wood hydrolysis decomposition of sugars in dilute acid at high temperature [J]. Industrial & Engineering Chemistry Research, 1945, 37: 42-52.
[31] Sakai K T, Bull Y. Hydrolysis rate of pentosan of hardwood in dilute sulfuric acid [J]. Agr Chem Soc Japan, 1956, 20 (1): 1-7.
[32] Nelson M L. Apparent activation energy of hydrolysis of some cellulosic materials [J]. J Polym Sci, 1960, 43: 351-371.
[33] Millett M A, Effland M J, Caulfield D F. Hydrolysis of Cellulose: Mechanisms of Enzymatic and Acid Catalysis [C]. Advances in Chemistry Series, 1979: 71-89.
[34] Conner A H, Lorenz L F. Kinetic Modeling of Hardwood Prehydrolysis. Part Ⅲ. Water

and Dilute Acetic Acid Prehydrolysis of Southern Red Oak [J] . Wood and Fiber Science，1986，18 (2)：248-263.

[35] Mok W S L，Antal M J. Uncatalyzed solvolysis of whole biomass hemicellulose by hot compressed liquid water [J] . Industrial & Engineering Chemistry Research，1992，31 (4)：1157-1161.

[36] Torget R W，Kim J S，Lee Y Y. Fundamental aspects of dilute acid hydrolysis/fractionation kinetics of hardwood carbohydrates. 1. Cellulose hydrolysis [J] . Industrial & Engineering Chemistry Research，2000，39 (8)：2817-2825.

[37] Roland D P. Cellulose：pores，internal surfaces and the water interface. textile and paper chemistry and technology [J] . ACS Symposium Series，1976，49：20.

[38] Qian X，Seok K J，Lee Y Y. A comprehensive kinetic model for dilute-acid hydrolysis of cellulose [J] . Applied Biochemistry and Biotechnology，2003，105-108：337-352.

[39] 亓伟，张素平，颜涌捷，等. 生物质连续稀酸催化水解制取单糖的方法及其装置 [P] . 中国，200610116587. 8，2006.

[40] 颜涌捷，任铮伟. 纤维素连续催化水解研究 [J] . 太阳能学报，1999，20 (1)：55-58.

[41] Robert T，The-An H. Two-temperature dilute-acid prehydrolysis of hardwood xylan using a percolation process [J] . Applied Biochemistry and Biotechnology，1994，45/46：5-22.

[42] Robert T，Christos H，Kay H T. Optimization of reverse-flow，two-temperature，dilute-acid pretreatment to enhance biomass coversion to ethanol [J] . Applied Biochemistry and Biotechnology，1996，57/58：85-101.

[43] Kumar P，Barrett D M，Delwiche M J，et al. Methods for pretreatment of lignocellulosic biomass for efficient hydrolysis and biofuel production [J] . Industrial & Engineering Chemistry Research，2009，48 (8)：3713-3729.

[44] Galbe M，Zacchi G. Pretreatment of Lignocellulosic Materials for Efficient Bioethanol Production [M] . Olsson L. Biofuels：Springer Berlin Heidelberg，2007：41-65.

[45] Jorgensen H，Kristensen J B，Felby C. Enzymatic conversion of lignocellulose into fermentable sugars：challenges and opportunities [J] . Biofuels Bioproducts & Biorefining-Biofpr，2007，1 (2)：119-134.

[46] Balat M，Balat H，Öz C. Progress in bioethanol processing [J] . Progress in Energy and Combustion Science，2008，34 (5)：551-573.

[47] Hendriks A，Zeeman G. Pretreatments to enhance the digestibility of lignocellulosic biomass [J] . Bioresource Technology，2009，100 (1)：10-18.

[48] Mosier N，Wyman C，Dale B，et al. Features of promising technologies for pretreatment of lignocellulosic biomass [J] . Bioresource Technology，2005，96 (6)：673-686.

[49] Hodge D B，Karim M N，Schell D J，et al. Soluble and insoluble solids contributions to high-solids enzymatic hydrolysis of lignocellulose [J] . Bioresource Technology，2008，99 (18)：8940-8948.

[50] Jørgensen H，Vibe - Pedersen J，Larsen J，et al. Liquefaction of lignocellulose at high-solids concentrations [J] . Biotechnology and Bioengineering，2007，96 (5)：862-870.

[51] Kristensen J B，Felby C，Jørgensen H. Yield-determining factors in high-solids enzymatic hydrolysis of lignocellulose [J] . Biotechnology for Biofuels，2009，2 (1)：11.

[52] Lu Y，Wang Y，Xu G，et al. Influence of high solid concentration on enzymatic hy-

drolysis and fermentation of steam-exploded corn stover biomass [J]. Applied biochemistry and biotechnology, 2010, 160 (2): 360-369.
[53] Stickel J J, Knutsen J S, Liberatore M W, et al. Rheology measurements of a biomass slurry: an inter-laboratory study [J]. Rheologica acta, 2009, 48 (9): 1005-1015.
[54] Um B-H, Hanley T R. A comparison of simple rheological parameters and simulation data for zymomonas mobilis fermentation broths with high substrate loading in a 3-L bioreactor [J]. Applied Biochemistry and Biotechnology, 2008, 145 (1-3): 29-38.
[55] Cheng Y-S, Zheng Y, Yu C W, et al. Evaluation of high solids alkaline pretreatment of rice straw [J]. Applied Biochemistry and Biotechnology, 2010, 162 (6): 1768-1784.
[56] Lu Xiuyang, He Long, Zheng Zhensheng, et al. Green Chemical Processes in Near Critical Water [J]. Chemical Industry and engineering Progress, 2003, 22 (4): 477-481.
[57] Liu Z M, Zhang J L, Han B X. Chemical reactions in super- and subcritical water [J].Progress in Chemistry, 2005, 17: 266-274.
[58] Tester W, Cline A. Hydrolysis and Oxidation in Sub- and Supercritical Water: Connecting Process Engineering Science to Molecular Interactions [J]. Corrosion, 1999, 55 (11): 1088-1100.
[59] Gorbaty Y E, Kalinichev A G. Hydrogen Bonding in Supercritical Water.1.Experimental Results [J]. The Journal of Physical Chemistry, 2002, 99 (15): 5336-5340.
[60] Wernet P, Nordlund D, Bergmann U, et al. The Structure of the First Coordination Shell in Liquid Water [J]. Science, 2004, 304 (5673): 995-999.
[61] Mizan T I, Savage P E, Ziff R M. Temperature Dependence of Hydrogen Bonding in Supercritical Water [J]. The Journal of Physical Chemistry, 1996, 100 (1): 403-408.
[62] Uematsu M, Franck E U. Static dielectric constant of water and steam [J]. Journal of Physical and Chemical Reference Data, 1980, 9 (4): 1291-1306.
[63] Marshall W L, Franck E U. Ion product of water substance, 0-1000℃, 1-10000 bars, new international formulation and its background [J]. Journal of Physical and Chemical Reference Data, 1981, 10 (2): 295-304.
[64] Savage P E. Organic Chemical Reactions in Supercritical Water [J]. Chemical Reviews, 1999, 99 (2): 603-622.
[65] Liu C G, Wyman C E. The effect of flow rate of compressed hot water on xylan, lignin, and total mass removal from corn stover [J]. Industrial & Engineering Chemistry Research, 2003, 42 (21): 5409-5416.
[66] Allen S G, Schulman D, Lichwa J, et al. A Comparison between Hot Liquid Water and Steam Fractionation of Corn Fiber [J]. Industrial & Engineering Chemistry Research, 2001, 40 (13): 2934-2941.
[67] Garrote G, Yanez R, Alonso J L, et al. Coproduction of Oligosaccharides and Glucose from Corncobs by Hydrothermal Processing and Enzymatic Hydrolysis [J].Industrial & Engineering Chemistry Research, 2008, 47 (4): 1336-1345.
[68] Nabarlatz D, Ebringerov A, Montan D. Autohydrolysis of agricultural by-products for the production of xylo-oligosaccharides [J]. Carbohydrate Polymers, 2007, 69

(1): 20-28.

[69] Kobayashi T, Sakai Y B. Hydrolysis Rate of Pentosan of Hardwood in Dilute Sulfuric Acid [J]. Agr. Chem. Soc. Japan, 1956, 20(1): 1-7.

[70] Nabarlatz D, Farriol X, Montane D. Kinetic Modeling of the Autohydrolysis of Lignocellulosic Biomass for the Production of Hemicellulose-Derived Oligosaccharides [J]. Industrial & Engineering Chemistry Research, 2004, 43(15): 4124-4131.

[71] Conner A. Kinetic Modeling of Hardwood Prehydrolysis. Part Ⅰ. Xylan Removal by Water Prehydrolysis [J]. Wood and Fiber Science, 1984, 16(2): 268-277.

[72] Conner A, Libkie K, Springer E. Kinetic Modeling of Hardwood Prehydrolysis. Part Ⅱ. Xylan Removal by Dilute Hydrochloric Acid Prehydrolysis [J]. Wood and Fiber Science, 1985, 17(4): 540-548.

[73] Yu Qiang, Zhuang Xinshu, Yuan Zhenhong. Kinetics and reactors of lignocellulose hydrolysis with dilute acids [J]. Chemical Industry & Engineering Progress, 2009, 28(9): 1657-1661.

[74] Nabarlatz D, Farriol X, Montane D. Autohydrolysis of Almond Shells for the Production of Xylo-oligosaccharides: Product Characteristics and Reaction Kinetics [J]. Industrial & Engineering Chemistry Research, 2005, 44(20): 7746-7755.

[75] Garrote G, Falqué E, Domínguez H, et al. Autohydrolysis of agricultural residues: Study of reaction byproducts [J]. Bioresource Technology, 2007, 98(10): 1951-1957.

[76] YaÑEz R, Romaní A, Garrote G, et al. Processing of Acacia dealbata in Aqueous Media: First Step of a Wood Biorefinery [J]. Industrial & Engineering Chemistry Research, 2009, 48(14): 6618-6626.

[77] Liu C, Wyman C E. Partial flow of compressed-hot water through corn stover to enhance hemicellulose sugar recovery and enzymatic digestibility of cellulose [J].Bioresource Technology, 2005, 96(18): 1978-1985.

[78] Perez J A, Ballesteros I, Ballesteros M, et al. Optimizing Liquid Hot Water pretreatment conditions to enhance sugar recovery from wheat straw for fuel-ethanol production [J]. Fuel, 2008, 87(17-18): 3640-3647.

[79] Ingram T, Rogalinski T, Bockeml V, et al. Semi-continuous liquid hot water pretreatment of rye straw [J]. The Journal of Supercritical Fluids, 2009, 48(3): 238-246.

[80] Kim Y, Mosier N S, Ladisch M R. Enzymatic digestion of liquid hot water pretreated hybrid poplar [J]. Biotechnology Progress, 2009, 25(2): 340-348.

[81] Lu X, Yamauchi K, Phaiboonsilpa N, et al. Two-step hydrolysis of Japanese beech as treated by semi-flow hot-compressed water [J]. Journal of Wood Science, 2009, 55(5): 367-375.

[82] Liu L, Sun J, Cai C, et al. Corn stover pretreatment by inorganic salts and its effects on hemicellulose and cellulose degradation [J]. Bioresource Technology, 2009, 100(23): 5865-5871.

[83] Liu C, Wyman C E. The enhancement of xylose monomer and xylotriose degradation by inorganic salts in aqueous solutions at 180℃ [J]. Carbohydrate Research, 2006, 341(15): 2550-2556.

[84] Liu L, Sun J, Li M, et al. Enhanced enzymatic hydrolysis and structural features of corn stover by $FeCl_3$ pretreatment [J]. Bioresource Technology, 2009, 100(23):

5853-5858.

[85] Negro M，Manzanares P，Oliva J，et al. Changes in various physical/chemical parameters of Pinus pinaster wood after steam explosion pretreatment [J]. Biomass and Bioenergy，2003，25 (3)：301-308.

[86] 张德强，黄镇亚，张志毅. 木质纤维生物量一步法（SSF）转化成乙醇的研究（Ⅰ）——木质纤维原料蒸汽爆破预处理的研究 [J]. 北京林业大学学报，2000 (6)：43-46.

[87] Alizadeh H，Teymouri F，Gilbert T I，et al. Pretreatment of switchgrass by ammonia fiber explosion (AFEX) [J]. Applied Biochemistry and Biotechnology，2005，124 (1)：1133-1141.

[88] Kim T H，Lee Y Y. Pretreatment and fractionation of corn stover by ammonia recycle percolation process [J]. Bioresource Technology，2005，96 (18)：2007-2013.

[89] Ballesteros I，Oliva J M，Negro M J，et al. Enzymic hydrolysis of steam exploded herbaceous agricultural waste (Brassica carinata) at different particule sizes [J]. Process Biochemistry，2002，38 (2)：187-192.

[90] Negro M，Manzanares P，Ballesteros I，et al.Hydrothermal pretreatment conditions to enhance ethanol production from poplar biomass [J]. Applied Biochemistry and Biotechnology，2003，105 (1)：87-100.

[91] Sun Y，Cheng J. Hydrolysis of lignocellulosic materials for ethanol production：a review [J]. Bioresource Technology，2002，83 (1)：1-11.

[92] Yu Q，Zhuang X，Yuan Z，et al. Two-step liquid hot water pretreatment of Eucalyptus grandis to enhance sugar recovery and enzymatic digestibility of cellulose [J]. Bioresource Technology，2010，101 (13)：4895-4899.

[93] Yu Q，Zhuang X，Yuan Z，et al. Step-change flow rate liquid hot water pretreatment of sweet sorghum bagasse for enhancement of total sugars recovery [J]. Applied Energy，2011，88 (7)：2472-2479.

[94] Singh D，Zeng J，Laskar D D，et al. Investigation of wheat straw biodegradation by *Phanerochaete chrysosporium* [J]. Biomass and Bioenergy，2011，35 (3)：1030-1040.

[95] Cho M J，Kim Y H，Shin K，et al. Symbiotic adaptation of bacteria in the gut of *Reticulitermes speratus*：Low endo- [beta] -1，4-glucanase activity [J]. Biochemical and Biophysical Research Communications，2010，395 (3)：432-435.

[96] Matt éotti C，Thonart P，Francis F，et al. New glucosidase activities identified by functional screening of a genomic DNA library from the gut microbiota of the termite *Reticulitermes santonensis* [J]. Microbiological Research，2011，166：629-642.

[97] Winterhalter C，Liebl W. Two extremely thermostable xylanases of the hyperthermophilic bacterium Thermotoga maritima MSB8 [J]. Applied and environmental microbiology，1995，61 (5)：1810-1815.

[98] Christakopoulos P，Nerinckx W，Kekos D，et al. Purification and characterization of two low molecular mass alkaline xylanases from *Fusariumoxy sporum* F3 [J] .Journal of Biotechnology，1996，51 (2)：181-189.

[99] 丁长河，江正强，李里特，等. 卷须链霉菌木聚糖酶 B 的纯化 [J]. 中国农业大学学报，2003，6：1-4.

[100] Breccia J D，Siñeriz F，Baigorí M D，et al. Purification and characterization of a thermostable xylanase from *Bacillus amyloliquefaciens* [J]. Enzyme and Microbial

Technology，1998，22（1）：42-49.

[101] Bataillon M，Nunes Cardinali A-P，Castillon N，et al. Purification and characterization of a moderately thermostable xylanase from *Bacillus* sp. strain SPS-0 [J]. Enzyme and Microbial Technology，2000，26（2）：187-192.

[102] Mansfield S D，Mooney C，Saddler J N. Substrate and enzyme characteristics that limit cellulose hydrolysis [J]. Biotechnology Progress，1999，15（5）：804-816.

[103] Börjesson J，Engqvist M，Sipos B，et al. Effect of poly（ethylene glycol）on enzymatic hydrolysis and adsorption of cellulase enzymes to pretreated lignocellulose [J]. Enzyme and Microbial Technology，2007，41（1）：186-195.

[104] Baldrian P. Purification and characterization of laccase from the white-rot fungus Daedalea quercina and decolorization of synthetic dyes by the enzyme [J]. Applied Microbiology and Biotechnology，2004，63（5）：560-563.

[105] Thurston C F. The structure and function of fungal laccases [J]. Microbiology，1994，140（1）：19-26.

[106] Chefetz B，Chen Y，Hadar Y. Purification and characterization of laccase from Chaetomium thermophilium and its role in humification [J]. Applied and environmental microbiology，1998，64（9）：3175-3179.

[107] Torres J，Svistunenko D，Karlsson B，et al. Fast reduction of a copper center in laccase by nitric oxide and formation of a peroxide intermediate [J]. Journal of the American Chemical Society，2002，124（6）：963-967.

[108] 王闻，庄新姝，余强，等. 混合酶对经不同预处理的甜高粱秆渣的水解 [J]. 农业工程学报，2011（S1）：147-151.

[109] 丁文勇，陈洪章. 蜗牛酶与木霉纤维素酶协同用于皇竹草酶解及发酵乙醇的研究 [J]. 微生物与人类健康科技论坛论文汇编，2009.

[110] Leu S-Y，Zhu J Y. Substrate-related factors affecting enzymatic saccharification of lignocelluloses：our recent understanding [J]. Bioenergy Research，2013，6（2）：405-415.

[111] Somerville C，Bauer S，Brininstool G，et al. Toward a systems approach to understanding plant cell walls [J]. Science，2004，306（5705）：2206-2211.

[112] Taherzadeh M J，Karimi K. Pretreatment of lignocellulosic wastes to improve ethanol and biogas production：a review [J]. International Journal of Molecular Sciences，2008，9（9）：1621-1651.

[113] Wyman C. Handbook on bioethanol：production and utilization [M]. Boca Raton：CRC press，1996.

[114] 佘元莉，李秀婷，宋焕禄，等. 微生物木聚糖酶的研究进展 [J]. 中国酿造，2009（2）：1-4.

[115] Pauly M，Albersheim P，Darvill A，et al. Molecular domains of the cellulose/xyloglucan network in the cell walls of higher plants [J]. The Plant Journal，1999，20（6）：629-639.

[116] Scheller H V，Ulvskov P. Hemicelluloses [J]. Plant Biology，2010，61（1）：263.

[117] Hu J，Arantes V，Saddler J N. The enhancement of enzymatic hydrolysis of lignocellulosic substrates by the addition of accessory enzymes such as xylanase：is it an additive or synergistic effect? [J]. Biotechnology for Biofuels，2011，4（1）：1-14.

[118] Kumar R，Wyman C E. Effect of xylanase supplementation of cellulase on digestion of corn stover solids prepared by leading pretreatment technologies [J]. Biore-

source Technology，2009，100（18）：4203-4213.

[119] Tabka M，Herpoël-Gimbert I，Monod F，et al. Enzymatic saccharification of wheat straw for bioethanol production by a combined cellulase xylanase and feruloyl esterase treatment [J]. Enzyme and Microbial Technology，2006，39（4）：897-902.

[120] Ramos L，Breuil C，Saddler J. The use of enzyme recycling and the influence of sugar accumulation on cellulose hydrolysis by *Trichoderma cellulases* [J]. Enzyme and Microbial Technology，1993，15（1）：19-25.

[121] Gregg D J，Saddler J N. Factors affecting cellulose hydrolysis and the potential of enzyme recycle to enhance the efficiency of an integrated wood to ethanol process [J]. Biotechnology and Bioengineering，1996，51（4）：375-383.

[122] Holtzapple M，Cognata M，Shu Y，et al. Inhibition of Trichoderma reesei cellulase by sugars and solvents [J]. Biotechnology and Bioengineering，1990，36（3）：275-287.

[123] Xiao Z，Zhang X，Gregg D J，et al. Effects of sugar inhibition on cellulases and β-glucosidase during enzymatic hydrolysis of softwood substrates [C]. Proceedings of the Twenty-Fifth Symposium on Biotechnology for Fuels and Chemicals Held May 4-7，2003，in Breckenridge，CO，2004：1115-1126.

[124] Olofsson K，Rudolf A，Lidén G. Designing simultaneous saccharification and fermentation for improved xylose conversion by a recombinant strain of Saccharomyces cerevisiae [J]. Journal of Biotechnology，2008，134（1-2）：112-120.

[125] Wyman C E. Ethanol from lignocellulosic biomass：technology，economics，and opportunities [J]. Bioresource Technology，1994，50（1）：3-15.

[126] Ghosh P，Pamment N，Martin W. Simultaneous saccharification and fermentation of cellulose：effect of [beta]-glucosidase activity and ethanol inhibition of cellulases [J]. Enzyme and Microbial Technology，1982，4（6）：425-430.

[127] Wingren A，Galbe M，Zacchi G. Techno-economic Evaluation of Producing Ethanol from Softwood：Comparison of SSF and SHF and Identification of Bottlenecks [J]. Biotechnology Progress，2003，19（4）：1109-1117.

[128] Abdel-Banat B M，Hoshida H，Ano A，et al. High-temperature fermentation：how can processes for ethanol production at high temperatures become superior to the traditional process using mesophilic yeast? [J]. Applied Microbiology and Biotechnology，2010，85（4）：861-867.

[129] Zhang W，Lin Y，Zhang Q，et al. Optimisation of simultaneous saccharification and fermentation of wheat straw for ethanol production [J]. Fuel，2013，112：331-337.

[130] Rosgaard L，Andric P，Dam-Johansen K，et al. Effects of substrate loading on enzymatic hydrolysis and viscosity of pretreated barley straw [J]. Applied Biochemistry and Biotechnology，2007，143（1）：27-40.

[131] Sassner P，Galbe M，Zacchi G. Bioethanol production based on simultaneous saccharification and fermentation of steam-pretreated Salix at high dry-matter content [J]. Enzyme and Microbial Technology，2006，39（4）：756-762.

[132] Varga E，Klinke H B，Reczey K，et al. High solid simultaneous saccharification and fermentation of wet oxidized corn stover to ethanol [J]. Biotechnology and Bioengineering，2004，88（5）：567-574.

[133] Zhang M，Wang F，Su R，et al. Ethanol production from high dry matter corncob

using fed-batch simultaneous saccharification and fermentation after combined pretreatment [J] . Bioresource Technology，2010，101 (13)：4959-4964.
[134] Wu Z，Lee Y. Nonisothermal simultaneous saccharification and fermentation for direct conversion of lignocellulosic biomass to ethanol [J] . Applied Biochemistry and Biotechnology，1998，70 (1)：479-492.
[135] 李江，谢天文，刘晓风. 木质纤维素生产燃料乙醇的糖化发酵工艺研究进展 [J] . 化工进展，2011，(02)：284-291.
[136] Ishola M M，Jahandideh A，Haidarian B，et al. Simultaneous saccharification，filtration and fermentation (SSFF)：A novel method for bioethanol production from lignocellulosic biomass [J] . Bioresource Technology，2013.
[137] Shafiei M，Karimi K，Taherzadeh M J. Pretreatment of spruce and oak by *N*-methylmorpholine-*N*-oxide (NMMO) for efficient conversion of their cellulose to ethanol [J] . Bioresource Technology，2010，101 (13)：4914-4918.
[138] 钟桂芳，刘萍，郭雪娜，等. 酵母属间融合构建高温发酵木糖生产乙醇优良菌株 [J] . 食品与发酵工业，2004 (2)：38-42.
[139] Hahn-H Gerdal B，Karhumaa K，Fonseca C，et al. Towards industrial pentose-fermenting yeast strains [J] . Applied Microbiology and Biotechnology，2007，74 (5)：937-953.
[140] Erdei B，Galbe M，Zacchi G. Simultaneous saccharification and co-fermentation of whole wheat in integrated ethanol production [J] . Biomass and Bioenergy，2013，56：506-514.
[141] Kilian S，Uden N. Transport of xylose and glucose in the xylose-fermenting yeast Pichia stipitis [J] . Applied Microbiology and Biotechnology，1988，27 (5)：545-548.
[142] Kötter P，Ciriacy M. Xylose fermentation by Saccharomyces cerevisiae [J] . Applied Microbiology and Biotechnology，1993，38 (6)：776-783.
[143] Eklund R，Zacchi G. Simultaneous saccharification and fermentation of steam-pretreated willow [J] . Enzyme and Microbial Technology，1995，17 (3)：255-259.
[144] 庞会利，李景原，秦广雍. 耐高温乙醇酵母的研究现状及进展 [J] . 酿酒科技，2008 (2)：99-102.
[145] Hasunuma T，Kondo A. Consolidated bioprocessing and simultaneous saccharification and fermentation of lignocellulose to ethanol with thermotolerant yeast strains [J] . Process Biochemistry，2012，47 (9)：1287-1294.
[146] Ballesteros M，Oliva J，Negro M，et al. Ethanol from lignocellulosic materials by a simultaneous saccharification and fermentation process (SFS) with *Kluyveromyces marxianus* CECT 10875 [J] . Process Biochemistry，2004，39 (12)：1843-1848.
[147] Lin Y S，Lee W C，Duan K J，et al. Ethanol production by simultaneous saccharification and fermentation in rotary drum reactor using thermotolerant *Kluveromyces marxianus* [J] . Applied Energy，2013，105：389-394.
[148] Szczodrak J，Targo Ski Z. Selection of thermotolerant yeast strains for simultaneous saccharification and fermentation of cellulose [J] . Biotechnology and Bioengineering，1988，31 (4)：300-303.
[149] Edgardo A，Carolina P，Manuel R，et al. Selection of thermotolerant yeast strains *Saccharomyces cerevisiae* for bioethanol production [J] . Enzyme and Microbial

Technology，2008，43（2）：120-123.

[150] 王敏，朱会霞，孙金旭，等. 高温酵母的分离及其特性研究［J］. 中国酿造，2006，（11）：38-41.

[151] Benjaphokee S，Hasegawa D，Yokota D，et al. Highly efficient bioethanol production by a *Saccharomyces cerevisiae* strain with multiple stress tolerance to high temperature，acid and ethanol［J］. New Biotechnology，2012，29（3）：379-386.

[152] Kiran Sree N，Sridhar M，Suresh K，et al. Isolation of thermotolerant，osmotolerant，flocculating *Saccharomyces cerevisiae* for ethanol production［J］. Bioresource Technology，2000，72（1）：43-46.

[153] 刘海臣，冉淦侨，张兴，等. 酒糟中超高温耐高酒精度酵母菌株的选育［J］. 酿酒科技，2007（5）：28-31.

[154] Watanabe I，Nakamura T，Shima J. Strategy for simultaneous saccharification and fermentation using a respiratory-deficient mutant of *Candida glabrata* for bioethanol production［J］. Journal of Bioscience and Bioengineering，2010，110（2）：176-179.

[155] Ishchuk O P，Voronovsky A Y，Abbas C A，et al. Construction of *Hansenula polymorpha* strains with improved thermotolerance［J］. Biotechnology and Bioengineering，2009，104（5）：911-919.

[156] An M Z，Tang Y Q，Mitsumasu K，et al. Enhanced thermotolerance for ethanol fermentation of Saccharomyces cerevisiae strain by overexpression of the gene coding for trehalose-6-phosphate synthase［J］. Botechnol Lett，2011：1-8.

[157] Shi D，Wang C，Wang K. Genome shuffling to improve thermotolerance，ethanol tolerance and ethanol productivity of Saccharomyces cerevisiae［J］. Journal of Industrial Microbiology & Biotechnology，2009，36（1）：139-147.

[158] Ballesteros I，Ballesteros M，Cabanas A，et al. Selection of Thermotolerant Yeasts for Simultaneous Saccharification and Fermentation（SSF）of Cellulose to Ethanol［J］. Applied Biochemistry and Biotechnology，1991，28-9：307-315.

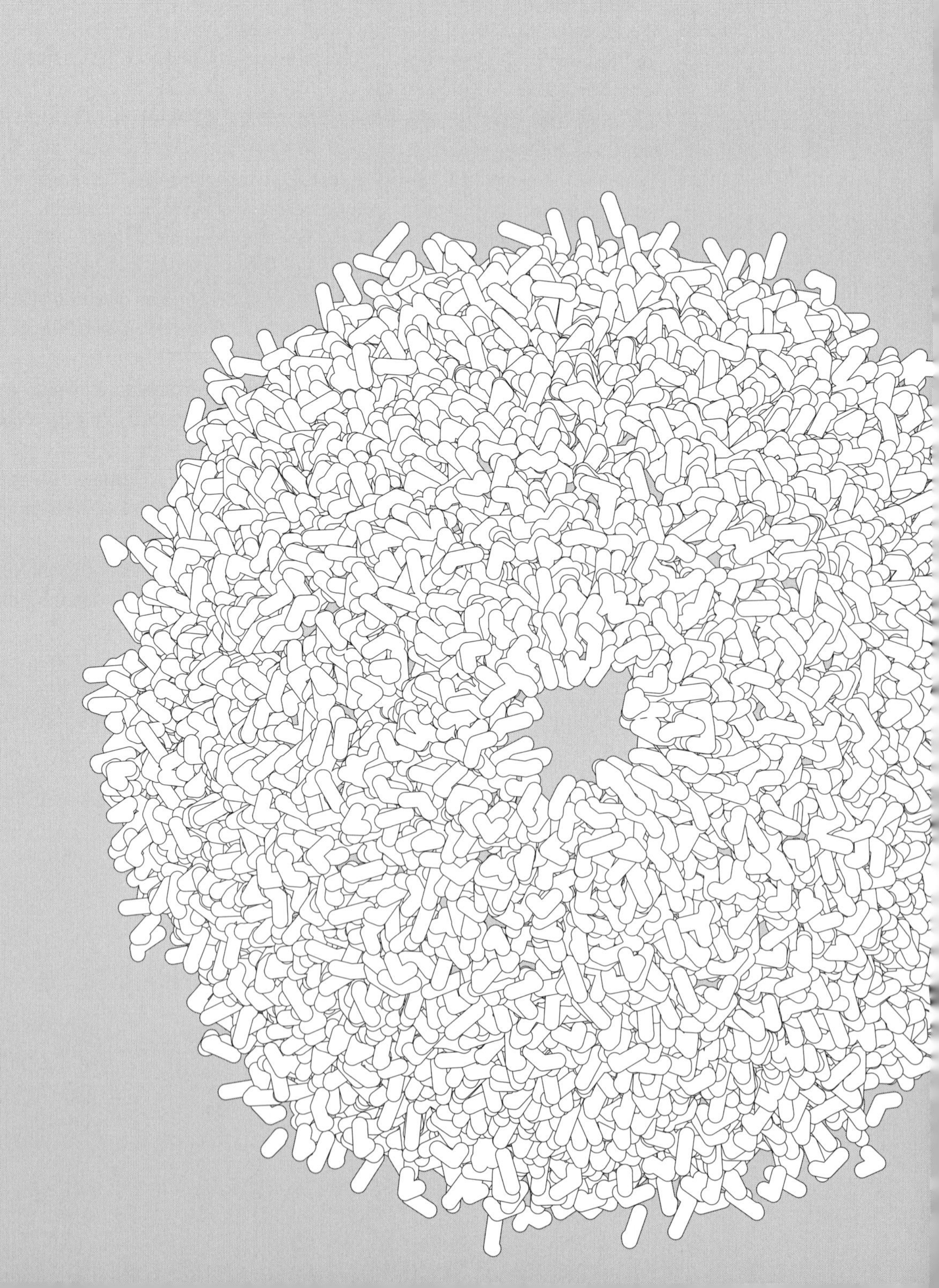

第7章

燃料乙醇生产的副产品综合利用及污染物治理

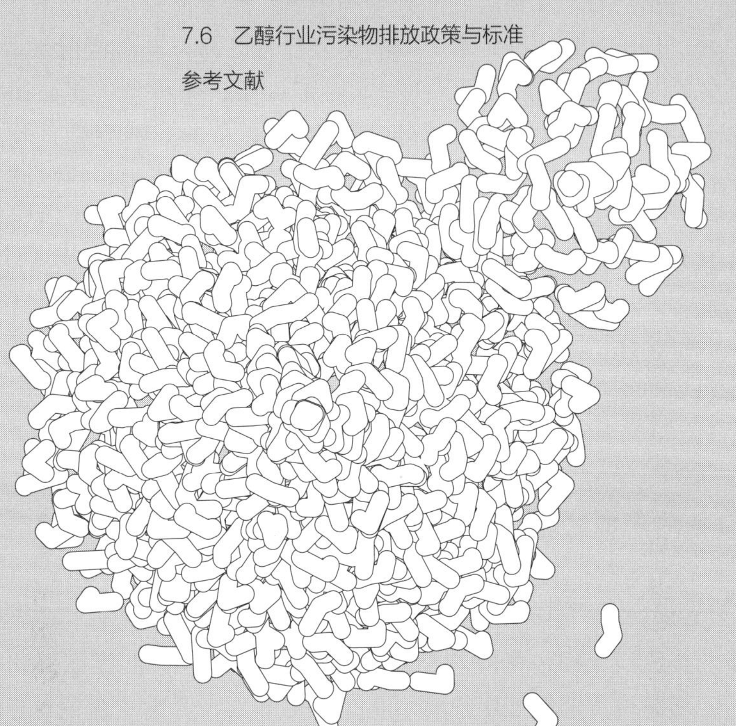

在我国，乙醇生产是有机污染物排放量最大、环境污染最严重的行业之一，但是由于投资、生产规模、技术、管理等原因，大部分乙醇企业的废渣、废水、废气综合利用率较低，如果不加以治理，后果不堪设想。因此，发展燃料乙醇必须重视清洁生产。

7.1 污染物及其形成途径

7.1.1 污染物概况

乙醇生产过程中产生的污染物包括废水、废气、废渣、噪声、气味等。其中废水主要有糟液、热交换器排出废水、精馏废水和酒糟蒸发冷凝水、工艺设备洗涤污水、生活污水等，废水的污染程度主要取决于它们的物理化学和生物化学性质——pH值、色泽、气味、透明度、固形物含量、生化需氧量（BOD)、化学需氧量(COD）和其他一些指标。其中，糟液是乙醇生产过程中最主要的污染源，各种生物质原料，包括淀粉类、糖类和纤维素类原料，由发酵法生产燃料乙醇的过程中，仅淀粉、糖、纤维素、半纤维素等碳水化合物可以部分经酸或酶水解再被微生物发酵转化为乙醇和少量乙醇的系列产物，而蛋白质、无机盐、粗脂肪等其余部分却不能加以利用。因此，其他有机物包括工艺过程中的非挥发性产物都残留在乙醇糟中，产生大量的高浓度有机废液；废气主要来自锅炉废气、伴随乙醇发酵产生的副产物——二氧化碳；废渣主要来自原料废渣、糟渣、炉渣、废酵母等；噪声来自运输车辆噪声、设备运行噪声等；气味主要来自二次蒸汽、干燥过程和废水处理产生的气味。

其污染的特点是：产污的环节多，而且为分散排放；污染物无毒、无害，绝大部分可以回收利用；生产耗水量大，废水量大，水的循环利用率低[1]。

7.1.2 污染物的形成途径

7.1.2.1 淀粉类原料乙醇生产的产污途径

淀粉类原料生产乙醇过程中，每生产1t乙醇，有机物排放量达500kg（干重）左右。乙醇糟液由蒸馏工序排放，温度90℃左右，含高浓度的悬浮物（SS）和水溶性有机物，主要为糖类、有机酸、蛋白质和纤维素等。化学需氧量（COD_{Cr}）达到$(3\sim4.5)\times10^4$mg/L，生化需氧量（BOD_5）达到$(1.5\sim2.5)\times10^4$mg/L。废液浑浊，SS 约为 4×10^4mg/L；呈酸性，pH 值为 3～4。淀粉原料乙醇生产的耗水主要来自下列工序。

（1）原料拌料用水

以玉米、木薯干（淀粉含量约 65%）为原料时，生产 1t 乙醇约需要 3t 原料，每吨原料根据各企业的技术水平和设备运转能力不同，需用水 3～4t；而以鲜薯为原料时（淀粉含量约 22%），生产 1t 乙醇需要 9～10t 原料，每吨原料根据各企业的技术水平和设备运行高黏度物料能力的不同，需要用水 0.5～1t，如经过降黏处理，可将用水减至 0.25t。

（2）洗涤水

主要为乙醇生产各种设备（主要包括拌料罐、蒸煮罐、糖化罐、酒母罐、发酵罐、蒸馏塔、中间贮罐管道等）的洗涤水与冲洗水。另外，以鲜薯为原料时，需要清洗原料表面附着的泥沙，根据附着程度不同每吨原料需要用水 1～2t。

（3）工艺冷却水

发酵过程中有多个工艺环节涉及降温，目前使用的均为水冷却，包括将蒸煮醪（高温蒸煮醪为 135℃、中温蒸煮醪为 100℃）冷却到糖化酶的最适作用温度——60℃，以进行后续的糖化；将糖化醪（60℃）冷却到酵母的最适发酵温度——30℃，以进行乙醇发酵；将乙醇蒸气（78.3℃）冷凝到乙醇液体，并冷却到室温。

另外，还有锅炉房用水，生产蒸汽和热水，生活用水等。

表 7-1 列出了一个典型的年产 10000t 乙醇的淀粉类原料乙醇厂各工序的耗水量。表 7-2 列出了淀粉类原料乙醇生产废水污染负荷与排放量的大致范围。

表 7-1　年产 10000t 乙醇厂的各工序耗水量

工序	耗水内容	用水量/(t/d)	水质要求	出水温度/℃	备注
粉碎	拌料用水	340	清水	60～70	
糖化	蒸煮醪冷却水	540	清水	40～50	
喷淋	冷却用水	940	深井水	25～30	可用其他类型冷却器
酒母	糖化醪冷却水	180	深井水		
发酵	冷却用水	600	深井水	30～33	
蒸馏	第一分凝器	210	深井水	70	
	第二、三、四分凝器	270	深井水	45	
	成品乙醇	100	深井水		
锅炉	生产蒸汽	210	软化水	100～110	按 9t/m^3 蒸发量计
总计		3390			

表 7-2　一般淀粉类原料乙醇生产废水污染负荷与排放量

废水名称与来源	排放量/(t/t产品)	pH值	污染负荷		
			COD_{Cr}/(mg/L)	BOD_5/(mg/L)	SS/(mg/L)
粮薯乙醇糟	13～16	4.0～4.5	$(5\sim7)\times10^4$	$(2\sim4)\times10^4$	$(1\sim4)\times10^4$
精馏塔底余留水	3～4	5.0	1000	600	
冲洗水、洗涤水	2～4	7.0	600～2000	500～1000	
冷却水	50～100	7.0	<100		

由表 7-1 和表 7-2 可见，乙醇厂的耗水主要来自各工序的冷却水，生产 1t 乙醇耗水 50～100t（不包括冷却水的回用水），这种水的特点是有机负荷很低且呈中性。但是，污染物的排放则主要来自酒糟废液，每生产 1t 乙醇排放 13～16t 粮薯乙醇糟，其 COD_{Cr} 浓度达$(5\sim7)\times10^4$mg/L，呈酸性，是乙醇行业最主要的污染源；其次为精馏塔底余留水，COD_{Cr} 浓度为 1000mg/L，呈酸性；设备洗涤用水 COD_{Cr} 浓度为 600～2000mg/L，呈中性。

根据国家统计局公布数据，2014 年我国发酵乙醇累计产量近 800 万吨，目前，我国生产乙醇的主要原料是淀粉类原料，主要是薯干、玉米，淀粉质原料乙醇约占乙醇总产量的 75%。所以，淀粉类原料乙醇生产的污染控制对于我国燃料乙醇工业的发展具有重要意义。

7.1.2.2　糖类原料乙醇生产的产污途径

糖蜜乙醇生产过程中产生的废醪液是糖厂对水环境的主要污染源，其成分有以下几个特点：

① 糖蜜乙醇废水化学需氧量 COD$(0.8\sim1.2)\times10^5$mg/L，生化需氧量 $BOD_5$$(4\sim6)\times10^4$mg/L，SS 值 1000mg/L，一个日产 20t 的乙醇厂每日排放污水相当于 50 万人口城市生活污水污染的程度。

② 糖蜜乙醇废水中含有 10%～12%的固形物。一个日产 20t 乙醇的工厂，每天排入江河 300t 废水，其中有 30～40t 固形物。

③ 糖蜜乙醇废水中的固形物（即除水后的干物）70%为有机质。其中有糖分、蛋白质、氨基酸、维生素等。剩余 30%为灰分，含有氮、磷、钾、钙、镁等无机盐，其中，钾含量高达 0.51～1.315mg/L，重金属痕量，无毒、无害。这些都是动植物营养元素，是宝贵的资源。

④ 糖蜜乙醇废水呈酸性，pH 值为 3.5～4.5，含有硫酸盐和有机酸等，对碳钢设备腐蚀严重。

⑤ 糖蜜乙醇废水色度高，大多呈棕黑色，其中所含色素为类黑色素、棕色素，其主要成分为焦糖色素、酚类色素、多糖分解产物和与氨基酸的浓聚产物等色素，难以被微生物所降解，耐温、耐光照，放置时间延长其色值不减，即使经过厌氧-好氧的处理，出水的色度仍然较高，当对出水回用或排放水质要求较高时，应考虑废水的脱色问题。

另外，糖蜜乙醇废水还因制糖工业生产的季节性而呈现季节性。无论是甘蔗或

者甜菜制糖，都只能在甘蔗或甜菜的收获季节进行，大致为每年的秋季到冬季，排放废水的时间也与上述一致。这将给废水的处理带来一定的问题，采用生物处理法，无论是厌氧还是好氧处理，每年都需要在生产季节进行重新启动，而厌氧处理设施一般启动较慢（如 UASB 初次启动需要 2～6 个月），难以满足生产要求，同时在废水处理设施的闲置期，系统内微生物的保持也将是一个棘手的问题。

虽然糖蜜乙醇与淀粉类乙醇生产的工艺有所差别，但是废水的形成途径却基本类似，主要为蒸馏后的废醪液和低浓度废水，表 7-3 表示了糖蜜乙醇生产废水污染负荷与排放量。糖蜜乙醇生产的耗水主要为以下几种[2]。

表 7-3　糖蜜乙醇生产废水污染负荷与排放量

废水名称与来源	排放量/(t/t 产品)	pH 值	污染负荷	
			COD_{Cr}/(mg/L)	BOD_5/(mg/L)
糖蜜乙醇糟	14～16	4～4.5	$(8～11)\times10^4$	$(4～7)\times10^4$
精馏塔底余留水	3～4	5.0	1000	600
冲洗水、洗涤水	2～4	7.0	600～2000	500～1000
冷却水	50～100	7.0	<100	

（1）糖液稀释用水

压榨糖液一般需要稀释 5～8 倍，生产 1t 乙醇需稀释用水 12～15t。

（2）洗涤水

乙醇生产的各种设备（主要包括贮料罐、配料罐、酒母罐、发酵罐、蒸馏塔、中间贮罐管道等）的洗涤水与冲洗水。

（3）工艺冷却水

将酸化的灭菌醪冷却到酵母最适的发酵温度 30℃发酵；将乙醇蒸气（78.3℃）冷凝到乙醇液体，并冷却到室温。

另外，还有锅炉房用水，生产蒸汽和热水，生活用水等。

与淀粉类乙醇生产相似，糖蜜乙醇厂耗水主要来自各工序的冷却水，生产 1t 乙醇耗水 50～100t（不包括冷却水的回用水），有机负荷很低且呈中性；污染物排放主要来自酒糟废液，每生产 1t 乙醇排放 14～16t 糖蜜乙醇糟，但有机物浓度相当高，COD_{Cr} 浓度达 80000～110000mg/L，呈酸性，精馏塔底余留水和设备洗涤用水基本与淀粉类乙醇生产相似。

云南省目前有甘蔗糖厂 90 余座，其中日榨 2500t 甘蔗以上的糖厂有 30 余座，年总产白砂糖 140 万吨左右，乙醇约 12 万吨。按每吨乙醇产生 13t 废醪液计，云南省糖厂每年排放 156 万吨废醪液、15.6 万吨 COD 和 7.8 万吨 BOD。

7.1.2.3　纤维素类原料乙醇生产的产污途径

与淀粉和糖类原料乙醇生产相似，纤维素类原料生产乙醇同样也会产生大量高浓度废水，此外还会产生大量水解残渣。但纤维素类原料在化学组分上比淀粉和糖类原料复杂得多，一些有害组分影响乙醇发酵微生物的活性和乙醇转化率。所以，其乙醇发酵和以淀粉或糖为原料乙醇发酵存在一些差异，发酵液经蒸馏后产生的废醪液中的有机质含量相对较高。在物理性质上，纤维素类原料乙醇废醪液性质与糖类乙醇废醪液相似，亦为色度高（深褐色）、温度高（95～98℃）、pH 值低（4.5 左右）、有机物浓度高的酸性废水，且废水的形成途径基本类似，主要为蒸馏后的废醪液和低浓度废水。表 7-4 列出了纤维素类原料乙醇生产废水污染负荷与排放量。

表 7-4　纤维素类原料乙醇生产废水污染负荷与排放量（估算值）

废水名称与来源	排放量/(t/t 产品)	pH 值	污染负荷	
			COD_{Cr}/(mg/L)	BOD_5/(mg/L)
乙醇糟液	15～20	4～4.5	$(6～8)\times10^4$	$(3～4)\times10^4$
浓缩废水	25～40	2～3.5		
精馏塔底余留水	3～4	5.0	1000	600
冲洗水、洗涤水	2～4	7.0	600～2000	500～1000
冷却水	50～100	7.0	<100	

纤维素类原料乙醇生产的耗水主要有以下几个方面。

(1) 纤维素原料水解用水

纤维素原料的酸水解或者酶水解均需要在水环境下进行，一般需要添加原料重 6～10 倍的拌料水，水解液经浓缩，含糖 10%左右，进入发酵工段。据工艺不同，每生产 1t 乙醇用水量为 40～60t（浓缩废水可回用 25～40t）。

(2) 洗涤水

主要为乙醇生产各种设备（主要包括水解罐、酒母罐、发酵罐、蒸馏塔、中间贮罐管道等）的洗涤水与冲洗水。

(3) 工艺冷却水

主要用于将预处理的原料冷却到纤维素酶的最适作用温度 50℃左右；将灭菌醪冷却到酵母的最适发酵温度 30℃进行发酵；将乙醇蒸气（78.3℃）冷凝到乙醇液体，并冷却到室温。

另外，还有锅炉房用水，生产蒸汽和热水，生活用水等。

与淀粉和糖类乙醇生产相似，纤维素类原料乙醇厂耗水主要来自各工序的冷却水，生产 1t 乙醇耗水 50～100t（不包括冷却水的回用水）；污染物排放主要来自酒糟废液，每生产 1t 乙醇排放 15～20t 乙醇糟液，由于发酵液总糖浓度较低，废水的有机物浓度介于淀粉和糖类乙醇废液之间，COD_{Cr} 浓度在 60000～80000mg/L，呈酸性，精馏塔底余留水和设备洗涤用水基本与淀粉和糖类乙醇生产相似。水解液的浓缩废水有机质含量低，呈强酸性，可作为水解剂回用。

与淀粉和糖类乙醇生产不同，纤维素类原料乙醇生产除产生上述有机废水外，还产生大量有机废渣——水解残渣，主要成分为木质素。水解残渣呈深褐色，含水量在 70%～80%之间，依脱水工艺不同（酸水解或酶水解），而显强酸性或弱酸性，pH 值在 2～3 或 5.5～6.5。每生产 1t 乙醇可产生 2.5～3.5t（干重）的水解残渣。

7.2 污染物的环境影响

7.2.1 对水体的污染

据统计，每生产1t粮食乙醇要排放15～20t COD浓度在55g/L左右的废水，如果我国燃料乙醇产量达到1000万吨，按目前的工艺水平，年排放BOD将近350万吨、排放COD近700万吨，分别占全国工业废水BOD排放总量的50%和COD排放总量的40%，若直接将这些废水排放将会对周围环境造成严重污染。乙醇糟液本身对人畜虽没有直接的生物毒性，但是污染负荷高，其中含有大量的糖化合物、脂肪、蛋白质、纤维素等有机物，如果直接排放到江河、湖泊及地下水系，会造成水体富营养化[3]。

富营养化是指湖泊、水库、海洋中植物营养物质大量存在使水生生物，特别是水藻类过分繁殖引起污染的现象，其结果是水体黑臭，甚至失去功能，严重影响环境。水体富营养化使水域生物种群发生变化，藻类大量繁殖，使水体的透明度下降，由于藻类的旺盛生长和不断死亡，水中有机物含量日益增多，还使氯化消毒时产生更多的致突变、致癌物质，对人类健康造成潜在的危害。而且许多藻类能够合成、分泌、释放有毒性物质，对在富营养化水域饮水的野生动物、牲畜造成毒害，甚至造成死亡，并可能对人类健康造成潜在的不良影响。此外，富营养化水体中大量藻类等浮游生物繁殖和水中溶解氧的逐渐减少，使水体中鱼类等生物种群发生变化，破坏水中原有的生态平衡，对渔业和淡水鱼养殖业造成损失。藻类及其他浮游生物死亡后的残体沉入水底，代代堆积，湖泊逐渐变浅，直至成为死湖或沼泽，加重水源耗竭的危机。目前，世界上有30%～40%的湖泊水库遭受不同程度的富营养化影响，使本不很充足的淡水资源变得更加紧缺，人类的生存和发展受到很大的影响。

7.2.2 对土壤的污染

废水对土壤的污染主要表现在对土壤的酸化板结上，尤其是糖蜜乙醇废水，其中含有大量的SO_4^{2-}，会沉积在土壤中，沉积的量过大就会造成土壤的酸化，而土壤的酸化将加速土壤pH值的下降和元素的淋失，使土壤贫瘠化。某些重金属的淋出则会毒害植物根系。大量的研究表明，土壤中铝的淋出和土壤中的SO_4^{2-}含量有密切的关系。

7.2.3 对空气的污染

伴随乙醇生产的副产物二氧化碳是一种温室气体，因为它透过可见光，但强烈吸收红外线，具有保温的作用，会逐渐使地球表面温度升高。近100年，全球气温升高0.6℃，照这样下去，预计到21世纪中叶全球气温将升高1.5～4.5℃。由温室效应所引起的海平面升高，也会对人类的生存环境产生巨大的影响。所有这些变化对所有生物而言无异于灭顶之灾。

因为二氧化碳的密度比空气的大，所以在低洼处的浓度较高。当二氧化碳少时对人体无危害，但其超过一定量时会影响人（其他生物也是）的呼吸，原因是血液中的碳酸浓度增大，酸性增强，并产生酸中毒。二氧化碳的正常含量是0.04%，当二氧化碳的浓度达1%会使人感到气闷、头昏、心悸，达到4%～5%时人会感到气喘、头痛、眩晕，而达到10%的时候，会使人体机能严重混乱，使人丧失知觉、神志不清、呼吸停止而死亡。在生产过程中需要注意远离高浓度二氧化碳，如发酵旺盛期开罐，发酵醪刚排出发酵罐时，若在通风不良的情况下进行检修则会因残留的高浓度二氧化碳造成罐底操作人员发生窒息。

7.3 废渣处理及综合利用

目前，酒厂产生的酒糟一部分被当地农民运去作为肥料，另有一小部分被利用作为燃料使用，只有很少一部分被养殖业或当地农民利用作饲料（在喂养过程中添加5%～10%），大部分弃于环境中，引起周围环境的严重污染。鉴于乙醇行业如此严重的环境污染问题，国家环保部门已明令要求对乙醇产业污染物进行有效的处理，处理的原则是尽可能回收有用物质，达到燃料乙醇清洁生产、控制污染的目的。生产实践表明，淀粉质原料、糖类原料和纤维素原料乙醇糟液的成分差异较大，需要根据各自特点加以利用或处理。而且污染负荷、排放量、综合利用与废水治理均与乙醇生产的原料、生产工艺与设备、生产规模有很大关系。所以，乙醇生产的污染控制应是一个全过程控制系统，即将原料、生产工艺与设备、综合利用与废水治理、生产组织与管理作为一个有机整体，进行有效优化，强调生产全过程的节能、降耗、减污，将污染物形成控制在最低水平，才能实现燃料乙醇工业的可持续发展。

7.3.1 污染治理

因淀粉质和糖类原料乙醇发酵的固体废弃物常含有一定的营养成分，可以根据其特点加以综合利用，而以纤维素为原料的乙醇发酵，其废渣是以木质素为主的固体残渣，焚烧法是处理水解残渣最简单和直接的方法，但由于该残渣为酸性，对锅炉的防腐处理要求很高。

7.3.2 综合利用

7.3.2.1 淀粉类原料乙醇废弃物的处理技术

淀粉类原料乙醇糟液主要含糖类、有机酸、蛋白质和纤维素等，含水量在90%～98%，干物质含量2%～10%。与糖类原料和纤维素原料相比，其特点为蛋白质含量较低（表7-5）。其处理及应用技术如下所述。

表7-5 甘薯乙醇渣与玉米、统糠、洗米糠、麦麸的营养成分比较 单位：%

品种	水分	粗蛋白	粗脂肪	粗纤维	无氮浸出物	粗灰分
甘薯乙醇渣	93.00	1.00	0.30	2.00	2.90	0.80
甘薯乙醇渣(干物质)	0.00	14.71	4.28	28.56	41.41	11.43
玉米	11.60	8.60	3.50	2.00	71.00	1.40
统糠	11.29	7.01	6.11	30.81	30.77	14.61
洗米糠	10.50	10.80	11.70	11.50	45.00	9.20
麦麸	11.40	14.40	3.70	9.20	56.20	5.10
玉米DDGS	10.00	28.30	13.70	7.10	36.80	4.10

（1）生产饲料

用作饲料是乙醇糟液最简单、直接的再利用方法和途径，投入相对较少，而所产生的效益和价值又最大，同时又能实现废物的资源化，尤其是在全世界人均耕地越来越少、人畜争粮日益严重的今天，在饲料日趋紧张的情况下，酒糟做饲料更显示了其生命力。但是生产生物蛋白饲料一般仅适用于以玉米为原料的乙醇废醪液处理，玉米乙醇废醪液蛋白质（35.1%）和脂肪（14.7%）含量高，可以用来生产生物饲料，而生产燃料乙醇用的非粮淀粉质原料——薯类，蛋白质和脂肪含量低而纤维含量高，难以满足饲料营养的要求，一般仅替代部分玉米乙醇糟及糠麸类饲料作为填料配合其他全价饲料使用。

玉米脱水酒精糟及其可溶物DDGS含有发酵过程中融入的酵母营养成分及活性分子，是一种营养丰富的蛋白饲料。与玉米营养成分相比，粗蛋白是玉米的3倍，赖氨酸是玉米的2倍，有效磷的含量是玉米的4倍；与豆粕营养成分相比，粗蛋白是豆粕的60%，赖氨酸是豆粕的25%，有效磷和维生素的含量明显高于豆粕中的含量。由于上述营养特点，DDGS在饲料中可以替代部分豆粕和玉米，并可以节约部分磷酸氢钙的用量。王红等[4]研究了饲粮中DDGS和维生素E（VE）水平对肥育猪生长性能、胴体和肉品质的影响。采用3×2两因子完全随机试验设计，设3个玉米DDGS水平（0、15%、30%）和2个维生素E水平（10mg/kg、210mg/kg）。选取平均体重为（60±2）kg的“壮×长×大”三元杂交肥育猪48头（公母各占1/2），按性别、体重随机分为6个组，每个组8个重复，每个重复1头猪。试验期为42d。结果表明：

① 玉米DDGS水平对肥育猪平均日增重和料重比无显著影响（$P>0.05$），对平均日采食量影响极显著（$P=0.006$），维生素E水平及玉米DDGS和维生素E的互作对生长性能无显著影响（$P>0.05$）；

② 玉米DDGS和维生素E水平及其互作对胴体重、屠宰率、胴体斜长、背膘厚度、板油率和眼肌面积等胴体品质评定指标影响均不显著（$P>0.05$），胴体脂肪碘值随饲粮中玉米DDGS水平的提高而极显著升高（$P=0.001$）；

③ 玉米DDGS水平对肌肉pH值、肉色、剪切力、滴水损失和大理石评分影响均不显著（$P>0.05$），饲粮中添加210mg/kg维生素E可显著降低肌肉剪切力和滴水损失（$P<0.05$）。

可见，在肥育猪基础饲粮中添加15%～30%玉米DDGS和210mg/kg维生素E对其生长性能、胴体和肉品质无显著负影响。Robert等[5]在蛋鸡日粮中添加10% DDGS，经过35周饲养，试验组与对照组的蛋鸡产蛋率、蛋重、日均采食量制标差异不显著。Pineda等[27]在蛋鸡日粮中添加0%、23%、46%和69%DDGS，研究最大量添加DDGS对蛋鸡生产性能和蛋品质的影响，试验结果表明，46%DDGS组蛋鸡的产蛋率为90.2%，蛋重为64.5g/枚，采食量为108.6g/d；而69%DDGS组产蛋率仅为84.8%，采食量提高到116g/d。这表明，过量添加DDGS会影响蛋鸡的生产性能。Lumpkins等[28]建议，产蛋期蛋鸡日粮中DDGS的添加量以不超过15%为宜。Crozo等[6]在肉鸡0～42d日粮中添加8%DDGS，结果表明，添加8%DDGS并不影响鸡肉系水力、颜色、硬度、脂肪酸组成等指标。Wang等[7]研究在肉鸡日粮中添加15%DDGS，并降低日粮8%豆粕对生产性能的影响，试验42d后，鸡末重、采食量、料重比差异均不显著。Loar等[8]研究总结出，在0～14d肉仔鸡日粮中DDGS添加量不宜超过8%；14～28d肉仔鸡日粮中DDGS添加量不宜超过15%。

王硕等[9,10]利用甘薯乙醇渣替代部分DDGS作肉牛全价饲料的组成部分，用量控制在10%以内，因甘薯乙醇废渣廉价，基本可以不计成本，所以肉牛饲养成本可降低5%，每天每头牛饲养利润增加0.67元，如甘薯乙醇渣用量比例加大，其肉牛生产性能会逐步降低。将甘薯乙醇渣在经过发酵后，通过合理的饲料配方设计，在育肥猪全价饲料中使用5%～8%（以风干物质计）能够得到最佳增重效果和经济效益。用量达到10%时经济效益持平，但可消耗乙醇废渣。用量超过10%时将影响养猪效益。

对于厌氧处理过后的发酵废渣，也有用于饲料的报道。安徽瑞福祥食品有限公司通过纳米气浮浮选工艺对厌氧出水中的絮状污泥进行有效分离，即得到小麦制酒精废水生产沼气后沼渣（简称沼渣），从而降低好氧进水的SS，确保了好氧出水的达标排放。卞宝国等[11]对沼渣进行了安全性评价，发现：

① 灌胃沼渣浓缩液各组24h均未见异常；

② 亚急性试验30d时，各组小鼠血清生化指标及增重差异不显著（$P>0.05$），脏器无病变，沼渣组小鼠脾脏指数显著增加（$P<0.05$）；

③ 亚慢性试验 60d 时沼渣组小鼠血清尿素氮浓度显著低于对照组（$P<0.05$），其余血清生化指标两组间差异不显著（$P>0.05$）。

90d 时沼渣组小鼠血清天冬氨酸氨基转移酶（AST）和丙氨酸氨基转移酶（ALT）含量均显著提高（$P<0.05$），但其含量仍处于正常范围内，其余血清生化指标差异均不显著（$P<0.05$），60d 和 90d 的脏器指数差异不显著（$P>0.05$）。结果提示，沼渣对小鼠无不良影响，日粮中添加 20%是安全的。对沼渣的营养评价表明，粗蛋白质的表观和真消化率分别为 77.33%和 82.98%，消化能和代谢能含量分别为 13.84MJ/kg 和 13.61MJ/kg，精氨酸、色氨酸、赖氨酸和蛋氨酸的表观消化率分别为 77.51%、72.93%、72.29%和 55.25%。饲喂后，对血清生化指标和肉品质的检测结果提示，沼渣可用作猪的一种蛋白质饲料原料。组间猪血清生化指标谷丙转氨酶（ALT）、谷草转氨酶（AST）、总蛋白（TP）和血清尿素氮（BUN）含量差异不显著（$P>0.05$）。各组间猪肉 pH 值、滴水损失、蒸煮损失、剪切力、硬度、弹性、内聚性、回复性、肌内脂肪和肌苷酸含量无显著差异（$P>0.05$），感官评定指标（色泽、香气、嫩度、口味及肉汤色）及脂肪酸含量各组间差异不显著（$P>0.05$）。即发酵沼渣可以作为蛋白质饲料原料应用于猪饲粮中。

乙醇厂附近利用酒糟可以直接取新鲜酒糟，但饲料生产单位利用新鲜酒糟最先遇到的问题就是酒糟的贮存，干燥是贮存途径之一。酒糟干燥粉碎做饲料的特点是加工工艺简单易行，缺点是对酒糟仅仅进行了物理加工，没有降低酒糟中粗纤维的含量，蛋白质含量也没有明显提高，直接利用作饲料用于喂养，只能极少量地添加掺和，并且动物的消化率低、适口性差、难以消化吸收，影响饲养效果。另外，青贮是酒糟贮存的较好办法，它利用厌氧环境使乳酸菌生长，产生乳酸，增加酸度，从而抵制杂菌的生产，防止霉烂。一种方法是：鲜酒糟与其他碾碎料以 3∶1 混合，含水量在 70%左右，密封，用时用石灰水中和。另一方法是：将酒糟置于窖中，2～3d 后，待渗出液体后将清液除去，再加鲜酒糟，渗出液体后再除去，如此层层添加，最后一次保留上清液，盖好窖口。青贮不仅可以有效地保存酒糟中营养成分，更主要的是可以延长酒糟的保存时间，防止霉变腐败。此外，在青贮过程中，酒糟中的残留酒糟挥发掉可以增加酒糟饲料的适口性。

虽然用作饲料是发酵废渣较好的利用方式，但其食用安全性问题不容忽视，尤其值得注意的是玉米为原料的乙醇发酵废渣中的霉菌毒素。霉菌毒素是产毒素霉菌在谷物生长、收获和储藏阶段或饲料的加工、储藏过程中产生的次生代谢产物，较高的湿度和合适的温度通常有利于霉菌的生长和霉菌毒素的产生。霉菌毒素一旦生成则非常稳定，可耐受高温，即使加热到 340℃也不会将其分解和破坏，而且具有抗化学生物制剂及物理的灭活作用，很低的浓度即能产生明显的毒性，甚至低至百万分之一（ppm，10^{-6}）或十亿分之一（ppb，10^{-9}），具有广泛的中毒效应，而且各种霉菌毒素的同时存在能加重霉菌毒素的毒性。饲喂含有霉菌毒素的饲料会引起动物中毒、致癌和致畸等，更严重的是霉菌毒素可通过多种途径污染食品，直接或间接进入人类食物链，引起肝中毒、突变、癌变和免疫抑制等，威胁人类健康和生命安全。程传民等[12] 调查了 2012 年我国玉米乙醇糟（DDGS）中霉菌毒素污染情况，采用高效液相色谱法和液相色谱-串联质谱法对10个省份的100批样品（24批进口和76批国产）的DDGS中8种霉菌毒素的含量进行检测。结果表明，玉米赤霉烯酮的检出率相对较高，主要受污染的省份为福建、浙江、江苏和河北，超标的产品全部为国产DDGS，而进口DDGS的超标率为0，呕吐毒素的检出率略低于玉米赤霉烯酮；受玉米赤霉烯酮污染的省份为福建、浙江、江苏和河北，国产和进口均有超标，且进口的DDGS超标率较高。因此，废渣需要经过检测，无霉菌毒素污染方可用作饲料。另外，如在发酵过程中为抑制杂菌污染，使用了抗生素，也需要注意抗生素残留问题。

（2）生产单细胞蛋白

虽然淀粉质原料乙醇渣直接用作饲料效果不太理想，但可以利用废醪液中的残糖分和其他营养物质发酵生产单细胞蛋白酵母作为饲料，不仅可以去除废醪液中的污染物，单细胞蛋白还是宝贵的畜禽饲料。单细胞蛋白也称微生物蛋白，是指酵母菌、真菌、霉菌等非致病性微生物的菌体蛋白质，蛋白质含量较高，一般为菌体干重的40%～80%，还含有脂肪、碳水化合物、核酸、维生素和无机盐以及动物所必需的各种氨基酸，特别是植物饲料中缺乏的赖氨酸、蛋氨酸和色氨酸含量较高，其营养价值优于鱼粉和大豆粉。在单细胞蛋白生产中选择合适的菌种至关重要，该菌种需要为无毒且非致病菌，应具备生长繁殖迅速、对培养条件要求简单、菌体易于收集等特性。目前生产单细胞蛋白的微生物有四大类，即非致病和非产毒的细菌、酵母、藻类和真菌，其中以酵母应用居多。利用酒糟生产菌体蛋白具有以下明显的优点：

① 能充分利用资源，每$1m^3$酒糟可以生产得到约22kg绝干酵母制剂，其中10kg是新生长的酵母，同样数量的酵母是在乙醇发酵过程中生成的，另外还有2～3kg是酒糟中的悬浮物质；

② 由于得到了有价值的酵母，会给工厂带来新的效益，有利于降低乙醇生产成本，便于乙醇的销售；

③ 酒糟生产菌体蛋白后，二次废水的COD约可以降低50%，大大减轻了污水处理的负荷。

丁重阳等[13]采用单一菌种热带假丝酵母以玉米浓醪发酵的酒糟培养单细胞蛋白，经过优化后的发酵条件为：酒糟中添加质量分数0.02%的氯化钙和0.1%的磷酸二氢钾，起始pH值为4.5，发酵26h，获得的最高菌浓度为11.3×10^8个/mL。发酵过程中酵母基本消耗完酒糟中的糖，同时还消耗了酒糟中的有机酸，发酵得到的单细胞蛋白样品中水分质量分数为9.47%，粗蛋白干基质量分数为48%，真蛋白干基质量分数为45%。李兆春等[14]利用经选育的菌种以酒糟液为原料发酵生产单细胞蛋白，发酵液经固液分离后，滤渣干燥成为优质蛋白饲料，滤液的上清液回用，得到的蛋白饲料粗蛋白，干基质量分数大于40%，COD去除率大于65%，实现了清洁生产的目的。采用复合菌种发酵可充分利用不同菌种间的协同作用，进而提高底物的利用率。刘廷志等以玉米酒糟为原料多菌种混合发酵产单细胞蛋白，确立了菌种最佳配比，以尿素为最适添加氮源，并确立了固体发酵中最适接种量和最适水分含量。发酵后的酒糟蛋白饲料含有多种活性因子，具有较高的生物活性，干基蛋白质量分数较原料提高约5%，可代替部分麸皮和饼粕饲喂牛、猪、鸡等畜禽，大幅降低饲养成本。多菌种组合协同发酵可充分发挥各菌种的特性，增强对纤维素的降解能力，充分将氮源化为菌体蛋白提高真蛋白含量。

利用玉米酒糟或酒糟液发酵产单细胞蛋白，与通常的产品相比，其粗蛋白含量明显提高，同时氨基酸、蛋氨酸和赖氨酸的含量相对较高，是很好的生物高蛋白饲料。但是，本技术虽有一定治理效果，如要推广，还必须进一步完善工艺技术，降低成本，增加单细胞蛋白饲料的市场占有率，使工厂在经济上能够承受。

（3）有机肥

利用废渣有机质含量高的特点可以制备有机肥，进入制肥发酵工序的物料含水率一般要求在60%左右，若高于这个指标，则制肥发酵工序将不得不增加能源消耗，用以蒸发分离部分水分；低于这个指标通过物理挤压无法实现，则必将造成前处理投资和运行费用的大幅度提高。制肥反应是利用微生物使有机物分解、稳定化的过程，制肥微生物可以来自自然界，也可利用经过人工筛选出的特殊菌种进行接种，以提高制肥反应速度。制肥微生物主要有细菌、真菌和放线菌等，在制肥过程中微生物的数量和种群不断发生变化。

制肥过程大致可分以下几个阶段：

① 制肥初期常温菌（或称中温菌）分解有机物中易分解的糖类和蛋白质等产生能量，使堆层温度迅速上升，称为升温阶段。

② 当温度超过50℃时，常温菌受到抑制，活性逐渐降低，呈孢子状态或死亡，此时嗜热性微生物逐渐代替了常温性微生物的活动。有机物中易分解的有机质继续被分解，温度为60～70℃，称为高温阶段。

③ 温度超过70℃时，大多数嗜热性微生物已不适宜生存，微生物大量死亡或进入休眠状态，在高温持续一段时间后，易分解的或较易分解的有机物已大部分分解，剩下的是难分解的有机物和新形成的腐殖质。菌种是高速发酵过程的关键，高温阶段如原有菌群无法迅速适应快速变化了的条件，则必须添加已经经过培养的菌种，以完成制肥发酵过程，达到处理效果。菌种的培养包括菌种的筛选、驯化、培养、保存等。通过餐厨垃圾中分离好氧发酵细菌，在70℃左右下进行一段时间的驯化，不适宜的细菌被杀灭，保存下来的就是被驯化的菌种，经过规模化增殖和干化过程就生产出成品。

④ 高温阶段过后，微生物活动减弱，产生的热量减少，温度逐渐下降，常温微生物又成为优势菌种，残余物质进一步分解，制肥进入降温和腐熟阶段。如果加上灰渣、滤泥等作为基质，就可以生产开发出固定高效生物菌肥。

（4）提取黄色素

玉米黄色素是一种利用价值较高的天然食用色素，具有很多生理功能，例如抗氧化、清除自由基、抗癌、减少心血管疾病发病率和视觉保护等。尤其是在预防老年性白内障和老年黄斑变性方面的作用备受关注。胡晓溪[15] 根据玉米酒糟的组成特性，探索了其高值化利用的技术路线。先以超声辅助法从玉米酒糟中提取玉米黄色素，在液料比为10.3∶1（mL/g）、提取温度为51.7℃、超声时间为41min和100W超声功率的条件下玉米黄色素的提取效果最佳，收率为106.8μg/g。应用碱性蛋白酶对提取玉米黄色素后的酒精糟进行水解，考察了底物浓度、酶与底物比、温度、pH值和水解时间等因素对水解度的影响，并在此基础上进行正交试验，得到玉米酒精糟蛋白水解的最佳条件为：底物浓度6%，加酶量2400U/g原料，温度55℃，pH值为9，水解160min，水解度达到最大值33.37%，肽提取率可达52.46%，玉米肽得率为18.25%。同时利用大孔吸附树脂AB-8对玉米肽液进行脱色处理，脱色率为61.43%、氮回收率82.73%。

（5）生产调味品

酱油是人们日常生活中不可缺少的调味品。据考证，我国生产酱油的历史迄今已有两千多年，酱油生产从原料到工艺都形成了一套固定模式。利用乙醇发酵废渣作为主要原料，采用低盐固态发酵工艺，是对传统酿造技术的一种突破。乙醇发酵废渣配制酱油主要是用乙醇发酵废渣代替大豆，粮食乙醇发酵废渣中的氨基酸种类较多，含量也较为丰富，完全能满足酱油生产中曲霉生长的要求，且乙醇发酵废渣中残留的酒精对酱油风味物质的形成也有很大的好处。利用低盐固态技术以酒精为主要原料生产酱油是可行的，酱油的质量能够达到国家标准的要求。要最大限度地利用乙醇发酵废渣资源，今后的工作重点应放在筛选适应性和针对性更强的菌种，或者采用多菌种发酵，以尽量减少其他原料的用量，真正达到变废为宝的目的。

乙醇发酵废渣中（由于设备、工艺、技术等条件不同）残存丰富的粗淀粉、粗蛋白、氨基酸、钙、磷等物质。新鲜乙醇发酵废渣品温高达80℃以上，应用于酿醋可提高醋醅基础品温20～23℃，这对高寒地区的酿醋业应用，更有它的现实意义。上述乙醇发酵废渣中的残存成分，恰好又是酿造食醋所需的重要成分和前体物质。在酿酒过程中的菌体经过蒸馏杀死后，将作为新菌体生化反应的氮源，继而被新菌新陈代谢，最终产生食醋中不可缺少的氨基酸态氮，将对提高食醋的风味起重要作用。

7.3.2.2 糖类原料乙醇废弃物的处理技术

与淀粉质原料和纤维素原料乙醇糟液相比，糖蜜乙醇成熟醪是一种成分复杂的混合液体，其中水分为80%～90%，乙醇含量约为10%，干物质含量约10%，糖类原料乙醇废醪液的特点在于含有较丰富的氮、磷、钾、钙、硫、有机质和氨基酸等农作物生长所必需的营养物质，所以它又是一种宝贵的资源。据分析，糖蜜废醪液中含有机物6%～8%；P_2O_5 0.02%～0.04%；K_2O 0.6%～1.2%；TN 0.3%～0.5%。除了生产饲料酵母、厌氧处理、好氧处理等与淀粉质原料乙醇糟液相同的处理方法外，糖蜜废醪液还有一些特有的利用和治理途径。

（1）催化氧化

李辰等[16]以糖蜜乙醇废液为原料，考察了载铜活性炭催化剂的再生，并通过正交试验建立了催化剂再生的最佳工艺条件：洗脱液浸渍时间8h，活化温度300℃，活化时间4h，超声时间6h。最佳条件下再生的催化剂用催化氧化法处理糖蜜乙醇废液8h后，COD去除率达76.81%，脱色率达71.44%。

（2）酒母提取多糖

糖蜜发酵醪中的酵母成分经蒸酒后残留在废醪液中成为废醪中BOD的主要来源，且酵母菌体是乙醇废醪中最难降解的物质。乙醇发酵完毕时，在$1m^3$发酵成熟醪中，含有15～18kg含水量为75%且具有酶活的乙醇酵母，每生产10t乙醇将产生1t含水量为75%的乙醇酵母泥。通过离心分离的方法实现成熟醪固液分离，其中大部分不溶性悬浮物质如酵母菌体、胶体、无机盐等被分离出来，离心分离后的上清醪液进入蒸馏塔，此时醪液中无机盐含量、酵母菌体、胶体物质大大减少，从而减轻了蒸馏塔结垢程度，同时乙醇蒸馏后排放出的釜液COD、BOD大大降低，进而减轻了糖蜜乙醇废液治理的难度。魏涛等从成熟醪中分离出酵母泥，进一步除去杂质得到纯净的乙醇酵母泥，并将乙醇废酵母作为资源进行β-1,3-D-葡聚糖的原料提取。酵母细胞壁的第三层结构主要就是β-1,3-D-葡聚糖组成的，在生物体内通过激活免疫能力而去抵抗细菌、病毒、肿瘤和真菌、寄生虫的入侵，是至今为止科学家发现的较优秀的活性免疫多糖。确定成熟醪离心的工艺条件以及酵母泥化学洗涤的工艺条件：洗涤水量30%，洗涤次数3次，离心转数3000r/min，离心时间10min；酵母泥化学洗涤先经过1.75%酒石酸洗涤30min，再用0.1%的碳酸氢钠洗涤。在此条件下乙醇酵母得率达1.5%，成熟醪乙醇损失3%。所得乙醇酵母的总糖含量高于鲜酵母。新工艺乙醇废液SS浓度下降了53.3%，COD浓度下降了34%，BOD浓度下降了56.9%，大大减轻了废液治理难度。新工艺乙醇废液代替清水回用率可达20%，比常规工艺废液回用率提高了4倍。以乙醇酵母为原料，研究确定了自溶-超声波-酶解-碱溶氧化法β-1,3-D-葡聚糖的制备工艺，实现β-1,3-D-葡聚糖与酵母抽提物的联产。最佳工艺条件为：酶添加量为470U/g，碱溶浓度3.2%，碱溶温度81.5℃。在最佳工艺条件下，酵母抽提物得率达69.92%，多糖得率达15.02%，β-1,3-D-葡聚糖含量76.21%，且具有较高的生物活性[17～20]。

（3）提取黄酮

卢俊等[21]研究了二氧化碳超临界流体萃取糖蜜乙醇废液中黄酮类化合物的影响因素，在单因素试验的基础上，以总黄酮提取率为主要评价指标，进行了正交优化，结果表明，通过单因素试验，选择甲醇为夹带剂，确定萃取体系的温度、压力、时间及夹带剂流量为正交试验的主因素，正交试验最佳工艺条件为：萃取体系温度50℃、萃取时间120min、萃取压力300bar（$1bar=10^5Pa$）、甲醇夹带剂流量0.3mL/min，此条件下试验超临界二氧化碳萃取的黄酮类化合物的总量为0.289%，对DPPH自由基清除率为85.2%，确定了其中一种物质为4,5,7-三羟基-3,5-二甲氧基异黄酮。由方差分析可知温度对萃取黄酮类化合物总量的影响达极显著水平，各因素影响顺序为萃取温度＞萃取时间＞萃取压力＞夹带剂用量。

（4）燃烧

将废醪液浓缩后进行燃烧，产蒸汽和/或发电，可以合理利用废醪液中的生物能，同时还可以回收废液中的钾。燃烧法具有处理彻底，不受地理、气候、生产规模影响等优点，具有一定经济效益，在南宁糖业集团蒲庙造纸厂、广西杨森乙醇有限公司、广东省遂溪特级乙醇酿造有限公司有成功经验。但是，目前运行的浓缩燃烧系统对废液中钾资源的综合利用明显不足，回收率不到50%，含钾量低，利用价值低，只局限于以100元/t左右的价格卖给复合肥厂用作复混肥原料。另外，目前运行的浓缩燃烧系统还存在电耗高、锅炉炉膛结焦、烟道堵灰等问题，所以，与浓缩燃烧技术的高投入比较，其经济效益不够明显而有待提高。

（5）有机肥

酒精废醪液虽然是有机污染物含量高的物质，但其中也含有很多营养物质，如果加以一定的工艺处理，和滤泥一样可以作为制造有机生物复混肥的原料。与淀粉质废渣不同，糖蜜酒精废醪液处理的方法有蒸发浓缩法、沉降法等，近年来开展的“冲灰水”技术也是处理酒精废醪液的一种实用方法。“冲灰水”技术主要是在糖厂的水膜除尘系统中，利用酒精废醪液，经渣水分离器分离出酵母泥等固形物，滤清液送入清液池，再用泵送至锅炉水膜除尘器作除尘冲灰用，以替代清水。排出的冲灰水经曲筛过滤后进入混合池，再泵入渣水分离器分离出来的上清液排入清液池供循环使用。渣水分离器排出的灰渣和曲筛分出的灰渣均排入沉灰池，沉灰池中沉积的灰水经重力沉降后回流至混合池，灰渣靠重力疏水和自然蒸干，即成为含多营养物具有潜在利用价值的混合物质，有机物含量约7%、P_2O_5含量约0.04%、K_2O含量约1%、TN含量约0.5%。经过处理的浓废醪液，与现代生物高技术结合，接种生物菌，经多级发酵培养，就可生产出高效复合微生物发酵剂。另外，根据甘蔗的营养需求配比氮、磷、钾又可以开发生产优质有机复合肥。

7.3.2.3 纤维素类原料乙醇废弃物的处理技术

淀粉和糖类原料都是由葡萄糖聚合而成，理论上可以高效且完全转化成乙醇，没有其他副产物。与之不同的是，纤维素类原料水解后得到的木糖难以高效转化成乙醇，木质素完全是纤维素类原料产乙醇的副产物。纤维素类原料在生产乙醇的同时，充分利用木糖和木质素联产其他高附加值产品，有助于提高原料的利用率，从而降低纤维素类乙醇生产的成本。纤维素类原料生产乙醇的废弃物除了废醪液外还有水解残渣：废醪液中的有机质含量相对较高，主要为有机酸、残糖、蛋白质、糠醛等，一般COD_{Cr}浓度为60000～80000mg/L，呈酸性；残渣的主要成分为木质素。废醪液处理一般采用厌氧-好氧处理技术生产沼气和肥料，残渣处理主要包括焚烧法、热裂解、活性炭或木质素制备等。

（1）木糖

最近几年，国内外研究人员对生物转化木糖生产重要的化学品进行了许多相关的研究工作，并通过基因工程、代谢工程、进化工程技术及其集成的方法对微生物菌株进行改造，获得了一些稳定高效代谢木糖的工程菌株。在国内，山东大学微生物技术国家实验室围绕可再生资源的微生物转化和利用技术做出了大量卓有成效的工作，并在2011年启动了“973项目”——木质纤维素资源高效生物降解转化中的关键科学问题研究，投入了大量的资金和人力开发利用木质纤维素资源。中国科学院过程工程研究所陈洪章研究组近年来一直致力于生物质能源与生物基产品的产业化研究。上海生命科学研究院杨琛和姜卫红研究组开展研究，利用木糖发酵生产重要的溶剂丙酮、丁醇和乙醇。山东龙力生物科技股份有限公司是以玉米芯生产第 2 代燃料乙醇等新能源产品及木质素等高分子材料。随着国内相关研究工作的开展，对微生物的木糖代谢研究会引起更多的关注，推动可再生资源的回收利用。

展望未来，利用微生物转化木糖生产乙醇、乳酸等大宗化学品和木糖醇等高附加值产品具有光明的应用前景，但是为了降低生产成本，实现工业化应用的目标，还需要对微生物的木糖运输途径、代谢网络等方面进一步改造，获得遗传性状和发酵性能优良的微生物木糖代谢菌株。

1）提高微生物的木糖运输速率是改善木糖代谢的关键环节之一

研究显示，在多种微生物体内，木糖的运输是通过 MFS 家族（major facilitator superfamily）的同向运输膜蛋白来完成的。由于这些运输蛋白对底物木糖的亲和力较低（高 K_m 值），并且运输过程不消耗 ATP，导致木糖不能够被高效地运输到胞内。当前，随着全基因组测序技术的进步和多种木糖代谢微生物测序工作的完成，结合进化工程技术的运用，为筛选鉴定出高效专一的木糖运输蛋白提供了可能。

2）综合运用代谢工程、进化工程及其集成技术改造微生物

通过分析不难发现，近几年关于微生物改造代谢木糖的研究多数是综合运用了基因工程、代谢工程和进化工程技术来实现的。运用传统的基因工程和代谢工程技术，尽管能有效地扩大菌株的底物利用范围、提高乙醇产率等，但仍存在着不少问题，比如菌株的遗传稳定性和细胞代谢流的改变而引起的代谢平衡丧失、细胞生长减缓等，而进化工程技术就可以很好地解决这些问题。在进化压力下，微生物细胞通过全局的代谢网络进行调节以适应生存的需要，实现细胞生长的目标与工程化改造的目标相互吻合，从而获得稳定、高产的工程菌株。

3）生物基化学品的木糖生物炼制研究

工业生物技术的快速发展使得以生物能源、生物基化学品和以生物材料为代表的现代新兴工业迅速兴起，利用可再生资源木糖以清洁高效的生物炼制方式替代传统化学合成方式是社会发展的必然趋势。因此，构建木糖代谢工程菌株生产其他重要的化学品，如异丁醇、木糖酸，对经济社会可持续发展具有重要的意义。

另外，近几年微生物“组学”技术不断发展，关于“组学”的研究受到学者们的重视，微生物转录组学、代谢组学领域的基础理论和研究方法不断深入，尤其是在高通量基因测序、生物芯片等研究手段上的不断进步，显著地拓展了微生物基础性研究的手段，有效加快了实验的进度，提高了实验的准确性。综合运用这些研究方法和技术手段为进化的木糖高效代谢微生物菌株多尺度和多层次解析提供了良好的理论支撑和技术平台。通过构建稳定高效的微生物菌株，结合先进的发酵工艺进行生物转化，生产重要的工业化学品，不但可以弥补化石燃料的不足，缓解我国严重依赖进口石油的被动局面，保证了我国的能源安全，而且可以达到保护生态环境的目的，促进我国工业的健康、可持续发展。

（2）木质素

木质素是由苯丙烷单元通过醚键和碳碳键连接而形成的聚酚类三维网状高分子

芳香族化合物。它可以用作表面活性剂、絮凝剂、树脂黏合剂、合成环氧树脂、混凝土减水剂和制备烷烃燃料等。木质素由于性能优越和结构复杂，它还可以应用于其他多个领域。在农业方面，可用作肥料，如木质素铁肥、木质素氮肥、木质素磷肥和木质素复合肥等，可用作土壤疏松剂，亦可用作农药缓蚀剂；在医药方面，木质素还可以用作药物，木质素高分子的一些基团，如烃基等可以消除细胞物质与致癌剂的结合，减少致癌作用；造纸黑液中提取的木质素与天然木质素相比有分子量小的特点，可以帮助动物消化。除上所述，木质素还可以用作橡胶补强剂及皮革鞣质剂、热稳定剂和交联剂等。近年来，木质素合成阻燃剂可用于制备乙酸木质素基聚氨酯硬泡，可利用氧化碱木质素制备高效水泥助磨剂，而无硫木质素在合成树脂中的作用也更加显著突出，另外，还有球形多孔木质素被制备出。

木质素残渣可通过水解生产活性炭、木质素树脂等化工产品。华东理工大学用稻壳、木屑水解残渣单独液化和与生物质的共液化，结果表明生物质的加入促进了煤的裂解。由于木质素的含氧量较低，能量密度较高，用它为原料所得裂解油中含水量和含氧量都较低，便于后续处理。

总的来说，木质素作为一种天然可再生的高分子，资源丰富、价格低廉，用于工业化生产的现实可能性大。在追求绿色环保、可持续发展的今天已成为重点研究对象。随着理论和应用研究的继续深入，木质素必将得到更充分的利用。

(3) 精细化工

纤维素类原料的四大组分为纤维素、半纤维素、木质素和提取物（包括有机和无机类物质），为提高原料利用率和经济效益，美国的 John Ferrell 提出了生物质精细化工的方案，其中包括了发酵废水和水解残渣的精细化工产品的生产。由水解残渣经氢化处理可生产苯酚、芳香族化合物和石蜡等产品；而从废醪液中可分离出众多有用的有机酸和醇。大多数化合物用途广泛，具有较大的商业价值，如谷甾醇是一种激素前体，每升价值 100 美元以上；树脂酸及其衍生物的价格也高达 5～10 美元/L；其中由生物质提取萜烯和树脂酸的工艺已达商业化水平。

7.4 废水处理及综合利用

7.4.1 污染治理

7.4.1.1 厌氧消化-好氧消化

目前发酵废液被推荐最多的处理方法是厌氧-好氧处理。厌氧处理有以下优势：

在降解废液COD的同时回收生物气（甲烷或氧气）能源、营养需求低、污泥产量少、反应器体积小、能源消耗少、管理成本低等。

木薯乙醇发酵废渣发酵废液处理工艺主要为厌氧消化-好氧消化-深度处理-排放[22]。厌氧消化过程主要是有机物在多种微生物作用下厌氧消化产甲烷的过程，分为水解发酵、产氢产乙酸和产甲烷三个阶段。水解发酵阶段是将复杂的有机物，例如糖、脂、蛋白质等分解成低分子中间产物的过程，该中间产物主要是一些低分子有机酸和醇类；产氢产乙酸阶段是利用上一阶段的产物产生乙酸、氢气和二氧化碳；产甲烷阶段则由产甲烷菌将乙酸、氢气和二氧化碳作为底物产生甲烷。厌氧消化出水的COD浓度一般为2000mg/L左右，仍需要利用好氧消化进一步处理厌氧消化出水中的有机物、氨等物质，好氧处理一般都用做深度处理（厌氧处理的后处理），采用人工通氧加快废水中好氧微生物的代谢，将全部可降解物彻底分解为H_2O、CO_2和N_2等简单分子化合物。曝气装置一般采用中微孔曝气器，对COD_{Cr}去除率可达90%以上，即150～300mg/L的水平，并最终依靠絮凝处理等工艺使废水达到国家工业废水排放标准。

典型的纤维素乙醇废醪液处理工艺是采用石灰中和废液，沉淀过滤，去除绝大部分固形物，COD_{Cr}浓度为60000～80000mg/L的酸性上清液与洗涤水等低浓度废水混合，送入厌氧反应器（一般为USB反应器），在45～50℃、pH=7.2条件下进行厌氧处理，水力滞留期一般为1～3d。生产的沼气中含甲烷量可达55%以上，可直接用于锅炉燃烧生产蒸汽，也可用于内燃机发电系统，补充内部能源。厌氧过程产生的污泥含有丰富的氮、磷、钾等无机元素，经分离、干燥后可作为优质肥料。

7.4.1.2 污水中氨氮的去除方法

根据实际情况的不同，对废水中氨氮的去除已有大量的研究，也形成了各种各样的方法。主要有包括传统、短程、同时硝化反硝化和厌氧氨氧化在内的生物法，根据亨利定律产生的空气吹脱法、常压蒸氨法、负压蒸氨法，通过添加沸石进行吸附或树脂进行离子交换的方法，以及外源添加磷酸盐和Mg^{2+}使其与NH_4^+结合产生六水合磷酸铵镁（鸟粪石，固体农业肥料）的化学沉淀法，此外，还有一些不太常用的方法如电渗析法、催化湿式氧化法、电化学氧化法、光催化氧化法、超声波法等。目前研究较多的是气提脱氨法和化学沉淀法。气提脱氨法主要是根据以下平衡：

$$NH_4^+ + OH^- \rightleftharpoons NH_3\uparrow + H_2O$$

当水相pH值小于7时，氨氮以NH_4^+的形式存在，当pH值大于7时，水中氨氮存在NH_4^+与NH_3之间的平衡，当pH值越高，即OH^-浓度越高，氨氮主要以NH_3形式存在。气提法主要是通过对平衡施加一定的压力使得反应持续向右进行，从而使氨氮以氨气的形式逃逸，如调节废水pH值使氨氮更多地以NH_3存在，设计脱氨塔的结构，增加空气与水的接触和废水温度以降低废水中NH_3的溶解度。该方法主要优点在于过程中不仅没有引入其他的物质，工艺流程简单，而且可以根据现场和项目具体要求合理改造脱氨条件，降低成本，处理效果稳定，此外，该方法还可以对氨氮进行回收。但该方法受限于废水pH值，仅在pH值大于7时有效，且

pH值越高效率越好；在同比条件下，随着废水中氨氮含量减少，去除效率降低。

由于鸟粪石含植物生长所必需的镁、磷、氮，因其特殊的功能而受到广泛的关注。在某些情况下，它作为肥料比单一添加氮源和磷源效果要好。由于污水中一般除了氨以外，还存在部分的磷酸根，因此化学沉淀法即通过添加部分的Mg^{2+}，可以同时脱氮除磷，形成鸟粪石，而它可以作为可产生经济效益的副产物进行资源再利用减少总的生产成本，因而受到研究者的欢迎。

7.4.1.3 超滤膜处理

岳君容等[23]研究用超滤膜处理预处理过的木薯淀粉乙醇废液，以脱色率及COD去除率作为鉴定指标，并测定处理后净化液的回用效果。试验表明，废液先经过0.3mm筛网和4000r/min离心20min的预处理，再经截流分子量为10000的超滤膜处理后，脱色率为27.7%，COD去除率为34.7%，且膜清洗容易。膜透过液回用效果明显好于未经膜处理的废液，10万膜和1万膜透过液用于乙醇发酵的回用率均可达到80%。

7.4.1.4 絮凝剂处理

魏倩倩[18]以玉米淀粉为原料，3-氯-2-羟丙基三甲基氯化铵（CHPTMA）为阳离子醚化剂，采用预干燥干法合成了高取代度季铵型阳离子淀粉絮凝剂，用于处理糖蜜酒精废液，COD_{Cr}去除率达81.9%，脱色率达79.4%；采用程序升温法，以环氧氯丙烷（ECH）为交联剂，制备了高交联度的交联淀粉，用于处理糖蜜酒精废液，COD_{Cr}去除率达90.3%，脱色率达86.0%。

7.4.1.5 光催化剂降解

蒋月秀等[24]以广西宁明膨润土为基质材料，采用溶胶-凝胶法在微波辐射下制备了金属离子掺杂的TiO_2/膨润土复合光催化剂并用于降解糖蜜酒精废液，考察了复合光催化剂制备条件、糖蜜酒精废液的pH值、催化剂用量及糖蜜酒精废液初始浓度等因素对糖蜜酒精废液脱色率的影响。研究表明，铁离子掺杂的TiO_2/膨润土光催化剂对糖蜜酒精废液降解效果最好，当Fe-TiO_2/膨润土中TiO_2负载量为35%，Fe^{3+}掺杂浓度为0.20%，焙烧温度为550℃时，Fe-TiO_2/膨润土光催化活性最高。在废液原始pH值，催化剂用量为2.5g/L，光照120min，糖蜜酒精废液稀释30倍的条件下，废液脱色率可达82.94%。

7.4.1.6 焚烧法

当废水COD_{Cr}高达300g/L时，燃烧法比其他方法具有一定优势，是治理最彻底的方法，一般用多效蒸发罐浓缩至60～70°Bx，将浓缩液送去锅炉间，与一定比例的蔗渣均匀掺和后送进锅炉燃烧。该方法存在投资大，蒸发罐积垢严重，锅炉容易结焦，要经常停炉除灰等问题。李胜超等[25]针对乙醇废液的特点及目前浓缩燃烧处理技术存在的问题，提出了采用大流量、高流速、高真空的闪蒸浓缩技术和浓缩液分段喷入燃烧炉、分段燃烧方式来处理酒精废液，并采用U形飞灰沉降室来处理烟气以解决灰渣堵塞问题。工程实践结果表明，经浓缩燃烧处理后COD_{Cr}去除率能够达到99.96%，可以实现有机废水的零排放。但是这一技术还存在浓缩装置和燃烧炉投资较高的问题，由于酒精废液为酸性废水，腐蚀性极强，处理工艺中并没有进行废液中和预处理，所以这两部分的设备都是采用不锈钢做成，造价略高。另外，浓缩蒸发段采用了多效闪蒸技术，虽然随着效数的增多，能够提高浓缩液的浓度，利于后续的燃烧，但在工程实际中效数的增加意味着投资增大，所以必须提高加热器的加热效果和闪蒸罐的蒸发效率。在技术条件许可下，采用高效低阻的加热器，进一步提高加热器的加热效果，减少投资，节能降耗。

7.4.2 综合利用

7.4.2.1 沼气发酵

沼气发酵即厌氧消化产甲烷的过程，张桂英[26]综合考虑木薯乙醇发酵蒸馏废液的一些特性，如：含较高的可溶性干固形物高达6%～8%，包括原料中带入的少量泥沙，低pH值（3.8～4.0），高COD（高达80000～100000mg/L），废液中存在大量有机酸、甘油、乙醇同系物等酵母代谢的末端产物等，若直接进行固液分离，会使分离设备受到较大的物理磨损和化学腐蚀，由于淀粉酶和糖化酶的最适pH值分别为5.5和4.5，若直接回用不仅添加酸碱，随着循环的进行，还会引入大量的可溶性离子，这些物质的引入和废液中积累的大量有机酸均会威胁工艺的长期稳定性。基于“发酵生态工程学”理论，提出了“乙醇-沼气双发酵耦联”工艺，确定氨氮是中温沼液中对乙醇发酵产生抑制的主要物质。在添加及不添加0.05%尿素的条件下，氨氮的临界抑制浓度分别为300mg/L和500mg/L。氨氮造成乙醇产量下降的原因是：a.为酵母生长提供无机氮源，使得副产物甘油增加；b.液化及灭菌阶段，氨氮与料液中少量还原糖发生美拉德反应，造成还原糖损失，进而造成乙醇产量下降。同时还发现，沼液中污泥、微生物及其他物质会对乙醇发酵产生影响。污泥的临界抑制浓度为0.7g/L（干重）。实验还表明，中温沼液的抑制性强于高温沼液。在中试规模下将气提脱氨分为脱碳、脱氨两个阶段，对两阶段的影响因素进行了考察。脱碳过程中料液温度、吹脱时间与脱碳效率呈正相关，与气液比呈负相关；而脱氨过程中料液温度、pH值与脱氨效率呈正相关，与料液在塔内流速呈负相关。在中试平台上“乙醇-沼气双发酵耦联”工艺在运行过程中，从经脱氨资源化后的中温沼液回用配料的发酵结果看（共连续进行38批次），不管是纯木薯、玉米或混合料配料，其中温沼液回用相比自来水配料，都未发现有任何明显的抑制作用，工艺运行是可行的。另外，还考察了利用蒸馏废液调节中温沼液pH值的可行性。蒸馏废液的回用上限为30%。当蒸馏废液回用比例超过30%时，非挥发性的酵母代谢副产物，如甘油、乙酸、乳酸、柠檬酸、琥珀酸等，会出现明显累积，并导致乙醇产量的下降。在“乙醇-沼气双发酵耦联”工艺中，利用10%蒸馏废液调节中温沼液pH值，可降低硫酸使用量8.07%，并且不会对乙醇发酵产生抑制。

7.4.2.2 稀释农灌

印度和澳大利亚科研人员进行了用糖蜜乙醇废液灌溉甘蔗后对甘蔗产量、质量影响的2年田间试验。试验结果表明，废醪液用量为$16t/hm^2$，经稀释50倍和75倍后灌溉的甘蔗产量分别比不施废液的对照组增产20.6%和17.1%，商品糖产量分别比对照组增产25%和20.5%。稀释农灌法的甘蔗和糖产量都显著高于对照组[27,28]。

我国莫云川[20] 在新植蔗下种或宿根蔗开垄松莸时直接浇灌不同浓度糖蜜乙醇废液，与常规化肥施用量和不施肥的处理作比较试验，研究直接浇灌糖蜜乙醇废液对新植蔗和第一年宿根蔗的影响；同时了解一年和连续两年直接浇灌不同浓度糖蜜乙醇废液对蔗田土壤一些特性的影响。结果表明：

① 施用糖蜜乙醇废液提高了新植蔗和第一年宿根蔗前中期叶片中苹果酸酶、淀粉酶、过氧化物酶、硝酸还原酶的活性及叶绿素a、叶绿素b、水溶性蛋白、全氮、全钾含量。

② 工艺成熟期，新植蔗直接浇灌糖蜜乙醇废液处理甘蔗叶片中过氧化物酶、中性转化酶、蔗糖磷酸合成酶、蔗糖合成酶（合成方向）活性低于其他处理的，同时甘蔗叶片水溶性蛋白含量增加；宿根蔗工艺成熟期前期这些酶活性略低于其他处理的，而在后期与其他处理的相当，甘蔗品质的变化趋势与这些酶活性变化基本一致。

③ 浇灌糖蜜乙醇废液的新植蔗和宿根蔗的出苗率、分蘖率、株高、有效茎数和产量显著高于施用化肥和不施肥处理的。

④ 新植蔗浇灌（45t糖蜜乙醇废液＋60t清水）$/hm^2$以及宿根蔗浇灌（75t糖蜜乙醇废液＋30t清水）$/hm^2$糖蜜乙醇废液的出苗数、分蘖数、株高和产量与浇灌$105t/hm^2$糖蜜乙醇废液的大致相同甚至略高于浇灌$105t/hm^2$糖蜜乙醇废液的。

⑤ 施用糖蜜乙醇废液提高了蔗地的有机质含量、全N量和速效K含量，但降低了蔗地速效P含量和蔗叶中全P含量。

江永采用播种时“淋施废液＋地膜覆盖”和宿根蔗开垄后淋施废液的方法栽培甘蔗，得出糖蜜乙醇废液能促进甘蔗幼苗生长，增加前中期株高、茎长、有效茎数和单茎重，提高产量，且适量施用不影响甘蔗蔗糖分和蔗汁重力纯度。王一丁等[29] 通过定量施用糖蜜乙醇废液对甘蔗苗期PPO、POD、CAT的活性和农艺性状进行研究，得出结论，定量施用乙醇废液能提高3种酶的活性及甘蔗的分蘖率。于俊红等[30] 将糖蜜乙醇废液稀释后在菜心的不同生长期施用，研究其对产量和品质的影响，结果表明，糖蜜乙醇废液能够提高菜心产量，并对菜心品质及氮代谢有一定促进作用。邓英毅等研究了乙醇发酵液的施用对香蕉生长和产量的影响，得出施用乙醇发酵液能显著提高香蕉植株绿叶数、果梳数、单株果穗重等，且促进提早抽蕾，提高产量。

这是投资少、运行成本低的最简单方法，实际应用中取得了较好的增产及提高土壤肥力的效果。但废醪液养分浓度低，以液体方式灌溉施用，因此使用时应注意灌溉施用量，一般以土壤含水量接近饱和为宜。且长期施用酒精废醪液会导致蔗糖分下降，根据巴西等国家的先进经验，在施用酒精废醪液的同时，应在甘蔗成熟期配套喷施甘蔗增糖剂。另外，过量施用易造成烧苗及土壤板结，不宜施于肥沃的土壤及盐碱性土壤，且施用季节也受到一定限制。

7.4.2.3 浓缩

将糖蜜乙醇废醪液浓缩至75°Bx左右，可直接作为商品。浓缩的方法有常规的澄清蒸发干燥法、蔗髓吸附浓缩干燥法、堆积发酵法、板式降膜蒸发器浓缩法以及锅炉烟气浓缩法等等。浓缩方法可彻底消除废醪液对水环境的污染，又全部回收了废醪液中的有用物质，是一种十分理想的废醪液治理技术。广西壮族自治区已建成十余个废醪液浓缩车间，云南省也在钟山糖厂和柯街糖厂建设了2座浓缩车间。通过生产实践，证实该方法的工艺技术和设备可行。但是，由于设备和工艺上还存在一些问题，且运行费用甚高，已建成的浓缩车间大都无法继续运行，因此本技术尚需进一步完善，以减少能耗、降低成本。

浓缩液的营养成分按干固物计：粗蛋白质15%～20%，粗脂肪0.3%～0.4%，矿物质25%～30%，无氮浸出物45%～52%，氧化钙1%～2%，氧化钾4%～10%；总能量52.59～61.34MJ/kg，还有维生素、生长素和9种必需氨基酸，其能量仅次于世界公认的能量饲料糖蜜（63.10MJ/kg），是一种能量饲料资源。国外长期以来使用乙醇废液浓缩液作饲料，一般认为浓缩液的营养价值相当于糖蜜的80%或玉米的50%，浓缩液作饲料添加剂除具有促进食欲、补充矿物盐等作用外，还用作鸡的黄褐色素着色剂。针对这些特点，澳大利亚、日本、巴西的一些糖厂以浓缩废醪液配以其他饲料作动物饲料；配糖厂滤泥制有机复合肥、颗粒肥料，还可用作混凝土减水剂、缓释剂等。

美国用浓缩糖蜜乙醇废液配蔗渣喂养肉牛有多年经验，由尿素、浓缩液、矿物质组成的饲料喂养肉牛，氮的吸收率和营养利用率都较高。我国有专利报道：在配制动物全价浓缩液时按3%～10%的比例加入，可使饲料中蛋白质、糖分、氨基酸增加；浓缩液可代替黏合剂；按10%～15%的比例掺入糠料中制成鱼饲料。巴西有文献报道：在颗粒状物质形成前，糖蜜黏合剂和别的黏合剂（最好是干燥的颗粒状物质）预混合，可避免结块，黏合剂的质量并未下降。

另外，乙醇废液含残糖、羟基、羧基等，带阴离子负电荷，易被水泥颗粒表面的阳离子所吸附，故对水泥可起亲水表面活化作用，使水泥离子扩散，拌和时可减少用水量，故起到减水、缓凝作用，从而提高抗压强度。浓缩液中含有阴离子胶团，易被含阳离子的硅酸盐吸附，使水泥粒子扩散。在地下建筑中，可以加入浓缩液2%～5%能提高黏合力，保证质量，减少开裂，缩短建筑时间。浓缩液的微生物发酵产生有机酸，这些酸和$CaCO_3$反应，而不影响$CaCO_3$的物理、化学性质，因此在水泥、石灰生产中加入浓缩液可节约能源。其作为水泥添加剂有两种添加方法：

① 水泥混合物中添加0.1%～0.2%（干物质计），可使水泥混合物的硬度降低

1/2，凝固时结构成型可得到改善，水泥的抗渗性、抗冻性和其他性能也随之得到提高。

② 水泥混合物添加干物质含量40%～50%的酒糟0.5%～0.8%，同时加其他添加剂和速凝剂，使水泥强度进一步提高。

利用酒糟作为水泥增塑剂有很高的经济效益。首先可大大降低添加剂成本。其次可节省水泥消耗，每1m^3混凝土可少用水泥38kg，混凝土标号也因此提高。其次节省热能超过酒糟蒸发所需热量的30倍。

另外，浓缩液还可以作烧砖、瓦的黏合剂，锅炉的除垢剂。

7.4.2.4 培养单细胞蛋白

与废渣相比，废水培养单细胞蛋白减少了原料残渣对蛋白纯度的影响。除了利用糖蜜酒精废液为原料培养酵母外，还可以培养食用菌丝、光合细菌及螺旋藻等，在利用糖蜜酒精废液中的营养物质转化为可利用资源的同时处理了糖蜜酒精废液。陈有为等[31] 利用甘蔗糖蜜酒精废液混菌发酵生产高质量菌体蛋白，通过热带假丝酵母 *Candida tropicalis* 种内融合株Ct-3配伍其他菌株，混菌发酵时间缩短2～4h，生物量可达20g/L，粗蛋白含量50%～53%，灰分≤10%，水分5%～8%。吴振强等利用甘蔗糖蜜酒精废液培养食用菌丝，菌丝得率达到1.1g/100mL，废液的糖浓度从2.1g/100mL降到0.5g/100mL，COD去除率为39%左右。Shojaosadati报道了在连续培养基中单细胞蛋白SCP的生产工艺，如果不添加营养物，生物体的产量5.7g/L，COD去除率31%，SCP中粗蛋白的含量39.6%；添加营养物则分别增至8.5g/L、39.6%、50.6%，SCP中基本氨基酸的含量大于黄豆或鱼粉。

7.4.2.5 有机肥

黄腐酸是腐植酸中分子量最小、水溶性最好、生物活性最高的组分，其在农业、林业上的应用效果，包括促进生长、增强抗性、改善品质、增加糖分含量乃至影响植物内生菌群落和动态等效果已经得到了普遍的证实和应用。焦如珍等[32] 以糖蜜发酵酒精废液为原料，以白地霉、黑曲霉和短小芽孢杆菌为菌种，在总接种量为5%的条件下，葡萄糖、尿素和硫酸铵含量分别为50g/L、15g/L、2g/L，发酵周期为72h的条件下，生化黄腐酸产量达到最高水平，为278.9g/L。几个因素对生化黄腐酸产量的影响程度大小顺序依次为葡萄糖加量、发酵周期、尿素加量、接种量、硫酸铵加量。周瑞芳[33] 开展了发酵甘蔗糖蜜酒精废液与甘蔗尾叶生产腐植酸有机肥的研究，以腐植酸含量为依据，通过单因素试验及正交试验确定了这一生产的最佳工艺条件：培养时间6d，甘蔗糖蜜酒精废液锤度为18°Bx、初始pH值为6.0，温度31℃，固液比为1∶3，白腐菌、巨大芽孢杆菌、绿色木霉三菌接种比例为1∶1∶2，总接种量12%。在最优条件下产物中的腐植酸含量为15.61%，较优化前提高了45.48%。通过在苜蓿种子发芽率试验初步证实发酵腐植酸有机肥料是安全的，通过甘蔗盆栽试验，证明施用发酵腐植酸有机肥可以有效增加甘蔗的产量，延长甘蔗的光合作用，提高甘蔗的品质。

7.4.2.6　提取高附加值成分

（1）甘油

酒精废液提取甘油过去由于分离技术不成熟和成本较高而没有正式形成生产，随着技术发展和甘油需求量的增加，从酒精废液中提取甘油已可行。由于酒精废液含有较多悬浮物、灰分、胶体和酵母等物质，给浓缩及提制甘油过程带来较大困难，故需进行澄清处理及回收酵母。另外，因酒精废液中甘油含量低，也给提取带来一定困难，可以通过改进酒精发酵工艺条件，使发酵液中除保持原有的酒分外，还可提高甘油含量。陆浩湉等[34] 提出了一种新工艺，在蒸馏酒精后的废液中加入粗钾灰后沉淀，取清液蒸发浓缩，然后从浓缩液中蒸馏提取甘油，再次浓缩废液，焚烧，得粗钾灰。应用该工艺每吨酒精可增加净收入 147 元，还可避免排放污染物带来的危害，提取甘油后的废液仍含有大量蛋白质和氨基酸，仍可用于生产饲料。但该技术工艺设备复杂，能耗也较高。付德卿等报道了一种生产甘油的方法，即在酒精生产中加入亚硫酸钠，利用亚硫酸钠的还原作用，使丙酮酸转化成甘油。

（2）色素

制糖过程中的色素一是来自甘蔗本身，二是在生产过程中产生。上述色素主要在结晶分蜜过程富集于糖蜜中，经发酵制取酒精后留于废液中，呈红棕色，主要分为离子型芳香性色素，非离子型芳香性色素（如黄酮类）及非芳香性色素三大类。有报道将废液除去杂质及酵母菌丝体后，清净液采用生物酶制剂及浓缩工艺直接转化成焦糖色素。另有报道采用树脂法，利用不同树脂有效地将不同的色素富集于树脂上，选择离子交换型树脂富集焦糖色素，吸附型树脂富集甘蔗黄色素，氢氧化钠溶液洗脱焦糖色素，乙醇洗脱甘蔗黄色素。提取色素后的废液 pH 值由 4.5～5.0 上升到 7 左右，COD 由原来的 $(10\sim14)\times10^4$ mg/L 降至 1×10^4 mg/L，降低了糖厂处理废水的难度，同时提取的 2 种色素均为天然着色剂，可作食品添加剂，具有较好的发展前景。

7.5　废气处理及综合利用

乙醇发酵过程中产生的废气主要为二氧化碳，是空气中常见的温室气体，一个二氧化碳分子由两个氧原子与一个碳原子通过共价键构成，化学式为 CO_2。二氧化碳常温下是一种无色无味、不可燃的气体，密度比空气大，略溶于水。

7.5.1 污染治理

目前日本等国政府推进二氧化碳治理方法是将从工厂等回收的二氧化碳封入地下或海底的政策，但在能否完全防止泄漏方面仍存在问题。

7.5.2 综合利用

7.5.2.1 与环氧化合物反应生成聚碳酸酯树脂

东京大学开发了以二氧化碳为原料有效合成树脂的技术。环氧化合物与二氧化碳反应生成脂肪族聚碳酸酯树脂与利用石油为原料相比最多可削减二氧化碳三成。但该方法的合成效率仅为实用化的通用树脂合成效率的万分之一，且产品在耐热性方面也存在问题，还不能成型。

7.5.2.2 合成甲醇

传统的甲醇是用一氧化碳和氢气为原料，一般用煤、天然气、油田伴生气、炼厂气、汽油和重油等制取，这就需要消耗宝贵而又有限的资源，用废弃的二氧化碳为原料和氢来合成甲醇是具开发前景的课题之一，它一方面可以降低进入大气中的二氧化碳的量，另一方面所制得的甲醇是基本化工原料，有着巨大的市场需求，反应方程为：

$$CO_2+3H_2 \rightleftharpoons CH_3OH+H_2O$$

从热力学的角度看，反应的焓变小于0，增大反应体系的压力、降低温度对反应是有利的，但考虑到反应速度和二氧化碳的惰性，提高温度有利于活化二氧化碳，提高反应速度。

7.5.2.3 合成低碳烃

徐龙伢等以K-Fe-MnO/Silicata-2为催化剂，用二氧化碳和氢气制C_2～C_4烯烃，二氧化碳转化率为52%～56%，产物选择性大于65%，反应200h催化剂性能无变化。安藤等在Fe催化剂中加入少量Cu构成Cu-Fe催化剂，用于二氧化碳加氢能得到C_2以上的烃。国内不少学者如邓国才、李梦青等研究并报道了多种催化剂上二氧化碳加氢的反应性能，采用稀土元素作为Fe系催化剂为二氧化碳加氢合成低烯烃的助催化剂，发现稀土元素加氢合成烯烃的活性顺序为Nd>La>Pr>Ce。刘业奎等通过对二氧化碳加氢合成低烯烃反应平衡体系热力学的研究证明二氧化碳可作为单体转化为烃进行二次利用，是最有前景的抑制大量排放的途径。通过数学方法对催化剂作用下反应体系和热力学参数进行求解，结果表明：二氧化碳理论最高转化率为69%～71%。索掌怀等考察了35%Fe/TiO_2催化剂在二氧化碳加氢制低碳烃中的催化活性，最佳结果显示：二氧化碳转化率为19%，C_2烃选择性为50.1%[1,2]。

7.5.2.4　合成醛类及其衍生物

以贵金属络合催化剂和第Ⅷ族元素组成的非贵金属络合催化剂，在水存在下利用第Ⅷ族过渡金属络合物与碱的联合作用，二氧化碳催化加氢可以生成甲酸（酯）类。二氧化碳加氢直接反应热效应不高，节能并符合当代绿色化学技术发展的要求。范宾等采用 Rh-Ag/SiO_2 和 Rh-Ag-LiCl/SiO_2 催化剂对二氧化碳加氢生成乙醛进行了研究。

7.5.2.5　用作气肥

二氧化碳是植物进行光合作用，合成碳水化合物的重要原料。一定范围内，二氧化碳的浓度越高，植物的光合作用也越强，因此二氧化碳是最好的气肥。如果把空气中的二氧化碳浓度提高到一定程度后，在光照和水、肥充足条件下，光合速度可增加 1 倍多。美国科学家在新泽西州的一家农场里，利用二氧化碳对不同作物的不同生长期进行了大量的试验研究，他们发现二氧化碳在农作物的生长旺盛期和成熟期使用，效果最显著。在这两个时期中，如果每周喷射两次二氧化碳气体，喷上 4～5 次后，蔬菜可增产 90%，水稻增产 70%，大豆增产 60%，高粱甚至可以增产 200%。在工厂化培养箱内培养豆芽，通入 0.06%的二氧化碳，豆芽能明显变粗变长，且使豆芽胚轴的重量和维生素 C 增加，在时间上比常规方法缩短 3d。

7.5.2.6　杀虫剂、防腐剂、保鲜剂

在美国和澳大利亚等国已经大量利用二氧化碳作粮仓烟熏杀虫剂。用二氧化碳作熏蒸剂对 5000t 级大米层堆仓库进行 24h 熏蒸，杀虫效率达 99%；空气中的氧气和易腐烂的物质起反应，会带来经济损失，而二氧化碳是惰性气体，能阻止氧气发生变质作用和防止细菌生长，是一种理想的空气置换剂；二氧化碳也是当今世界最为现代化的水果蔬菜保鲜剂，用于苹果、梨时，可贮藏 150d 以上，用于蔬菜保鲜，可以保质甚至保绿，阻止腐烂，延长贮存期。

7.5.2.7　制备液态、固态二氧化碳

二氧化碳一般不燃烧也不支持燃烧，常温下密度比空气略大，受热膨胀后则会聚集于上方。因此许多灭火器都通过产生二氧化碳，利用其特性灭火。液态二氧化碳灭火器是在加压的情况下，把液态二氧化碳装入小钢瓶内。这种灭火器可以用来扑灭图书档案、贵重设备、精密仪器等火灾。除上述特性外，更有灭火后不会留下固体残留物的优点。

液体二氧化碳的密度为 1.1g/cm^3。液体二氧化碳在加压冷却时可凝成固体二氧化碳，俗称干冰，密度为 1.56g/cm^3，－75℃干冰升华，可以吸收周围的热量，使周围的水汽凝结，因而可用作制冷剂，可以用于人造雨、舞台的烟雾效果、食品行业、美食的特殊效果；用于清理核工业设备及印刷工业的版辊；用于汽车、轮船、航空、太空与电子工业等。

7.6 乙醇行业污染物排放政策与标准

7.6.1 乙醇行业的废物排放标准

目前，我国燃料乙醇行业污染物管理方面还没有专用的标准，废气排放标准可以参照《锅炉大气污染物排放标准》(GB 13271—2014)；噪声标准可以参照《工业企业厂界环境噪声排放标准》(GB 12348—2008)；固废标准可以参照《一般工业固体废物贮存、处置场污染控制标准》(GB 18599—2001)；废水早期执行的是《污水综合排放标准》(GB 8978—1996) 的要求，为了贯彻《中华人民共和国环境保护法》《中华人民共和国水污染防治法》《中华人民共和国海洋环境保护法》《国务院关于落实科学发展观加强环境保护的决定》等法律、法规和《国务院关于编制全国主体功能区规划的意见》，保护环境，防治污染，促进发酵酒精和白酒工业生产工艺和污染治理技术的进步，环境保护部科技标准司组织中国环境科学研究院、中国酿酒工业协会、环境保护部环境工程评估中心制订了《发酵酒精和白酒工业水污染物排放标准》(GB 27631—2011)，并自 2012 年 1 月 1 日起开始实施。标准规定了发酵酒精和白酒工业企业水污染物排放限值、监测和监控要求。根据企业建立时间的不同，水污染物排放控制要求有所不同。

① 自 2012 年 1 月 1 日起至 2013 年 12 月 31 日止，现有企业执行表 7-6 规定的水污染物排放限值。

② 自 2014 年 1 月 1 日起，现有企业执行表 7-7 规定的水污染物排放限值。

表 7-6 现有企业的水污染物排放限值 单位：mg/L (pH 值、色度除外)

序号	污染物项目	限值		污染物排放监控位置
		直接排放	间接排放	
1	pH 值	6～9	6～9	企业废水总排放口
2	色度(稀释倍数)	60	80	
3	悬浮物	70	140	
4	五日生化需氧量(BOD_5)	40	80	
5	化学需氧量(COD_{Cr})	150	400	
6	氨氮	15	30	
7	总氮	25	50	
8	总磷	1.0	3.0	
单位产品基准排水量/(m^3/t)		40	40	排水量计量位置与污染物排放监控位置一致

③ 自2012年1月1日起，新建企业执行表7-7规定的水污染物排放限值。

表7-7　新建企业的水污染物排放限值　　单位：mg/L（pH值、色度除外）

序号	污染物项目	限值		污染物排放监控位置
		直接排放	间接排放	
1	pH值	6～9	6～9	企业废水总排放口
2	色度(稀释倍数)	40	80	
3	悬浮物	50	140	
4	五日生化需氧量(BOD_5)	30	80	
5	化学需氧量(COD_{Cr})	100	400	
6	氨氮	10	30	
7	总氮	20	50	
8	总磷	1.0	3.0	
单位产品基准排水量/(m^3/t)		30	30	排水量计量位置与污染物排放监控位置一致

④ 根据环境保护工作的要求，在国土开发密度较高、环境承载力开始减弱，或水环境容量较小、生态环境脆弱，容易发生严重水环境污染问题而需要采取特别保护措施的地区，应严格控制企业的污染排放行为，在上述地区的企业执行表7-8规定的水污染物特别排放限值。执行水污染物特别排放限值的地域范围、时间，由国务院环境保护主管部门或省级人民政府规定。

表7-8　水污染物特别排放限值　　单位：mg/L（pH值、色度除外）

序号	污染物项目	限值		污染物排放监控位置
		直接排放	间接排放	
1	pH值	6～9	6～9	企业废水总排放口
2	色度(稀释倍数)	20	40	
3	悬浮物	20	50	
4	五日生化需氧量(BOD_5)	20	30	
5	化学需氧量(COD_{Cr})	50	100	
6	氨氮	5	10	
7	总氮	15	20	
8	总磷	0.5	1.0	
单位产品基准排水量/(m^3/t)		20	20	排水量计量位置与污染物排放监控位置一致

⑤ 水污染物排放浓度限值适用于单位产品实际排水量不高于单位产品基准排水量的情况。若单位产品实际排水量超过单位产品基准排水量，必须按式(7-1)将实测水污染物浓度换算为水污染物基准水量排放浓度，并以水污染物基准水量排放浓

度作为判定排放是否达标的依据。产品产量和排水量统计周期为一个工作日。

在企业的生产设施同时生产两种或两种以上类别的产品、可适用不同排放控制要求或不同行业国家污染物排放标准，且生产设施产生的污水混合处理排放的情况下，应执行排放标准中规定的最严格的浓度限值，并按式(7-1) 换算水污染物基准水量排放浓度。

$$\rho_{基}=\frac{Q_{总}}{\sum Y_i Q_{i基}}\times\rho_{实} \tag{7-1}$$

式中 $\rho_{基}$——水污染物基准水量排放浓度，mg/L；

$Q_{总}$——排水总量，m^3；

Y_i——第 i 种产品产量，t；

$Q_{i基}$——第 i 种产品的单位产品基准排水量，m^3/t；

$\rho_{实}$——实测水污染物排放浓度，mg/L。

若 $Q_{总}$ 与 $\sum Y_i Q_{i基}$ 的比值小于 1，则以水污染物实测浓度作为判定排放是否达标的依据。

7.6.2 乙醇行业的清洁生产方案

一直以来我国乙醇工业生产的耗水和排污量巨大，不仅增加乙醇生产的成本，也加重了废水治理的投资、能耗与运行费用的负担。只有采用先进的技术与设备，合理使用水资源，减少工艺用水，如采用浓醪发酵工艺与乙醇糟滤液回用拌料，降低洗涤水用量，冷却水全部回用，就能将乙醇生产耗水和废水排放量降至最低水平，大幅度减小污染防治工程规模和投资。为此，我国政府和有关机构对乙醇行业的资源综合利用极为重视，早在 1996 年 11 月 28 日国家经贸委、国家计委、财政部和国家税务总局就下达了《关于印发〈资源综合利用目录〉的通知》(国经贸资〔1996〕809 号文)，明确规定：各地区、各有关部门要加强资源综合利用的管理，包括酒精生产废弃物。中国轻工总会发布了《酿酒工业环境保护行业政策、技术政策和污染防治对策》，规定了适宜推广酒精工业综合利用、治理污染的政策和技术：

① 因地制宜、多种途径、鼓励利用、讲求实效、重点突破、逐步推广，开展酿酒行业综合利用工作。

② 依靠科学技术进步坚持清洁生产，实行全过程污染控制，改变传统的末端治理模式，努力把污染消除在生产过程中，减少污染物的末端排放。

③ 企业在进行扩改建项目时，资源综合利用和污染治理措施要与主体工程同时设计、同时施工、同时投产。

④ 通过合理调整企业结构，实现经济规模，节能降耗，充分利用废弃物，实现深度加工。

表 7-9　乙醇行业清洁生产方案

序号	技术名称	适用范围	技术主要内容	解决的主要问题	技术来源	所处阶段	应用前景分析
1	浓醪发酵技术	乙醇行业	提高料水比到1∶2,同时采取同步糖化发酵技术,发酵终了时乙醇含量在15%(体积分数)左右	料水比从1∶2.8提高到1∶2,减少一次用水量和醪液量,减少蒸馏压力,减少糟液特别是废水产生量,提高生产效率	自主研发	推广阶段	玉米原料乙醇生产企业均可应用,薯类企业也可参考应用。发酵浓度从现有水平提高到15%,吨乙醇节约用水约2t,节约标煤0.3t,提高生产效率25%,减少废水产生量2t左右,环境效益和经济效益明显,现有的普及率不足5%。 以年产10万吨企业为例:年可节约用水20万吨,节约标煤3万吨,提高产量2.5万吨,减少废水产生量20万吨。 全行业推广(玉米原料)年可节约用水786万吨,节约标煤118万吨,提高产量100万吨,减少废水产生量786万吨
2	乙醇发酵废渣离心清液回配技术	乙醇行业	离心后的乙醇发酵废渣清液35%以上回配用于拌料	大幅减少糟液处理量和废水排放量直到零排放	自主研发	推广阶段	在全国以玉米为原料的乙醇生产企业可以推广,其他原料的也可以研究应用,是行业重要的减排技术,环境效益十分明显。现有的普及率不足10%,推广后可达70%以上。吨乙醇约减少一次用水量2t,减少废水产生量2t,减少COD排放5kg,减少标煤75kg。 以年产10万吨企业为例:年约减少一次用水量20万吨,减少废水产生量20万吨,减少COD排放500t,减少标煤7500t。 全行业推广(玉米原料70%计算):年约减少一次用水量550万吨,减少废水产生量550万吨,减少COD排放1.38万吨,减少标煤20.4万吨

续表

序号	技术名称	适用范围	技术主要内容	解决的主要问题	技术来源	所处阶段	应用前景分析
3	糟液废水全糟处理技术	乙醇行业	玉米乙醇糟液离心后的废水IC工艺和薯类乙醇糟液全糟厌氧处理技术	大幅提高糟液处理效率，提高有机物的降解和转化作用，提高沼气产量，BOD去除率≥90%，减少废水排放量，实现减排和节约能源	自主研发	推广阶段	应用于淀粉原料乙醇生产企业，目前应用面不足10%，可在全国约80%的企业应用，COD排放量可在现在基础上减少30%以上。以现有水平，吨乙醇可减少COD排放约6kg。 以年产10万吨企业为例：可减少COD排放约600t。 全行业推广(80%计算)：可减少COD排放约3.15万吨
4	间接蒸汽蒸馏技术	乙醇行业	蒸馏时加热蒸汽与被加热物料不接触，进而减少蒸汽冷凝水进入糟液	减少蒸馏后的糟液量，吨乙醇可减少约3t糟液产生量	自主研发	推广阶段	所有企业均可应用，可大幅减少糟液量，减少污染物处理压力，吨乙醇可减少废水产生量约3t。现有的普及率不足30%，推广后可达70%以上。 以年产10万吨企业为例：可减少废水产生量约30万吨。 全行业推广(90%计算)：可减少废水产生量约1770万吨

⑤ 限制和淘汰的技术：a. 酒精行业淀粉原料高温蒸煮糊化技术；b. 酒精行业低浓度酒精发酵技术；c. 酒精生产的常压蒸馏技术和装置。

⑥ 宜推广的生产技术：a. 采用高温淀粉酶和高效糖化酶的双酶法液化、糖化工艺；b. 高温和高浓度酒精发酵工艺及固定化连续发酵工艺；c. 酒精行业差压蒸馏节能技术；d. 清洁生产系统工程技术。

⑦ 宜推广应用的综合利用、治理污染的技术：a. 以玉米为原料的酒精糟液生产优质蛋白饲料（DDGS）的技术；b. 玉米干法脱胚，联产玉米油的原料处理技术；c. 薯类酒精糟液采用厌氧发酵制沼气，消化液再经好氧处理技术；d. 糖蜜酒精糟液采用大罐通风发酵生产单细胞蛋白饲料技术；e. 对综合废水实行二级生化处理，达标排放技术。

随着技术升级和对环境污染治理的要求越来越严格，节能与综合利用司 2010 年 2 月 22 日公布了酒精行业清洁生产技术推行方案（表 7-9），方案的总体目标为“在酒精工业主要消耗指标上，吨产品一次取水量由 50t 减少到 30t，降低 40%；吨产品电耗由 170kW·h 减少到 150kW·h，降低 12%；吨产品蒸汽消耗由 3.6t 减少到 3.2t，降低 11%，即年节水 $1.31\times10^{8}m^{3}$，节汽 262 万吨，节电 1.31 亿千瓦时；吨产品糟液产生量由 13t 减少到 11t，降低 15%；单位产品污染物排放量降低 25%，废水排放量由 40t/t 酒精减少到 30t/t 酒精，降低 25%；吨产品 COD 产生量由 800kg 减少到 650kg，吨产品 COD 排放量由 20kg 减少到 15kg，年少产生 COD 104.1 万吨，减排 COD 3.5 万吨，减排废水 6940 万吨”。该方案对于我国燃料乙醇生产同样具有重要的指导意义。

以上法规和政策针对我国乙醇行业日益严重的环境污染和经济效益低下状况，从国家法规或行业政策的层面，选择了适合国情和国内外发展趋势的先进技术予以推广应用，并在政策上予以扶持，将使我国的燃料乙醇工业在国家政策指导下，实现清洁生产，步入健康发展的轨道。

参考文献

[1] 袁振宏. 生物质能高效利用技术 [M]. 北京：化学工业出版社，2015.

[2] 袁振宏. 生物质能利用原理与技术 [M]. 北京：化学工业出版社，2016.

[3] 张志凌，郭佰兴，张淑红，等. 酒精生产企业的循环经济模式的探讨 [J]. 中国酿造，2013，32：82-84.

[4] 王红，石宝明，单安山，等. 玉米脱水酒精糟及其可溶物和维生素 E 水平对肥育猪生长性能、胴体和肉品质的影响 [J]. 动物营养学报，2012，24(2)：314-321.

[5] Robert S，Xin H，Kerr B，et al. Effects of dietary fiber and reduced crude protein on nitrogen balance and egg production in laying hens [J]. Poultry Science，2007，86：1716-1725.

[6] Corzo A，Schilling M，Loar R，et al. The effects of feeding distillers dried grains with solubles on broiler meat quality [J]. Poultry Science，2009，88：432-439.

[7] Wang Z，Cerrate S，Coto C，et al. Effect of rapid and multiple changes in level of distillers dried grains with solubles（DDGS）in broiler diets on performance and carcass characteristics [J]. International Journal of Poultry Science，2007，6（10）：725-731.

[8] Loar R，Moritz J，Donaldson J，et al. Effects of feeding distillers dried grains with solubles to broilers from 0 to 28 days posthatch on broiler performance，feed manufacturing efficiency，and selected intestinal characteristics [J]. Poultry Science，2010，89：2242-2250.

[9] 王硕，杨云超，王立常. 甘薯乙醇渣饲喂肉牛饲养试验 [J]. 畜禽业，2010，4：8-10.

[10] 王硕，杨云超，王立常. 甘薯燃料乙醇糟渣作粗饲料在育肥猪上的应用 [J]. 畜禽业，2010，7：26-29.

[11] 卞宝国. 小麦制酒精副产物沼渣用作猪饲料的研究 [D]. 合肥：安徽农业大学，2015.

[12] 程传民，柏凡，李云，等. 玉米乙醇糟中霉菌毒素的研究 [J]. 饲料研究，2014，19：74-77.

[13] 丁重阳，吴天祥，张梁，等. 利用浓醪酒糟培养单细胞蛋白的研究 [J]. 酿酒科技，2007，12：95-98.

[14] 李兆春，郑朔方，侯文华，等. 玉米酒精糟液生产高蛋白饲料的清洁生产工艺 [J]. 工业用水与废水，2005，03：27-29.

[15] 胡晓溪. 玉米酒精糟的高值化利用 [D]. 广州：华南理工大学，2011.

[16] 李辰，李坚斌，魏娟，等. 催化氧化糖蜜酒精废液催化剂的再生研究 [J]. 食品与发酵工业，2015，41（8）：123-126.

[17] 钮劲涛，陶梅，金宝丹. 酒精生产中的循环经济探讨 [J]. 酿酒科技，2010，6：108-111.

[18] 魏倩倩. 阳离子淀粉絮凝剂的制备及处理糖蜜酒精废液的研究 [D]. 无锡：江南大学，2008.

[19] 谭文兴，蚁细苗，钟映萍，等. 糖蜜酒精废液资源化利用的研究进展 [J]. 甘蔗糖业，2014，5：60-65.

[20] 莫云川. 糖蜜酒精废液对甘蔗和蔗田土壤影响的研究 [D]. 南宁：广西大学，2007.

[21] 卢俊，温彩莲. 超临界二氧化碳萃取糖蜜酒精废液中黄酮类化合物的工艺研究 [J]. 中国食品添加剂，2014，3：169-177.

[22] 邓英毅，韦民政，张艺超，等. 木薯淀粉厌氧发酵液对香蕉生长和产量效益的影响 [J]. 中国南方果树，2011，40（4）：64-66.

[23] 岳君容，甘亮，刘慧霞，等. 超滤处理木薯淀粉酒精废液及净化液回用研究 [J]. 酿酒科技，2007，4：55-57.

[24] 蒋月秀，潘文杰. 膨润土复合光催化剂降解糖蜜酒精废液研究 [J]. 非金属矿，2011，34（3）：61-64.

[25] 李胜超，刘明华，潘正现. 新型酒精废液浓缩燃烧处理技术与应用 [J]. 环境工程，2006，24（6）：90-94.

[26] 张桂英. 酒精-沼气双发酵耦联工艺影响因子探索与工艺优化 [D]. 无锡：江南大学，2013.

[27] Pineda L，Roberts S，Kerr B，et al. Maximum dietarycontent of corn dried distillers' s grains with solubles in diets for laying hens . Effects in nitrogen balance，manure excretion，egg production，and egg quality [R]. Iowa State University Animal Industry Report，2008：2334-2343.

[28] Lumpkins B，Batal A，Dale N. Use of distillers dried grains plus solubles in laying hens [J]. J Appl Poultry Science，2005，14：25-31.

[29] 王一丁，韦鸣泽，毕黎明，等. 定量施用糖蜜酒精废液对甘蔗苗期 3 种酶活性和农艺性状的影响［J］. 西南农业学报，2006，19（3）：482-485.

[30] 于俊红，徐培智，彭智平，等. 糖蜜酒精废液对菜心产量和品质的影响［J］. 广东农业科学，2012（1）：14-18.

[31] 陈有为，李绍兰，方蔼祺. 甘蔗糖蜜酒精废液混菌发酵菌体蛋白的研究［J］. 工业微生物［J］. 1996（02）：13-16.

[32] 焦如珍，董玉红，丁之铨，等. 糖蜜发酵酒精废液生产生化黄腐酸的高产工艺参数优化［J］. 林业科学，2016，52（10）：89-94.

[33] 周瑞芳. 利用甘蔗糖蜜酒精废液及甘蔗尾叶发酵生产腐殖酸有机肥［D］. 南宁：广西大学，2014.

[34] 陆浩湉，朱涤荃，谢文化，等. 高浓度糖蜜发酵酒精废液浓缩焚烧技术［J］. 甘蔗糖业，2007，04：47-51.

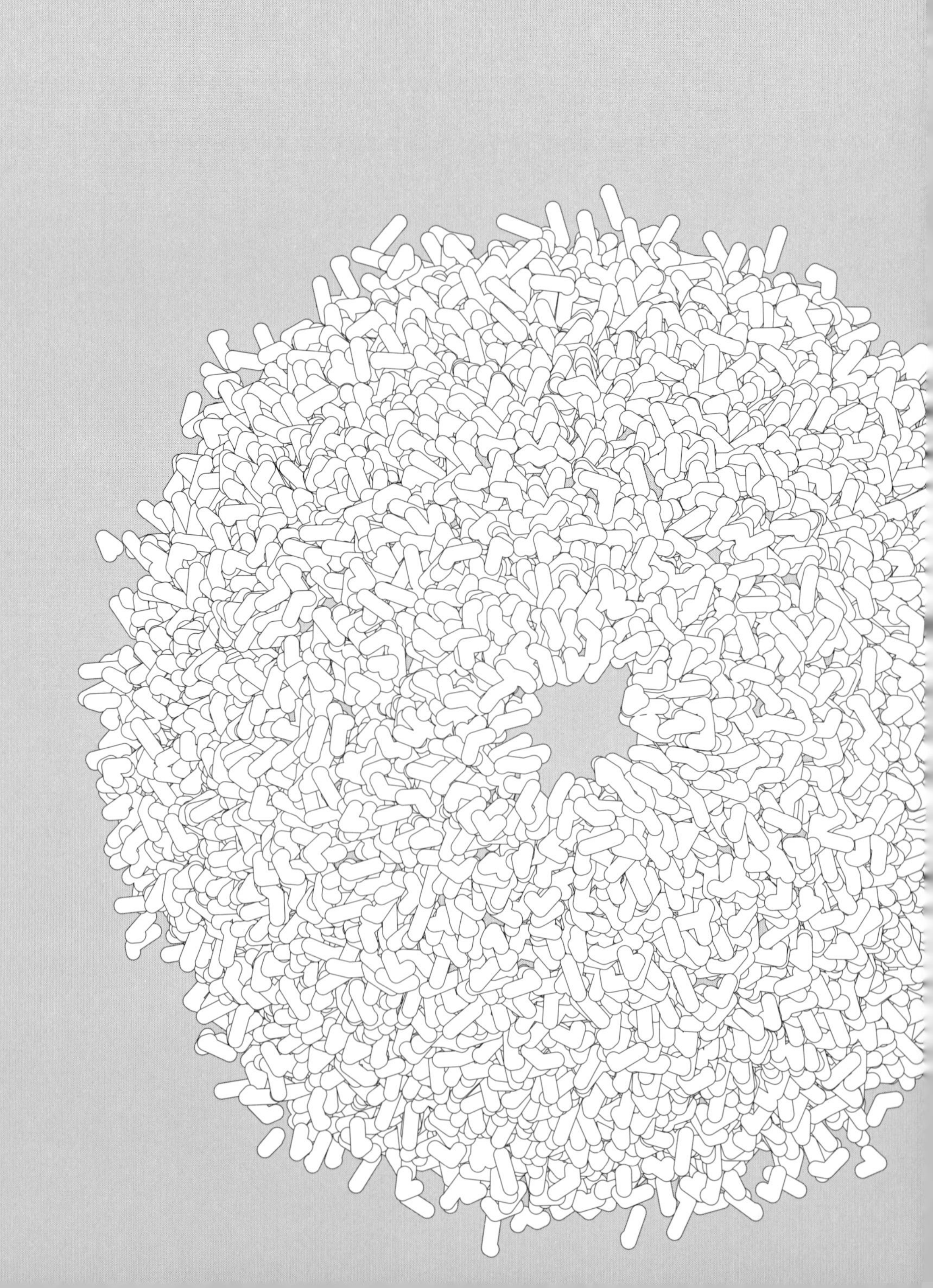

第8章

燃料乙醇生产经济性分析

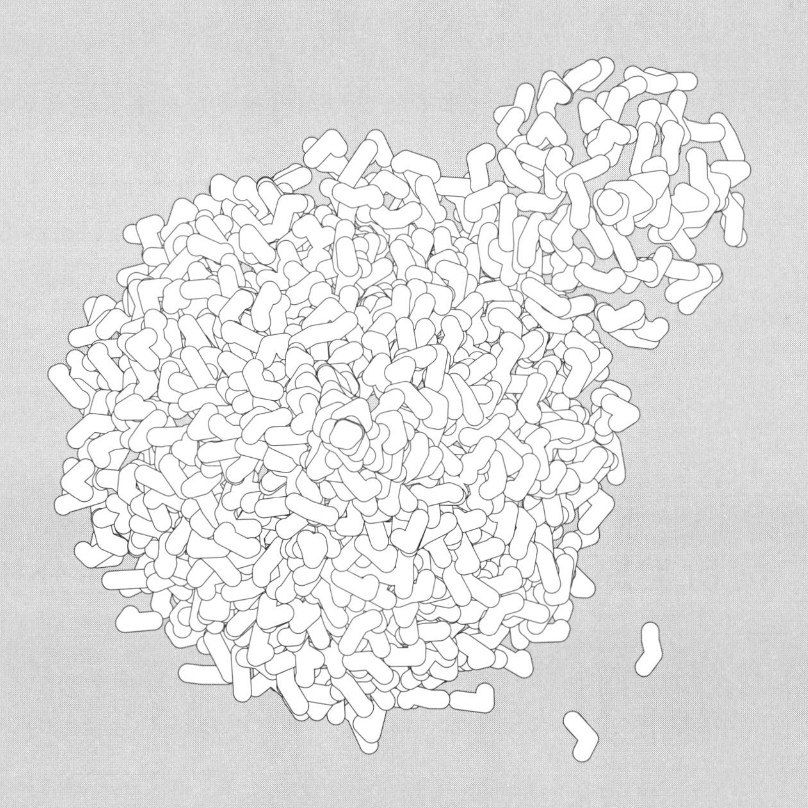

生产燃料乙醇的原料有很多种，但这些原料总的来说可以分为三类，即淀粉类原料、糖类原料及木质纤维素类原料。一般来说，根据燃料乙醇的制备工艺，国际上在分析这三种原料制备燃料乙醇的成本时均按如下几部分来计算，即原料成本、原料从产地到加工点的运输成本、工厂固定投资成本以及日常运行管理及其他等费用，具体公式如下[1]：

$$C=C_{原料}+C_{运输}+C_{工厂固定投资}+C_{运营管理}$$

式中　C——生产乙醇的总成本；

$C_{原料}$、$C_{运输}$、$C_{工厂固定投资}$、$C_{运营管理}$——成本的各组成部分。

上述公式中，各部分具体含义如下。

1）原料成本

原料成本是乙醇生产成本的主要部分，一般占总成本的60%～80%，与技术工艺水平和市场价格相关，与工厂规模无关，主要与市场价格有关，在一定时间阶段、一定范围内变动；技术工艺水平高的企业，原料成本也低，因为原料利用率高。

2）运输成本

与原料的集中度及工厂规模有关，原料越集中，工厂规模越小，则运输成本越低；原料越分散，工厂规模越大，则原料的收集半径将要增大，费用增加。

3）工厂固定投资成本

一般计算成本时是折算到每年的折旧费用，因此工厂固定投资成本与技术工艺水平和工厂规模相关，技术工艺水平越高，单位产品投资率越低，设备成本越低；同样，工厂规模越大，单位产品投资率越低，设备成本越低。

4）运营管理成本

运营管理成本也与技术工艺水平和工厂规模相关，技术工艺水平越高，运营管理成本越低；工厂规模越大，运营管理成本越低。

但从我国现阶段技术和工艺水平出发，燃料乙醇生产成本还需要将燃料动力费用考虑进去；同时，由于乙醇和原料价格往往受市场支配，无法准确把握，此处的经济分析仅限于燃料乙醇的成本分析，而不涉及利润和投资回报等方面的分析。

8.1 淀粉类原料燃料乙醇生产的经济性分析

淀粉类原料是我国生产燃料乙醇的主要原料，目前研究比较多的有玉米、小麦、水稻及现在研究比较热门的木薯等。根据轻工业部食品局1988年制定的一系列酒行业主要经济技术指标国家级标准以及现行的国内玉米和甘薯原料、电力和煤炭的价格，可大体估算出燃料乙醇的生产成本，下面分别以玉米及木薯为例对我国淀粉类原料制备燃料乙醇进行经济性分析。

8.1.1　玉米原料生产燃料乙醇的经济性分析

玉米是我国生产燃料乙醇的主要原料，虽然制备工艺不尽相同，但每生产1t乙醇所需的玉米大概为3t[2]，因此，下面主要以此为依据进行推算。影响乙醇生产成本的主要因素是原料价格，原料成本占总成本的60%～80%，目前国内玉米价格如表8-1所列。

表8-1　我国2018年4月份乙醇原料（玉米）市场价格

区域	省市自治区	价格/(元/t)
东北	辽宁省	1810
	吉林省	1700
	黑龙江省	1660
华北	北京市	1960
	天津市	1960
	河北省	1750
	山西省	2115
华东	上海市	1950
	福建省	1988
	浙江省	1989
	江苏省	2020
华南	广东省	1930
	广西壮族自治区	2470
西北	陕西省	1960
	甘肃省	1960
西南	重庆市	2115
	四川省	2160
全国		2022±16

根据我国1987年颁布的《饮料酒行业主要经济技术指标国家级标准》，以玉米为原料制备乙醇的主要物质消耗情况大致如表8-2所列。

表 8-2 酒行业主要经济技术指标国家标准（以玉米为原料）

项目名称	企业等级		
	国家一级企业	国家二级企业	国家三级企业
物质消耗[①]	国家标准	国家标准	国家标准
95°淀粉出酒率/%	55	53	52
水耗/(t/t)	100	120	140
煤耗(标煤)/(kg/t)	650	750	850
电耗/(kW·h/t)	220	240	260

① 物质消耗均不包括综合利用。

在不同地区和不同生产工艺间，设备价格和制造水平、建筑材料来源和价格、原料收购和运输的价格等方面存在较大的差异，对工程建设投资影响也很大。为便于估算淀粉类原料燃料乙醇的生产成本和经济核算起见，假定了一系列计算系数见表 8-3。

表 8-3 玉米乙醇生产成本计算系数

编号	项目	系数
1	总投资率/(元/t 乙醇)	5500
2	银行利息/%	5.8
3	设备投资率/(元/t 乙醇)	2000
4	设备折旧费/%	5
5	设备维修费/%	1
6	人员成本/[元/(人·年)]	20000
7	生物质原料/(元/t)	2300
8	化学药品/(元/t 乙醇)	50
9	水费(元/t 乙醇)	10
10	煤炭/(元/t)	200
11	电力/(元/度)	0.4
12	运输成本/(元/t 玉米)	30
13	DDGS/(元/t)	500
14	二氧化碳/(元/t)	360
15	玉米油/(元/t)	9000
16	杂醇/(元/t)	6000

工厂规模和生产工艺对工程投资有巨大影响，进而影响到投资效率和生产成本。一般来说，不同规模的淀粉类原料燃料乙醇生产厂的单位投资为每吨乙醇生产能力在 5500～7000 元之间。在表 8-3 假定条件上，以年产 10 万吨燃料乙醇规模为例，在

综合利用程度较高的情况下，即同时回收包括浓缩蛋白饲料、杂醇油、二氧化碳和玉米油等副产品的情况下，以玉米为原料的燃料乙醇生产成本估算结果如表 8-4 所列。

表 8-4　年产 10 万吨玉米燃料乙醇生产成本分析

项目		金额/万元
总投资		45000
固定成本	银行利息	2030
	设备折旧费	1000
	设备维修费	200
	人员成本	2000
生产费用	玉米原料	69000
	化学药品	500
	水耗	100
	煤炭	1200
	电力	880
	运输成本	900
总生产成本		77810
副产品回收	DDGS	4000
	二氧化碳	5600
	玉米油	900
	杂醇	270
实际吨成本		6704

由表 8-4 可见，原料是燃料乙醇生产成本的主要部分，当玉米价格在 2300 元/t 时，约占总成本的 88.7%。

玉米价格对燃料乙醇生产成本的影响如图 8-1 所示。

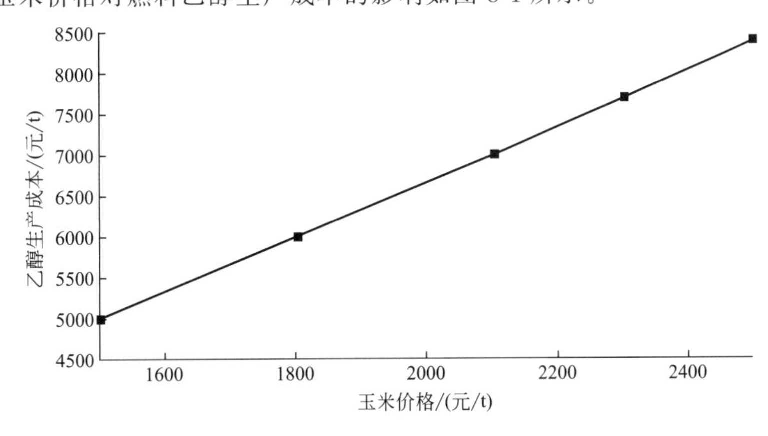

图 8-1　玉米价格对燃料乙醇生产成本的影响

由图 8-1 可以看出在其他条件不变时玉米价格对燃料乙醇生产成本的影响程度。

原料价格在 1500 元/t 时，乙醇的生产成本在 5000 元/t，而当原料价格上涨到 1800 元/t 时，乙醇的生产成本增加到 6000 元/t 左右，可见，原料的市场价格是左右燃料乙醇生产成本的重要因素。不言而喻，原料价格也影响乙醇售价和利润等指标。按照乙醇行业技术经济指标的国家标准，一级乙醇生产企业的利税率应达 40%以上，据此所计算出的原料价格对乙醇售价的影响曲线如图 8-2 所示。

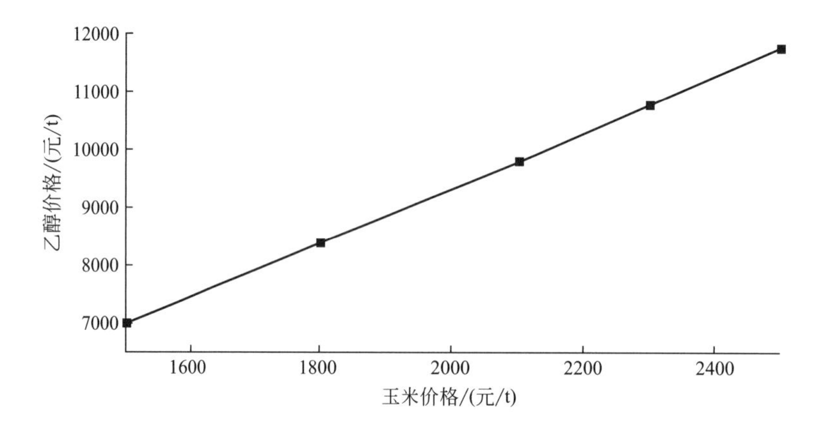

图 8-2 玉米价格对燃料乙醇售价的影响

由于增加了 40%的利税，当原料价格由 1500 元/t 上涨到 1800 元/t 时，乙醇的理论售价由 7000 元/t 上升到 8400 元/t，远远超出了无水乙醇的市场价格（图 8-3），更超过了作为燃料乙醇的价格。

从图中可以看出，只有当原料价格低于 1500 元/t 时才有市场竞争力和利润；而

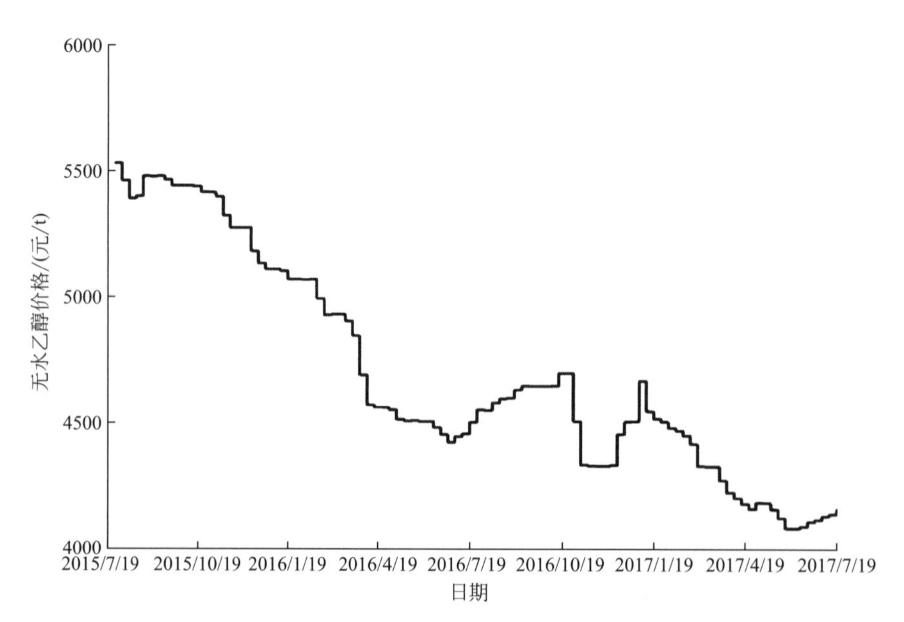

图 8-3 2015 年 7 月～2017 年 7 月我国无水乙醇市场平均价格变化曲线

作为燃料乙醇，只有当原料价格低于1200元/t时，才有可能保持与汽油价格持平，并维持达到国家标准的利税率。在美国，玉米价格较低，每吨合650元人民币左右，是玉米燃料乙醇能够得以大规模推广应用的主要原因之一。所以，为推行淀粉原料乙醇燃料，国家必须为生产企业提供非常优惠的扶持政策，包括减免税等，才能维持企业在低利润状态下运转。

8.1.2　木薯原料生产燃料乙醇的经济性分析

木薯（*Manihot esculenta* Crantz）是一种极具潜力的用来生产燃料乙醇的原料，这主要由于两个方面的原因：首先木薯的淀粉含量非常高，被称为“淀粉之王”，其块根淀粉含量达到了30%，木薯干淀粉含量超过70%；其次木薯是非粮食农产品，且对土质的要求低，耐旱、耐瘠薄，符合“不争粮，不争（食）油，不争糖，充分利用边际性土地（指基本不适合种植粮、棉、油等作物的土地）”的国家粮食发展战略，同时用于发展燃料乙醇也很符合当前国家生物质能源发展战略，有利于保障国家粮食安全和能源安全[3]。

全球种植木薯的100多个国家（地区）中，绝大部分是不发达国家。就总产量来排名，非洲产量最高，占50.68%；亚洲第二，占33.81%；拉丁美洲第三，占15.41%。据FAO统计，2008年全球木薯总产量约2.33亿吨，种植面积1869.52万公顷。受技术限制，非洲很少有木薯乙醇企业，泰国的木薯主要用于出口。巴西、中国和美国是全球的木薯乙醇生产大国，美国木薯产量不高，其原料主要来源于进口；巴西的木薯主要用于淀粉加工，其用于乙醇的产量不多；全球的木薯乙醇主要生产地是中国。

我国木薯乙醇产业的快速发展得益于我国丰富的木薯资源。我国木薯主产区集中在广西、广东、海南、云南、福建5省区。根据联合国粮食及农业组织2017年的数据显示，我国木薯收获面积为29.438万公顷。品种方面，目前国内种植的木薯主栽品种是华南205，其余是华南5号、华南8号、南植199号、新选048号、GR891号、GR911号、桂热4号等。鲜木薯的淀粉含量一般为25%～28%，部分品种可达30%。木薯干片的淀粉含量为68%～70%，从泰国进口的部分木薯可达到72%。

木薯乙醇产业是最主要的产业链之一。目前，“非粮”燃料乙醇的生产中，只有木薯燃料乙醇达到了规模化生产的程度。2008年以前，木薯是广西、广东等省区生产乙醇的主要原料之一。2008年，广西中粮生物质能源有限公司20万吨燃料乙醇的上马拉升了木薯原料的价格。木薯鲜薯原料从2007年250元/t，上升到2011年800元/t。目前，我国木薯乙醇产量约60万吨，木薯乙醇的主要产地在广西，广西万吨以上的木薯乙醇生产企业共有20多家，2010年的产量约为40万吨，其中广西中粮生物质能源有限公司燃料乙醇20万吨。原料价格的大幅上涨而乙醇价格的小幅上涨形成的较强的“剪刀效应”，使得企业面临着巨大的成本压力，利用木薯生产乙醇将出现严重亏损，为此许多企业纷纷停产。目前仍在生产的乙醇生产企业主要通过对木薯废弃物进行综合利用和其他手段来降低成本或提高综合效应来维持生产。

目前典型的利用木薯制备燃料乙醇主要包括粉碎、液化、糖化、发酵及蒸馏几个步骤，具体如图 8-4 所示。

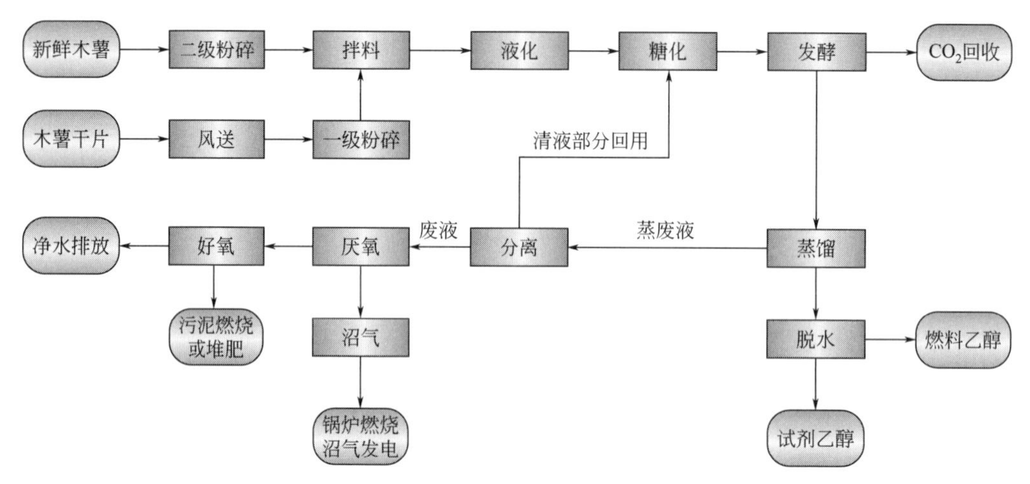

图 8-4　木薯制备燃料乙醇工艺

利用木薯制备燃料乙醇主要有三个方面的成本，即木薯的种植成本、木薯的运输成本和酿制成本。其中木薯的种植成本最高，占到了总成本的 70%左右；其次是木薯的酿制成本，大约 28%；运输成本为 2%左右。

木薯乙醇成本构成如图 8-5 所示。

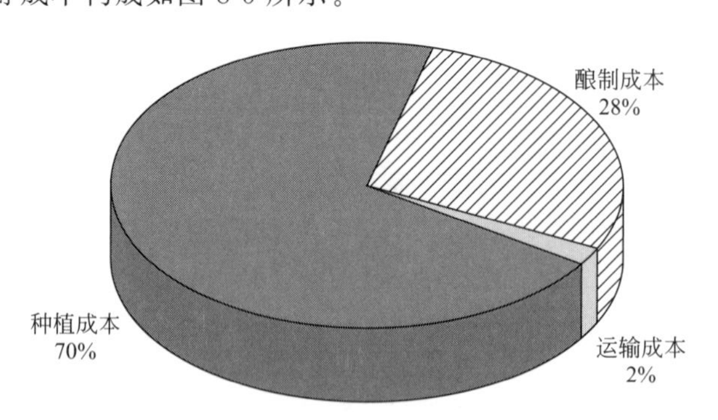

图 8-5　木薯乙醇成本组成百分比

鲜木薯种植成本主要包括几个方面的成本，如化学品成本、种植成本、种子成本、土地税成本和收割成本。鲜木薯的种植成本的各组成百分比如图 8-6 所示。其中在种植过程中化学品（如肥料、杀虫剂等）所需的成本最高，占到了 45%左右，其次就是种植成本、种子成本、土地税成本及收割成本。在木薯生产成本中，化学品的成本占鲜木薯成本的 45%左右（参见图 8-6）。它包括种植木薯所需要各种化肥，如氮肥、磷肥、钾肥和农家肥的成本和运费。如果能够找到一些对木薯更有效的肥料以减少总肥料消耗将对降低成本有益。另外，将化肥厂设在木薯种植地附近以减少运费也有利于成本的降低。还应充分利用乙醇厂生产乙醇后剩余的残渣做肥料，做到综合利用，这样也可以降低成本。提高木薯产量同样是一种降低成本的方法。通过全生命周期评估得知[3]，要使乙醇与汽油具有相同的市场竞争力，木薯的产量必须由现在的3t/亩提高到4.53t/亩。因此，正确引导农民种植优良品种的木薯，组织科研工作者开发适宜土壤环境及气候特征的木薯品种，提高农民科学种植的意识对于增加木薯乙醇汽油竞争力都有作用。

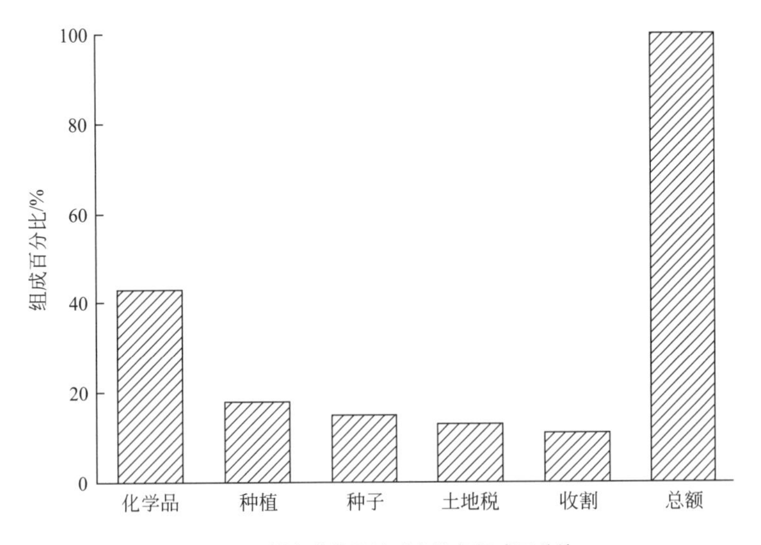

图8-6　鲜木薯的种植成本的各组成百分比

利用木薯制备燃料乙醇在酿制过程中主要有如下几个方面的成本，即粉碎和研磨成本、液化和糖化成本、发酵成本、蒸馏成本、后处理成本及包装成本。乙醇酿制过程成本组成百分比如图8-7所示。

由于发酵过程产生CO_2和沼气两种副产品，它们出售后的利润大于发酵所需成

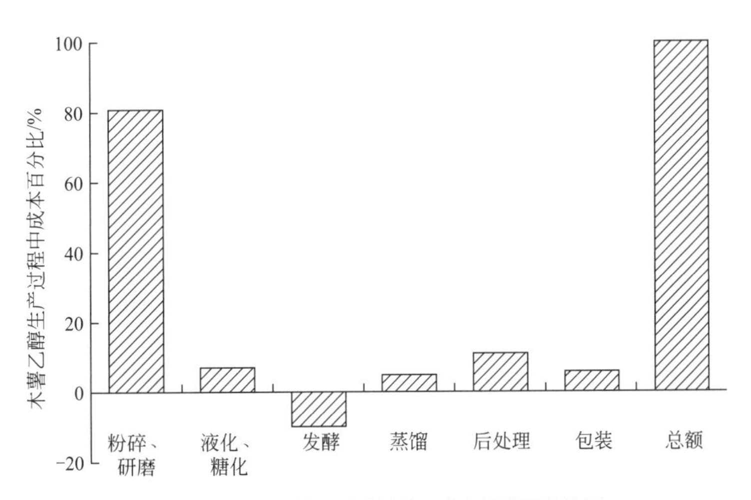

图8-7　木薯燃料乙醇酿制过程成本组成百分比图

本，因此木薯乙醇的发酵成本为负值。乙醇生产过程中的副产品有二氧化碳、DDGS、沼气和肥料，每生产1L木薯乙醇得到的各种副产品出售后能够得到的收益分别为0.63元、0.02元、0.09元和0.24元（具体价格按出售时的市场价格计算）。因此，木薯乙醇的成本需要减去这些副产物带来的利润，这样木薯乙醇的总成本就会降低不少，非常有利于木薯乙醇的推广。

乙醇生产过程中副产品的利用和副产品的价格都会对木薯乙醇汽油的市场竞争力产生影响。其中目前可利用的主要副产品是二氧化碳、DDGS和肥料。在木薯发酵生成乙醇的过程中生成的二氧化碳，可以将其收集出售。但是先决条件是二氧化碳的量要足够多，以便形成规模效应。另外，二氧化碳消费者应该距离乙醇厂不远。因此乙醇厂的产量和二氧化碳消费者的位置就是需要考虑的因素。乙醇厂产量和厂址的选择就将是下一步优化时应该考虑的决策变量。DDGS含有27%的蛋白质，目前主要作为动物饲料出售。将来有可能会成为人类食品的加工原料，这样一来其价值也会随之提升。肥料是将乙醇蒸馏池中的DDGS移走后剩下的残渣，可以卖给种植木薯的农民用，也可以作为农家肥出售。它出售后的价值约占副产品总价值的25%，这三种副产品的价值约占乙醇成本的1/3。值得注意的是本书中给出的各种副产品的价格是根据目前它们在市场上的价格得到的，是比较保守的数值。由于DDGS所占成本比重不大，可以不考虑其价格变化，二氧化碳和肥料价格的变化会影响乙醇的价格，从而影响乙醇汽油的市场竞争力。为此，就二氧化碳和肥料价格变化对乙醇成本的影响做了敏感性分析。分别让两者的价格在±30%的范围内波动，看其对乙醇成本的影响。当二氧化碳和肥料价格都增长30%时，乙醇的成本降低到1.95元/L，当两者价格都降低30%时，乙醇成本上升为2.47元/L，同时二氧化碳对乙醇价格的影响大于肥料。

总的来说，木薯是可再生资源，以木薯为原料生产淀粉、乙醇是一条资源消耗低、综合利用率高、环境污染少、经济效益好的可持续健康发展道路，搞好木薯产业资源的循环利用，是木薯生产企业的核心竞争力和发展动力。

8.2 糖类原料燃料乙醇生产的经济性分析

生产燃料乙醇的糖类原料最常见的主要包括甘蔗、甜高粱等，根据轻工业部食品局1987年公布的《饮料酒行业主要经济技术指标国家级标准》以及现行的国内甘蔗、甜高粱等的原料、电力和煤炭的价格，可大体估算出燃料乙醇的生产成本，下面以甘蔗及甜高粱为例对我国糖类原料制备燃料乙醇进行经济性分析。

8.2.1 甘蔗制备燃料乙醇经济性分析

甘蔗是世界公认的综合利用价值最高的能源作物，是最好的可再生的生物质能源作物之一。它具有高产量、高度集中、高净能比的特点。所谓高产量，是指甘蔗生物产量高。以广东、广西来讲，目前甘蔗亩产量平均约4t，即每公顷60t。如果把目前的产糖为主的甘蔗品种更换为以产能源乙醇为主的品种，则亩产可以达平均6～8t。甘蔗的茎叶可全部利用。所谓高度集中，是指已经可能把农业上种植的甘蔗通过运输高度集中到糖厂或乙醇厂，集中起来形成规模生产能力。所谓高净能比，是指甘蔗的光合作用能力强。净能比（输出总能量与输入总能量的比）高达2.7，比甜菜、玉米、木薯、甜高粱等还要高得多。如以能源甘蔗单位面积乙醇产量而言，甘蔗每年每公顷土地产量可达70t，而木薯只有40t，玉米、稻谷只有5t；可生产的乙醇产量，能源甘蔗年每公顷土地可生产乙醇4900kg，玉米、稻谷约2000kg以上，而小麦只有560kg。

利用甘蔗制备燃料乙醇工艺主要包括以下几个方面（图8-8）：首先是甘蔗经切断、撕裂、压榨机压榨和板框过滤后得到甘蔗汁，在甘蔗汁中加入一定量的灭菌剂灭菌；然后加入一些适宜于酵母生长发酵的营养物质，并调节发酵液酸碱度到合适的pH值；最后接入酵母进行发酵。发酵后的醪液去除杂质后进行蒸馏，从而得到乙醇。

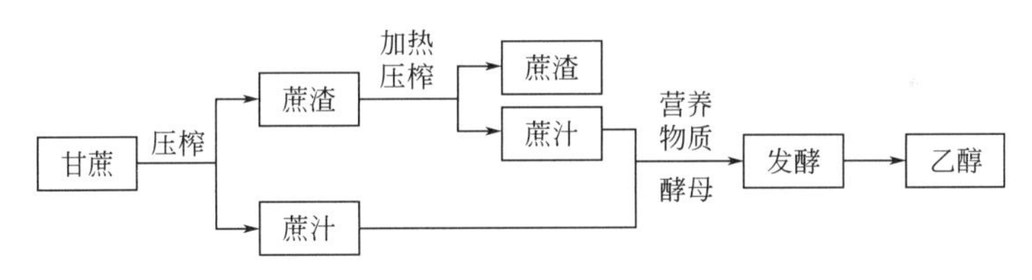

图8-8 甘蔗制备燃料乙醇工艺路线[4]

研究甘蔗生产燃料乙醇的经济性，首先从它的经济技术指标国家标准来看（表8-5）。

表8-5 酒行业主要经济技术指标国家标准（以甘蔗为原料）

项目名称	企业等级		
	国家一级企业	国家二级企业	国家三级企业
物质消耗①	国家标准	国家标准	国家标准
糖分出酒率/%	55	53	51
水耗/(t/t)	60	80	100
煤耗(标煤)/(kg/t)	500	600	700
电耗/(kW·h/t)	40	45	55
人均利税/(万元/人)	2	1.8	1.5

① 物质消耗均不包括综合利用。

与淀粉类原料相同，影响甘蔗原料生产燃料乙醇成本的主要因素也是原料价格，虽然制备工艺不尽相同，但每生产 1t 乙醇所需的甘蔗为 14t 左右，因此，下面主要以此为依据进行推算。2014 年国内甘蔗价格 450 元/t，下面以甘蔗生产乙醇为例来分析糖类原料生产燃料乙醇的技术经济性。为便于估算糖类原料燃料乙醇的生产成本和经济核算起见，假定了一系列计算系数如表 8-6 所列。

表 8-6　甘蔗原料乙醇生产成本计算系数

编号	项目	系数
1	总投资率/(元/t 乙醇)	3000
2	银行利息/%	5.8
3	设备投资率/(元/t 乙醇)	1800
4	设备折旧费/%	5
5	设备维修费/%	1
6	人员成本/[元/(人·年)]	20000
7	原料成本/(元/t)	6300
8	化学药品/(元/t 乙醇)	60
9	水费/(元/t 乙醇)	6
10	煤炭/(元/t)	200
11	电力/[元/(kW·h)]	0.4
12	运输成本/(元/t 甘蔗)	30
13	蔗渣(3.22t/t 乙醇)/(元/t)	200
14	二氧化碳/(元/t)	240

由于糖类原料生产燃料乙醇的原料处理只有压榨工段，而没有淀粉类乙醇工厂的粉碎、蒸煮和糖化工段，所以单位产品的投资率比较低，一般取 3000 元/t 生产能力。在表 8-6 假定条件上，以年产 10 万吨甘蔗燃料乙醇规模为例，在综合利用程度较高的情况下，包括蔗渣和二氧化碳等副产品回收的情况下，以甘蔗为原料的燃料乙醇生产成本估算结果如表 8-7 所列。

表 8-7　年产 10 万吨甘蔗燃料乙醇生产成本分析

项目		金额/万元
总投资		45000
固定成本	银行利息	1740
	设备折旧费	900
	设备维修	180
	人员成本	2000

续表

项目		金额/万元
生产费用	甘蔗原料	63000
	化学药品	600
	水耗	60
	煤炭	1000
	电力	160
	运输成本	2100
总生产成本		71740
副产品回收	二氧化碳	5600
	蔗渣	8440
	小计	14040
实际吨成本		5770

由表 8-7 可见，甘蔗原料仍然是燃料乙醇生产成本的主要部分，当甘蔗价格在 450 元/t 时，约占总成本的 87.6%。

由图 8-9 可以看出在其他条件不变时甘蔗价格对燃料乙醇生产成本的影响程度。

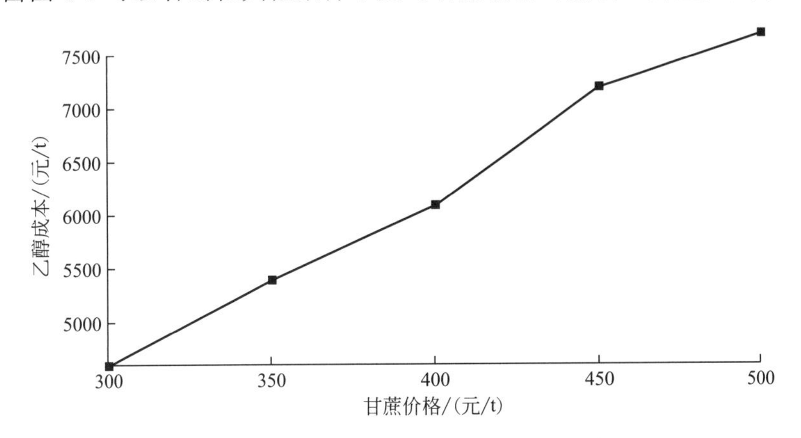

图 8-9　甘蔗价格对燃料乙醇生产成本的影响

当原料价格在 300 元/t 时，乙醇的生产成本在 4600 元/t，而当原料价格上涨到 450 元/t 时，乙醇的生产成本增加到 7200 元/t 以上。按照乙醇行业技术经济指标的国家标准，一级乙醇生产企业的利税率应达 40%以上，据此所计算出的原料价格对乙醇售价的影响曲线如图 8-10 所示。

与玉米乙醇的情况相似，由于增加了 40%的利税，当原料价格由 300 元/t 上涨到 450 元/t 时，乙醇的售价由 6400 元/t 上升到 10080 元/t，远远超出了无水乙醇的市场价格，更超过了作为燃料乙醇的价格。只有当甘蔗价格低于 210 元/t 时才有市场竞争力和利润；而作为燃料乙醇，只有当原料价格低于 190 元/t 时才有可能保持与汽油价格持平，并维持达到国家标准的利税率。同样，为推行甘蔗原料乙醇燃料，

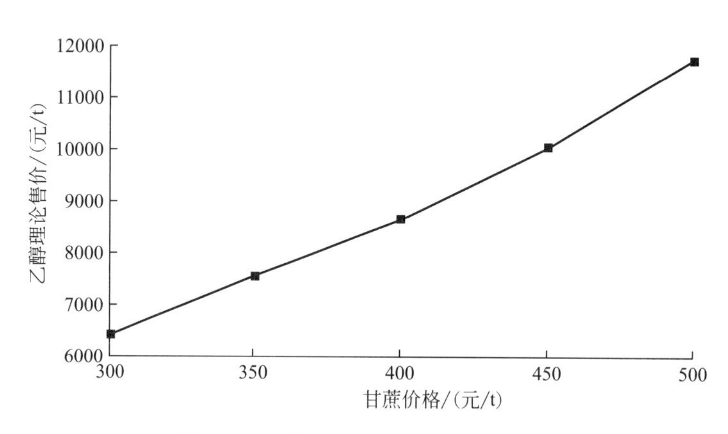

图 8-10 甘蔗价格对燃料乙醇售价的影响

国家必须为生产企业提供非常优惠的扶持政策，包括减免税等，才能维持企业在低利润状态下运转。同时，开发高糖能源甘蔗和其他糖类能源植物将会有力地促进我国糖类原料燃料乙醇生产的发展。

8.2.2 甜高粱制备燃料乙醇经济性分析

在多种非粮原料中.甜高粱由于具备产量高、抗逆性强、种植易等多重优势，成为我国发展非粮乙醇的重要原料之一。当前，在中国黑龙江、内蒙古、新疆、辽宁、山东和北京郊区等地，已有甜高粱乙醇的小规模试验生产。影响甜高粱乙醇发展的因素包括众多方面，其中能量效率和经济效益成为产业能否大规模发展的决定因素。近年来国内外已有部分学者对甜高粱乙醇产业的可行性进行了探索。

甜高粱乙醇的全生命周期包括甜高粱种植、原料收运、乙醇生产、乙醇分配和消费四个阶段[5]。

(1) 甜高粱种植阶段

种植阶段一般包括田地的翻耕准备、播种、田间管理（包括灌溉、施肥、除草、杀虫等)、收割等环节，通过向农田投入化肥、农药、农用机械、柴油、水等物资以及人工劳动的方式向系统输入能量，作物在生长过程中从空气中吸收二氧化碳来进行自身有机物及生物质能的积累。主产品包括甜高粱茎秆和籽粒，叶鞘和叶片等可作为副产品，茎秆是乙醇生产的主要原料。系统在这一阶段没有能量输出。

(2) 原料收运阶段

原料收运阶段包括茎秆的收割打包和从农田至燃料乙醇生产工厂的运输。系统在这一阶段能量输入主要是运输过程中货车的柴油消耗；同时没有能量输出。

(3) 乙醇生产阶段

甜高粱茎秆运输至工厂后，首先进行预处理，对茎秆进行粉碎。接着将茎秆碎渣压榨出汁、进行发酵、形成乙醇浓度约为12%的发酵醪液，继而进行蒸馏，得到浓度约为95%的乙醇，最后进行脱水和改性，生产出浓度为99.5%的燃料乙醇。这一阶段系统能量和资金投入主要包括煤炭等燃料的燃烧及电力和水等资源的消耗，没有能量产出。在乙醇生产阶段，根据副产物利用途径的不同分为 3 种情景进行讨论，如图 8-11 所示。

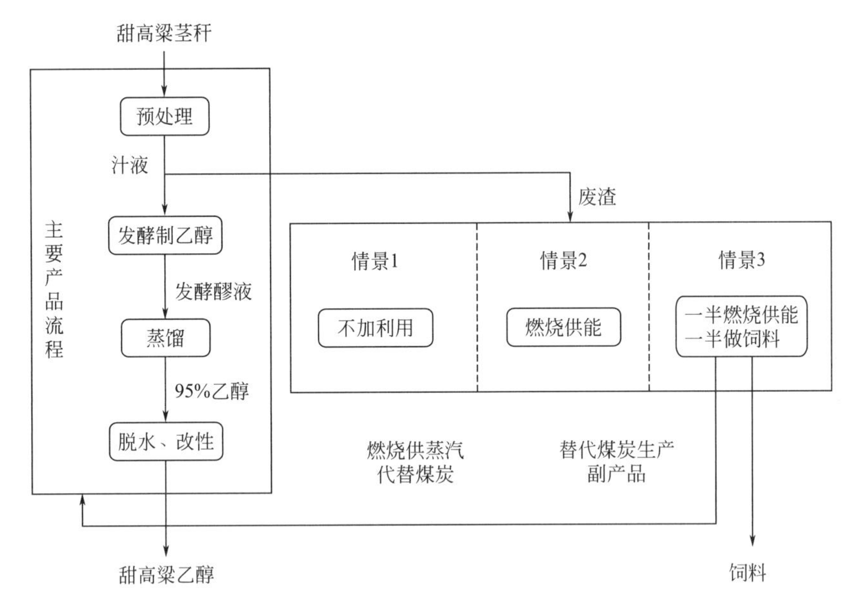

图 8-11　甜高粱乙醇生产工艺三种场景示意

情景 1 为基准情景，在系统生产甜高粱乙醇的同时，不考虑对副产品进行处理和利用。情景 2 在情景 1 的基础上，对发酵废渣进行燃烧利用、替代煤炭、为乙醇生产提供能量，可减少系统的能量输入。情景 3 在情景 1 的基础上，将 1/2 的发酵废渣及田间废弃物进行燃烧利用，将另 1/2 的废渣用于生产饲料出售[6]。

（4）乙醇分配和消费阶段

燃料乙醇产品从工厂运输至油品分销部门，完成汽油和燃料乙醇掺混。分销部门把乙醇汽油销往加油站，乙醇汽油最终作为机动车燃料出售。在这一阶段，能量输入主要是燃料乙醇从工厂运往分销部门以及完成掺混后从分销部门运往加油站过程中货车的油耗。能量的输出即乙醇作为机动车燃料燃烧所释放出的能量。

目前我国甜高粱乙醇的试点生产企业规模很小，多采用适宜农村生产的固态发酵方式。甜高粱乙醇固态发酵以分布-集中式来组织。乙醇成本由如下几部分构成：原料（茎秆）费用、原料从产地到加工点的运输费用、初始固定投资折算到每年的折旧费用以及日常运营管理及其他等费用。

$$C=C_{原料}+C_{运输}+C_{工厂固定投资}+C_{运营管理}$$

式中　　C——乙醇产品的生产成本；

$C_{原料}$、$C_{运输}$、$C_{工厂固定投资}$、$C_{运营管理}$——成本的各组成部分。

产品的各部分成本和乙醇生产规模密切相关。若仅从运输成本考虑，规模越小越利于运费的节约，但规模越小，单位产品固定投资的折旧费越高。因此乙醇生产有一个最优的规模。以这一规模组织生产时，各部分成本之和最小，可以取得最大的经济效益。乙醇成本是生产规模和种植集中度的函数[7]。

$$C=f(A,k)$$

在以液态发酵生产甜高粱乙醇的全生命周期过程中，其生产成本主要包括原料种植、原料运输、原料贮存管理、固定投资折旧、操作运行五部分。由于采取了种植和生产农工一体化的运营模式，一方面原料甜高粱茎秆的成本与前面固态发酵模式相比大幅降低（<115 元/t）；另一方面液态发酵的投资费用较固态发酵高得多，但总成本仍比收购原料的固态发酵模式低约 1000 元/t 乙醇。以山东北部的基准情景为例，甜高粱乙醇的生产成本约为 3128 元/t，构成如图 8-12 所示：原料种植成本占 49%，原料运输成本约 6%，原料贮存管理成本占 6%，固定投资折旧占 20%，操作运行成本占 19%。如果生产模式不是农工一体化，而是农户种植+工厂收购的原料收集方式，原料成本将大幅上升，导致乙醇成本可能增加 1000～2000 元/t，原料在总成本中所占的比例也将达 60%以上。

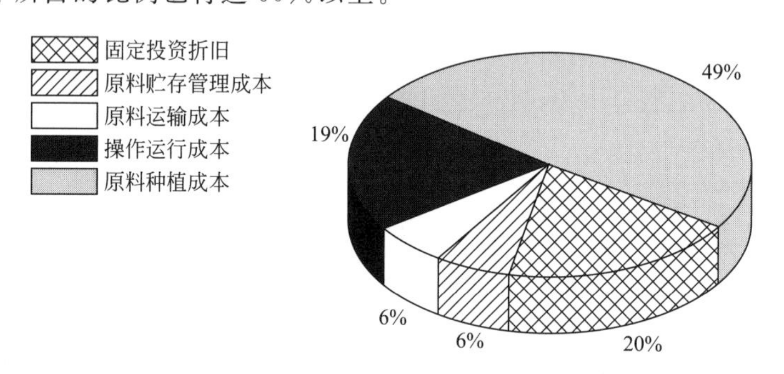

图 8-12　甜高粱乙醇生产成本构成

以黑龙江、新疆、山东、海南四个典型的地区为例，这四个地区在工艺流程中三种情景下的成本和效益如表 8-8 所列，其中情景 1 和情景 2 的效益为吨乙醇的售价（2017 年上半年平均价），情景 3 的效益包括残渣做饲料产生的效益。

表 8-8　四个典型地区在 3 个情景下的吨乙醇成本和效益　　单位：元/t 乙醇

比较对象		黑龙江	新疆	山东	海南
情景 1	成本	3535	2704	3128	2647
	效益	5000	5000	5000	5000
情景 2	成本	3221	2445	2846	2398
	效益	5000	5000	5000	5000
情景 3	成本	3396	2597	3005	2540
	效益	5480	5390	5435	5390

四个典型地区甜高粱乙醇生产的成本从低到高的排列次序与前面相同，依次为海南、新疆、山东、黑龙江。在每个地区，原料种植和原料收运所消耗的能量相当，而乙醇生产阶段的能耗占全部能耗的 1/2 以上，是甜高粱乙醇生产的主要能耗环节。

把四个地区在三种情景下能量和价值的产出投入情况汇总，最后结果可知：

① 情景2和情景3的经济效益总体优于基准情景，这说明在乙醇生产过程中对副产物实施利用，可以在总体上提高系统的能量效率和经济效益；

② 在3种情景下，四个地区甜高粱乙醇能量效率和经济效益从高到低的排序为海南、新疆南部、山东北部、黑龙江东部，这再一次与甜高粱亩产量从高到低的排序对应，这意味着甜高粱茎秆的农田产量是影响乙醇产品能量和经济性表现的最主要的决定因素；

③ 对四个地区来说，情景3的经济效益总体上略优于情景2，而情景2的能量效率高于情景3，启示我们不同的副产物利用方案实施及其组合可以改善系统的能量效率和经济效益；

④ 当今美国的玉米乙醇已形成大规模工业化生产，其净能量产出投入比NER为1.1～1.6，成本为350～450美元/t，售价约为800美元/t。

总体来看，我国的甜高粱乙醇的能量产出效率和经济效益与目前美国的玉米乙醇情况比较接近，具有良好的可行性和发展潜力。

总的来说，由于我国燃料乙醇产业起步比较晚，技术、管理和政策方面还不够完善。当前甜高粱制备乙醇尚无规模化的工业生产，全国各地区仅有少数几个中式基地。要实现甜高粱乙醇的工业化生产，还需要在甜高粱育种、种植、原料存储及发酵工艺等产业化技术与产业化政策方面进一步改进和完善。

8.3 木质纤维素燃料乙醇生产的经济性分析

利用纤维素原料生产燃料乙醇一个最大的优势就是生产原料极其廉价，而前面所分析的淀粉类及糖类生产燃料乙醇时，生产原料所占的比重达到了80%以上，因此，从原料成本上来说，利用纤维素原料生产很具有优势。但纤维素原料一个主要的障碍在于原料的预处理及酶解过程，预处理过程中的工艺成本及酶解过程中所使用的纤维素酶的价格，大大制约着纤维素原料生产燃料乙醇。

利用纤维素类生物质生产燃料乙醇主要包括原材料的预处理、酶法糖化、发酵和乙醇的分离纯化（即乙醇的粗分离和精制）4个步骤[8]，如图8-13所示。

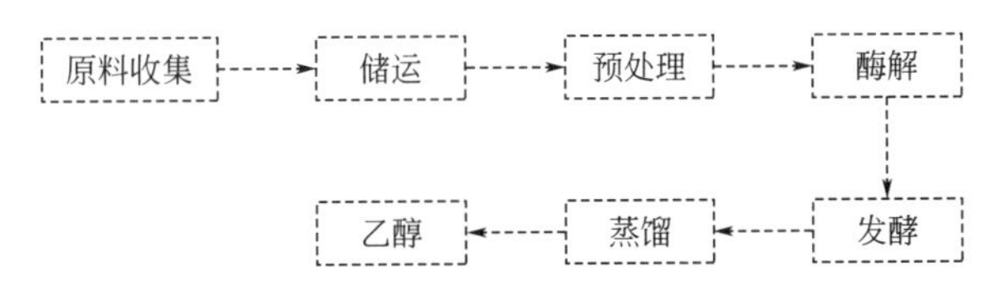

图8-13　木质纤维素原料制备燃料乙醇工艺

8.3.1 纤维素乙醇典型水解工艺的成本估算

1995 年 Qureshi 和 Manderson 对 4 种生物质原料（木材、糖蜜、乳清、玉米淀粉）制酒精的工艺进行了经济核算，规模均为年产酒精 1.465 亿升，结果以木材为原料时每升酒精的生产成本为 0.53 美元[9]。同年 von Sivers 等对 3 种木质纤维素酒精生产工艺进行了核算，它们分别为浓盐酸水解，稀盐酸水解和酶水解。设想该厂建在瑞典，原料为废松木，日处理原料 333t（干）。经计算以这 3 种工艺生产 1L 酒精的成本分别为 4.22 瑞典克朗、4.29 瑞典克朗和 4.03 瑞典克朗（1 美元约合 8 瑞典克朗）。可认为这 3 种工艺的生产成本无差别[10]。1999 年，So 和 Brown 也对 3 种生物质酒精生产工艺进行了核算，它们分别为稀硫酸水解、SSF 工艺和快速裂解-发酵工艺。所设想的生产规模为年产酒精 2500 万加仑（1 加仑$=3.78dm^3$）。经计算以这 3 种工艺生产 1 加仑酒精的成本分别为 1.35 美元、1.28 美元和 1.57 美元。考虑到计算误差，So 等认为这 3 种工艺的生产成本无显著差别[11]。

8.3.1.1 SSCF 酶水解工艺

1999 年，Wooley 等对 SSCF 酶水解工艺进行了经济核算。原料用硬木或玉米秸秆，设计规模为日处理原料 2000t（干）。全年工作时间占 96%，检修时间略多于 2 周。

基本工艺流程如图 8-14 所示[12]。

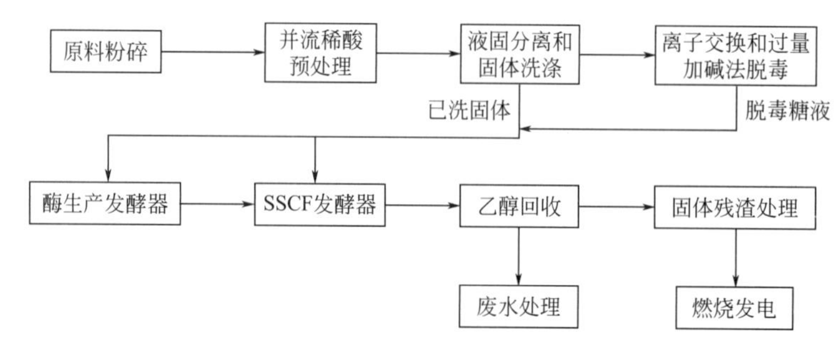

图 8-14 SSCF 酶水解乙醇生产工艺流程

为估算固定投资，把全部过程分为如下部分。

（1）原料处理和贮存

按设计工厂每天接收 136 车原料，每车载料 47t（湿）。处理内容包括过磅、输送、清洗等。工厂内贮存 7d 的原料。

（2）原料预处理

用 0.5% 的 H_2SO_4 溶液，在 190℃ 下处理 10min。出预处理器的原料进入闪蒸器，把预处理中产生的大量糠醛，HMF（5-羟甲基糠醛）和部分乙酸脱除，然后入过滤器进行液固分离，所得浆状固体产物中的小部分用于制纤维素酶，大部分进入 SSCF 发酵器。过滤得到的液体用离子交换树脂处理，除去 88% 的乙酸和全部硫酸，进入 SSCF 反应器。

（3）SSCF工段

使用3组$3600m^3$的搅拌式不锈钢发酵器，每一组6个，共18个发酵器。酶用量为15FPU/g纤维素。发酵用菌种为转基因*Z. moblis*，采用2组种子培养器，每组包括5个容器，逐级扩大培养，每级接种量相当于容器体积的10%。SSCF操作条件为：温度30℃，固体初始浓度（包括可溶的和不可溶的）20%，停留时间7d，葡萄糖和木糖转化为乙醇的理论产率分别为92%和85%。

（4）酶生产

用11个$1000m^3$的充气式发酵器，采用间歇操作，在任何时候都有8个发酵器处于运行中。以*T. reesei*为菌种，采用3组种子培养器，每组包括3个容器，逐级扩大培养，每级接种量相当于容器体积的5%。发酵器初始纤维素浓度为4%。平均每克纤维素或半纤维素可生产200FPU纤维素酶，发酵器的生产率为75FPU/(L·h)。

（5）产物回收和水循环

先用传统的双塔精馏得到共沸乙醇，再用蒸气相分子筛脱水制得燃料乙醇。用多效蒸发器处理塔底废液，蒸发器底部的残浆用于燃烧。

（6）废水处理

废水先入中和器，再入厌氧发酵系统。此过程可除去废水中90%的有机物，还副产中热值气体（主要成分是CO_2和CH_4），可作燃料用。废水中剩余的有机物经好氧处理除去。

（7）燃烧炉

锅炉和汽轮发电机，采用流化床燃烧炉。燃料包括3部分：木质素残渣，厌氧发酵产生的中热值气体，多效蒸发器底部的残浆。锅炉产生10.31MPa的蒸汽（510℃），供汽轮机发电用。发电量为38MW，其中自用32MW，其余销给电网。

（8）辅助设备

这部分设备用于提供冷冻水、冷却水、工艺水、清洗液，工厂、仓库和设备用空气等。

预计工厂使用期为20年，折旧率10%。全部固定资产投资为2.34亿美元，其中设备投资1.436亿美元。以上各部分所占比例分别为：原料处理和贮存4%；原料预处理19%；SSCF工段10%；酶生产11%；产物回收和水循环10%；废水处理8%；产物和药剂贮存1%；燃烧炉，锅炉和汽轮发电机33%；辅助设备4%。原料价格为每吨27.5美元。生产成本如表8-9所列。

表8-9　SSCF工艺预计操作成本

项目	年操作成本/10^6美元	每加仑酒精成本/美分
生物质原料	19.31	37.0
药剂	4.0	8.0
营养剂	3.22	6.2
柴油	0.48	0.9
补充水	0.45	0.9

续表

项目	年操作成本/10^6 美元	每加仑酒精成本/美分
辅助药剂	0.59	1.2
固体废物处理	0.61	1.2
电费	−3.68	−7.2
固定成本	7.50	13.3
总成本	32.48	61.5

由于本工艺中所发电有多余，可外销，故表中电费是负值。表中固定成本包括人工、管理、维修、保险和税费等。

本工艺年产酒精 5220 万加仑（1.98 亿升）。估计以该工艺生产的酒精价格为每加仑 1.44 美元，而以玉米为原料的酒精价格为每加仑 1.2 美元。不过通过对现有工艺的改进，如在预处理中使更多的半纤维素转化为糖，使用更有效的纤维素酶，使用更好的发酵微生物等，可使投资减少、酒精价格下降。具体数据如表 8-10 所列。

表 8-10 技术优化后酒精生产成本的变化

项目	现有技术	优化技术
每加仑酒精生产成本/美元	1.44	1.16
每吨原料产酒精/加仑	68	76
年产酒精/万加仑	5220	5870
预计总投资/亿美元	2.34	2.05

8.3.1.2 两级稀酸水解工艺

2000 年 Kadam 等还对以两级稀酸水解工艺的酒精生产进行了经济分析[13]，所用原料为美国加利福尼亚林区伐下的小树，主要是软木。这些小树如不除去，易引起林火，造成空气污染，故该工厂的建立也对环保有利。软木由于传热和纤维素酶的通过性都较差，以酸水解为好。从原料来源考虑，设计规模为每天处理原料 800t（干）。

工艺流程如图 8-15 所示。

（1）原料预处理及一级水解

原料粉碎到小于 2.5cm 后入第一级酸浸泡器，50℃，并被浸泡在 0.7%的硫酸溶液里。出浸泡器的原料入一级水解反应器，温度 190℃，用 0.7%的硫酸水解，停留时间 3min。可把约 20%的纤维素和 80%的半纤维素水解。离开一级水解反应器的水解液含有约 30%的固体（包括悬浮的和溶解的）。水解液入闪蒸器减压降温到约 130℃，在闪蒸器内停留约 2h，把大部分的低聚糖进一步转化为单糖。然后使水解液进入逆流淤浆洗涤器进行液固分离，并洗去固体上的糖和其他可溶物，洗涤水用量是固体重量的 3～4 倍。分离得到的糖液和洗涤水混合后入一级 pH 调节器。出洗涤器的固体流（固体浓度 30%）经螺旋压榨器进一步脱水，使固体浓度提高到 45%，然后入二级酸浸泡器。

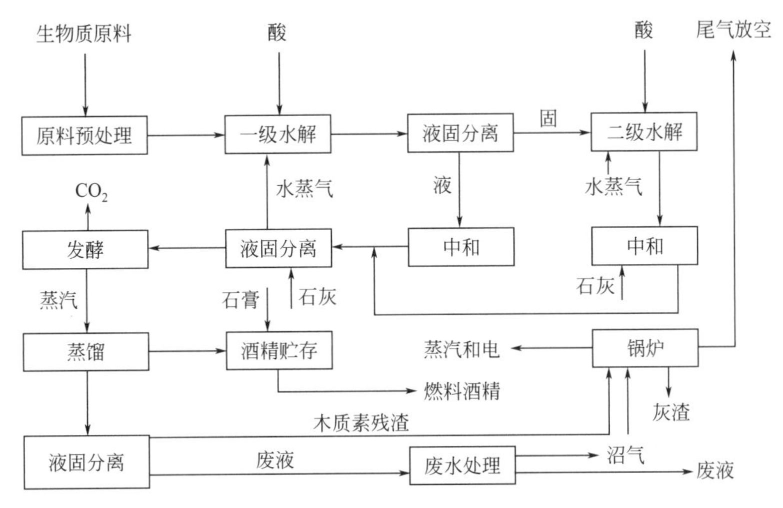

图 8-15　两级稀酸水解工艺流程

（2）二级水解

浸透了酸的固体原料入二级水解反应器，在这里温度升到 220℃，用 1.6%的硫酸水解，停留时间 3min，可把剩余纤维素中的约 70%转化为葡萄糖，其余 30%转化为 HMF 和其他副产品。出二级水解反应器的水解液同样入闪蒸器减压降温，但不再洗涤。二级水解的效率如表 8-11 所列，其中单糖的产率均以原料为基准。在一级 pH 调节器中加入石灰水中和硫酸，把溶液 pH 值升到约 5.5，这可使大部分硫酸钙（石膏）沉淀下来，经过滤除去，滤液冷却到 35℃后入发酵器。

表 8-11　二级稀酸水解中单糖产率

单糖名称	一级水解单糖产率/%	二级水解单糖产率/%	总单糖产率/%
葡萄糖	21	34	55
木糖	70	5	75
半乳糖	79	11	90
甘露糖	79	3	82
阿拉伯糖	90	0	90

（3）发酵过程

在发酵阶段液体停留时间为 32h，可采用既能发酵葡萄糖又能发酵木糖的转基因菌种。假定葡萄糖、甘露糖和半乳糖的酒精转化率均为 90%，木糖的转化率为 75%，而阿拉伯糖的转化率为 0。由于软木水解液中的木糖含量（约 7%）比硬木水解液中的（20%～25%）低得多，故木糖发酵效率对酒精生产成本影响不大。

（4）酒精回收和精制

发酵液用传统的精馏方法得共沸酒精，再用分子筛脱水制得 99.9%酒精，加入 5%汽油制成变性酒精贮存。精馏塔釜液经离心分离和蒸发。可回收 80%的水循环使用。

（5）废弃物处理

废液处理产生的沼气和浓缩的木质素残渣，固体物约 45%，送去锅炉燃烧，用于产生蒸汽和发电。

假定该工厂可利用现有电厂的电力，且此电厂可用水解残渣和沼气为燃料，故预期投资较少。全部投资为 7040 万美元，其中固定设备 4600 万美元。原料价格定为每吨 27.5 美元。年产酒精 2000 万加仑（7600 万升）。估计以该工艺生产的酒精价格为每加仑 1.2 美元，能有 5%的投资回报率（图 8-16）。

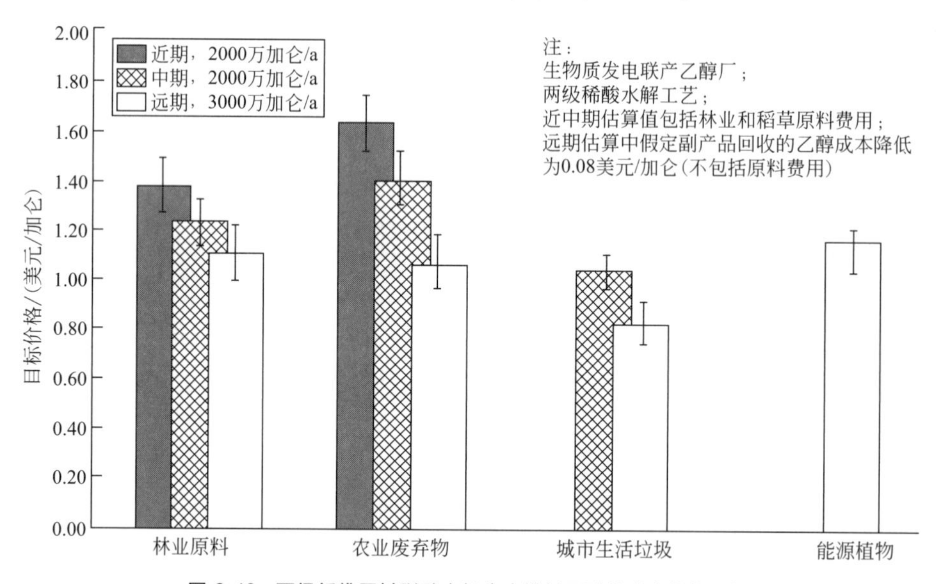

图 8-16 两级纤维原料稀酸水解生产燃料乙醇的成本趋势分析

8.3.2 以典型原料玉米秸秆生产燃料乙醇的经济性分析

纤维素乙醇的生产原料多为木屑、农作物秸秆等农林业副产品，不同生物质的纤维素、半纤维素、木质素含量差别很大。由于纤维素乙醇对原料需求量大，因此建厂应选择原料丰富的地区，以降低原料收购成本和运输成本。我国每年产生的农业秸秆达 7.2 亿吨，其中玉米秸秆占 35%，且玉米秸秆中纤维素含量相对较高，因此以玉米秸秆作为纤维素乙醇的生产原料越来越受到关注[14]。目前国内燃料乙醇的生产原料主要是玉米，价格为 1900 元/t，约占产品售价的 70%。若以玉米秸秆为原料生产燃料乙醇，按 6t 玉米秸秆产 1t 乙醇、秸秆价格为 600 元/t 计，则原料成本占 44%，所以以玉米秸秆为原料生产纤维素乙醇有相当大的原料成本优势。如果预处理和发酵能按目前文献报道过的最佳转化率进行，则年处理 30 万吨干燥玉米秸秆可得到 5 万吨乙醇和若干副产物。目前国内的中试或示范装置生产规模在 300～3000t/a，进一步放大至 30000～50000t/a 的生产规模较合理，从而对从原料供应，生产到产品应用的整个产业链进行示范[15]。科学合理的生产规模应由玉米秸秆的可用量，收割打包成本，运输费用，贮存场地和费用及销售半径等复杂因素决定。

8.3.2.1　秸秆收集与成分

玉米秸秆原料一般来源于附近的农村，由当地专门成立的秸秆收集站负责收集，有利于降低玉米秸秆原料大规模存储所带来的潜在风险，运输收集半径约 8km，秸秆自然风干后玉米秸秆收购价格为 220 元/t。粉碎至 40～60 目，粉碎与运输费用 65～70 元/t，然后运至秸秆乙醇示范厂的原料贮存车间。经试验测定主要成分如表 8-12 所列。

表 8-12　玉米秸秆主要组分

成分	质量分数/%	成分	质量分数/%
纤维素	37.22	可溶出物	15.91
半纤维素	25.31	尘土	1.22
木质素	18.04	总计	100
灰分	2.30		

8.3.2.2　生产成本分析

参考 Barry D. Solomon 对纤维素原料生产燃料乙醇的方法，计算公式如下

$$C_a = C_b + C_x + C_l + C_e + C_m + C_o + P_p$$

式中　C_a——秸秆乙醇的成本，元/t；

C_b——原料的预处理成本，元/t；

C_x——资金投入成本，元/t；

C_l——劳动力成本，元/t；

C_e——能量消耗成本，元/t；

C_m——原材料成本，元/t；

C_o——其他相关费用，主要包括维护费用、水费、残余物处理费用等，元/t；

P_p——副产品的收益，元/t。

根据已经发表过的相关数据可知，整个玉米秸秆生产生物燃料乙醇工艺中，生产线的设备投资和厂房投资占着比较大的比重，接近总投资额的 41.8%，易耗品和原料占总投入的 30.5%，其他部分占总投入的 22.7%。这与通常的发酵工业投入构成基本一致，与淀粉原料相比，木质纤维素易耗品和原料投入成本相对比重比较小(见图 8-17)，这与秸秆相对廉价是密切相关的[16]。

8.3.2.3　项目成本投入与分析

以一个 300t 的利用玉米秸秆生产燃料乙醇的工厂为例，假如木质纤维素燃料乙醇示范厂建设周期设定约为 8 个月，基于建设过程和生产过程的财务现金流，项目投资主要包括生产设备、厂房和相关费用 3 部分，资金时间价值不计，其费用构成如表 8-13 所列。

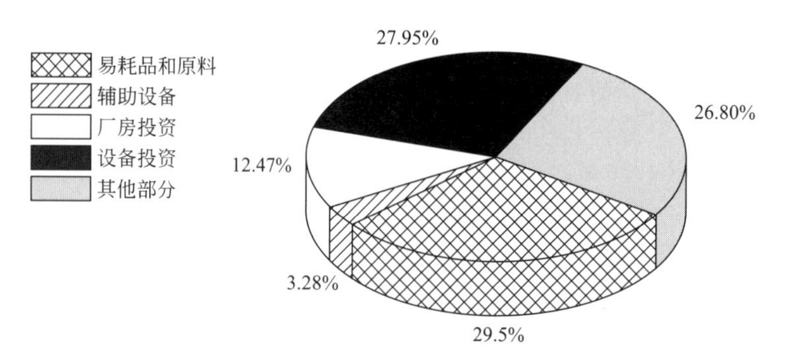

图 8-17 利用木质纤维素原料制备燃料乙醇成本比例

表 8-13 秸秆纤维素乙醇示范厂建设费用

项目	投资			合计
	设备	厂房	辅助设施	
金额/万元	178.6	63.5	18.4	260.5
百分比/%	68.6	24.3	7.1	100

由表 8-13 可以看出，生产线的设备投资和厂房投资占较大的比例，分别占总投入的 68.6%和 24.3%，辅助设施的投资占 7.1%，单位乙醇固定资产投入约 0.87 万元/t，与通常的乙醇发酵工业投入构成比例基本一致。

在对秸秆纤维素乙醇关键性指标分析的基础上，计算了生产过程中纤维素乙醇产品成本构成及各单元占成本百分比，以确定影响成本价格的关键性因素，如表 8-14 所列。

表 8-14 秸秆纤维素乙醇每吨产品成本估算

项目	金额/元	项目	金额/元
原料	1180	工资及福利	685
粉碎与运输	370	其他费用	1220
纤维素酶	2350	副产品收益	−460
试剂	860	生产成本	7385
燃料及动力	1180		

从表 8-14 及图 8-18 可以看出，秸秆纤维素乙醇成本估算中，纤维素酶占成本 31.8%，秸秆原料收集与粉碎占 20.9%，燃料及能耗占 16%，与淀粉质原料相比，其生产原料投入相对较小，这与秸秆原料廉价性密切相关，所以成本构成与淀粉质原料生产乙醇差异非常明显。以玉米原料为例，原料成本通常约占成本 80%，能耗约占 10%。因此，试验结果的成本构成分析表明，目前影响秸秆乙醇生产成本的关键性因素为纤维素酶，一方面生物酶活相对较低，相对需要增加使用量；另一方面，酶解糖化体系效果与秸秆预处理技术密切相关。随着纤维素乙醇技术发展，及工艺技术不断优化，农作物秸秆纤维素乙醇生产成本将有显著的下降空间。

综上所述，尽管纤维素乙醇生产技术尚不完全成熟，正处于过渡转化阶段。一方面纤维素酶的成本较高；另一方面单位产品的耗能远大于玉米燃料乙醇耗能。因此，二者是影响或制约其产业化发展的瓶颈，但纤维素乙醇生产示范研究是未来产业化过程中一种必不可少的探索，也是实现其技术工程化的重要基础和平台。随着关键技术不断突破与完善，纤维素乙醇生产成本有显著的下降空间为未来的发展提供了重要的实践平台和技术支撑，并将进一步推动纤维素乙醇技术商业化发展。目前，中国正处于能源产业结构转型和升级阶段，积极发展可再生能源，将有利于中国实现循环经济可持续化发展战略的目标。

8.3.2.4　从经济角度分析纤维素乙醇需要进一步解决的关键问题

在以木质纤维素为原料生产燃料乙醇的产业化进程中，有八大关键技术需要进一步研究，主要包括原料的收集和运输技术、原料的贮存技术、原料的预处理技术、水解技术、纤维素酶生产技术、全糖发酵技术、蒸馏技术和“三废”治理技术等。这些技术对纤维素生物燃料乙醇产业化进度程度及产品成本下降的影响度如图 8-18 所示[17]。从图 8-18 中可以看出，我国纤维素生物燃料乙醇产业化进程中，影响产业化程度最大的是纤维素酶生产技术，其次是原料的预处理技术，影响比较小的是原料的贮存技术、水解技术、全糖发酵技术及“三废”治理技术，最小的是原料收集运输技术和蒸馏技术。而对生物燃料乙醇生产成本的降低影响最大的是纤维素酶的生产技术，其次是原料的预处理技术，影响较小的是水解技术，全糖发酵技术及蒸馏技术[18]。影响最小的是原料收集技术贮存技术及“三废”治理技术。当然这些技术都不是孤立存在的，而是相辅相成的。

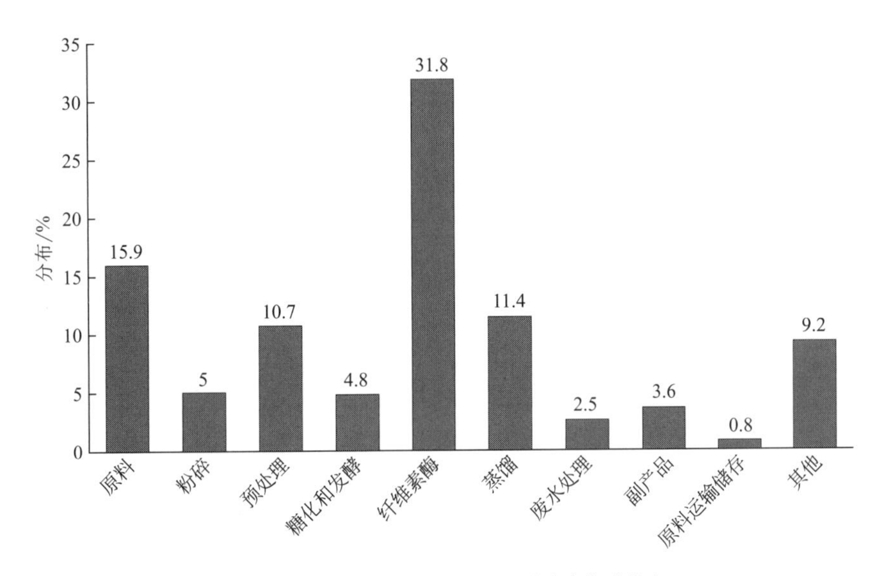

图 8-18　玉米秸秆纤维素燃料乙醇成本构成分布

从经济上来分析，今后本领域的重点研究内容包括以下几个方面。

1）开发廉价高效的木质纤维素预处理技术和平台

构建复合型的预处理技术，达到预处理成本低，环境友好，处理效率高，有利于发酵的预处理工艺。

2）开发低成本、高效的纤维素乙醇专用水解酶

进一步改造纤维素酶生产菌株，完善纤维素酶等酶类发酵体系，降低纤维素酶等酶类生产成本，开发适合于纤维素生物燃料乙醇生产的高效专用酶是纤维素生物燃料乙醇生产链中的一项关键技术。

3）开发高效全糖发酵技术

利用基因工程方法构建能同时高效利用已糖和戊糖的菌种，完全全糖发酵技术体系，提高乙醇发酵终浓度，也是降低纤维素生物燃料乙醇成本的重要途径，戊糖的完全利用可能降低纤维素生物燃料乙醇成本20%，降低原料消耗20%。

4）完善原料收集体系

要建立年产千吨级甚至万吨级的纤维素生物燃料乙醇生产企业，需要有充足的原料供应，每生产1t燃料乙醇，需要6～7t的木质纤维素原料，因此千吨级甚至万吨级的工厂对原料的需要也非常庞大，这就要求企业建厂选址的时候，要充分考虑周围木质纤维素原料的生产潜力，同时也要有高效、机械化的作物收割、打捆身背，配套有专业的木质纤维素收集、销售的经纪人或者由中间农牧公司供应秸秆，需要有保障原料不变质，安全储放的秸秆贮存场地和技术[19]。

5）发展清洁生产技术和以乙醇生产为主的生物炼制技术

提高纤维素生物燃料乙醇生产后“三废”的综合治理水平，按照“生物炼制”的理念[20]，将生物质中的所有物质都实现高效转化和分离、实现达标排放的同时能够提高资源的利用率特别是木质素的高价值转化，实现环境效益、经济效益双重受益。

参考文献

[1] 宋安东，任天宝，张百良. 玉米秸秆生产燃料乙醇的经济性分析 [J]. 农业工程学报，2010，26(6)：283-286.

[2] 方芳，于随然，王成焘. 中国玉米燃料乙醇项目经济性评估 [J]. 农业工程学报，2004(03)：239-242.

[3] 胡志远，张成，浦耿强，等. 木薯乙醇汽油生命周期能源、环境及经济性评价 [J]. 内燃机工程，2004(1)：13-16.

[4] 朱青. 我国液体生物燃料的经济性研究 [J]. 当代石油石化，2017，25(12)：5-10.

[5] Hamelinck C N，Hooijdonk G V，Faaij A P. Ethanol from lignocellulosic biomass：techno-economic performance in short-，middle- and long-term [J]. Biomass & Bioenergy，2005，28(4)：384-410.

[6] Wingren A，Galbe M，Zacchi G. Techno-economic evaluation of producing ethanol from softwood：comparison of SSF and SHF and identification of bottlenecks [J]. Biotech-

nology Progress，2003，19（4）：1109-1117.

[7] 胡瑞珏，李建立，苏海全. 不同工艺制备的乙醇燃料的经济性评估对比［J］. 内蒙古大学学报（自然科学版），2017，48（4）：464-470.

[8] Gnansounou E，Dauriat A，Pandey A. Techno-economic analysis of lignocellulosic ethanol：a review［J］. Bioresource Technology，2010，101（13）：4980-4991.

[9] Qureshi，Manderson，Anex R P，et al. Techno-economic comparison of process technologies for biochemical ethanol production from corn stover［J］. Fuel，2010，89（Supplement 1）：S20-S28.

[10] Sivers V，Dyne D L V，Choi Y S，et al. Economic feasibility of producing ethanol from lignocellulosic feedstocks［J］. Bioresource Technology，2000，72（1）：19-32.

[11] So H，Brown M E. Economic feasibility of ethanol production from sugar in the United States［J］. Journal of Sex & Marital Therapy，2006，33（4）：301-317.

[12] Wooley，Qi W，Wang F，et al. Ethanol from corn stover using SSF：an economic assessment［J］. Energy Sources Part B Economics Planning & Policy，2011，6（2）：136-144.

[13] Kadam G M. Process economic considerations for production of ethanol from biomass feedstocks［J］. Industrial Biotechnology，2006，2（1）：14-20.

[14] 庄新姝，袁振宏，孙永明，等. 中国燃料乙醇的应用及生产技术的效益分析与评价［J］. 太阳能学报，2009，30（4）：526-531.

[15] 林鑫，闵剑. 纤维素乙醇产业发展及技术经济案例分析［J］. 当代石油化学，2015，23（6）：34-41.

[16] 黄开华. 基于不同工艺制备乙醇燃料的经济性评估分析［J］. 化工管理，2018（1）：187-188.

[17] Zacchi G，Axelsson A. Economic evaluation of preconcentration in production of ethanol from dilute sugar solutions［J］. Biotechnology & Bioengineering，1989，34（2）：223.

[18] Maiorella B L，Blanch H W，Wilke C R. Biotechnology report：Economic evalutaion of alternative ethanol fermentation processes［J］. Biotechnology & Bioengineering，1984，26（9）：1003-1025.

[19] Marvin W A，Schmidt L D，Benjaafar S. Economic optimization of a lignocellulosic biomass-to-ethanol supply chain［J］. Chemical Engineering Science，2012，67（1）：68-79.

[20] 林鑫，闵剑. 纤维素乙醇产业发展及技术经济案例分析［J］. 当代石油石化，2015，23（6）：34-41.

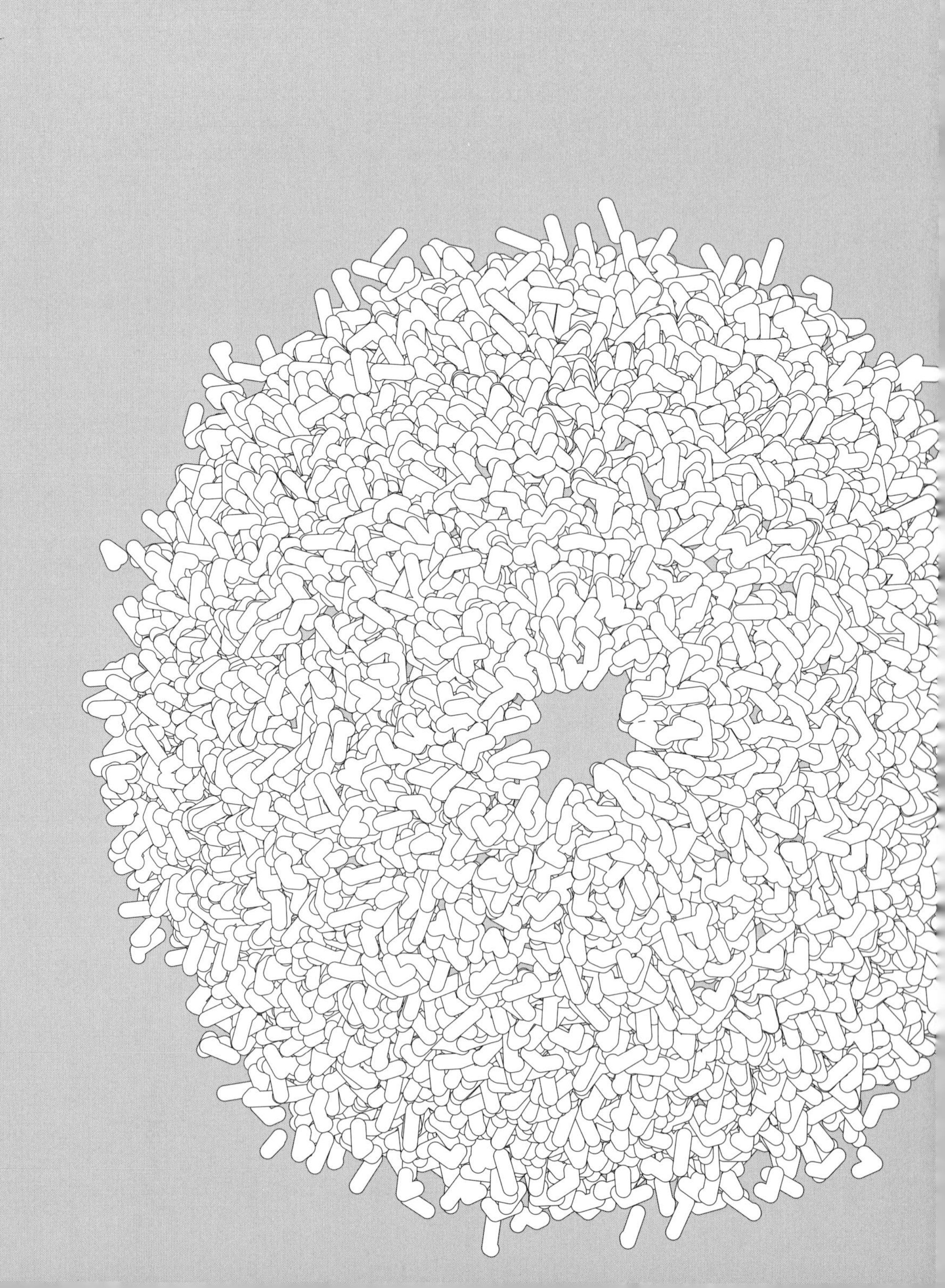

附录

附录1　车用乙醇汽油（E10）

附录2　车用乙醇汽油E85

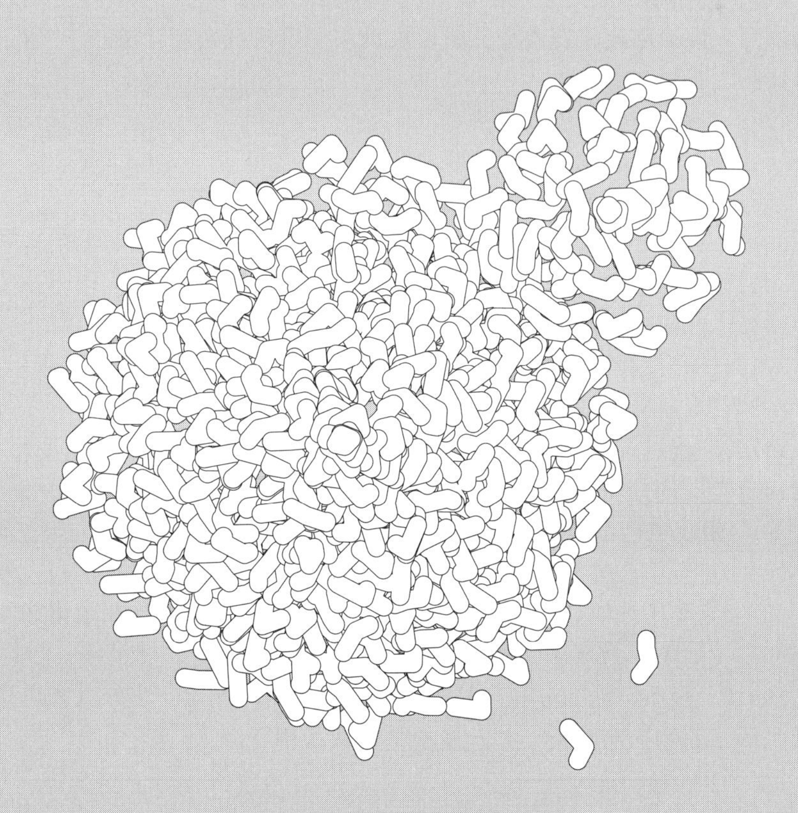

附录 1 车用乙醇汽油（E10）

1 范围

本标准规定了车用乙醇汽油（E10）的术语和定义、产品分类、要求和试验方法、取样、标志、包装、运输和贮存、安全及标准实施。

本标准适用于在不添加含氧化合物的车用乙醇汽油调合组分油中加入一定量变性燃料乙醇及改善性能添加剂组成的车用乙醇汽油（E10）。

2 规范性引用文件

下列文件对于本文件的应用是必不可少的。凡是注日期的引用文件，仅注日期的版本适用于本文件。凡是不注日期的引用文件，其最新版本（包括所有的修改单）适用于本文件。

GB 190 危险货物包装标志
GB/T 259 石油产品水溶性酸及碱测定法
GB/T 503 汽油辛烷值的测定 马达法
GB/T 511 石油和石油产品及添加剂机械杂质测定法
GB/T 1884 原油和液体石油产品密度实验室测定法（密度计法）
GB/T 1885 石油计量表
GB/T 4756 石油液体手工取样法
GB/T 5096 石油产品铜片腐蚀试验法
GB/T 5487 汽油辛烷值的测定 研究法
GB/T 6536 石油产品常压蒸馏特性测定法
GB/T 8017 石油产品蒸气压的测定 雷德法
GB/T 8018 汽油氧化安定性的测定 诱导期法
GB/T 8019 燃料胶质含量的测定 喷射蒸发法
GB/T 8020 汽油铅含量的测定 原子吸收光谱法
GB/T 11132 液体石油产品烃类的测定 荧光指示剂吸附法
GB/T 11140 石油产品硫含量的测定 波长色散 X 射线荧光光谱法
GB 18350 变性燃料乙醇
GB/T 22030 车用乙醇汽油调合组分油
GB/T 28768 车用汽油烃类组成和含氧化合物的测定 多维气相色谱法
GB 30000.7—2013 化学品分类和标签规范 第 7 部分：易燃液体
GB/T 30519 轻质石油馏分和产品中烃族组成和苯的测定 多维气相色谱法
SH/T 0164 石油产品包装、贮运及交货验收规则

NB/SH/T 0174　石油产品和烃类溶剂中硫醇和其他硫化物的检验　博士试验法
SH/T 0246　轻质石油产品中水含量测定法（电量法）
SH/T 0253　轻质石油产品中总硫含量测定法（电量法）
SH/T 0604　原油和石油产品密度测定法（U形振动管法）
NB/SH/T 0663　汽油中醇类和醚类含量的测定　气相色谱法
SH/T 0689　轻质烃及发动机燃料和其他油品的总硫含量测定法（紫外荧光法）
SH/T 0693　汽油中芳烃含量测定法（气相色谱法）
SH/T 0711　汽油中锰含量测定法（原子吸收光谱法）
SH/T 0712　汽油中铁含量测定法（原子吸收光谱法）
SH/T 0713　车用汽油和航空汽油中苯和甲苯含量测定法（气相色谱法）
SH/T 0720　汽油中含氧化合物测定法（气相色谱及氧选择性火焰离子化检测器法）
NB/SH/T 0741　汽油中烃族组成的测定　多维气相色谱法
SH/T 0794　石油产品蒸气压的测定　微量法
ASTM D7039　汽油、柴油、喷气燃料、煤油、生物柴油、生物调合柴油以及乙醇汽油中硫含量的测定（单波长色散X射线荧光光谱法）（Standard Test Method for Sulfur in Gasoline，Diesel Fuel，Jet Fuel，Kerosine，Biodiesel，Biodiesel Blends，and Gasoline-Ethanol Blends by Monochromatic Wavelength Dispersive X-ray Fluorescence Spectrometry）

3　术语和定义

下列术语和定义适用于本文件。

3.1

抗爆指数　antiknock index

研究法辛烷值（RON）和马达法辛烷值（MON）之和的二分之一。

[GB 17930—2016，定义 3.1]

3.2

变性燃料乙醇　denatured fuel ethanol

加入变性剂后不适于饮用的燃料乙醇。

[GB 18350—2013，定义 3.3]

3.3

车用乙醇汽油（E10）　ethanol gasoline for motor vehicles（E10）

在不添加含氧化合物的车用乙醇汽油调合组分油中加入10%（体积分数）的变性燃料乙醇调合而成的用作车用点燃式发动机的燃料。

4　产品分类

车用乙醇汽油（E10）按研究法辛烷值分为89号、92号、95号和98号4个牌号。

5 要求和试验方法

5.1 车用乙醇汽油（E10）中所使用的添加剂应无公认的有害作用，并按推荐的适宜用量使用。车用乙醇汽油（E10）中不应含有任何可导致车辆无法正常运行的添加物和污染物。车用乙醇汽油（E10）不得人为加入甲缩醛、苯胺类以及含卤素、磷、硅等化合物。

5.2 车用乙醇汽油（E10）应采用符合 GB/T 22030 的车用乙醇汽油调合组分油与符合 GB 18350 的变性燃料乙醇进行调合，变性燃料乙醇的加入量应符合表 1、表 2、表 3 或附录 A 中的表 A.1、表 A.2 的规定。

5.3 89 号、92 号和 95 号车用乙醇汽油（E10）（Ⅴ）的技术要求和试验方法见表 1。企业有条件生产和销售 98 号车用乙醇汽油（E10）（Ⅴ）时，其技术要求应符合附录 A 中表 A.1。

5.4 89 号、92 号和 95 号车用乙醇汽油（E10）（ⅥA）、（ⅥB）的技术要求和试验方法分别见表 2、表 3。企业有条件生产和销售 98 号车用乙醇汽油（E10）（ⅥA）/（ⅥB）时，其技术要求应符合附录 A 中表 A.2。

6 取样

取样按 GB/T 4756 进行，取 4L 作为检验和留样用。取样时应避光。

7 标志、包装．运输和贮存

7.1 标志、包装、运输和贮存及交货验收按 SH/T 0164、GB 30000.7—2013 和 GB 190 进行。

7.2 向用户销售的符合本标准要求的车用乙醇汽油（E10）所使用的加油机都应明确标示产品的名称，牌号和等级（Ⅴ、ⅥA 和ⅥB）。如：“89 号车用乙醇汽油（E10）（Ⅴ）”“92 号车用乙醇汽油（E10）（ⅥA）”“95 号车用乙醇汽油（E10）（ⅥB）”等，并应标识在消费者可以看见的地方。

7.3 符合本标准的车用乙醇汽油（E10）在运输、贮存过程中应使用专用的管道、容器和机泵。在贮存运输过程中，整个系统应干净和不含水。如果发生相分离，分离出的水相应送往专门的废水处理厂进行处理。

注：车用乙醇汽油（E10）在运输、贮存过程中使用的储罐、泵、管线、计量器的密封件和材质不应对产品质量产生影响。

8 安全

根据 GB 30000.7—2013，车用乙醇汽油（E10）属于易燃液体，其危险说明和防范说明见 GB 30000.7—2013 的附录 D。

9 标准的实施

本标准自发布之日起实施，并实行逐步引入的过渡期要求。表 2 和表 A.2 规定的技术要求过渡期至 2018 年 12 月 31 日，自 2019 年 1 月 1 日起，表 1 和表 A.1 规定的技术要求废止；表 3 规定的技术要求过渡期至 2022 年 12 月 31 日，自 2023 年 1 月 1 日起，表 2 规定的技术要求废止。

考虑到国内某些地区环保的特殊需求，各地方政府可依据其环保治理要求，与相关油品供应部门协商一致后，可提前实施相应阶段的车用乙醇汽油（E10）技术要求。

表 1 车用乙醇汽油（E10）（Ⅴ）技术要求和试验方法

项 目	质量指标			试验方法
	89	92	95	
抗爆性： 研究法辛烷值(RON) 抗爆指数(RON+MON)/2	 ≥89 ≥84	 ≥92 ≥87	 ≥95 ≥90	 GB/T 5487 GB/T 503、GB/T 5487
铅含量[①]/(g/L)	≤0.005			GB/T 8020
馏程： 10%蒸发温度/℃ 50%蒸发温度/℃ 90%蒸发温度/℃ 终馏点/℃ 残留量(体积分数)/%	 ≤70 ≤120 ≤190 ≤205 ≤2			GB/T 6536
蒸气压[②]/kPa 11 月 1 日至 4 月 30 日 5 月 1 日至 10 月 31 日	 45～85 40～65[③]			GB/T 8017
胶质含量/(mg/100mL) 未洗胶质含量(加入清净剂前) 溶剂洗胶质含量	 ≤30 ≤5			GB/T 8019
诱导期/min	≥480			GB/T 8018
硫含量[④]/(mg/kg)	≤10			SH/T 0689
硫醇(博士试验)	通过			NB/SH/T 0174
铜片腐蚀(50℃,3h)/级	≤1			GB/T 5096
水溶性酸或碱	无			GB/T 259
机械杂质[⑤]	无			GB/T 511
水分(质量分数)/%	≤0.20			SH/T 0246
乙醇含量(体积分数)/%	10.0±2.0			NB/SH/T 0663
其他有机含氧化合物含量[⑥](质量分数)/%	≤0.5			NB/SH/T 0663
苯含量[⑦](体积分数)/%	≤1.0			SH/T 0693

续表

项　目	质量指标			试验方法
	89	92	95	
芳烃含量[8](体积分数)/%	≤40			GB/T 11132
烯烃含量[8](体积分数)/%	≤24			GB/T 11132
锰含量[1]/(g/L)	≤0.002			SH/T 0711
铁含量[1]/(g/L)	≤0.010			SH/T 0712
密度[9](20℃)/(kg/m^3)	720～775			GB/T 1884、GB/T 1885

① 车用乙醇汽油(E10)中，不得人为加入含铅、含铁、含锰的添加剂。

② 也可采用 SH/T 0794 进行测定，在有异议时，以 GB/T 8017 方法为准。换季时，加油站允许有 15 天的置换期。

③ 广西全年执行此项要求。广东、海南两省使用车用乙醇汽油(E10)的地区全年执行此项要求。

④ 也可采用 GB/T 11140、SH/T 0253、ASTM D7039 进行测定，在有异议时，以 SH/T 0689 方法为准。

⑤ 也可采用目测法：将试样注入 100mL 玻璃量筒中观察，应当透明，没有悬浮和沉降的机械杂质及分层。在有异议时，以 GB/T 511 方法为准。

⑥ 不得人为加入。也可采用 SH/T 0720 进行测定，在有异议时，以 NB/SH/T 0663 方法为准。

⑦ 也可采用 SH/T 0713、GB/T 28768、GB/T 30519 进行测定。在有异议时，以 SH/T 0693 方法为准。

⑧ 对于 95 号车用乙醇汽油(E10)，在烯烃、芳烃总含量控制不变的前提下，可允许芳烃含量的最大值为 42%(体积分数)。也可采用 GB/T 28768、GB/T 30519、NB/SH/T 0741 进行测定。在有异议时，以 GB/T 11132 方法为准。

⑨ 也可采用 SH/T 0604 进行测定，在有异议时，以 GB/T 1884、GB/T 1885 方法为准。

表 2　车用乙醇汽油（E10）（ⅥA）技术要求和试验方法

项　目	质量指标			试验方法
	89	92	95	
抗爆性：				
研究法辛烷值(RON)	≥89	≥92	≥95	GB/T 5487
抗爆指数(RON+MON)/2	≥84	≥87	≥90	GB/T 503、GB/T 5487
铅含量[1]/(g/L)	≤0.005			GB/T 8020
馏程：				GB/T 6536
10%蒸发温度/℃	≤70			
50%蒸发温度/℃	≤110			
90%蒸发温度/℃	≤190			
终馏点/℃	≤205			
残留量(体积分数)/%	≤2			
蒸气压[2]/kPa				GB/T 8017
11 月 1 日至 4 月 30 日	45～85			
5 月 1 日至 10 月 31 日	40～65[3]			
胶质含量/(mg/100mL)				GB/T 8019
未洗胶质含量(加入清净剂前)	≤30			
溶剂洗胶质含量	≤5			
诱导期/min	≥480			GB/T 8018
硫含量[4]/(mg/kg)	≤10			SH/T 0689

续表

项　目	质量指标			试验方法
	89	92	95	
硫醇(博士试验)	通过			NB/SH/T 0174
铜片腐蚀(50℃,3h)/级	≤1			GB/T 5096
水溶性酸或碱	无			GB/T 259
机械杂质⑤	无			GB/T 511
水分(质量分数)/%	≤0.20			SH/T 0246
乙醇含量(体积分数)/%	10.0±2.0			NB/SH/T 0663
其他有机含氧化合物含量⑥(质量分数)/%	≤0.5			NB/SH/T 0663
苯含量⑦(体积分数)/%	≤0.8			SH/T 0693
芳烃含量⑧(体积分数)/%	≤35			GB/T 30519
烯烃含量⑧(体积分数)/%	≤18			GB/T 30519
锰含量①/(g/L)	≤0.002			SH/T 0711
铁含量①/(g/L)	≤0.010			SH/T 0712
密度⑨(20℃)/(kg/m^3)	720～775			GB/T 1884、GB/T 1885

① 车用乙醇汽油(E10)中,不得人为加入含铅、含铁、含锰的添加剂。

② 也可采用 SH/T 0794 进行测定,在有异议时,以 GB/T 8017 方法为准。换季时,加油站允许有 15 天的置换期。

③ 广西全年执行此项要求。广东、海南两省使用车用乙醇汽油(E10)的地区全年执行此项要求。

④ 也可采用 GB/T 11140、SH/T 0253、ASTM D7039 进行测定,在有异议时,以 SH/T 0689 方法为准。

⑤ 也可采用目测法:将试样注入 100mL 玻璃量筒中观察,应当透明,没有悬浮和沉降的机械杂质及分层。在有异议时,以 GB/T 511 方法为准。

⑥ 不得人为加入。也可采用 SH/T 0720 进行测定,在有异议时,以 NB/SH/T 0663 方法为准。

⑦ 也可采用 SH/T 0713、GB/T 28768、GB/T 30519 进行测定。在有异议时,以 SH/T 0693 方法为准。

⑧ 也可采用 GB/T 11132、GB/T 28768 进行测定。在有异议时,以 GB/T 30519 方法为准。

⑨ 也可采用 SH/T 0604 进行测定,在有异议时,以 GB/T 1884、GB/T 1885 方法为准。

表 3　车用乙醇汽油(E10)(ⅥB)技术要求和试验方法

项　目	质量指标			试验方法
	89	92	95	
抗爆性:				
研究法辛烷值(RON)	≥89	≥92	≥95	GB/T 5487
抗爆指数(RON+MON)/2	≥84	≥87	≥90	GB/T 503、GB/T 5487
铅含量①/(g/L)	≤0.005			GB/T 8020
馏程:				GB/T 6536
10%蒸发温度/℃	≤70			
50%蒸发温度/℃	≤110			
90%蒸发温度/℃	≤190			
终馏点/℃	≤205			
残留量(体积分数)/%	≤2			

续表

项　目	质量指标			试验方法
	89	92	95	
蒸气压[②]/kPa 11月1日至4月30日 5月1日至10月31日	 45～85 40～65[③]			GB/T 8017
胶质含量/(mg/100mL) 未洗胶质含量(加入清净剂前) 溶剂洗胶质含量	 ≤30 ≤5			GB/T 8019
诱导期/min	≥480			GB/T 8018
硫含量[④]/(mg/kg)	≤10			SH/T 0689
硫醇(博士试验)	通过			NB/SH/T 0174
铜片腐蚀(50℃,3h)/级	≤1			GB/T 5096
水溶性酸或碱	无			GB/T 259
机械杂质[⑤]	无			GB/T 511
水分(质量分数)/%	≤0.20			SH/T 0246
乙醇含量(体积分数)/%	10.0±2.0			NB/SH/T 0663
其他有机含氧化合物含量[⑥](质量分数)/%	≤0.5			NB/SH/T 0663
苯含量[⑦](体积分数)/%	≤0.8			SH/T 0693
芳烃含量[⑧](体积分数)/%	≤35			GB/T 30519
烯烃含量[⑧](体积分数)/%	≤15			GB/T 30519
锰含量[①]/(g/L)	≤0.002			SH/T 0711
铁含量[①]/(g/L)	≤0.010			SH/T 0712
密度[⑨](20℃)/(kg/m^3)	720～775			GB/T 1884、GB/T 1885

① 车用乙醇汽油(E10)中,不得人为加入含铅、含铁、含锰的添加剂。

② 也可采用SH/T 0794进行测定,在有异议时,以GB/T 8017方法为准。换季时,加油站允许有15天的置换期。

③ 广西全年执行此项要求。广东、海南两省使用车用乙醇汽油(E10)的地区全年执行此项要求。

④ 也可采用GB/T 11140、SH/T 0253、ASTM D7039进行测定,在有异议时,以SH/T 0689方法为准。

⑤ 也可采用目测法:将试样注入100mL玻璃量筒中观察,应当透明,没有悬浮和沉降的机械杂质及分层。在有异议时,以GB/T 511方法为准。

⑥ 不得人为加入。也可采用SH/T 0720进行测定,在有异议时,以NB/SH/T 0663方法为准。

⑦ 也可采用SH/T 0713、GB/T 28768、GB/T 30519进行测定。在有异议时,以SH/T 0693方法为准。

⑧ 也可采用GB/T 11132、GB/T 28768进行测定。在有异议时,以GB/T 30519方法为准。

⑨ 也可采用SH/T 0604方法测定,在有异议时,以GB/T 1884、GB/T 1885方法为准。

附 录 A
（规范性附录）
98号车用乙醇汽油（E10）的技术要求和试验方法

98号车用乙醇汽油（E10）（Ⅴ）的技术要求和试验方法见表A.1。98号车用乙醇汽油（E10）（ⅥA）/（ⅥB）的技术要求和试验方法见表A.2。

表A.1 98号车用乙醇汽油（E10）（Ⅴ）技术要求和试验方法

项 目	质量指标	试验方法
抗爆性： 研究法辛烷值(RON) 抗爆指数(RON+MON)/2	 ≥98 ≥93	 GB/T 5487 GB/T 503、GB/T 5487
铅含量[①]/(g/L)	≤0.005	GB/T 8020
馏程： 10%蒸发温度/℃ 50%蒸发温度/℃ 90%蒸发温度/℃ 终馏点/℃ 残留量(体积分数)/%	 ≤70 ≤120 ≤190 ≤205 ≤2	GB/T 6536
蒸气压[②]/kPa 11月1日至4月30日 5月1日至10月31日	 45～85 40～65[③]	GB/T 8017
胶质含量/(mg/100mL) 未洗胶质含量(加入清净剂前) 溶剂洗胶质含量	 ≤30 ≤5	GB/T 8019
诱导期/min	≥480	GB/T 8018
硫含量[④]/(mg/kg)	≤10	SH/T 0689
硫醇(博士试验)	通过	NB/SH/T 0174
铜片腐蚀(50℃,3h)/级	≤1	GB/T 5096
水溶性酸或碱	无	GB/T 259
机械杂质[⑤]	无	GB/T 511
水分(质量分数)/%	≤0.20	SH/T 0246
乙醇含量(体积分数)/%	10.0±2.0	NB/SH/T 0663
其他有机含氧化合物含量[⑥](质量分数)/%	≤0.5	NB/SH/T 0663
苯含量[⑦](体积分数)/%	≤1.0	SH/T 0693
芳烃含量[⑧](体积分数)/%	≤40	GB/T 11132
烯烃含量[⑧](体积分数)/%	≤24	GB/T 11132

续表

项　目	质量指标	试验方法
锰含量[①]/(g/L)	≤0.002	SH/T 0711
铁含量[①]/(g/L)	≤0.010	SH/T 0712
密度[⑨](20℃)/(kg/m^3)	720～775	GB/T 1884、GB/T 1885

① 车用乙醇汽油(E10)中，不得人为加入含铅、含铁、含锰的添加剂。

② 也可采用 SH/T 0794 进行测定，在有异议时，以 GB/T 8017 方法为准。换季时，加油站允许有 15 天的置换期。

③ 广西全年执行此项要求。广东、海南两省使用车用乙醇汽油(E10)的地区全年执行此项要求。

④ 也可采用 GB/T 11140、SH/T 0253、ASTM D7039 进行测定，在有异议时，以 SH/T 0689 方法为准。

⑤ 也可采用目测法：将试样注入 100mL 玻璃量筒中观察，应当透明，没有悬浮和沉降的机械杂质及分层。在有异议时，以 GB/T 511 方法为准。

⑥ 不得人为加入。也可采用 SH/T 0720 进行测定，在有异议时，以 NB/SH/T 0663 方法为准。

⑦ 也可采用 SH/T 0713、GB/T 28768、GB/T 30519 进行测定。在有异议时，以 SH/T 0693 方法为准。

⑧ 对于 95 号车用乙醇汽油(E10)，在烯烃、芳烃总含量控制不变的前提下，可允许芳烃含量的最大值为 42%(体积分数)。也可采用 GB/T 28768、GB/T 30519、NB/SH/T 0741 进行测定。在有异议时，以 GB/T 11132 方法为准。

⑨ 也可采用 SH/T 0604 进行测定，在有异议时，以 GB/T 1884、GB/T 1885 方法为准。

表 A.2　98 号车用乙醇汽油（E10）（ⅥA）/（ⅥB）技术要求和试验方法

项　目	质量指标	试验方法
抗爆性： 研究法辛烷值(RON) 抗爆指数(RON+MON)/2	 ≥98 ≥93	 GB/T 5487 GB/T 503、GB/T 5487
铅含量[①]/(g/L)	≤0.005	GB/T 8020
馏程： 10%蒸发温度/℃ 50%蒸发温度/℃ 90%蒸发温度/℃ 终馏点/℃ 残留量(体积分数)/%	 ≤70 ≤110 ≤190 ≤205 ≤2	GB/T 6536
蒸气压[②]/kPa 11 月 1 日至 4 月 30 日 5 月 1 日至 10 月 31 日	 45～85 40～65[③]	GB/T 8017
胶质含量/(mg/100mL) 未洗胶质含量(加入清净剂前) 溶剂洗胶质含量	 ≤30 ≤5	GB/T 8019
诱导期/min	≥480	GB/T 8018
硫含量[④]/(mg/kg)	≤10	SH/T 0689
硫醇(博士试验)	通过	NB/SH/T 0174
铜片腐蚀(50℃,3h)/级	≤1	GB/T 5096

续表

项　目	质量指标	试验方法
水溶性酸或碱	无	GB/T 259
机械杂质⑤	无	GB/T 511
水分(质量分数)/%	≤0.20	SH/T 0246
乙醇含量(体积分数)/%	10.0±2.0	NB/SH/T 0663
其他有机含氧化合物含量⑥(质量分数)/%	≤0.5	NB/SH/T 0663
苯含量⑦(体积分数)/%	≤0.8	SH/T 0693
芳烃含量⑧(体积分数)/%	≤35	GB/T 30519
烯烃含量⑧(体积分数)/%	≤15	GB/T 30519
锰含量①/(g/L)	≤0.002	SH/T 0711
铁含量①/(g/L)	≤0.010	SH/T 0712
密度⑨(20℃)/(kg/m^3)	720～775	GB/T 1884、GB/T 1885

① 车用乙醇汽油(E10)中,不得人为加入含铅、含铁、含锰的添加剂。

② 也可采用 SH/T 0794 进行测定,在有异议时,以 GB/T 8017 方法为准。换季时,加油站允许有 15 天的置换期。

③ 广西全年执行此项要求。广东、海南两省使用车用乙醇汽油(E10)的地区全年执行此项要求。

④ 也可采用 GB/T 11140、SH/T 0253、ASTM D7039 进行测定,在有异议时,以 SH/T 0689 方法为准。

⑤ 也可采用目测法:将试样注入 100mL 玻璃量筒中观察,应当透明,没有悬浮和沉降的机械杂质及分层。在有异议时,以 GB/T 511 方法为准。

⑥ 不得人为加入。也可采用 SH/T 0720 进行测定,在有异议时,以 NB/SH/T 0663 方法为准。

⑦ 也可采用 SH/T 0713、GB/T 28768、GB/T 30519 进行测定。在有异议时,以 SH/T 0693 方法为准。

⑧ 也可采用 GB/T 11132、GB/T 28768 进行测定。在有异议时,以 GB/T 30519 方法为准。

⑨ 也可采用 SH/T 0604 进行测定,在有异议时,以 GB/T 1884、GB/T 1885 方法为准。

附录 2　车用乙醇汽油 E85

1　范围

本标准规定了车用乙醇汽油 E85 的技术要求和试验方法，取样以及标志、包装、运输、贮存和安全。

本标准适用于由变性燃料乙醇和汽油调合的专用点燃式内燃机的汽车燃料。

2 规范性引用文件

下列文件对于本文件的应用是必不可少的。凡是注日期的引用文件，仅注日期的版本适用于本文件。凡是不注日期的引用文件，其最新版本（包括所有的修改单）适用于本文件。

GB 190 危险货物包装标志

GB/T 191 包装储运图示标志

GB/T 4756 石油液体手工取样法

GB/T 5096 石油产品铜片腐蚀试验法

GB/T 8017 石油产品蒸气压的测定 雷德法

GB/T 8019 燃料胶质含量的测定 喷射蒸发法

GB 13690 化学品分类和危险性公示 通则

GB 17930 车用汽油

GB 18350—2013 变性燃料乙醇

GB 22030 车用乙醇汽油调合组分油

GB 30000.7—2013 化学品分类和标签规范 第7部分：易燃液体

SH 0164 石油产品包装、贮运及交货验收规则

SH/T 0689 轻质烃及发动机燃料和其他油品的总硫含量测定法（紫外荧光法）

ASTM D5501 用气相色谱法测定变性燃料乙醇中乙醇含量的试验方法（Standard test method for determination of ethanol content of denatured fuel ethanol by gas chromatography）

ASTM D7319 采用直接注入抑制型离子色谱法测定燃料乙醇中总的和潜在的硫酸盐与无机氯化物的试验方法（Standard test method for determination of existent and potential sulfate and inorganic chloride in fuel ethanol and butanol by direct injection suppressed ion chromatography）

ASTM D7328 通过使用含水试样注入的离子色谱分析法测定燃料乙醇中总的潜在无机硫酸盐和总无机氯化物的试验方法（Standard test method for determination of existent and potential inorganic sulfate and total inorganic chloride in fuel ethanol by ion chromatography using aqueous sample injection）

3 术语和定义

下列术语和定义适用于本文件。

3.1

车用乙醇汽油 E85 ethanol gasoline for motor vehicles E85

在变性燃料乙醇中加入汽油调合成乙醇含量在65%～85%（体积分数）的专用点燃式内燃机的汽车燃料。

4 技术要求和试验方法

4.1 技术要求

4.1.1 车用乙醇汽油 E85 应在符合 GB 18350 的变性燃料乙醇中加入符合 GB 22030 和/或 GB 17930 要求的汽油。

4.1.2 车用乙醇汽油 E85 的技术要求见表 1。

表 1 车用乙醇汽油 E85 技术要求和试验方法

项目	要求	试验方法
乙醇含量(体积分数)/%	65～85	ASTM D5501
蒸汽压/kPa 11 月 1 日至 4 月 30 日 5 月 1 日至 10 月 31 日	 45～85 40～65①	GB/T 8017
酸度(以乙酸计)/(mg/L)	≤40	GB 18350—2013 附录 D
硫含量/(mg/kg)	≤10	SH/T 0689
甲醇含量(体积分数)/%	≤0.5	GB 18350—2013 附录 A
溶剂洗胶质/(mg/100mL)	≤5	GB/T 8019
未洗胶质/(mg/100mL)	≤20	GB/T 8019
pHe	6.5～9.0	GB 18350—2013 附录 F
无机氯/(mg/L)	≤1	ASTM D7328②,ASTM D7319
水分(质量分数)/%	≤1.0	GB 18350—2013 附录 B
铜含量/(mg/L)	≤0.07	GB 18350—2013 附录 E
铜片腐蚀试验(50℃,3h)/级	≤1	GB/T 5096

① 广西、广东、海南使用车用乙醇汽油 E85 的地区全年执行此项要求。

② 仲裁法。

4.2 试验方法

车用乙醇汽油 E85 的试验方法见表 1。

5 取样

取样按 GB/T 4756 要求执行，取 2L 作为检验和留样用。

6 标志、包装、运输和贮存

6.1 标志、包装、运输和贮存按 SH 0164 执行。

6.2 专用槽、罐车上应标注：产品名称“车用乙醇汽油 E85”。

6.3 包装储运图示标志应符合 GB 190 和 GB/T 191 要求。

7 安全

根据 GB 13690，车用乙醇汽油 E85 属于易燃液体，其危险说明和防范说明见 GB 30000.7—2013 的附录 D。

索　引

T

W

X

Y

Z

其他